市政给水排水工程管道技术

MUNICIPAL WATER SUPPLY AND DRAINAGE ENGINEERING PIPELINES TECHNOLOGY

周质炎　夏连宁　编著

中国建筑工业出版社

图书在版编目（CIP）数据

市政给水排水工程管道技术 = MUNICIPAL WATER
SUPPLY AND DRAINAGE ENGINEERING PIPELINES
TECHNOLOGY/ 周质炎，夏连宁编著. —北京：中国建
筑工业出版社，2022. 11
ISBN 978-7-112-28100-8

Ⅰ. ①市… Ⅱ. ①周… ②夏… Ⅲ. ①市政工程—给
排水系统—管道工程 Ⅳ. ① TU99

中国版本图书馆 CIP 数据核字（2022）第 203743 号

本书主要针对市政给水排水工程管道的技术应用，全面系统地阐述了管道技术的
发展历程、设计和计算分析、生产工艺、产品标准、施工要求、检测养护和非开挖修
复等相关内容，涵盖了国内外常用的钢管、铸铁管、钢筋混凝土管、塑料管和玻璃钢
管等，代表了当前国内外最新的先进技术水平和发展趋势。

本书内容丰富，图文并茂，可供从事市政管道研究、设计、生产、施工和建设管
理等技术人员及高校师生参考，对水利、电力、采矿、石油、化工等其他行业也可参考。

责任编辑：刘文昕
责任校对：王 烨

市政给水排水工程管道技术
MUNICIPAL WATER SUPPLY AND DRAINAGE ENGINEERING PIPELINES TECHNOLOGY
周质炎 夏连宁 编著

*
中国建筑工业出版社出版、发行（北京海淀三里河路9号）
各地新华书店、建筑书店经销
北京建筑工业印刷有限公司制版
建工社（河北）印刷有限公司印刷
*

开本：787毫米×1092毫米 1/16 印张：26¹⁄₂ 字数：700千字
2023年8月第一版 2023年8月第一次印刷
定价：**98.00**元
ISBN 978-7-112-28100-8
（39956）

编 著 人 员

主　　编： 周质炎

副 主 编： 夏连宁

参编人员：（按姓氏笔画排序）

门延春　王　刚　王　健　王　嵩　王五平

甘　露　申　勇　朱瑞霞　孙跃平　李汝江

李建一　李耀良　杨后军　吴新文　宋克军

张　威　张韬臻　陈　楠　陈家兴　罗云峰

周　强　周质炎　胡群芳　柳灵运　夏连宁

徐　军　崔卫祥　盖慧勇　彭夏军　谢开杰

谢宇铭

主编单位： 上海市政工程设计研究总院（集团）有限公司

参编单位： 福安管道技术

华油钢管有限公司

新兴铸管股份有限公司

宁夏青龙管业集团股份有限公司

河北泉恩高科技管业有限公司

振石永昌复合材料有限公司

上海市基础工程集团有限公司

赛莱默（中国）有限公司

上海管丽建设工程有限公司

同济大学

前　言

管道是工程建设应用最为广泛的构件，早在古罗马时期就开始利用管道为住宅提供用水和排放污水，经过2000多年的应用与研究，管道的材质从过去陶土、金属等材质，发展到高分子材料和复合材料，品种已是五花八门，应用领域也是渗透各行各业，特别是市政、石油、水利、电力、采矿、化工等行业大型管道的应用每年都达几万千米。目前大型管道在国内呈现品种多、生产厂家多、标准多等现象，不可避免地会出现标准不统一、相互矛盾以及夸大性能等情况，使得在工程建设中管道材质选用、管道结构设计和管道施工等需要面对大量的分散的信息进行选择和比对，有时也会出现不适合的地方用了不适合管道的情况。

本书将不同材质、不同形式的管道从设计、生产、施工、检测和修复等各环节技术要求融为一体，极大方便管道材质选择、标准选用和设计参数选取等信息的比对，这样不仅可以使从事管道设计、生产和施工以及建设单位等相关专业人员找到自己关心的技术内容，同时也能通过这部书籍对各种管道从设计、生产、施工到运营检测和修复等各个环节有个系统的了解。虽然本书主要针对市政给水排水管道技术要求编写，但对石油、水利、化工等其他行业也同样具有很好的参考价值。

本书按绪论、管道基本计算、钢管、铸铁管、钢筋混凝土管、塑料管、玻璃钢管、管道施工、管道检测和管道修复等进行分章叙述。

第1章绪论，可以系统地了解管道是怎样从古代巴比伦的黏土管起源到现代输水管道技术应用的发展历程，水力计算和管道结构计算经典公式的发展历史，以及国内外相关标准应用情况，同时对当前众多复杂的管道应用进行系统的分类及管道性能的标定。

第2章管道基本计算，主要包含了给水管道水力计算、排水管道水力计算和管道结构计算模式。管道结构计算中，按管道结构计算模式、管道结构上作用、承载能力极限状态计算、正常使用极限状态计算和抗震计算进行论述，这样便于不同材质、不同类型管道计算公式的对比分析和重要设计参数的选取。

第3章到第7章，按钢管、铸铁管、钢筋混凝土管、塑料管、玻璃钢管进行分章叙述，每个章节都系统介绍了相应管材在我国的发展历程、生产制作工艺、材料性能、产品规格、技术要求等。

第8章管道施工，根据不同的施工方式，按开槽埋管、顶管、拖拉管、海底铺设进行分节，按施工原理、施工要点、安全措施等进行系统论述。

第9章管道检测，主要针对目前管道应用维护中不易发现的管道渗漏、PCCP管断丝、金属管道腐蚀等，介绍国内外最新的高科技设备在这些领域检测中的应用情况。

第10章管道修复，系统介绍了国内常用管道修复技术，主要有原位固化法、局部点状修补法、涂层法、滑移内衬法、贴合内衬法和碎（裂）管法。可以根据管道受损情况，选择经济技术合理的修复方法。

附录"国内外市政管道相关标准"中用表格形式归类收录了国内外常用的相关标准目

录，便于系统了解目前国内外涉及市政管道的标准应用情况。

为了能充分体现书籍的专业性和技术权威性，本书主要针对市政给水排水管道的技术应用，并由上海市政工程设计研究总院牵头，会同国内具有研发实力和生产规模，在业内相应品种管道具有代表性的生产单位和施工企业一起参加编制。

各章参加编制的单位和人员如下：

第1章　绪论

上海市政工程设计研究总院（集团）有限公司　周质炎　张威

福安管道技术　夏连宁

第2章　管道基本计算

上海市政工程设计研究总院（集团）有限公司　王健　谢宇铭　彭夏军　王刚

同济大学　胡群芳

第3章　钢管

华油钢管有限公司　李汝江　李建一　陈楠

第4章　铸铁管

新兴铸管股份有限公司　申勇　王嵩　张韬臻　徐军

第5章　钢筋混凝土管

宁夏青龙管业集团股份有限公司　陈家兴　柳灵运　崔卫祥　宋克军

第6章　塑料管

河北泉恩高科技管业有限公司　甘露　朱瑞霞

第7章　玻璃钢管

振石永昌复合材料有限公司　周强　吴新文　门延春

第8章　管道施工

上海市基础工程集团有限公司　李耀良　罗云峰

第9章　管道检测

赛莱默（中国）有限公司　王五平　盖慧勇　谢开杰

第10章　管道修复

上海管丽建设工程有限公司　孙跃平　杨后军

本书编写过程参考了大量的国内外管道技术相关研究文献和工程案例，并引用了部分图片和图表，在此一并表示感谢。

本书内容涉及众多标准规范、文献资料，在编写中难免存在偏颇，诚请读者多提宝贵意见。

作者

2020年12月

目　　录

（本书图片除标注出处之外，均由执笔者拍摄、提供）

第1章 绪 论

管道应用的发展历史伴随着社会文明的进步，人类社会处于不断的发展之中，社会发展的需要促进了管道应用的发展。早期人类的聚集地都建立在水源附近，后来随着人口的增加而使得供水不足，需要从远处将水输送过来，这种需求也促进了水利和输水管渠工程的建设和发展。从古代巴比伦的黏土管，到古希腊的地下隧道，再到罗马帝国的渡槽，法国凡尔赛的铸铁供水干管，我们可以看到管道应用的发展变迁。在当今的现代管道中，由于材料技术的进步和管道种类的增加，人们开始寻找价格合理，强度和耐用性能更高的管道材料。

1.1 古代输水管道的起源

我们可以从古代文明古国的历史发掘中看到给水排水管道的发展历史，排水管道的历史要早于给水管道。在古巴比伦（大约公元前 4000 年）遗迹发掘中发现，一些较大的房屋中有早期的厕所，其下方的污水池通过黏土烧制的管道、三通和弯管排水，直径从 $DN450 \sim DN900$ 不等，连接成排水管道（图 1-1）。

大约公元前 2500 年，古代中国人就用竹子送水。古代地中海国家使用陶土管供水到城邦中心的水井。古代波斯的埋地水渠被称作坎儿井，在山下由人工挖掘，并用石块衬砌，水渠将收集的干净水输送到几十千米外干热的平原城邦。

中国战国时代考古发掘发现的古代陶水管，具有代表性的是殷墟陶水管（图 1-2），作为大型宫殿建筑的地下卫生设施，它具有良好的成形、防渗和承压性能。

图 1-1 古巴比伦的管道弯头和三通

图 1-2 中国商朝陶制排水管道，出土于殷墟遗址

古希腊人建造沟渠用于城邦输水，最著名的公共输水工程是东爱琴海岛屿的首府萨摩斯城的欧帕里诺斯渡槽（图 1-3）。它始建于公元前 550 年 (波吕克拉底统治时期)，由工匠欧帕里诺斯主持建造，工程持续了 10 年。在公元前 540～公元前 530 年之间，雅典的统治者庇西特拉图建造了一段 2800m 长的渡槽，从亥米托斯山脚输水到雅典城，再通过地下陶土管道系统分配供水。

图 1-3　在雅典地铁站展示的古希腊庇西特拉图渡槽中的陶土管（公元前 540～公元前 530 年）

据记载和推测，阿基米德发明了早期的螺杆泵，并在公元前一世纪被使用。这些泵用于灌溉和从船舱中抽水。

古代最广泛采用的供水系统是古罗马水渠，水通过重力流经过一系列开放和封闭的管渠，将水长距离输送到城邦。第一条古罗马渡槽建于公元前 312 年，水通过渡槽输送到罗马，然后经过铅管配水（图 1-4）。罗马帝国的衰落可能部分与这些铅管有关，酸性水经过一段时间从管中会溶解出铅，并导致铅中毒。

图 1-4　带有折叠缝的古罗马铅管

古罗马人使用铅管来防止偷水，铅管还用于古罗马浴池的供水，以及屋面排水。

架空管道和地下管道的建造历史可以追溯到数千年前，是土木工程建设的最早形式之一。古罗马人开发了类似于今天使用的水泥和混凝土，他们将熟石灰与火山灰混合，这种水硬性水泥在水下会硬化，并且在潮湿环境下不会变质退化。使用这种混凝土建造的一些管道和渡槽今天仍在使用。

文艺复兴时期的欧洲街道中经常弥漫着污水的恶臭，在几场瘟疫席卷欧洲之后，巴黎和伦敦开始修建地下排水管道。

北美洲的第一批欧洲移民用挖空的原木做成输水管。他们将锯好的窄板条，用钢箍拼装在一起做成木管（图 1–5）。盛水的木桶和浴桶也是采用这种箍桶原理制成的。一些早期的木板管道现在仍在使用。

图 1–5　早期建造的木板管道

1.2　现代输水管道技术的发展

1.2.1　管道材料应用

从 19 世纪中期开始，现代意义上的管道开始出现，例如混凝土管、铸铁管和钢管陆续量产，作为市场上的商品出售。

改革开放 40 多年来，我国的给水排水管道技术，从设计、制造、安装到检测修复等各方面走过了引进、消化和吸收的过程，其中包括球墨铸铁管、PCCP、玻璃钢管、PVC 和 PE 管等；我国的球墨铸铁管的生产已跃居世界第一，PCCP 在中国的铺设长度已超过美国，中小直径的管材大量出口到一带一路国家。相比上述管材在中国的快速发展，大直径输水钢管的技术引进和开发在最近几年才得到市场的重视。

（1）混凝土管

记录最悠久的现代混凝土管道是 1842 年在美国纽约州莫霍克市建造的下水管道，它成功运行了 100 多年。法国人于 1896 年率先在混凝土管中加入了钢筋（被申请了莫尼尔专利），这个概念于 1905 年引入美国。自那时以来，混凝土管道广泛应用于排水系统，公路涵洞，下水管道和压力管道工程中。

① 钢筋混凝土管（RCP）

钢筋混凝土管于 20 世纪早期开始被广泛使用，这种管道一般采用一层或多层钢筋笼埋入在混凝土管中，混凝土管通常采用立式或离心浇筑。接口密封橡胶圈可以安装在钢圈上，或者是混凝土承插口的表面上。生产的管道直径范围通常在 $DN300 \sim DN3500$，长度一般在 2.5～7.5m 范围。

钢筋混凝土管主要用于内压小于 0.38MPa 的低压输水管道，其用途包括农业灌溉、工业生产、城镇给水排水管道等工程。

② 带钢筒的钢筋混凝土管（RCCP）

带钢筒的钢筋混凝土管于1919年首次生产，这种管道采用焊接钢筒作为止水部件，两端焊接有钢制承插环，并与一层或多层钢筋笼一起埋入在混凝土管中，管道对接采用密封橡胶圈密封。生产的管道直径范围通常在760～3660mm，长度一般在4.8～7.5m范围。

RCCP管主要用于内压较高的输水管道，其用途包括农业灌溉、工业生产、城镇输水和供水管道等工程。

③ 预应力钢筒混凝土管（PCCP）

第二次世界大战（简称"二战"）期间，由于钢铁主要用于战争需要，因此市场需要一种节省钢材的大直径压力输水管道设计，美国最早开发出了我们现在使用的预应力钢筒混凝土压力管，其特点是采用冷拔钢丝提高抗拉强度达到节省钢材的目的，同时也可以控制混凝土管芯开裂。

预应力钢筒混凝土压力管有两种，一种是钢筒内衬式（PCCPL），管芯由钢筒内衬混凝土构成，随后钢丝直接缠绕在钢筒上并喷涂砂浆；另一种是钢筒埋置式（PCCPE），由混凝土包裹的钢筒组成，然后用钢丝缠绕在混凝土外表面上，并用水泥砂浆覆盖（详见5.1.3 预应力钢筒混凝土管）。

1942年在美国首次使用的钢筒内衬式，直径从410mm到1520mm。后来开发的钢筒埋入式于1953年首次安装使用，通常用于直径大于1220mm的管道。这两种类型的管道长度通常为6m。图1-6所示为美国早期使用的PCCPL压力输水管道。

图1-6 美国GHA公司生产的PCCPL于1948年安装在德州一输水管道工程中

预应力钢筒混凝土压力管需按照工程要求的内部压力和外部载荷进行组合受力分析和设计。预应力钢筒混凝土压力管主要用于引调水管道、供水干管、压力虹吸管（包括过河）、取水管道等应用场合。

④ 钢筋缠绕钢筒混凝土管（BCP）

钢筋缠绕钢筒混凝土压力管是与预应力钢筒混凝土压力管同时代开发生产出来的，在美国已广泛使用70多年，这种管道的基本部件是一个焊接钢筒，两端焊接承插钢环，与其他同类钢筒混凝土管道生产一样进行成型和试压。钢筒离心内衬约13mm厚的水泥砂浆或混凝土，钢筋以一较小的张力连续螺旋缠绕在钢筒外壁上，然后外砂浆高速喷射形成保护层，其厚度不小于19mm。

钢筋缠绕钢筒混凝土压力管标准尺寸为直径250～1830mm，长度为7.5～12.5m的管道。

与预应力钢筒混凝土压力管相比，钢筋缠绕钢筒混凝土压力管的钢筒采用热轧钢卷螺旋焊接制成，其上缠绕的是热轧盘圆钢筋，所以用钢量会有所增加，但抗氢脆腐蚀和焊接性能得到了提高，这种管道可以切割和焊接，方便今后管道的尺寸修改、接管和修复。

（2）钢管（SP）

1825年，科尼利厄斯怀特豪斯用拉拔法将加热的钢板通过一个喇叭形的模具拉成长管。随着1861年贝塞麦转炉炼钢法的诞生，平炉可以大量生产钢，钢可以加工成板材，然后制成任何口径的管材。1849年加州淘金热开始不久，钢板被制成直缝铆接钢管，管"板条"的每一侧有褶皱，其做法与火炉烟囱相似，然后嵌入到另一根管板条的一侧，用锤击把它们简单地用铆钉铆接在一起制成管节（图1-7）。从1860到1900年代，所有的钢制输水管实际上都是采用这种方式生产的。

图1-7 防腐修复后仍在使用的铆接钢管

在1915～1930年期间，锁杆钢管首次在纽约制造（图1-8），这种钢管是两瓣半圆管插在H型的长锁杆里合成圆管，它的纵向合缝完全密封，而铆钉接缝只有45%～70%的密封效率。它的管内比铆接管光滑，输送能力可提高15%～20%。

电弧焊在1920年代还是新鲜事物，当焊机和焊剂开发出来后，电焊在1930年代才开始逐渐被使用。在二战期间，几乎所有的钢材制品都被用于战争，焊接技术用于海军舰船拼装可以帮助缩短建造时间，同时焊接技术也得到了发展。在1940年代后期，钢管厂已经用直缝电阻焊（ERW）来生产焊接钢管。到了1950年代，钢管厂可以开始生产大直径的螺旋焊管。

图 1-8　待防腐层修复的锁杆钢管

螺旋埋弧焊管（SSAW）和辊弯成型的直缝埋弧焊管（LSAW）目前主要用于大直径和超大直径压力管道工程，其生产方式是在线自动埋弧焊接，焊接的焊缝强度设计大于或等于母材强度，通过在线和离线无损探伤（超声波或射线）确保设计的焊缝强度，另外，还需在工厂内进行水压试验来检测钢管的承压性能，进一步消除焊缝的焊接应力。

螺旋埋弧焊管的壁厚尺寸受限于热轧卷的最大厚度，通常热轧卷的最大厚度为 25.4mm，其最大管径通常为 3600mm（个别生产线可生产直径达 4000mm 的螺旋焊管）。壁厚超过 25.4mm 焊接钢管的原材料为热轧钢板，需采用辊弯成型和直缝埋弧焊设备来生产，辊弯成型的直缝埋弧焊管最大管径通常不设上限，钢板长度可以对接加长，以生产更大直径的直缝焊管（钢筒）。

（3）铸铁管（CIP）

早在 1313 年，随着加农炮制造的大量使用，铸铁管很可能在同期与其共同得到发展。关于铸铁管最早的历史，有官方正式记录的是 1455 年在德国西格兰（Siegerland）制造的铸铁管，并安装在德国迪伦伯格（Dillenberg）城堡。1664 年，法国国王路易十四下令建造一条铸铁供水管道，从塞纳河畔马利的一个泵站延伸 24km 到凡尔赛，为喷泉和城镇供水服务。当初，铁的生产需要使用昂贵的木炭来还原铁矿石。到了 1738 年，已经可以通过使用焦炭代替木炭成功生产出低成本的铁，随后一些城市开始安装这种铸铁供水管。从 19 世纪初期在世界各地开始将铸铁管用于城市的供水系统（图 1-9）。

图 1-9　19 世纪末的铸铁管，接口用皮革密封

1948 年，球墨铸铁的生产和球墨铸铁管的问世是压力管道行业的一个重大发展事件，除了具有灰口铸铁管强度性能外它还具有更高的韧性，迅速取代了市场上的灰口铸铁管。如今已用于原水和饮用水、污水、泥浆和化学液态的运输。

自 1925 年以来，用于制造球墨铸铁管的离心铸造方法一直在商业开发和改进过程中。

球墨铸铁管的常用生产工艺有两种：一是水冷法，二是热模法。水冷金属型离心铸造球墨铸铁管生产工艺主要用于生产中小直径的管道，通常直径范围在 $DN100\sim DN1200$。而涂料热模法生产工艺主要生产直径大于 $DN1200$ 的大直径管道。与涂料热模法相比，水冷金属法的生产效率更高，铸型冷却速度快，质量相对稳定。球墨铸铁管的标准生产长度通常为 6m。

（4）玻璃钢管（FRP）

1935 年，美国欧文斯·康宁（Owens Corning）玻璃公司发明了今天被称为的玻璃纤维。当玻璃纤维与塑料聚合物结合起来时，它变成了一种轻巧而坚固的材料，这种独特的材料被称为纤维增强聚合物。

玻璃钢管在 1948 年首次被使用，由于其良好的耐腐蚀性能，初期主要是用于石油化工行业。到了 1960 年代，玻璃钢管开始应用到市政输水和排水领域。

玻璃钢管结合了耐用性，强度和耐腐蚀性的优点，从而消除了对钢管内部衬里，外部涂层和阴极保护的需要。在腐蚀性较强的环境下，玻璃钢管被选作压力钢管的替代品。

玻璃钢管是由嵌入或被固化的热固性树脂包覆玻璃纤维增强材料制成的一种管材。这种复合结构还可以包含骨料、粒状或片状填料、触变剂、颜料或染料，也可以包含热塑性或热固性衬里或涂层。

多年来，用于制造玻璃钢管的材料的多样性和多功能性导致了玻璃钢管出现了各种名称，其中包括增强热固性树脂管（RTRP），增强聚合物砂浆管（RPMP），玻璃纤维增强环氧树脂（FRE），玻璃增强塑料（GRP）和玻璃纤维增强塑料（FRP）。玻璃钢管也按特定的制造工艺进行了分类：定长缠绕、离心铸造和连续缠绕。通常，用于制造玻璃纤维管的特定树脂（环氧树脂，聚酯或乙烯基酯）用来对玻璃钢管进行分类或分级。不管有多少可能的组合，最常用的名称还是"玻璃钢管"，此名称涵盖所有可用的玻璃钢管材料类别。

玻璃钢管现有直径范围在 $DN25\sim DN4000$，标准形状有圆形、椭圆形、拱形和其他特殊形状。玻璃钢管单节管长一般为 6m，也有许多制造厂生产 12m 长度的玻璃钢管。

（5）聚氯乙烯（PVC）管

19 世纪后期，研究人员在化学实验室中偶然发现，当氯乙烯气体暴露在阳光下时，在试管底部会形成白色固体，这个聚氯乙烯具有高强度和对大多数化学品的耐侵蚀性，当初的塑料不易加工和成型，其主要产品是刷柄和抽屉把手。然而在 1920 年代，经过科学家们的不懈努力，成功开发出了 PVC 生产技术。在 1930 年代，德国工程师开始尝试使用PVC 管。

在二战后期，盟军对德国武器工厂和钢铁厂进行轰炸，供水管道不可避免地受到损坏，当时没有钢管可供维修和更换，一种办法是用 PVC 管做临时替换。二战结束后，人们发现耐腐蚀的塑料管道长期工作性能相当理想。PVC 管从 1950 年代就开始用于给水排水管道，主要市场是农业灌溉、生活污水排水、工业和市政供水、雨排水和道路排水等。

PVC 管是采用挤出工艺生产的，通过加热和挤压，并经过模具挤出。PVC 管的接口形式通常为承插胶圈密封接口和承插溶剂粘接接口，近年来开始有使用熔接对接方式，熔接PVC 的关键成分范围很窄。1991 年开发出了另一种产品是分子定向聚氯乙烯（PVCO）压力管，这种产品的生产过程是将普通挤塑 PVC 管重新将其分子定向，独特的材料结构使其断裂强度比普通 PVC 管要高。

PVC 管管径范围通常在 $DN100\sim DN1200$（标准直径最大到 $DN1500$），标准生产长度通常为 6m。

（6）聚乙烯（PE）管

聚乙烯是在 1933 年偶然被发现的，聚乙烯管在二战后作为管道产品进入市场。PE 是聚烯烃家族的成员，聚烯烃家族还包括聚丙烯。作为一组材料，聚烯烃通常具有低吸水率，较低的透气性，在低温下良好的柔韧性以及相对较低的耐热性。

在实际应用中大多数聚乙烯管为高密度聚乙烯（HDPE）管道，目前市场上采用的高牌号 HDPE 为 PE100，或 PE4710。由于高密度材料具有优越的耐磨性，在给水排水领域被广泛应用于非开挖的连续穿管。聚乙烯管可以吹塑，挤出和螺旋熔接，可以制成波纹状的结构壁管，还可以模注制成特殊管件。聚乙烯管的连接方式有热熔对接，承插热熔或鞍座热熔连接。

挤出式实壁聚乙烯管的管径通常为 $DN15\sim DN600$，在这个尺寸范围的管道压力等级有所不同。直径小于 $DN200$ 的聚乙烯管可以卷曲成盘状，较大直径的聚乙烯管的标准生产长度一般为 $6\sim12$m。

1.2.2　管道水力计算

（1）水头损失计算公式的发展历史

经典水头损失计算公式的发展历史可以向前追溯大约 300 年，从谢才（Antoine Chézy，$1718\sim1798$）、达西（Henry Darcy，$1803\sim1858$）、威斯巴赫（Julius Weisbach，$1806\sim1871$）和曼宁（Robert Manning，$1816\sim1897$），到约 100 年前的海曾（Allen Hazen，$1869\sim1930$）和威廉（Gardner Williams，$1842\sim1922$），他们的水头损失计算公式一直影响着水工行业的发展，现代的工程案例和实际应用结果也印证了这些公式的正确性，见图 1-10。

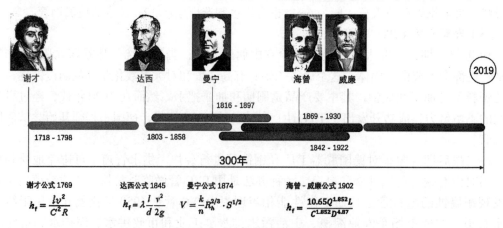

$$h_f=\frac{lv^2}{C^2 R} \qquad h_f=\lambda\frac{l}{d}\frac{v^2}{2g} \qquad V=\frac{k}{n}R_h^{2/3}\cdot S^{1/2} \qquad h_f=\frac{10.65Q^{1.852}L}{C^{1.852}D^{4.87}}$$

图 1-10　水力计算公式发展年表

① 谢才公式

法国人谢才的一项工作是确定一条水渠过水断面的流速，该水渠地势较高，靠近巴黎。1776 年，谢才发表了题为"已知坡度的沟渠确定流速的公式"的论文，提出了"流速应该与坡度的平方根成正比"。

②达西－威斯巴赫公式

作为当时法国军团的一名工程师，达西负责建造了一套城市供水系统。原水从 12.7km 外通过有盖渡槽输送到城市储水池，沉淀过滤后通过 28km 长的有压配水管网为第戎市供水。在此期间，他修改了计算水头损失的普罗尼（Prony）公式，后又经过德国数学家和工程师威斯巴赫的修正后成为当今仍在广泛使用的达西－韦斯巴赫公式。

③曼宁公式

爱尔兰工程师曼宁的会计背景和实用主义影响了他后来的水力学工作，并促使他将问题简化，以最简单的形式表达出来。曼宁推导、比较和评估了当时用于水渠流速计算的七个公式，从给定斜率和水力半径从 0.25m 到 30m 计算出不同流速，然后针对每个条件，他给出了七个流速的平均值，并推导出了以他名字命名的曼宁公式。

④海曾－威廉公式

水力学、防洪、水净化和污水处理专家海曾早年就职于美国麻省劳伦斯实验站（世界上第一个专门研究水净化和污水处理的研究所），他与威廉一起在 1902 年开发了海曾－威廉公式，该公式描述了管道中的水流。1905 年，两位工程师出版了一本颇具影响力的书，其中包含了海曾－威廉公式的解决方案，用于直径变化很大的管道。该等式使用经验导出的常数来表示管壁的"粗糙度"，它被称为海曾－威廉系数 C。海曾－威廉公式的优点是系数 C 不是雷诺数的函数，但它的缺点是它只对水有效，而且，它没有考虑水的温度或黏度。

（2）水力计算需要说明的几个问题

近几十年来，我国城市建设飞速发展，为了满足城市人口增加对饮用水的需求，以及保障城市安全饮用水的供给，引调水管道工程向着长距离、大直径和高压力方向发展。另一方面，与 20 世纪早期的管材相比，现今的管道内衬材料表面更加平整光滑，比如，压力混凝土管的内表面为模筑，水泥砂浆内衬为离心浇筑，输水钢管的高分子聚合物内衬表明与塑料管相当。

然而，大直径输水管道（压力管道，其中包括市政供水干管）的水力计算有些依然沿用最早的经典公式（多用于水渠的水力计算），或者将非满流管道的水力计算公式用于满流的有压管道，或者将大直径输水管道的水力计算公式限定于较小直径的供水管网的水力计算。

①按管材种类区分粗糙系数值

《室外给水设计标准》GB 50013—2018 中"附录 A 管道沿程水头损失水力计算参数（n、C、Δ）值"的附表见表 1-1（说明：C 值即为原标准中的 C_n 值）：

管道沿程水头损失水力计算参数（n、C、Δ）值　　　　　　表 1-1

管道种类		粗糙系数 n	海曾－威廉系数 C	当量粗糙度 Δ（mm）
钢管、铸铁管	水泥砂浆内衬	$0.011 \sim 0.012$	$120 \sim 130$	—
	涂料内衬	$0.0105 \sim 0.0115$	$130 \sim 140$	—
	旧钢管、旧铸铁管（未做内衬）	$0.014 \sim 0.018$	$90 \sim 100$	—

续表

管道种类		粗糙系数 n	海曾 – 威廉系数 C	当量粗糙度 Δ（mm）
混凝土管	预应力混凝土管（PCP）	$0.012 \sim 0.013$	$110 \sim 130$	—
	预应力钢筒混凝土管（PCCP）	$0.011 \sim 0.0125$	$120 \sim 140$	—
矩形混凝土管（现浇）		—	$0.012 \sim 0.014$	—
塑料管材（聚乙烯管、聚氯乙烯管、玻璃纤维增强树脂夹砂管、内衬塑料的管道）		—	$140 \sim 150$	$0.010 \sim 0.030$

基于管道性能和经济性的考虑，近几十年来建设的管道工程基本上不会采用未做内衬的金属管材。现代管道的内衬大致分为两类：水泥砂浆（包括混凝土）内衬和塑料（高分子聚合物材料）内衬。除塑料管材以外，其他管材也可进行塑料类的内衬，即使是混凝土管道也可采用 HDPE（高密度聚乙烯）做内衬材料，以提高内衬的耐腐蚀性和流动性。因此，表 1-1 中的管材种类可以按照管道内衬来分成两类，避免落入管材选型的误区。

曼宁公式通常用于非满流管道的水力计算，给水管道基本上属于压力（满流）管道，因此，将曼宁粗糙系数 n 值放入表 1-1 中容易被误用。

海曾 – 威廉系数 C 值小于 100，大于 160 都会使海曾 – 威廉公式计算结果失真。海曾 – 威廉系数 C 值一般与内衬材料关系不大，反而与管径关系较大，管径越大，C 值越大，其最高值为 150。因此，海曾 – 威廉系数 C 值取用要考虑管径因素。

②曼宁公式用于满流压力管道的计算

国内输水管道行业经常将曼宁系数用于长距离输水压力管道的水头损失计算，并建议管道生产厂家将内衬的管道送到水力实验室测试粗糙系数 n 值，这很大程度上可能是由于不了解曼宁当时的研究背景和公式的边界条件。高校教科书《给水排水管网系统》（第三版）中明确指出："曼宁公式……特别适用于较粗糙的非满流管流和明渠均匀流的水力计算，最佳适用范围为 $0.5 \leqslant \Delta \leqslant 4.0$mm（$\Delta$ 为当量粗糙度）。"

曼宁公式通常用于明渠，以及呈现未充满的自由暴露水面的管道，例如重力排水系统（暴雨排水系统）。曼宁公式可以用于压力管道初期充水状态，如果管道加压，则不应使用曼宁公式。假设管道刚刚充满，任何额外的无限小流量都会使管道受压，在这种情况下管道的流量通常称为满流容量。在满流条件下流动的管道比非满流的管道具有更少的流量（圆形管道在其管径高度的约 94% 处传输最多流量），原因是即使在满流条件下有更多的流动面积，由于管道自身闭合而产生更多的摩擦（湿周）。这种额外的摩擦力抵消了额外的流动面积并减慢了水的流速。

③关于"海曾 – 威廉公式不适合大直径管道"

《室外给水设计标准》GB 50013—2018 和《给水排水管网系统》（普通高等教育教材）都提出海曾 – 威廉公式适合于小直径给水管网的水力计算，或用于配水管网水力平差计算。大直径管道水力计算避免采用海曾 – 威廉公式，引用的依据是 2003 年，当时的阿根廷人巴勃内利（Fabian A. Bombardelli）在美国读博士写的一篇论文，其论点在随后几年已被纠正，并未给欧美输水管道行业造成影响，美国水工协会（AWWA）的各种大直径输水管道设计手册仍然将海曾－威廉公式作为首选的压力管道水力计算公式。

该论文中没有考虑到浑浊的水在管道中粗糙度增加，使得选取错误的 C 值导致了其错误的结论。当然，海曾－威廉公式有它使用的边界条件，许多研究也说明，对于完全粗糙的流动，海曾－威廉公式随着雷诺数的增加会导致略微低估的水头损失。对于给定的管道和流体，其黏度和直径都是常数，因此这意味着随着粗糙流体流速的增加，海曾－威廉公式并不能完全解释速度和水头损失之间的这种关系。除了极高流速的管道，使用海曾－威廉公式的误差在所有情况下都很小，在大多数情况下，流速并没有显著变化。该论文声称海曾－威廉公式误差达 40% 是基于不切实际的案例。颜本奇（Ben Chie Yen）教授也提出，没有正确理解和分析而导致放弃使用海曾－威廉公式是不合适的。

海曾－威廉公式尽管也存在明显的不足，但它不太可能比达西－威斯巴赫公式及其相关的确定摩擦系数的方法更差。两个都是经验公式，实际使用中选取海曾－威廉公式的 C 值比确定管道粗糙度更容易。达西－威斯巴赫公式应用的关键是计算摩擦系数 f，需要借助迭代公式——克尔布鲁克－怀特公式进行近似计算，达西－威斯巴赫公式应该更适用于配水管网的水力计算。

（3）输水管道的水力计算

美国、英国和日本水工行业使用海曾－威廉公式进行压力输水管道的水力计算方法。

① 海曾－威廉公式的计算

海曾－威廉公式是水工行业最常用的公式，如式（1-1）所示，

$$V = 0.849Cr^{0.63}s^{0.54} \tag{1-1}$$

水头损失 h_L 可用等式（1-2）计算，

$$h_L = \frac{10.65Q^{1.852}L}{C^{1.852}D^{4.87}} \tag{1-2}$$

式中：V——平均流速（m/s）；

C——海曾－威廉系数；

r——管道水力半径（m）；层流 $r = D/4$；

s——水力梯度的坡度；

h_L——管道长度 L 的摩擦水头损失（m）；

Q——流量（m^3/s）；

L——管道长度（m）；

D——管道内径（m）。

试验测试表明，海曾－威廉粗糙系数 C 值不仅取决于管道内部的表面粗糙度，还取决于管道的直径。流量试验表明，对于光滑内衬的管道，平均值 $C = 140 + 6.7d_n$，其中 d_n 为管道公称直径，单位 m。

对于新建管道的设计，建议选用表 1-2 中的 C 值。大直径输水管道无论是水泥砂浆内衬还是高分子聚合物衬里，在以往的大直径输水管道使用中发现，管道投入使用一段时间后其内表面会附着一层薄泥浆（某管道放空后，曾经进入内喷涂聚氨酯的原水输送钢管中检查管道内防腐状况，工作手套容易地擦除表面薄泥浆，露出光滑的聚氨酯涂漆表面），因此，管道内壁的摩擦系数基本上会趋同，水的流动性此时与管径有较大关系。

美国水工协会 M11 钢管和 M9 混凝土压力管等设计手册都推荐表 1-2 根据管径选取 C

值，也就是说，钢管和混凝土管在相同直径下选取的 C 值是一样的，忽略了管道内壁的粗糙度状况。

管径对应的 C 值表 表 1-2

管径	C 值
$DN400 \sim DN1200$	140
$DN1400 \sim DN2750$	145
$> DN2900$	150

现今大多数管道的水流处于过渡区和水力平滑区的紊流流态，粗糙流态的无衬里管道随着时间的推移而逐渐消失，因此不再需要由于流速变化对 C 值进行修正。

② C 值与管径相关度高

除了美国水工行业根据试验提出按照管径选取 C 值外，英国和日本的水工行业也做过类似的试验。

位于欧洲的世界水协 IWA 出版的《特沃供水》中也提出了管径越大 C 值越大。图 1-11 显示了在一定范围的管道粗糙度下系数 C 值如何随管道直径变化，并显示了流速从 1.0 m/s 变化所需的近似调整。

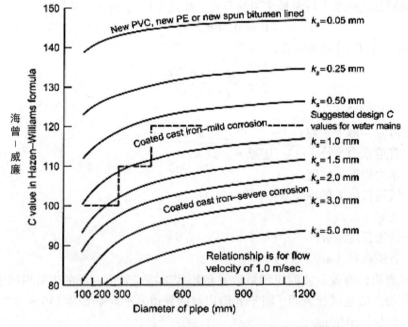

图 1-11 海曾－威廉系数 C 值随管径增加而增加

日本输水钢管协会近期也就海曾－威廉公式 C 值做了相关试验，管径从 $DN800 \sim$ $DN3000$，在相同流量下，选取不同 C 值（$C = 130$，$C = 150$）时计算所需管径的变化，试验表明，随着管径增大，系数 C 应选取更大的值。该试验还选用了内衬热熔环氧和内壁喷涂无溶剂液态环氧的钢管，并相应测得热熔环氧内衬的 C 值为 149～155，内壁喷涂无溶剂液态环氧的 C 值为 156～167。

近100多年出现了其他类型的管道，其质量也变得更好（粗糙度更低，接口质量更好），因此，在过渡区域水头损失系数是流量的函数，用这种新方法进行测试时会发现常数系数公式不适用。

③ 不同计算公式的结果对比

在进行管道水力计算时，恒定流计算沿程水头损失的常用计算公式中选取海曾－威廉、曼宁和达西－威斯巴赫公式，并对其计算结果进行比较，如表1-3所示。

海曾－威廉，曼宁和达西－威斯巴赫三种公式计算结果比较　　表1-3

（a）管径DN1200，管道长度6km的水头损失 h_f 计算

计算公式	管道长度	管径	流速	水阻系数		水头损失 h_f	与海曾－威廉公式计算结果差别
	m	m	m/s			m	
海曾－威廉	6000	1.2	1	C	140	3.54	—
曼宁	6000	1.2	1	n	0.013	5.05	42.7%
达西－威斯巴赫	6000	1.2	1	k_s（mm）	0.26	3.77	6.5%

（b）管径DN500，管道长度500m的水头损失 h_f 计算

计算公式	管道长度	管径	流速	水阻系数		水头损失 h_f	与海曾－威廉公式计算结果差别
	m	m	m/s			m	
海曾－威廉	500	0.15	1	C	130	3.85	—
曼宁	500	0.15	1	n	0.013	6.73	74.7%
达西－威斯巴赫	500	0.15	1	k_s（mm）	0.26	4.13	7.1%

计算选用的管道内壁为水泥砂浆内衬，曼宁水阻系数 $n=0.013$；达西－威斯巴赫的绝对粗糙度 $k_s=0.26$；而海曾－威廉系数 C 值随管径变化，管径DN150选取 $C=130$，DN1200管径选取 $C=140$。将计算结果进行对比可以看出，海曾－威廉公式和达西－威斯巴赫公式计算结果相近，而曼宁公式计算满流压力管道的结果偏差较大。计算结果也表明，管径变化对水头损失的计算结果影响很大。

水头损失是管道工程设计中一个非常重要的环节，压力管道水头损失计算选用海曾－威廉公式更合适，关键问题出在 C 值取值。某水利设计院计算对比DN80～DN1600球墨铸铁管取相同 C 值，产生的误差达27%，因此也建议管径不同，C 取值不同。设计不宜留过大的余地，否则会直接导致管径选大，连带水泵会选大，导致水泵效率会偏低很多，始终偏离高效区运行。

水力计算公式的正确选用和参数选取是输水管道工程设计的关键，直接影响后续的管材的选取和壁厚的确定，管道承受内压的能力对于钢管和球墨铸铁管体现在其壁厚，预应力钢筒混凝土管体现在钢丝缠绕密度，玻璃钢管则体现在玻璃纤维的缠绕密度和层数。

1.2.3　管道结构计算

（1）管道结构设计理论的发展历史

① 刚性管理论

埋地管道设计还是近代的事，它始于1913年，当马斯顿（Marston）担任美国爱荷华

13

州立学院工程系第一任系主任时，他遇到的问题是每次暴雨过后交通陷入瘫痪，每年春季解冻的土路变成泥潭，他需要寻找到路面排水的解决办法。为此政府组织了一个联邦公路研究委员会，解决方案是沿路铺设排水管。马斯顿领导了第一个埋地排水管道的工程设计，在那个时候，排水管是陶土管和水泥管，它们都属刚性管材。马斯顿推导了一个关于管顶土荷载的公式，设计要求这些刚性管能够在三点法荷载试验中能经受住"马斯顿荷载"，见图1–12。埋地混凝土管上的马斯顿荷载就是回填土质量减去沟壁的摩擦力，D荷载是三点支撑试验中管失效时的荷载。

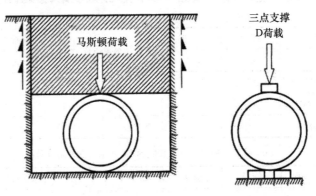

图1–12 马斯顿三点支撑试验荷载

② 柔性管理论

1930年代，美国阿姆科公司开发出波纹钢管，它采用钢带卷来生产。但是，这种柔性的波纹钢管在三点法荷载试验中是不能支撑马斯顿荷载的。柔性管在管顶土荷载作用下的管环变形示意图见图1–13。

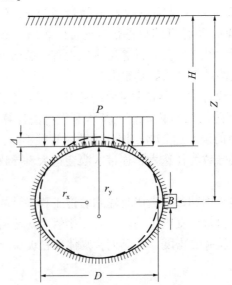

图1–13 柔性管在管顶土荷载作用下的管环变形示意图

为此，这项研究工作交给了马斯顿的学生斯潘格勒（Spangler），当年他是爱荷华州立学院的讲师。斯潘格勒使用一个"土箱子"演示柔性钢管在土荷载下的变形，并提出了管侧水平土支撑概念，即有土支撑时柔性钢管可以用作土涵管的内衬。斯潘格勒提出了这个管土相互作用的概念，他推导出了衣阿华公式来计算埋地柔性钢管的管环水平变形，公式中引用了一个水平土模量 e，参见式（1-3）。

$$\Delta_{x} = \frac{D_{L}PK}{EI/r^{3} + 0.061er} \tag{1-3}$$

式中：Δ_{x}——管道竖向变形（mm），$\Delta_{x} = \Delta_{y}$；

　　　D_{L}——管道变形滞后系数；

　　　K——垫层系数；

　　　P——单位管长上的荷载（kN/m）；

　　　r——管道半径，$r = D/2$（mm）；

　　　E——管材模量（MPa）；

　　　I——单位长度上的惯性矩，$t^{3}/12$（mm^{3}），t 为壁厚（mm）；

　　　e——管侧埋置土的被动反力模量（MPa）。

这个初始公式的实际使用发现结果并不令人满意，在不同管径或不同埋深条件下的计算结果有偏差。1956年，斯潘格勒让他的学生沃特金斯（Watkins）来重新推导这个公式（图1-14）。爱荷华州工程实验站对覆土下的柔性管涵进行了结构分析和实验研究，用于试验环变形的柔性管直径从 $DN900 \sim DN1500$。他们注意到，对于给定的土体，e 确实不是常数，er 显然更趋向于常数，斯潘格勒和沃特金斯（1958）提出使用目前使用的 E' 作为土反力的模量，参见式（1-4）。

$$\Delta_{x} = \frac{D_{L}PK}{EI/r^{3} + 0.061E'} \tag{1-4}$$

衣阿华公式中的土反力模量 E' 不是土的割线模量，它不能从土体中直接测得。这个 E' 是实测环变形经衣阿华公式反推的值，如果 E' 值足够大，在允许范围内环变形是"可控的"。不幸的是，这个公式自建立以来被用来设计管道壁厚，而非土体刚度。沃特金斯指出，这种用法是不恰当的，衣阿华公式没有打算被用于管道壁厚设计。

马斯顿

1920年代，爱荷华州立学院（爱荷华州立大学前身）第一任工程系主任，发展了埋地刚性管道马斯顿荷载设计理论。

斯潘格勒

1930-40年代，爱荷华州立学院讲师。发展了埋地柔型管道的管土相互作用理论，推导出衣阿华公式的初版——斯潘格勒公式。

沃特金斯

1958年，爱荷华州立学院助教，此期间为斯潘格勒修改了衣阿华公式。奠定了埋地柔型管道设计理论。该修正公式应用至今。

图1-14 埋地管道设计理论的奠基人

（2）管道结构设计需要注意的一些问题

① 刚性和柔性管的区分

管道应该怎样区分刚性管还是柔性管一直在困扰着管道设计人员，如术语柔性、半柔性、半刚性和刚性一直被使用。实际上，管道设计只有两种基本理念：柔性和刚性。这两种设计理念的差别是抵抗内外压力的分析方法。

刚性管设计时，管道埋置土体作为外荷载作用在管道上，由管道结构承受外荷载。

柔性管设计时，管道埋置土体与管道共同承担外荷载，按管道与土体共同作用计算。特别是在计算管道变形时，埋置土体的密实度对柔性管道变形影响很大。

除了钢筋混凝土管、预应力钢筒混凝土管和陶土管为刚性管道外，其他类型的管道，如钢管、球墨铸铁管、钢筋缠绕钢筒混凝土管、玻璃钢管、聚氯乙烯管、聚乙烯管和钢制波纹管等均属于柔性管道的范畴。

有管道工程研究人员对不同管材（1种PVC管，2种球墨铸铁管，2种钢管和1种混凝土压力管），同一管材不同直径（$DN300 \sim DN1500$）下的管环刚度做了试验，对每种管材测量不同管径下的管刚度。研究表明，这几种管材除了PVC管（$DN300 \sim DN900$）以外，在小直径下的刚度表现较高，当管径到$DN1000$时，这些管材的环刚度下降非常明显，到直径$DN1200$以上时，其管刚度处于低位，并基本趋同。这个研究说明了，管径超过$DN1200$时，这些管材的管刚度可以忽略不计，其环变形的控制完全依赖于管侧埋置材料的刚度。

埋地管道（包括刚性管和柔性管）在沟槽内的埋置示意见图1-15，刚性管道的垫层和包角最好一次完成，以消除腋下的空隙；柔性管道的管侧支撑非常重要，因此埋置材料需覆盖70%以上管径部分。

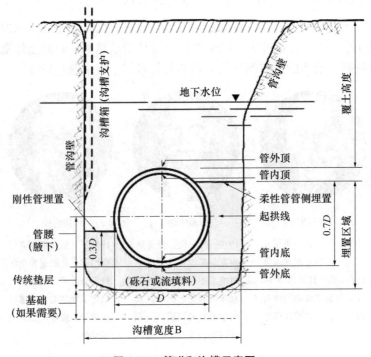

图 1-15 管道和沟槽示意图

② 刚性管道的垫层设计和施工

大直径刚性管的垫层施工非常重要，如果管外底发生点接触或线接触，容易使管道内底开裂，造成管道结构破坏。

设计上虽然技术要求管底有一定的垫层包角，但实际施工中管腰和腋下很难填充密实和夯实，其实际施工难度比较大。因此采用流填料或砾石做垫层和包角回填，可以有效保证管底的密实度，国外也有采用声波／超声波管内检测管道垫层和腋下的回填密实状况。

③ 柔性管道的埋置材料设计

根据柔性管道理论计算公式—修正的衣阿华公式［参见式（1-4）］我们不难看出，管环变形与管道直径的 3 次方成正比，这意味着，中小直径的管环变形可能不是突出问题，但是当我们设计大直径（通常指管径大于 $DN1200$）柔性管道时需要特别小心。即使是钢筋混凝土的盾构衬砌管片，由于隧洞直径太大，也不可避免地会出现挠曲变形的问题。

如果将这个修正的衣阿华公式做一个简化，如式（1-5）所示，管环变形与管顶荷载（包括管顶覆土荷载和施工或车辆等活荷载）成正比，与管道刚度和土体刚度成反比。

$$（环变形）（\frac{\Delta x}{D}）\% = \frac{（管顶压力）10P}{（管刚度）\Sigma（EI/r^3）+（土刚度）0.06E'} \qquad （1-5）$$

实际的大直径柔性管道工程测量和公式计算都表明，管道刚度对减小管环变形的贡献度只有 5% 左右，而土体刚度，或者说是管侧埋置材料（流填料和砾石等）的刚度的贡献度在 95% 左右，在大直径柔性管道的管环变形设计中起决定性作用。因此，为了保守起见，大直径柔性管道设计时取消了管刚度项，公式进一步简化为式（1-6）。

$$（环变形）（\frac{\Delta x}{D}）\% = \frac{（管顶压力）10P}{（土刚度）0.06E'} \qquad （1-6）$$

近年来，沃特金斯（斯潘格勒公式的修订者）一直强调，衣阿华公式的本意是用来设计柔性管道的管侧埋置材料的，而非管道的刚度。从上式（1-6）我们可以看出，在设定环变形限值（通常考虑为 3%）后，在一定的覆土高度的管顶荷载下就可以得到一个设计的管侧埋置材料的反力模量 E'，然后用这个值来选择原位土的压实密度，如果压缩的土刚度（E' 最大为 7MPa 左右）不够，需要换填流填料（E' 大约为 21MPa），或者是砾石（E' 大约为 15～21MPa 左右）。

④ 正确的土反力模量 E'

从经典的斯潘格勒公式（初版衣阿华公式）中的土刚度项 $0.061er$［参见式（1-3）］我们可以看出，修正的衣阿华公式［参见式（1-4）］中的土反力模量 E' 就是 $e \times r$，因此我们也可以说，现代应用的衣阿华公式中的土反力模量 E' 不仅与土体刚度有关，而且与管道直径也有很大关系，因此，单独测量土体的性能指标，而没有对应相关的管道直径，得出的（或者说是测量出的）土反力模量 E' 的离散程度相当大。

在修正的衣阿华公式发表之后的几十年间，管道工程技术人员一直试图建立 E' 与它所依赖的变量之间的关系，他们采用封闭式的解决方案，有限元分析，模型实验，实验室测试和现场测试的方法来得到 E'。没有人怀疑 E' 对土体类型和压实密度的相关性。然而，他们相互之间也出现了分歧，通过各种方法获得的 E' 值仍然存在数倍的偏差，这使得对环变形的可靠预测成为不可能完成的任务。

1977 年，美国垦务局的霍华德（Howard）通过对 117 处现场测量的结果给出了一个 E' 取值表（GB 50332—2002 标准的管侧回填土和槽侧原状土的变形模量表也采用了这个取值），这个土分类 E' 表发表后被包括澳大利亚在内的一些少数国家相关标准所采用，但是数年后的实际使用发现其离散有时会很大。因此，霍华德在 2006 年提出了重新修订的 E' 表，将表里面 14 个值中的 6 个值做了调整和修改，并提出了与沟槽壁相关的综合反力模量概念。在这个发表的修订报告中，他首次提到 E' 随覆土深度增加而增加，但是表中并没有出现管道埋深的变量，在实际使用中发现仍然存在较大的离散度。目前，大部分管道工程技术人员推荐采用哈特利（Hartley）和邓肯（Duncan）于 1987 年发表的基于不同埋深、土分类和压实密度的土反力模量值 E'。

⑤ 管道变形滞后系数 D_L

管道变形滞后系数 D_L 是斯潘格勒对公路涵管环变形设定的环变形滞后系数，假设埋置土没有被压实，交通繁忙可能会使管环变形随时间增加 1.5 倍（保守地假设）。对于大多数安装正确和土压实的管道则没有变形滞后，因此 $D_L = 1$。

衣阿华公式是用来计算非压力管道环变形的。压力管道的内压会使椭圆变形的管环复圆，这一点比较容易理解，如果有机会参观钢管厂的生产，你可以看到大直径钢管在做水压试验时，充水时由于水的重量使钢管由圆形变成椭圆形，一旦水充满加压后，钢管会逐渐复圆。

对于受到重力载荷（土载荷、活载荷以及管道和流体重量）和内部压力共同作用的柔性管道，由于内部压力而引起的管道复圆可能会减少重力引起的管道挠曲和管壁上弯曲应力。但是，当管道的变形不是椭圆形且土支撑不均匀时（例如，管道安装在坚硬的垫层上），衣阿华公式不再有效。在这种情况下，内部压力可能不会减小变形的非椭圆分量，并且可能会增加管壁中的应力。

因此，是否需要考虑变形滞后系数需要根据以下条件来确定：

a. 设计排水管道时，即管道非充满，或者内压较低（≤ 0.4MPa）的情况下，大直径柔性管计算管环变形时可考虑变形滞后系数（$D_L = 1.5$）；

b. 压力输水管道计算管环变形可不考虑变形滞后的影响，选取变形滞后系数 $D_L = 1.0$；

c. 设计压力输水管道时，如果需要设计混凝土包封，需要在柔性管道和包封之间留有一定的间隙，当管道加压后管壁上不致产生有害的局部应力；

d. 设计流填料回填埋置时，需考虑流填料的长期抗压强度小于管道的内压，当压力管道加压变形后可压碎管周的流填料；

e. 埋地压力管道的管周不能有粒径过大的石子、混凝土平板、坚硬的岩石等阻碍管周变形的硬接触。

⑥ 柔性管道环变形限值的工程设计依据

国内给水排水管道相关标准中规定了管道设计的管环变形最大值，但是在相关标准的条文说明里并没有详细解释环变形限值考虑的因素和设计依据。一些设计标准中还提出了更加严苛的要求，将规定的环变形限值进一步缩小，但并没有说明其严格规定的必要性和工程设计依据。这些并无必要的限值缩小会使得管道工程成本上升，给工程施工造成很大困难，进一步影响工程质量和进度。因此，我们需要理清这些环变形限值，如 2%、3%、

5%、7.5% 这些环变形设计控制指标，它们的考虑的因素有哪些，以便管道工程设计人员有针对性地合理选取环变形限值。

a. 2% 是针对内外水泥砂浆防腐钢管，钢筋缠绕钢筒混凝土管（BCP）提出的，当环变形超过 2% 时，水泥砂浆层会开裂；

b. 3% 是针对内衬水泥砂浆、外柔性材料防腐钢管，或者球墨铸铁管提出的，当环变形超过 3% 时，水泥砂浆衬里会开裂；

c. 5% 是针对柔性承插接口管道提出的，当环变形超过 5% 时，管道会从橡胶圈密封的接口处泄漏；

d. 7.5% 是针对管道水力通过能力提出的，当环变形超过 7.5% 时，水力通过能力会下降。

另外需要注意的是，在阀门附近的管道需要做刚度补强，避免管道的环变形传递到阀门变形，影响到阀门的启闭。

⑦ 埋地管道的沟槽宽度

安装埋地管道时，沟槽宽度的一个通用经验法则是保持沟槽尽可能窄，同时满足使用所需的压实设备来加固密实管道周围，特别是在管道腰部区域的埋置土或材料。管道变形是由管顶的土荷载和其他活荷载引起的，并通过管侧的埋置土的支撑来抵抗（图 1-15）。

在恶劣的原状土条件下通常有人会担心沟槽壁中的土支撑不足，会导致管道过度的环变形。在这种情况下，一些工程技术人员寻求有关如何正确分析管土相互作用的方法，并编制程序来确定管道能够保证管道环变形限值的土刚度。有时选择加宽沟槽，减少管侧填充土的比率来增加埋置材料的刚度，甚至采用管道包封的办法。沃特金斯（衣阿华公式的修订者）经常使用术语"烂泥"来形容这种类型的土，这给许多工程技术人员提出了一个问题，在这样的土中安装管道时合适的沟槽宽度是多少？

衣阿华公式中的水平土反力模量 E' 与管侧埋置土有关，与沟槽以外的原状土没有关系，因为沟槽壁外的原状土没有发生扰动，经过长期的沉降已达到了一个平衡点。在大多数埋设中，使用沟槽挖出的土作为管道的埋置材料是最经济的，不管埋置材料来源如何，准确了解管侧埋置土或材料的性能是埋设管道的重点，需根据环变形限值来确定这些挖出的原位土是否适合作为埋置材料。

一般情况下，如果埋置材料刚度相当好，则从管道边缘到沟槽壁的距离可以尽量窄，沟槽宽度仅仅满足管道对齐和放置埋置材料即可，无需加宽沟槽。如果埋置材料较"差"且沟槽壁为"差"或"烂泥"，则最大沟槽宽度等于管道直径的 2 倍，即管道两侧间隙为 1/2 直径的距离。

1.3　市政给水排水管道分类

市政给水排水工程也可称为室外给水排水工程或城镇给水排水工程，其中给水管道是指输送原水的管道、输送生活和生产用水管道，或用于浇灌绿化、冲洗道路和洗车等用途的中水管道；排水管道是指输送生活污水和生产污水的管道，输送截留雨水的雨水管道和雨水、污水等合并排放的合流污水管道。

市政给水排水系统不同于建筑给水排水系统，建筑给水排水系统主要服务于住宅小区、办公楼、厂房等建筑规划红线以内的区域供排水，应用的管径相对较小。而市政给水系统包括，从水源取水、用原水管道输送至水厂、在给水厂进行水质处理后加压、通过配水管网送至用户。市政排水系统又分污水系统和雨水系统，污水系统主要是采用管道接纳用户污水，通过重力流和中途泵站提升送至污水处理厂，经污水处理达到排放标准后排入城市水系。雨水系统是采用管道接纳建筑区域和公共区域雨水，通过重力流和中途提升泵站送至江河水系。市政给水排水管道的特点是工程建设规模大、管道类型多，是确保城市安全运行的重要的基础设施（图 1-16）。

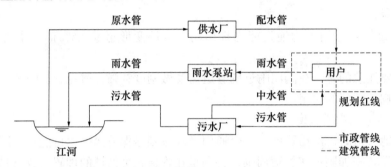

图 1-16　给水排水管道系统应用图

1.3.1　管道分类

管道类型很多，我们可以根据它在不同阶段承担相应功能环节进行分类，可以按运行功能分为给水管道、中水管道、污水管道、雨水管道，按输送方式分为压力管道、重力流管道，按管道呈现的不同刚度分为刚性管道、柔性管道，按不同制造材质分为：钢管、铸铁管、混凝土管、热塑性塑料管、玻璃钢管，按不同敷设方式分为架空管、埋管、开槽埋管、顶管和水平拖拉管等（图 1-17）。塑料管应属于热塑性塑料管，玻璃钢管应属于玻璃纤维增强热固性塑料管，考虑到行业内的长期习惯称呼，还是按塑料管和玻璃钢管来区分。

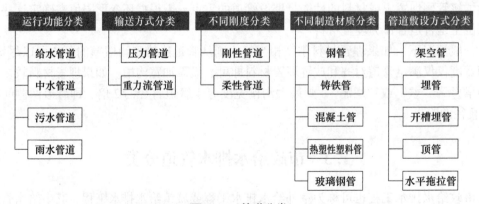

图 1-17　管道分类

（1）管道运行功能分类

市政给水排水管道在城镇给水排水系统中主要承担输送供水、排水和中水回用作用，按照管道在给水排水系统运行功能可分为：给水管道、排水管道、再生水管道。市政给水排水管道是城市市政基础设施的重要组成部分，是确保城市饮水安全、环境卫生重要保障，是确保城市运行、社会发展的生命线工程。

① 给水管道

承担着向城镇用户输送生活饮用水的任务，主要包括从水源地到水处理厂的输水管道工程，水处理厂到城镇用户接管点的配水管道工程。输水管道一般采取点至点的线状布置输送方式，配水管道则根据众多用户的地理位置，采取网状布置的输送方式，其网状布置的形式可分为由主干管道与次干管道组成的枝状管网，以及以多重主次闭合管道体系组成的环状管网。

② 再生水管道

承担着将污水深度处理后符合再生利用的水体，从水处理厂输送至用户接管点的配水管道工程，除输送水质不同外，管道布置方式与给水的配水管道工程相似。

③ 排水管道

主要分为污水管道和雨水管道，也有部分地区把污水和雨水合用管道输送情况，也可以称为合流污水管道。雨水管道污染较少，通常不需要水质处理，一般采取就近向河道水系排放方式。污水管道工程承担着将城镇用户产生的污水收集汇流至污水处理厂，并将经过处理后达到排放标准的水体输送至相邻自然河道的任务。合流污水管道在旱季主要输送污水，在雨季根据污水稀释情况接纳部分雨水合流排放。雨污水收集过程的管道工程一般采取枝状布置方式。输送至污水厂和污水厂输送至河道的管道工程采取点至点的线状布置方式。近来随着城市环保要求的提高，也开始出现了排水管网与管网连接的互联互通形式和污水厂与污水厂连通的可以互为调水的连通形式。

（2）管道输送方式分类

市政给水排水管道输送方式通常有两种，第一种通过泵站水泵加压输送，比较多的是用在给水管道系统中，我们可以称为压力管道；第二种是通过泵站提升后，靠水重力在管道流动进行输送，通常排水管道都常用这种输送方式，我们可以称为非压力管道或重力流管道。压力管道和非压力管道，通常以管道最大工作压力为 0.1MPa 为定义界限，界限值以上或以下的管道工程，分别定义为压力管道或非压力管道。城镇市政给水、排水和再生水管道工程的运行工作压力一般不超过 1.6MPa，输送水体的温度不高于 40℃。因此，通常属于低压输送管道范畴。

（3）管道管材产品分类

我国市政给水排水管道工程所涉及的管材产品种类较多，传统管材包括钢管、铸铁管、混凝土管。钢管又可分为无缝钢管和焊接钢管，而焊接钢管又可按焊缝形态分为直焊缝和螺旋焊缝工艺，按焊接工艺又可分为电弧焊、高频焊等。铸铁管则可分为灰口铸铁管、连续铸态球墨铸铁管、离心浇铸球墨铸铁管等。混凝土管则按生产工艺不同分为现浇钢筋混凝土管涵和预制混凝土管道，而预制混凝土管材产品包括钢筋混凝土管、预应力钢筋混凝土管、预应力钢筒混凝土管等。随着石化工业的发展，以塑料为基体的管材产品不断涌现，主要包括热塑性材料的聚氯乙烯、聚乙烯、聚丙烯，以及热固性材料的玻璃纤维增强塑料（通常称为玻璃钢管）等管材产品。为了更好地发挥材料性能，化学管材产品更多采用了复杂结构壁的形式，并与钢材等材料复合，形成更多复合材料形式的衍生管材产品。

市政工程中给水、排水和再生水管道工程，一般以低压或无压状态下运行，通常以高分子材料作为基材的化学管道在市政管道工程中主要用于非压力管道中。

（4）管道刚度分类

埋地管道在内水荷载、管侧土、管顶土和地面荷载作用下，管道结构和周围土体是个相互作用共同受力体，我们可以从二者承担内外压力的比例来定义刚性管和柔性管。当然也可以细分为刚性、半刚性、半柔性和柔性管道。但实际管道在设计受力分析时主要考虑刚性管和柔性管。

对于刚性管道，管道的内水荷载、管侧土、管顶土和地面荷载都作为外荷载施加在管道上，依靠管道自身的管环的刚度和管道结构强度承担外荷载。

对于柔性管，管道在管顶荷载作用下会产生侧向较大变形，使圆形管道呈现横向椭圆形，这个横向变形使管侧土体产生被动土压力，土压力对管道又产生了侧向土体抗力，使得管道与土体共同作用来承担外荷载。

（5）管道敷设方式分类

市政给水排水管道工程主要采取埋地式和架空式两种敷设方式。其中埋地式敷设又可分为地埋式敷设、沟埋式敷设和暗挖式敷设，暗挖式根据施工方式不同可采用顶管敷设和水平预钻拖拉敷设。架空式敷设也可分为管沟内架空敷设和地面上架空敷设，管沟内架空敷设通常都用于综合管廊，架空敷设通常用于跨越江河中。

1.3.2　刚性管与柔性管的判别

埋地敷设的圆形管道，在管顶和两侧土压力的作用下，管道环向结构产生弯矩、环向压力和剪力等内力，所有内力由管道结构本身承担，管道的竖向变形不大于管道直径的 1% 的管材，通常属于刚性管。而管道在管顶和两侧土压力的作用下，管道圆环产生的竖向变形导致水平直径相应向两侧伸长，即通常意义上所述的"横鸭蛋"，这种变形比重通常都比较大，管道环向水平伸长受到管侧土体约束，形成土体抗力，这种需要管与土共同作用来支撑管道顶部土荷载的管材，通常属于柔性管。

对于圆形管道结构刚柔性的判别，在《给水排水工程管道结构设计规范》GB 50032—2003 中做了明确规定，根据管道结构刚度与管周土体刚度的比值 α_s，判别为刚性管道或柔性管道，以此确定管道结构的计算分析模型：

圆形管道结构与管周土体刚度的比值 α_s 可按下式确定：

$$\alpha_s = \frac{E_p}{E_d}\left(\frac{t}{r_0}\right)^3 \tag{1-7}$$

式中：E_p——管材弹性模量（MPa）；

　　　E_d——管侧原状土的变形模量（MPa）；

　　　t——管道的管壁厚度（mm）；

　　　r_0——管道结构的计算半径（mm），即自管中心至管壁中心线的距离。

当时 $\alpha_s \geqslant 1$ 时，应按刚性管道计算，如钢筋混凝土管、预应力钢筒混凝土管、灰口铸铁管等；

当时 $\alpha_s < 1$ 时，应按柔性管道计算，如钢管、玻璃纤维夹砂管、球墨铸铁管、塑料管等。

1.4　管道力学性能的标定

1.4.1　公称压力

埋地圆形管道的管材在敷设后，用于给水压力管道的管材必须同时支承内压和管环上作用的外压（土压力和地面荷载传来压力）；用于排水重力流无压管道的管材必须支承管环上作用的外压。此外管材还必须支承管环材料的自重和管内满水时的水重。为此管材必须有足够的强度来支承作用在管环上的内外荷载。有内压作用的管道用的管材必须提供管材的公称压力指标。公称压力是管材系统组件（管材、管件）的长期内水压力的许可应用的额定指标。公称压力（nominal pressure PN）有的管材称为压力等级（pressure classes）。

各种管材的公称压力都是根据管材材质的物理力学性能和相应的设计计算并经长期内压试验确定的。在各种管材的产品标准中还都要求厂方按公称压力提供的管材，必须同时提供相应的大于管材公称压力的出厂内压试验报告。

1.4.2　3点法试验

对埋地重力流无内压作用的刚性管管材，预制圆管的支承强度都是用标准的3边支承法试验（three-edge bearing test，俗称3点法试验）确定。

混凝土管和钢筋混凝土管的3边支承法试验方法见图1-18。

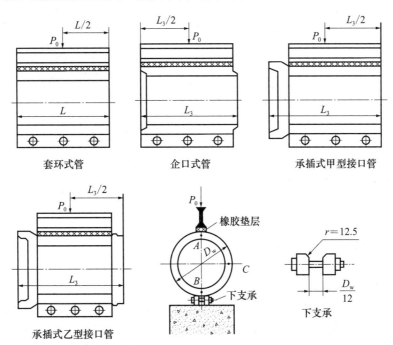

套环式管　　　　企口式管　　　　承插式甲型接口管

承插式乙型接口管

图1-18　圆管外压荷载试验安装示意图

3边支承法试验相当于在管顶和管底作用1个相等的集中线荷载，按弹性力学方法计算，管环上最大正弯矩，负弯矩和轴向力为：

$$\begin{cases} M_A = M_B = 0.318Pr_0 \\ M_C = -0.182Pr_0 \\ N_A = N_B = 0.000 \\ N_C = 0.500P \end{cases} \quad (1\text{-}8)$$

式中：A 为管环顶点，B 为管环底点，C 为管环侧点；

    P——管顶点上作用的集中线荷载（即图示 P_0 均布在管体长度上）；

    M——弯矩；

    N——轴向力；

    r_0——管环的计算半径。

在相应的混凝土和钢筋混凝土排水管的国家及行业标准中列出的各级外压荷载，最多有Ⅲ级即是 3 边支承试验方法中的集中线荷载 P 值。在标准中的外压荷载表中，裂缝荷载为管顶、底点混凝土截面内壁出现 0.2mm 裂缝宽度时的 P 值，破坏荷载是在管环破坏状态下能达到的最大荷载，在试验过程中，当管环截面裂缝达到一定宽度后，即不能继续加载。在标准中的破坏荷载都按 1.5 倍的裂缝荷载给定。对混凝土管（没有配筋的素混凝土管），出现裂缝即是管环的破碎，所以混凝土管只有破坏荷载。灰口铸铁管的 3 边支承法试验方法见图 1-19。

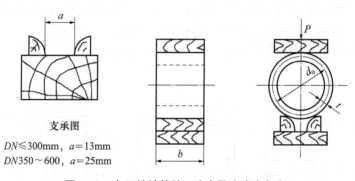

支承图

$DN \leqslant 300mm$，$a = 13mm$
$DN350 \sim 600$，$a = 25mm$

图 1-19　灰口铸铁管的 3 边支承法试验方法

按上图对灰口铸铁管的 3 边支承法试验，在管环破坏时的集中线荷载 P，可按下式算出管环截面破坏处的抗弯（弯曲抗拉）强度 f_m。

$$f_m = \frac{3Pd_0}{\pi b t^2} \quad (1\text{-}9)$$

式中：d_0——管环计算直径（mm）；

    t——管壁厚（mm）；

    b——试验管段的长度（mm）。

上述灰口铸铁管和混凝土管的 3 边支承法试验都用同样的试验装置，所以管环的力学强度计算公式亦相同，由于混凝主管是复合材料管壁，所以用管壁弯矩 M 来表达；而铸铁管则以管壁弯曲拉弯应力的式（1-10）计算，所以刚性管的强度试验方法都是一致的。

$$f_m = \frac{6M}{\pi b t^2} \quad (1\text{-}10)$$

1.4.3　环刚度

对埋地的柔性管管材，其支承作用在管顶上土荷载的能力需要控制管环的垂直向变位，而管环的垂直向变位取决于管环刚度和管两侧土的弹性抗力，也就是管土共同作用来支承的，因此管材环刚度是柔性管的管材的一项主要强度指标。圆管管环刚度 S_R 的表达式为：

$$S_R = \frac{EI}{(1-v^2)D_0^3} \tag{1-11}$$

式中：E——在平面应变情况下管材的弹性模量；

      I——管壁的惯性矩；

      v——管材的泊松比；

      D_0——管环的计算直径。

由于各种柔性管管材的泊松比 v 均在 0.3～0.4 之间，平方后其值在 0.1 左右，可以不计，因此一般都将管环刚度简化为，

$$S_R = \frac{EI}{D_0^3} \tag{1-12}$$

对实壁管，单位长度的 I 可直接用 $t^3/12$ 代入得到管环的 S_R 值；对双壁波纹管，肋壁管等异形结构壁管及 RPMP 复合材料管，应按管壁结构的具体截面构造计算 I 值，一般由生产厂家提供。对热塑性塑料管材，S_R 通常可用平行板法试验测定。

平行板试验方法是将管材试样（标准长度的管环）水平放置，用两个互相平行的平板垂直方向对试样施加压力，压至管环试件截面垂直方向变形为 $0.03D_0$ 时的作用力计算环刚度。此时可按下式计算，

$$S_R = (0.0186 + 0.025Y)P/b \tag{1-13}$$

式中：P——作用的线荷载（kN）；

      b——试环长度（m）；

      Y——截面垂直变形，相当于计算直径 3% 变形时的量，亦即 $Y = 0.03d_0$（m）。

在 ISO 及有关标准中对这种管环刚度试验都有具体试验方法及试件数量的要求。在埋地排水 UPVC，HDPE 双壁波纹管，HDPE 缠绕结构壁管材的国家产品标准中，对这类管材都有按环刚度等级如：SN2、SN4、SN8、SN16（kN/m²）等分类的规定。在 RPMP 的行业品标准中，对 RPMP 都有按环刚度分成 1250、2500、5000、10000（N/m²）4 种刚度等级的规定。

1.5　市政给水排水管道标准的应用

我国市政给水排水管道结构设计早期主要是参考苏联的计算方法，主要参考资料为 1957 年由中国工业出版社出版的 A.M·诺维柯夫专著《涵管、筒拱及拱的计算表》，1957 年由城市建设出版社出版的 Л.A·却特维尔宁专著《上下水道沉降构筑物设计技术和构造》，1964 年由中国工业出版社出版的 Г.K·克列恩专著《地下管计算》等；1984 年由上海市政工程设计院［上海市政工程设计研究总院（集团）有限公司前身］牵头全国

各大市政院编制《给水排水工程结构设计手册》，其中第七篇管道详细介绍了市政给水排水管道的荷载取值、计算方法和构造要求等，这些工作的开展为制定我国市政管道设计规范奠定了基础，1984 年我国颁布了第一本市政给水排水工程结构专项规范:《给水排水结构设计规范》GBJ 69—84，其中包含了管道设计部分。

随着 20 世纪 90 年代中，国内各地区又引进、开发了新的管材，例如各种化学管材（UPVC、FRP、PE 等）和预应力钢筒混凝土管等，随着科学技术的不断持续发展，新颖材料的不断开拓，新的管材、管道结构也会随之涌现和发展，有必要将有关管道结构的内容，从《给水排水结构设计规范》GBJ 69—84 中分离出来，既方便工程技术人员的应用，也便于今后修订，于是 2003 年我国颁布《给水排水工程管道结构设计规范》GB 50332—2002。由于管道结构的材质众多，物理力学性能、结构构造、成型工艺各异，工程设计所需要控制的内容不同，例如对金属管道和非金属管道的要求、非金属管道中化学管材和混凝土管材的要求等，都是不相同的，因此有必要按不同材质的管道结构，分别独立制订规范，这样也可与国际上的工程建设标准、规范体系相协调，便于管理和更新。据此，随后完成了以中国工程建设协会标准颁布的《给水排水工程埋地钢管管道结构设计规程》CECS 141—2002，《埋地塑料排水管道工程技术规程》CJJ 143—2010 等多部专项规程。这些规范、规程的完成为我国市政给水排水工程管道应用和技术发展发挥了积极作用。

目前世界范围内标准体系包括 ISO 国际标准系统，（BS）EN 欧洲标准系统，ANSI/AWWA 美国标准系统，GB 中国国标系统，JIS 日本标准系统。其他还有 IS 印度标准、AS/NZS 澳大利亚 – 新西兰标准，以及部分非洲和中东地区仍在使用的老版 BS 系统，即英标系统等。其中 ISO 国际标准系统和 EN 欧标系统大都为互认体系，不少 EN 标准和 ISO 标准甚至连章节号都一致，但是两者诉求目的和适应范围不完全一致。由于管道技术发展很快，新材料、新工艺的不断涌现，国内标准还没有完全跟上的情况下，国际相关标准可以作为参考。

国内外市政管道相关标准见附录。

第 2 章　管道基本计算

管道基本计算包括水力计算和结构计算。管道水力计算属于流体力学，管道的输送能力受到流体介质、管壁材质、管径和流体压力等条件影响，经过长期的管道流体力学研究，出现了许多市政管道的经典水力计算公式，市政工程主要分为给水管道水力计算和排水管道水力计算。管道结构计算，就管道本体而言结构形式简单，但管道敷设方式多样，环境条件复杂，使得管道工程结构受力条件相当复杂，特别是埋地管道，受到土体的约束影响，管道与土体呈现相互作用，鉴于土力学的复杂性，很难得到明确的管道结构计算方法，长期来国内外专业人员进行大量的研究工作，也提出许多经典的管道结构计算模型和计算方法。管道水力计算和结构计算理论大都是来源于模型试验和工程试验，都代表某种工况条件，管道计算是管道设计的基础，因此正确地了解和理解每个公式的来源、出处和边界条件，将有助于设计人员正确的应用计算公式，使管道工程设计能充分体现安全、经济、可靠的原则。

2.1　给水管道水力计算

给水管道按其功能可分为输水管和配水管。

输水管是指从水源输送原水至净水厂或净水厂输送清水至配水厂的管道。当净水厂远离供水区时，从净水厂至配水管网间的干管也可作为输水管。

配水管是指由净水厂、配水厂或由水塔、高位水池等调节构筑物直接向用户配水的管道。配水管按其布置形式分为树枝状和环网状，配水管又可分为配水干管和配水支管。

原水输水管道可采用有压输水和无压（非满流）输水，且一般应采用全封闭方式输水；有压输水时管道一般采用圆形断面，当压力较低时（最大内水压小于 0.1MPa）也可采用马鞍形或矩形断面；无压（非满流）输水时一般采用梯形、矩形或马鞍形断面。

2.1.1　管道的流速和流量

清水输配水管道必须采用有压且全封闭方式输水，其管道断面应采用圆形管道（图 2-1）。

流体在管道中因为压力差，会产生流动现象，因此在单位时间内流动通过的液体体积称之为流量，一般单位为 m^3/s；在单位时间内在相同断面内流动的平均长度为流速，一般单位是 m/s。

为了更加准的研究管道内液体流动的速度和流量，管道内需要明确液体通过流动的管道断面面积应在一定管道计算范围内保持一致。

以图 2-2 中管道液体流动为例，在管道上取过流断面 1-1，单位时间内液体从断面 1-1流到断面 2-2，在断面 1-1 到断面 2-2 之间包含的管道的体积即为单位时间内通过的流量，断面 1–1 到断面 2–2 的距离就是单位时间内水流通过的长度，之间的比值就是流速。

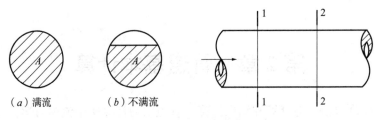

（a）满流　　（b）不满流

图 2-1　管道的过流断面

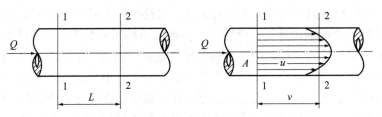

图 2-2　管道中流速、流量、过流断面关系

2.1.2　有压（满管）给水管道水力计算

液体在管道中流动时，受到管道摩擦阻力、液体自身物理特性等影响，在过流断面上各个点上的流速、流态各不相同。由于液体流动时与管道内壁表面产生了较大的摩擦力，且管道内各位置的流层之间也会由于流速不同产生相对运动的摩擦力，靠近管道内壁的液体流动比较慢，而管道中心的液体流动则较快。

为了克服该部分的摩擦阻力、水流条件的局部变化、各流层之间的黏滞阻力，在液体流动过程中需要消耗自己所具有的动能，具体表现为液体的水压（水头）沿输水方向逐渐降低，这部分损失的能量我们称之为水头损失，其原理见图 2-3。

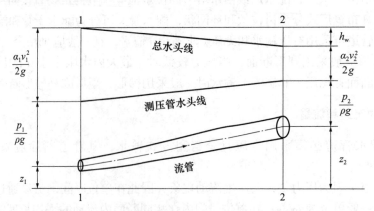

图 2-3　管道水头沿程变化原理

为了弥补上述管线输水过程中产生的能量损失或水头损失，需要水泵等设备来补充足够的水头，确保液体可以按照设定的线路输送至管线末端。

水头损失与较多因素有关，例如与液体接触的断面形式、内壁光滑度、内壁材质等。在进行有压（满管）给水管道水力计算时，首先需要对设定的流量、管材、内壁特性等进行了解。上述水力计算的工况确定后，再进行水力计算来确定管道在响应管道特性和流量条件下产生的水头（水压）损失。

在管道实际应用前，需要进行输水水力计算，以明确输水设施、输水系统的科学性和合理性，同时也有利于明确输水管道的管径、材质、内壁防腐做法等。

水力计算的主要任务和目标主要有以下几点：

① 按照设计的流量和允许的水头损失，计算选择合适的管道管径；

② 按照确定的管径和允许的水头损失，计算校核管道的输水流量；

③ 按照管道水力计算的结果，确定输水系统的设备选型；

④ 按照设计的管径和流量，计算管道沿线的压力变化和管道沿线各点的压力；

⑤ 按照设计的流量，确定合理的管道口径、管道内壁防腐形式、所需要的输水系统压力等。

2.1.3 水力计算

管道总水头损失是该段管线在设计流量下沿程水头损失和局部水头损失之和。管道总水头损失宜按下式计算：

$$h_z = h_y + h_j \tag{2-1}$$

式中：h_z——管（渠）道总水头损失（m）；

　　　h_y——管（渠）道沿程水头损失（m）；

　　　h_j——管（渠）道局部水头损失（m）。

管（渠）道沿程水头损失宜按下式计算：

$$h_y = \lambda \cdot \frac{l}{d_j} \cdot \frac{v^2}{2g} \tag{2-2}$$

$$\frac{1}{\sqrt{\lambda}} = 2 \lg \left(\frac{\Delta}{r_0} + \frac{3.7 d_j}{Re\sqrt{\lambda}} \right) \tag{2-3}$$

式中：λ——沿程阻力系数；

　　　l——管段长度（m）；

　　　d_j——管道计算内径（m）；

　　　v——过水断面平均流速（m/s）；

　　　g——重力加速度（m/s²）；

　　　Δ——当量粗糙度，通过试验确定；

　　　Re——雷诺数。

混凝土管（渠）及采用水泥砂浆内衬管道：

$$h_y = \frac{v^2}{C^2 R} \tag{2-4}$$

$$C = \frac{1}{n} R^y \tag{2-5}$$

当 $0.1 \leqslant R \leqslant 3.0$，$0.011 \leqslant n \leqslant 0.040$ 时，y 可按下式计算，管道水力计算时，y 也可取 1/6，即 C 按公式计算。

$$y = 2.5\sqrt{n} - 0.13 - 0.75\sqrt{R}(\sqrt{n} - 0.1) \tag{2-6}$$

式中：C——流速系数；

　　　R——水力半径（m）；

　　　n——粗糙系数，见表 2-1；

　　　y——指数。

输配水管道：

$$h_y = \frac{10.67q^{1.852}}{C_h^{1.852}d_j^{4.87}}l \tag{2-7}$$

式中：q——设计流量（m^3/s）；

　　　C_h——海曾 – 威廉系数。

Δ（当量粗糙度）、n（粗糙系数）、C_h（海曾 – 威廉系数）3 个摩阻系数，可采用水力物理模型试验检测相关参数值，再进行推算获得。当无法开展试验时，可以查阅表 2-1 进行估算。

管（渠）道局部水头损失宜按下式计算：

$$h_j = \Sigma\zeta\frac{v^2}{2g} \tag{2-8}$$

式中：ζ——管（渠）道局部水头阻力系数，可根据水流边界形状、大小、方向的变化等选用。

2.1.4　水力计算的影响因素

在输水水力计算中，确定了流量和管径后，对水头损失影响较大的因素就是管道内壁的物理性质特征了。管道能量损耗主要是由于受到管道内壁的摩擦产生，较为光滑的内壁则具有较小的能耗，直接表现为粗糙度 n 值较低。

在水力计算时，需要综合考虑不同的管材在不同时间段会产生不同的管道内壁物理性质。比如未做好内防腐处理的钢管，多年后会出现生锈腐蚀的现象，逐渐影响了管道的断面面积和表面光洁度。而同口径的化学建材管则不易出现生锈的现象，仍能保持较好的光洁度。

此外，除了生锈会对管道的内壁物理性质产生影响外，管道内生长的微生物、沉积的污泥、管道接口处异物生长也会影响管道内壁物理性质。

通过水力实验，总结了不同类型的管道粗糙系数取值，见表 2-1。

不同管材及防腐特征的水力计算粗糙系数取值参考范围　　　　表 2-1

口径	管材类别	内防腐种类	（海曾 – 威廉系数）C_h	粗糙系数 n
DN200 及以下	无缝钢管	未做内防腐，未除锈	—	0.20 ～ 0.30
	焊接钢管及轻微腐蚀的无缝钢管	有内防腐涂料，但不完善	—	0.20 ～ 0.30
	腐蚀较为严重的钢管	内防腐基本失效	—	0.50 ～ 0.60
	铸铁管	未做内防腐	—	0.20 ～ 0.30
DN200 以上	钢管、球墨铸铁管	水泥砂浆涂刷较为光洁	120 ～ 130	0.011 ～ 0.012
		水泥砂浆涂刷较为粗糙	110 ～ 120	0.014 ～ 0.016

口径	管材类别	内防腐种类	（海曾－威廉系数）C_h	粗糙系数 n
DN200 以上	钢管、球墨铸铁管	一般性内防腐涂料涂刷	$130 \sim 140$	$0.0105 \sim 0.0115$
		聚氨酯、环氧陶瓷内衬等	$140 \sim 150$	0.01
		未做内防腐处理	$90 \sim 100$	$0.014 \sim 0.018$
各种口径	混凝土管	无内防腐	—	$0.011 \sim 0.013$

2.2 排水管道水力计算

2.2.1 排水管道的特点

根据排水管道的管径和其在系统里所承担的作用的不同，排水管道可分为支管、干管和主干管等，其共同组成了排水管道系统。排水管道系统在运作时，一般由支管收集管道沿线的雨污水，然后流入干管，由干管流入主干管，再由主干管最终排入水体或污水处理厂，形成一个枝状分布的管网系统，这点与环状分布的给水管道系统有所不同。为便于沿线的接入，一般情况下，排水管道内液位低于或等于管顶，管道内的水流靠上下游的液位差进行流动，即靠重力流动。

相比给水管道，排水管道的水流含有污染物质，包括有机物和无机物，液体在排水管道内流动时，密度比水小的漂浮在水面流动，密度与水接近或略大于水呈悬浮状态流动，密度远大于水的沿管道底部移动或淤积在管道底部。但总的来说，排水管道内液体的含水率一般在 99% 以上，悬浮物质的占比极少，因此可假定污水的流动按照一般液体流动的规律，并假定管道内水流是均匀流。

然而在实际运行中排水管道内流速并不均匀，这一方面是因为排水管道内流量会随着管道沿线支管等的接入而变化，另一方面，当管道管径发生变化或是发生跌水等现象使得水流状态发生改变时，流速也会不断变化。但在排水管道直线敷设的区域，当流量没有很大变化且无沉淀物时，管道内水流的状态可接近均匀流。在排水管道的设计与施工中，尤其强调要改善管道的水力条件，使管道内水流尽可能接近均匀流。

2.2.2 水力计算基本公式

排水管道在设计时进行的水力计算是指根据水力学规律，计算排水管道的水力条件。考虑到排水管道内水流的变化不定，即使采用变流速公式计算仍难以保证与实际一致，而且变流速公式的相对复杂，另一方面可通过优化设计和施工，可以是管道内液体的流动尽可能接近均匀流，故目前在排水管道的水力计算中仍采用均匀流公式。常用的均匀流公式包括流量公式和流速公式。

流量公式：

$$Q = A \times v \qquad (2-9)$$

流速公式：

$$v = C \times \sqrt{R \times I} \qquad (2-10)$$

式中：Q——流量（m^3/s）；

　　A——水流有效断面面积（m^2）；

　　v——流速（m/s）；

　　R——水力半径（过水断面面积与湿周的比值）（m）；

　　I——水力坡度（等于水面坡度，当管道为重力管道时也等于管底坡度）；

　　C——流速系数或称谢才系数。

均匀流条件下，C值按曼宁公式计算，即：

将公式（2-11）代入公式（2-9）和公式（2-10）则，

$$C = \frac{1}{n} \times R^{1/6} \qquad (2-11)$$

$$v = \frac{1}{n} \times R^{2/3} \times I^{1/2} \qquad (2-12)$$

$$Q = \frac{1}{n} \times A \times R^{2/3} \times I^{1/2} \qquad (2-13)$$

式中：n——管壁粗糙系数。该值根据管渠材料确定，可参照表2-2，排水管道上常用的混凝土和钢筋混凝土管的管壁粗糙系数一般采用0.013。

排水管道粗糙系数			表 2-2
管道种类	n 值	管道种类	n 值
水泥砂浆内衬球墨铸铁管	$0.013 \sim 0.014$	石棉水泥管、钢管	0.012
混凝土和钢筋混凝土管	$0.013 \sim 0.014$	UPVC 管、PE 管、玻璃钢管	$0.009 \sim 0.011$

2.2.3 排水管道水力计算的其他要求

（1）设计充满度

常见排水管道根据不同的排水体制，可分为雨水管道、污水管道和合流管道，因其输送的水流性质有所不同，故规范上有不同的要求，这里先引入设计充满度的概念。设计充满度的定位为水在管道中的水深 h 和管道直径 D 的比值，当 $h/D = 1$ 时称为满流，当 $h/D < 1$ 时称为非满流。因雨水中主要含的是泥沙等无机物质，并且暴雨径流量大，相应较高设计重现期的暴雨强度的降雨历时不会很长，雨水管道一般按照满流设计；合流管道输送的液体包括雨水和片区内的污水，但一般同一地区其设计雨水远大于污水，故合流管道参照雨水管道按照满流设计；而污水管道则需要考虑管道内沉积的污泥可能分解析出的有害气体以及污水流量的时刻变化很难精确计算等因素，有必要保留一部分断面，一方面利于管道内的通风，排除有害气体，另一方面为未预见水量的增长留有余地，故一般按照非满流设计，其最大充满度按表 2-3 取值。

（2）最小及最大设计流速

与设计流量、设计充满度所对应的管道内水流的计算平均速度叫作设计流速。当水流在排水管道内流动缓慢时，水中的杂质有可能会下沉，在管道底部淤积；而当管道内水流过快时，则会对管道内壁产生冲刷，严重时会损坏管道。为了防止管道中产生淤积或是冲刷，有必要控制管道的设计流速。

最大设计充满度　　　表 2-3

管径（mm）	最大设计充满度	管径（mm）	最大设计充满度
200～300	0.55	500～900	0.70
350～450	0.65	≥1000	0.75

最大设计流速是保证管道不被冲刷损坏的流速，该管道通常与管道材料有关，根据《室外排水设计标准》GB 50014—2021，非金属排水管道的最大设计流速为 5m/s，金属排水管道的最大设计流速为 10m/s。

最小设计流速是保证管道不至于发生淤积的流速，这一最低的限制与水流中所含悬浮物的成分和粒度有关，且与管道的水力半径，管壁的粗糙系数有关。根据实际排水管道的运行，流速是防止管道中液体所含悬浮物沉淀的重要因素，但不是唯一因素，引起水中悬浮物沉淀的决定因素是充满度，即水深。一般小管道水量变化大，水深变小时就容易产生沉淀，大管道水量大，水深变化小，不容易产生沉淀。因此不需要按照管径大小分别规定最小设计流速。同时，为避免雨水所夹带的泥沙等无机物质在雨水和合流管道内沉淀下来而堵塞管道，雨水管道的最小设计流速应大于污水管道，根据国内排水管道的实际运行情况，污水管道在设计充满度下最小设计流速确定为 0.6m/s，雨水管道和合流管道在满流时的最小流速为 0.75m/s。含有金属、矿物固体或重油杂质的生产废水管道，其最小设计流速宜适当加大，数值要根据试验或运行经验确定。

污水处理厂中另有用于污泥输送的管道，因输送的污泥的流体特性随着污泥含水率的不同变化较大，为防止污泥管道堵塞，《室外排水设计标准》GB 50014—2021 还专门明确了相关要求，压力输泥管的最小设计流速如表 2-4 所示。

压力输泥管最小设计流速　　　表 2-4

污泥含水率（%）	最小设计流速（m/s）		污泥含水率（%）	最小设计流速（m/s）	
	管径 150～250mm	管径 300～400mm		管径 150～250mm	管径 300～400mm
90	1.5	1.6	95	1	1.1
91	1.4	1.5	96	0.9	1
92	1.3	1.4	97	0.8	0.9
93	1.2	1.3	98	0.7	0.8
94	1.1	1.2			

在某些情况下，排水管道的流态为压力流，此时设计流速宜采用 0.7～2.0m/s。

（3）最小管径

在排水系统的起端，设计流量很小，若根据流量计算来确定管径，则管径会很小。根据排水管道的实际养护经验，当排水管道管径过小时，非常容易堵塞，例如 *DN*150 的管道的堵塞次数，有时候能达到 $DN200$ 管道堵塞次数的 2 倍，而小管径排水管道的工程施工费用往往相差不多，根据水力计算公式，对于同样的设计流量，管径与管道坡度呈反比关系，因此选用较大的管径，可选用较小的坡度，减小管道的埋深，因此为了养护工作的方便，常规定一个允许的最小管径。

（4）最小设计坡度

重力流排水管道的设计坡度即为管道计算时的水力坡度，为了控制排水管道的布置不埋得过深，一般当排水管道坡向与地面坡向一致时，在地面坡度大于水力坡度的前提下，常取地面坡度；当排水管道坡向与地面坡向相反或者为地势平坦地区时，需要控制管道的埋设坡度，使管道的流速等于或大于最小流速，由此将管内流速为最小设计流速时的管道坡度叫作最小设计坡度。

根据公式 2-12，设计坡度与设计流速的平方成正比，与水力半径的 2/3 次方成反比，由于水力半径的定义是有效过水断面面积与湿周的比值，因此不同管径的排水管道应有不同的最小坡度，而当排水管道管径相同时，因充满度不同，其最小坡度也不同。在给定设计充满度的条件下，管径与坡度成反比，因此仅需规定最小管径的最小设计坡度，详见表 2-5。

最小管径与相应最小设计坡度　　　　　　　　　　　　　　　　　　　表 2-5

管道类别	最小管径（mm）	相应最小设计坡度
污水管、合流管	300	0.003
雨水管	300	塑料管 0.002，其他 0.003
雨水口连接管	200	0.01
压力输泥管	150	—
重力输泥管	200	0.01

2.3　管道结构计算模式

2.3.1　刚性管计算理论

刚性管的计算模型，国内外比较流行的主要有四种计算方法：最常用的是苏联的克列恩（也有译作克莱茵）计算模型、德国计算模型、日本计算模型和美国计算模型。管道基础的型式主要有两种：土弧基础和混凝土管座基础。

（1）苏联的克列恩计算模型

中国工程建设标准化协会标准《给水排水工程埋地管芯缠丝预应力混凝土管和预应力钢筒混凝土管管道结构设计规程》CECS 140—2011 中的管芯缠丝预应力混凝土管和预应力钢筒混凝土管、《给水排水工程埋地铸铁管管道结构设计规程》CECS 142—2002 中的灰口铸铁管、《给水排水工程埋地预制混凝土圆形管管道结构设计规程》CECS 143—2002 中的钢筋混凝土管，都采用克列恩计算模型，如图 2-4 所示，其计算假定管壁环向截面弯矩由以下三个作用力产生：

①竖向土压力 $F_{v,k}$ 取竖向土荷载及地面车辆荷载或地面堆积荷载的较大值；

②管道两侧的土压力一般取管道中心标高线处的主动土压力的矩形荷载，不再取管顶小、管底大的梯形荷载；

③管道的地基反力取土弧基础中心角范围内的弹性地基反力，地基反力的方向指向管道圆心；如果是土弧基础，地基反力接近于抛物线的半椭圆形反力，如果是混凝土基础，地基反力为均布的半圆形反力。

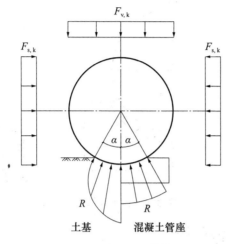

图 2-4　克列恩计算模型

（2）德国计算模型

德国混凝土管手册（1978）中，对土弧基础和混凝土基础的反力图形见图 2-5，其计算假定管壁环向截面弯矩由以下三个作用力产生：

①竖向土压力 $F_{v,k}$ 取竖向土荷载及地面车辆荷载或地面堆积荷载的较大值；

②管道两侧的土压力一般取管道中心标高线处的主动土压力的矩形荷载，但范围为基础中心角以上至管道部分；

③管道的地基反力取土弧基础中心角 2α 范围内的弹性地基反力，地基反力的方向指向管道圆心；如果是土弧基础，地基反力接近于管道中心以下的月牙形反力，如果是混凝土基础，地基反力为均布的半圆形反力，两侧各 $\alpha/2$，范围内反力较大，中间范围内反力较小。

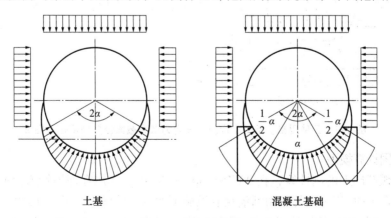

图 2-5　德国计算模型

（3）日本计算模型

仅对混凝土管座基础进行了试验和研究，日本下水道协会发表的《开槽埋设刚性管道基础试验研究（1988）》文中，假定混凝土基础上的混凝土管底反力均为均布反力，见图 2-6 日本计算模型。通过试验和计算，在管顶均布荷载作用下，管环上最大截面处的弯矩系数见图 2-7。

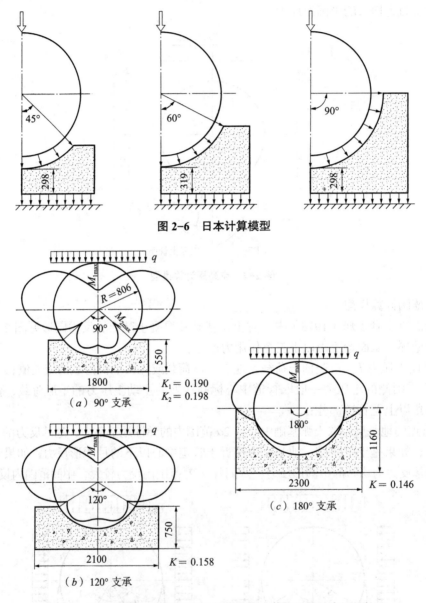

图 2-6　日本计算模型

图 2-7　三种混凝土基础上混凝土管内力最大截面位置处弯矩系数 K

（4）美国计算模型

对于土弧基础上的刚性管，在 AWWA 301～304 中，作用在埋地管道上的土压力荷载图是马斯顿在 1930 年提出的，由斯潘格勒试验证明的球状图形，并与 1938 年被用在引水管道工程中，到 1950 年奥兰德（Olander）在混凝土管的应力分析提出的计算图表，对球状荷载图形予以确认,美国奥兰德荷载图形计算模型见图 2-8。图中,土压力和支承反力都假定按余弦曲线图形分布。

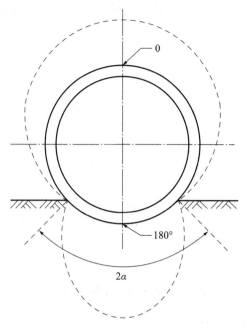

图 2-8 美国土弧基础计算模型

对设有混凝土基础的混凝土管道设计,美国计算模型没有提供内力计算方法,也没有提供截面内力计算系数,而是按混凝土管在沟槽内按规定 4 种基础做法,分为 A、B、C、D 共 4 个基床等级,将两种混凝土管基础（$2\alpha = 90°$, $180°$）定为 A 级基床,其他三种均为土基,按不同支承角及回填土密实度及土质（土、砂、石等）定级。将 4 个基床等级定出 4 种基床系数。混凝土管道支承强度为基床系数与混凝土管三点法试验强度的乘积。由于混凝土基础的基床系数为 A 级是最高的基床等级,因而其支承强度最大。

2.3.2 柔性管计算理论

埋地柔性管道的内力计算,国内外比较流行的主要有三种计算方法:苏联的耶梅里杨诺夫（Д.М.ЁмеАьянов）计算模式、美国的 M.G.Spangler 计算模式和德国水处理管理协会的 ATV 计算模型。另外,用于盾构法隧道衬砌计算的日本的三角形分布法,作为盾构法隧道弹性抗力法的一种,对于非开挖的柔性管道,特别是超大口径管道的计算,同样具有参考借鉴意义。

（1）耶梅里杨诺夫（Д.М.ЁмеАьянов）计算模式

《给水排水工程结构设计规范》GBJ 69—84 采用了该计算模式,中国建筑工业出版社出版的《给水排水工程结构设计手册》(第一版)也有描述。耶梅里杨诺夫计算模式如图 2-9 所示,其计算假定管壁环向截面弯矩由以下三个作用力产生:

① 由竖向土压力及与之平衡的地基反力;竖向土压力 $F_{v,k}$ 取竖向土荷载及地面车辆荷载或地面堆积荷载的较大值,管道的地基反力取土弧基础中心角范围内的弹性地基反力,一般都是土弧基础,地基反力接近于为均布,方向与竖向土压力相反。

② 管道两侧的水平向土压力 $F_{s,k}$；一般取管道中心标高线处的主动土压力的矩形荷载，不再取管顶小、管底大的梯形荷载。

③ 土壤的水平向弹性抗力；这是由管道两侧土体的综合变形模量 K 决定的。

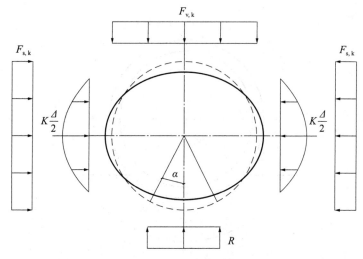

图 2-9　耶梅里杨诺夫计算模式

（2）M.G.Spangler 计算模式

现行《给水排水工程管道埋地钢管管道结构设计规程》CECS 141—2002、《给水排水工程顶管技术规程》CECS 246—2008 都采用该计算模式。M.G.Spangler 计算模式如图 2-10 所示，其计算假定管壁环向截面弯矩由以下三个作用力产生：

① 由竖向土压力及与之平衡的地基反力；竖向土压力 $F_{v,k}$ 取竖向土荷载及地面车辆荷载或地面堆积荷载的较大值，管道的地基反力取土弧基础中心角范围内的弹性地基反力，一般都是土弧基础，地基反力接近于为均布，方向与竖向土压力相反。

② 土壤的水平弹性抗力，这是由管道两侧土体的综合变形模量 K 决定的。土壤的水平弹性抗力按抛物线分布在管道中心线的 100° 范围内，抗力的最大值为 $K \cdot \Delta / 2$（Δ 为管道水平直径的水平变形量），位于管道水平直径的两端点。

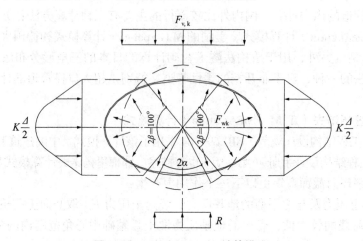

图 2-10　M. G. Spangler 计算模式

（3）ATV 计算模型

德国水处理管理协会 ATV-A127 中计算模型，见图 2-11。该计算模型中：

① 由竖向土压力及与之平衡的地基反力；竖向土压力 $F_{v,k}$ 取竖向土荷载及地面车辆荷载或地面堆积荷载的较大值，管道的地基反力取土弧基础中心角 2α 范围内的弹性地基反力，一般都是土弧基础，地基反力接近于为均布，方向与竖向土压力相反。

② 考虑了水平主动土压力 $F_{s,k}$，按回填土的土质和密实度等因素确定，一般采用 $0.30\sim0.50$ 主动土压力系数。

③ 土壤的水平向弹性抗力；这是由管道两侧回填土的土质和密实度等因素确定的。土壤的水平弹性抗力按抛物线分布在管道中心线的 $2\beta = 120°$ 范围内，抗力的最大值为 $K \cdot \Delta/2$（Δ 为管道水平直径的水平变形量），位于管道水平直径的两端点。

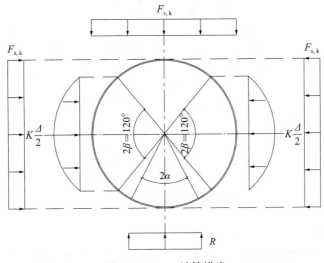

图 2-11 ATV 计算模式

（4）日本的三角形分布法

摘自中国铁道出版社《盾构法隧道》，为弹性抗力法的一种，主要用于盾构法隧道衬砌的计算，对于非开挖的柔性管道，特别是超大口径管道的计算，同样具有参考借鉴意义。自由变形法计算模型如图 2-12 所示，计算假定为在外荷载作用下，衬砌两侧产生地层方向的水平变形，地层阻止衬砌变形而产生抗力，主要荷载计算模型如下：

① 由竖向土压力及与之平衡的地基反力；竖向土压力 $F_{v,k}$ 取竖向土荷载及地面车辆荷载或地面堆积荷载的较大值，管道的地基反力沿环的水平投影为均匀分布，方向与竖向土压力相反。

② 管道两侧的水平向土压力 $F_{s,k}$；取管顶小、管底大主动土压力的梯形荷载。

③ 土壤的水平向弹性抗力；这是由管道两侧土体的综合变形模量 K 决定的。土壤的弹性抗力与衬砌的水平变形 Δ 和衬砌两侧土体的抗力系数（变形模量）有关，按三角形分布，分布在水平直径上下各 45° 范围内，在水平直径处抗力最大。

④ 该计算模型在《给水排水工程顶管技术规程》CECS 246—2008 编制过程中，进行了多次试算。试算中发现，两侧土体抗力系数的取值至关重要，经常发生由于土体的抗力系数取值过大，导致计算结果的管道变形为"竖鸭蛋"，而与原柔性管的计算假定：管道在

竖向土荷载作用下，变形为"横鸭蛋"，管道环向水平伸长受到管侧土体约束，才形成土体抗力相矛盾。因此，《给水排水工程顶管技术规程》CECS 246—2008 在最终选择计算模型时，未采纳该计算模型。

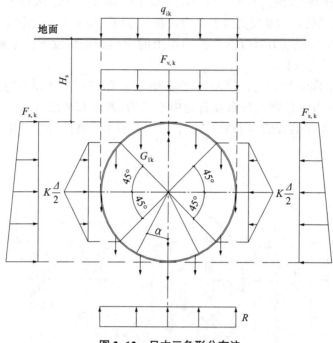

图 2-12　日本三角形分布法

（5）模型的应用

按照埋地柔性管的受荷载模式，管道在沟槽中敷设，管道两侧的回填土使管道首先受到水平向土压力作用，管道引起水平和竖向变形；然后管道顶部回填土作用产生竖向土压力，同样使管道产生竖向和水平变形（比水平向土压力作用力大，变形也大，方向相反），水平向对回填土挤压，形成土体水平抗力。上述四种计算模式中，在对垂直土压力的计算方法上，M.G.Spangler 计算模式、耶梅里杨诺夫计算模式和日本的三角形分布法是按马斯顿柔性管道土压力计算方法，即为管顶部管道直径宽度的土柱重量。而 ATV 计算模型则考虑了回填土与沟槽的摩擦力。地面荷载的计算方面，虽然，M.G.Spangler 计算模式和 ATV 计算模式都采用了布斯尼克（Boussinesq）地面上的点荷载力在半无限弹性体介质内扩散分布的计算方法，但其简化后采用的扩散角是不相同的。在对水平向土压力的计算方法上，M.G.Spangler 计算模式仅计入了土体抗力，而耶梅里杨诺夫计算模式、ATV 计算模式和日本的三角形分布法不仅计入了土体抗力，也计入了土体的主动土压力。

2.4　管道结构上作用

管道上的作用，可分为永久作用、可变作用和偶然作用三类：

① 永久作用应包括管道结构自重、竖向土压力、侧向土压力、管道内水重和顶管轴线偏差引起的纵向作用；

② 可变作用应包括管道内的水压力、管道真空压力、地面堆积荷载、地面车辆荷载、地下水作用、温度变化作用和顶力作用；

③ 偶然作用：地震、爆炸、撞击等，本文主要考虑地震作用，详见抗震章节；

④ 管道设计时，对不同性质的作用应采用不同的代表值；

⑤ 对永久作用，应采用标准值作为代表值；

⑥ 对可变作用，应根据设计要求采用标准值、组合值或准永久值作为代表值。

可变作用组合值应为可变作用标准值乘以作用组合系数；可变作用准永久值应为可变作用标准值乘以作用的准永久值系数。

当管道承受两种或两种以上可变作用时，承载能力极限状态设计或正常使用极限状态按短期效应的规程组合设计，可变作用应采用组合值作为代表值。

正常使用极限状态应按长期效应组合设计，可变作用应采用准永久值作为代表值。

2.4.1 永久作用

（1）管道结构自重

管道结构自重标准值可按下式计算：

$$G_{1k} = \gamma \cdot \pi \cdot D_0 \cdot t \tag{2-14}$$

$$G_{1k} = \gamma \cdot \frac{1}{4}\pi \cdot (D_1^2 - D^2) \tag{2-15}$$

式中：G_{1k}——单位长度管道结构自重标准值（kN/m）；

t——管壁设计厚度（m）；

D_0——管道计算直径（m）；

D_1——管道外径（m）；

D——管道内径（m）；

γ——管材重度，可按现行国家标准《建筑结构荷载规范》GB 50009—2012 的规定采用。

式（2-14）是估算公式，式（2-15）精确计算公式。

（2）竖向土压力

管道的管顶竖向土压力标准值，应根据管道的刚柔性、敷设条件和施工方法分别计算确定。

① 对埋设在地面下的刚性管道，管顶竖向土压力可按下列规定计算：

a. 当设计地面高于原状地面，管顶竖向土压力标准值应按下式计算：

$$F_{v,k} = C_c \gamma_s H_s B_c \tag{2-16}$$

式中：$F_{v,k}$——每延长米管道上管顶的竖向土压力标准值（kN/m）；

C_c——填埋式土压力系数，与 H_s/B_c 的力学性能有关，一般可取 1.20～1.40 计算；

γ_s——回填土的重力密度（kN/m³）；

H_s——管顶至设计地面的覆土高度（m）；

B_c——管道的外缘宽度（m），当为圆管时，应以管外径 D_1 替代。

b. 对由设计地面下开槽施工的管道，管顶竖向土压力标准值可按下式计算：

$$F_{v, k} = C_d \gamma_s H_s B_c \quad（2-17）$$

式中：C_d——开槽施工土压力系数，与开槽宽有关，一般可取 1.2 计算。

② 对开槽敷设的埋地柔性管道，管顶的竖向土压力标准值应按下式计算：

$$F_{v, k} = C_e \gamma_s H_s D_1 \quad（2-18）$$

式中：C_e——开槽施工土压力系数，取 1.0 计算。

③ 对不开槽、顶进等非开挖施工的管道，管顶竖向土压力标准值可按下式计算：

作用在管道上的竖向土压力，其标准值应按覆盖层厚度和力学指标确定。

a. 管顶覆盖层厚度小于等于 1 倍管外径或覆盖层均为淤泥土时，管顶上部竖向土压力标准值应按下式计算：

$$F_{v, k1} = \sum_{i=1}^{n} \gamma_{si} h_i \quad（2-19）$$

管拱背部的竖向土压力可近似化成均布压力，其标准值为：

$$F_{v, k2} = 0.215 \gamma_{si} \frac{D_1}{2} \quad（2-20）$$

式中：$F_{v \cdot k1}$——管顶上部竖向土压力标准值（kN/m^2）；

　　　$F_{v \cdot k2}$——管拱背部竖向土压力标准值（kN/m^2）；

　　　γ_{si}——管道上部各土层重度（kN/m^3），地下水位以下应取有效重度；

　　　h_i——管道上部各土层厚度（m）。

b. 管顶覆土层不属上述情况时，顶管上竖向土压力标准值应按下式计算：

$$F_{v, k3} = C_j (\gamma_{si} B_t - 2C) \quad（2-21）$$

$$B_t = D_1 \left[1 + tg \left(45° - \frac{\varphi}{2} \right) \right] \quad（2-22）$$

$$C_j = \frac{D_1 - \exp \left(-2 K_a \mu \dfrac{H_s}{B_t} \right)}{2 K_a \mu} \quad（2-23）$$

式中：$F_{v, k3}$——管顶竖向土压力标准值（kN/m^2）；

　　　C_j——顶管竖向土压力系数；

　　　B_t——管顶上部土层压力传递至管顶处的影响宽度（m）；

　　　D_1——管道外径（m）；

　　　φ——管顶土的内摩擦角（°）；

　　　C——土的黏聚力（kN/m^2），宜取地质报告中的最小值；

　　　H_s——管顶至原状地面埋置深度（m）；

　　　$K_a \mu$——原状土的主动土压力系数和内摩擦系数的乘积，普通黏土可取 0.13，饱和黏土可取 0.11，砂和砾石可取 0.165。

c. 当管道低于地下水位以下时，尚应计入地下水作用在管道上的压力。

（3）侧向土压力

作用在管道上的侧向土压力，标准值可按下列几种条件分别计算：

① 管道处于地下水位以上时，侧向土压力标准值可按主动土压力计算。管中心侧压力：

$$F_{s,k} = (F_{v,ki} + \gamma_{si}D_1/2) \cdot K_aC_e - 2C\sqrt{K_a} \tag{2-24}$$

式中：$F_{s,k}$——侧向土压力标准值（kN/m^2），作用在管中心；

K_a——主动土压力系数，$K_a = tg^2(45° - \dfrac{\varphi}{2})$。

② 管道处于地下水位以下时，侧向压力标准值应采用水土分算，取主动土压力和地下水静水压力之和；土的侧压力按式（2-24）计算，重度取有效重度。

（4）管道内水重

可按不同水质的重度计算。

2.4.2 可变作用

（1）管道设计水压力的标准值

可按表2-6采用。准永久值系数可取0.7，但不得小于工作压力。

表 2-6

压力管道内设计水压力标准值

管道类型	工作压力（MPa）	设计水压力（MPa）
焊接钢管	F_{wd}	$F_{wd} + 0.5 \geqslant 0.9$
球墨铸铁管	$F_{wd} \leqslant 0.5$	$2F_{wd}$
	$F_{wd} > 0.5$	$F_{wd} + 0.5$
钢筋混凝土管	$F_{wd} \leqslant 0.6$	$1.5F_{wd}$
	$F_{wd} > 0.6$	$F_{wd} + 0.3F_{wd}$
预应力混凝土管 预应力钢筒混凝土管	$F_{wd} \leqslant 0.8$	$1.5F_{wd}$
	$F_{wd} > 0.8$	$1.4F_{wd}$
玻璃纤维增强塑料夹砂管	F_{wd}	$1.4F_{wd}$

注：1. 工业企业中低压运行的管道，其设计内水压力可取工作压力的1.25倍，但不得小于0.4MPa；

2. 管线上设有可靠的调压装置时，设计内水压力可按具体情况确定。

（2）真空压力

管道在运行过程中可能产生的真空压力，其标准值可取0.05MPa计算，其准永久值系数可取 $\psi_q = 0$。

（3）地面堆积荷载

传递到管顶处竖向压力标准值 q_{mk}，可按 $10kN/m^2$ 计算，其准永久值系数可取 $\psi_q = 0.5$。

（4）地面车辆荷载

地面车辆轮压传递到管顶处的竖向压力标准值 q_{vk}，其准永久值系数应取 $\psi_q = 0.5$。地面车辆荷载对管道上的作用，包括地面行驶的各种机动装置，如汽车、履带车、压路机、拖车、塔式起重机、火车、飞机等，其载重等级、规格、型式应按相应的规定确定。

地面行驶的车辆荷载的载重、车轮布局、运行排列等规定，应按现行标准《城市桥梁设计规范》CJJ 11—2011、《公路桥涵设计通用规范》JTJ D 60—2015采用。

需要说明的是，现行标准《城市桥梁设计规范》CJJ 11—2011，城-A级的车辆荷载是700kN，车辆荷载的立面平面、横桥向布置（图2-13）及标准值应符合表2-7的规定。

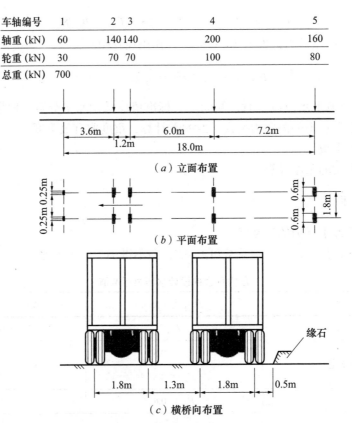

车轴编号	1	2 3	4	5
轴重 (kN)	60	140 140	200	160
轮重 (kN)	30	70 70	100	80
总重 (kN)	700			

（a）立面布置

（b）平面布置

（c）横桥向布置

图 2-13 城-A 级车辆荷载立面、平面尺寸

城-A 级车辆荷载 表 2-7

车轴编号	单位	1	2	3	4	5
轴重	kN	60	140	140	200	160
轮重	kN	30	70	70	100	80
纵向轴距	m		3.6	1.2	6	7.2
每组车轮的横向中距	m	1.8	1.8	1.8	1.8	1.8
车轮着地的宽度×长度	m	0.25×0.25	0.6×0.25	0.6×0.25	0.6×0.25	0.6×0.25

　　现行标准《公路桥涵设计通用规范》JDG D60—2015，公路－Ⅰ、公路－Ⅱ的车辆荷载是 550kN，车辆荷载的立面平面、横桥向布置（图 2-14）及标准值应符合表 2-8 的规定：城-B 级车辆荷载的立面、平面布置及标准值应采用现行行业标准《公路桥涵设计通用规范》JTG D60—2015 车辆荷载的规定值。

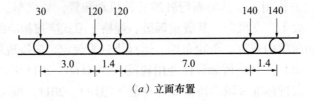

（a）立面布置

图 2-14 城－B 级、公路－Ⅰ、公路－Ⅱ车辆荷载立面、平面尺寸（一）

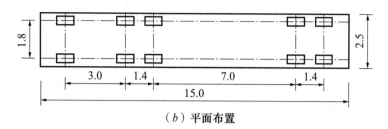

（b）平面布置

图 2-14　城 –B 级、公路 – Ⅰ、公路 – Ⅱ车辆荷载立面、平面尺寸（二）

城–B 级、公路 – Ⅰ、公路 – Ⅱ车辆荷载　　　　　表 2-8

项目	单位	技术指标	项目	单位	技术指标
车辆重力标准值	kN	550	轮距	m	1.8
前轴重力标准值	kN	30	前轮着地宽度及长度	m	0.3×0.2
中轴重力标准值	kN	2×120	中、后轮着地宽度及长度	m	0.6×0.2
后轴重力标准值	kN	2×140	车辆外形尺寸（长 × 宽）	m	1.5×2.5
轴距	m	3 + 1.4 + 7 + 1.4			

地面车辆荷载传递到埋地管道顶部的竖向压力标准值，可按下列方法确定：

① 单个轮压传递到管道顶部的竖向压力标准值可按下式计算（图 2-15）：

$$q_{vk} = \frac{\mu_d \cdot Q_{vi,k}}{(a_i + 1.4H)(b_i + 1.4H)} \qquad (2-25)$$

式中：q_{vk}——轮压传递到管顶处的竖向压力标准值（kN/m^2）；

$\quad\quad Q_{vi,k}$——车辆的 i 个车轮承担的单个轮压标准值（kN）；

$\quad\quad a_i$——i 个车轮的着地分布长度（m）；

$\quad\quad b_i$——i 个车轮的着地分布宽度（m）；

$\quad\quad H$——自行车地面至管顶的深度（m）；

$\quad\quad \mu_d$——动力系数，按表 2-9 采用。

动力系数取值 μ_d　　　　　表 2-9

地面至管顶深度 H_s（m）	0.25	0.30	0.40	0.50	0.60	$\geqslant 0.70$
动力系数 μ_d	1.30	1.25	1.20	1.15	1.05	1.00

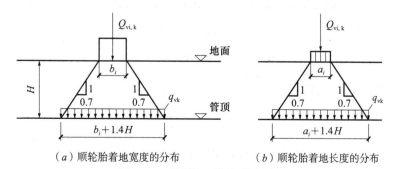

（a）顺轮胎着地宽度的分布　　　　　（b）顺轮胎着地长度的分布

图 2-15　单个轮压的传递分布图

② 两个以上单排轮压综合影响传递到管道顶部的竖向压力标准值，可按下式计算（图 2-16）：

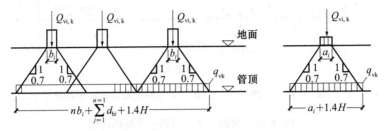

（a）顺轮胎着地宽度的分布　　　　（b）顺轮胎着地长度的分布

图 2-16　两个以上单排轮压综合影响的传递分布图

$$q_{vk} = \frac{\mu_d n Q_{vi,k}}{(a_i + 1.4H)(nb_i + \sum_{j=1}^{n=1} d_{bi} + 1.4H)} \qquad (2-26)$$

式中：n——轮胎的总数量；

d_{bi}——沿车轮着地分布宽度方向，相邻两个车轮间的净距（m）。

③ 多排轮压综合影响传递到管道顶部的竖向压力标准值，可按下式计算：

$$q_{vk} = \frac{\mu_d \sum_{i=1}^{n} Q_{vi,k}}{(\sum_{i=1}^{m_a} a_i + \sum_{j=1}^{m_a-1} d_{aj} + 1.4H)(\sum_{i=1}^{m_b} b_i + \sum_{j=1}^{m_b-1} d_{bi} + 1.4H)} \qquad (2-27)$$

式中：m_a——沿车轮着地分布宽度方向的车轮排数；

m_b——沿车轮着地分布长度方向的车轮排数；

d_{bj}——沿车轮着地分布长度方向，相邻两个车轮间的净距（m）。

④ 当刚性管道为整体式结构时，地面车辆荷载的影响应考虑结构的整体作用，此时作用在管道上的竖向压力标准值可按下式计算（图 2-17）：

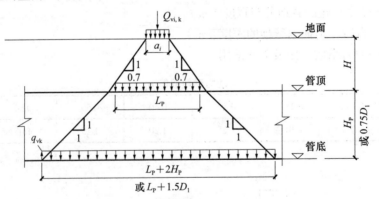

图 2-17　考虑结构整体作用时

车辆荷载的竖向压力传递分布：

$$q_{ve,k} = q_{vk} \frac{L_p}{L_e} \qquad (2-28)$$

式中：$q_{ve,k}$——考虑管道整体作用时管道上的竖向压力（kN/m²）；

L_p——轮压传递到管顶处沿管道纵向的影响长度（m）；

L_e——管道纵向承受轮压影响的有效长度（m），对圆形管道可取 $L_e = L_e + 1.5D_1$；对矩形管道可取 $L_e = L_e + 2H_p$，H_p 为管道高度（m）。

地面堆积荷载与地面车辆轮压可不考虑同时作用。

（5）温度荷载

温度作用标准值，埋地管道可按温差 $\pm25℃$ 计算，非开挖管道可按温差 $\pm20℃$ 计算，其准永久值系数可取 $\psi_q = 1.0$。

根据现场工程案例的经验，现场比较容易忽视管道的闭合温度，这在刚性连接的管道经常发生致命性的问题。这是因为管道在正常运行期间，管道本身的温差变化是不大的，主要影响管道温差是管内的输送介质的温差。《给水排水工程顶管技术规程》CECS 246—2018 规定的非开挖管道温差是 $\Delta T_1 = \pm20℃$，《给水排水工程埋地钢管管道结构设计规程》CECS 141 规定的埋地钢管温差是 $\Delta T_2 = \pm25℃$，若前提条件是管道闭合时的温度宜在 $20\pm2℃$（规程没有提及），这样管道的温度变化范围是 $T_1 = 20℃\pm2℃\pm20℃ = -2\sim42℃$、$T_2 = 20℃\pm2℃\pm25℃ = -7\sim47℃$，对于给水排水工程，一般都能涵盖。

2.5 承载能力极限状态计算

管道结构按承载能力极限状态进行强度计算时，结构上的各项作用均应采用设计值。

管道按强度计算时，应采用下列极限状态计算表达式：

$$\gamma_0 S \leq R \qquad (2\text{--}29)$$

式中：γ_0——管道的重要性系数，给水工程单线输水管取 1.1；双线输水管和配水管道取 1.0；污水管道取 1.0；雨水管道取 $0.90\sim1.0$；

S——作用效应组合的设计值；

R——管道结构抗力设计值。钢筋混凝土管道按现行《混凝土结构设计规范》GB 50010—2010，钢管道按现行《钢结构设计标准》GB 50017—2017 的规定确定，其他材质管道按相应规程确定。

2.5.1 管道强度计算

管道作用效应的组合设计值，应按下式确定：

$$S = \gamma_{G1}C_{G1}G_{0k} + \gamma_{G,SV}C_{SV}F_{SV,K} + \gamma_{GW}C_{GW}G_{WK} + \phi_c\gamma_Q \left(C_{Q,wd}F_{wd,k} + C_{QV}q_{vk} + C_{Qm}q_{mk} + C_{Qt}F_{tk} + C_{Qd}F_{dk} \right)$$

$$(2\text{--}30)$$

式中：　　　　γ_{G1}——管道结构自重作用分项系数，取 $\gamma_{G1} = 1.2$；

$\gamma_{G,SV}$——竖向和侧向水土压力作用分项系数，取 $\gamma_{G,SV} = 1.27$；

γ_{GW}——管内水重作用分项系数，取 $\gamma_{GW} = 1.2$；

γ_Q——可变作用的分项系数，取 $\gamma_Q = 1.4$；

C_{G1}、C_{SV}、C_{GW}——分别为管道结构自重、竖向和侧面土压力及管内水重的作用效应系数；

$C_{Q,wd}$、C_{QV}、C_{Qm}、C_{Qt}、C_{Qd}——分别为内水压力、地面车辆荷载、地面堆积荷载、温度变化作用和顶力作用效应系数；

G_{0k}——管道结构自重标准值；

$F_{SV,K}$——竖向和侧向水土压力标准值；

G_{WK}——管内水重标准值；

$F_{wd,k}$——管内水压力标准值；

q_{vk}——车行荷载产生的竖向压力标准值；

q_{mk}——地面堆积荷载作用标准值；

F_{tk}——温度变化作用标准值；

F_{dk}——顶力作用标准值；

ϕ_c——可变荷载组合系数，对柔性管道取 $\phi_c = 0.9$；对其他管道取 $\phi_c = 1.0$。

管道承载能力极限状态计算的作用组合，应根据埋地管道或非开挖管道的实际条件按表 2-10 的规定采用。

承载能力极限状态计算的作用组合表　　　　　　　　　表 2-10

管材	计算工况	永久作用			可变作用		
		管自重 G_0	竖向和水平土压力 F_{sv}	管内水重 G_w	管内水压 F_{wd}	地面车辆荷载或堆载 q_v, q_m	温度作用 F_t
焊接钢管	空管期间	√	√			√	√
	管内满水	√	√	√		√	√
	使用期间	√	√	√	√	√	√
承插钢管钢筋混凝土管、玻璃纤维增强塑料夹砂管、球墨铸铁管和预应力钢筒混凝土管	空管期间	√	√			√	
	管内满水	√	√	√		√	
	使用期间	√	√	√	√	√	

管道强度计算分为管壁截面的环向应力、纵向应力和折算应力计算。按计算模型要区分柔性管、刚性管；按管道管节接口形式，对于刚性接口的管道，除计算环向应力外，还需要计算纵向应力和折算应力，如焊接钢管、PE 管等；对于柔性接口的管道，仅需要计算环向应力即可，如：球墨铸铁管、承插柔性接口钢管，钢筋混凝土管、预应力钢筒混凝土管等。对于环向应力的计算，一般当内压小于 1.60MPa 的管道，环向应力要考虑管道内压作用下的轴心受拉和管道外压作用下环向弯曲产生的应力；当内压大于 1.60MPa 的管道，环向应力仅考虑管道内压作用下的轴心受拉产生的应力，主要适用于高压、超高压天然气管道。

（1）柔性管道强度计算

① 管壁截面的环向应力 σ_θ 计算：

a. 内压小于 1.60MPa 的管道，按弯拉计算环向应力：

$$q_{ve,k} = \frac{N}{b_0 t_0} + \frac{6M}{b_0 t_0^2} \leqslant f \tag{2-31}$$

$$N = \phi_c \gamma_Q F_{wd,k} r_0 b_0 \tag{2-32}$$

$$M = \phi \frac{(\gamma_{G1} k_{gm} G_{1k} + \gamma_{G,sv} k_{vm} F_{sv,k} D_1 + \gamma_{GW} k_{wm} G_{wk} + \gamma_Q \phi_c k_{vm} q_{ik} D_1) r_0 b_0}{1 + 0.732 \dfrac{E_d}{E_p} \left(\dfrac{r_0}{t_0}\right)} \tag{2-33}$$

式中：b_0——管壁计算宽度（mm），取1000mm；

ϕ——弯矩折减系数，有内水压时取0.7，无内水压时取1.0；

ϕ_c——可变作用组合系数，可取0.9；

t_0——管壁计算厚度（mm），钢管壁厚使用期间取$t_0 = t - 2$；施工期间及验水期间取$t_0 = t$；

r_0——管的计算半径（mm）；

M——在荷载组合作用下钢管管壁截面上的最大环向弯矩设计值（N·mm）；

N——在荷载组合作用下钢管管壁截面上的最大环向轴力设计值（N）；

η——组合应力折减系数，可取 = 0.9；

f——管材强度设计值；

E_d——对于非开挖管道，取管侧原状土的变形模量；对于开槽埋管，取回填土的综合变形模量（N/mm²）。

管侧土的综合变形模量应根据管侧回填土的土质、压实密度和基槽两侧原状土的土质，综合评价确定。可按下式计算：

$$E_d = \xi E_e \qquad (2-34)$$

$$\xi = \frac{1}{\alpha_1 + \alpha_2 \left(\dfrac{E_e}{E_n} \right)} \qquad (2-35)$$

式中：E_e——管侧回填土在要求压实密度下的变形模量（MPa），应根据试验确定；当缺乏试验数据时，可按表2-11采用；

E_n——管槽两侧原状土的变形模量（MPa），应根据试验确定；当缺乏试验数据时，可按表2-11采用；

ξ——与B_r（管中心处槽宽度）和D_1的比值及E_e与基槽两侧原状土变形模量E_n的比值有关的计算参数，按表2-12确定。

管侧回填土和管槽两侧原状土的变形模量（MPa） 表2-11

原状土类别 ＼ 土的类别贯入锤击数 N63.5 ＼ 回填压实系数（%）	85	90	95	100
状土标准贯入锤击数 N63.5 土的类别	$4 < N \leqslant 14$	$14 < N \leqslant 24$	$24 < N \leqslant 50$	> 50
砾石、碎石	5	7	10	20
砂砾、砂夹石，细粒土含量不大于 12%	3	5	7	14
砂砾、砂夹石，细粒土含量大于 12%	1	3	5	10
黏性土或粉土（$\omega_L < 50\%$）砂粒含量大于 25%	1	3	5	10
黏性土或粉土（$\omega_L < 50\%$）砂粒含量小于 25%	—	1	3	7

注：1. 表中数值适用于10m以下覆土；当覆土超过10m时，上表数值偏低；

2. 回填土的变形模量 E_e 可按要求的压实系数采用；表中的压实系数（%）指设计要求回填土压实后的干密度与该土相同压实能量下最大干密度的比值；

3. 基槽两侧原状土的变形模量 E_n 可按标准贯入度试验锤击数确定；

4. ω_L 为黏性土的液限；

5. 细粒土指粒径小于 0.075mm 的土；

6. 砂粒指粒径为 0.075 ～ 2.0mm 的土。

计算参数 α_1、α_2　　　　　　　　　　　　表 2-12

$\dfrac{B_\mathrm{t}}{D_1}$	1.5	2.0	2.5	3.0	4.0	5.0
α_1	0.252	0.435	0.572	0.680	0.838	0.948
α_2	0.748	0.565	0.428	0.320	0.162	0.052

E_p——管材弹性模量（$\mathrm{N/mm^2}$）；

k_gm、k_vm、k_wm——分别为管道结构自重、竖向土压力和管内水重作用下管壁截面的最大弯矩系数，根据土弧支承角，按表 2-13 确定。

最大弯矩系数和竖向变形系数　　　　　　　　表 2-13

项目		土弧基础中心角				
		20°	60°	90°	120°	150°
弯矩系数	管道自重 k_gm	0.202	0.134	0.102	0.083	0.077
	竖向土压力 k_vm	0.255	0.189	0.157	0.138	0.128
	管内水重 k_wm	0.202	0.134	0.102	0.083	0.077
变形系数	竖向压力 k_b	0.109	0.103	0.096	0.089	0.085

D_1——管外壁直径（mm）；

$F'_\mathrm{wd,k}$——管外水压力（$\mathrm{N/mm^2}$）；

q_ik——地面堆载和车辆荷载的传递至管顶压力的较大标准值。

当计算土柱高度 $\dfrac{c_\mathrm{j}(r_\mathrm{si}B_\mathrm{t}-2C)}{\gamma_\mathrm{s}}$ 小于覆土深度 H_s 时，q_ik 可以不计。

b. 内压大于 1.60MPa 的管道，按受拉计算环向应力

$$t_0 = \frac{F_\mathrm{wd,k} \cdot D_1}{2\sigma_\mathrm{s} \cdot \phi_1 \cdot F} \qquad (2-36)$$

式中：σ_s——管材的最低屈服强度（MPa）；

ϕ_1——焊缝系数，一般取 1.0；

F——强度设计系数，参考燃气管道强度设计系数，按表 2-14 取值。

燃气管道强度设计系数　　　　　　　　　表 2-14

地区等级	等级划分	强度设计系数
一级地区	人口密度每公顷不大于 0.16 户的农村地区	0.72
二级地区	人口密度每公顷大于 0.16 户但不大于 1 户的农村地区	0.60
三级地区	介于二级和四级之间的中间地区，人口密度每公顷大于 1 户，随发展，人口还有增加	0.40
四级地区	城市中心城区	0.30

需要指出的是，本公式主要适用于天然气行业的钢管，特别是高压和超高压的天然气管道（管道内压大于 1.60MPa），采用的还是安全系数法，与给水排水行业普遍采用的以概率论为基础的极限状态设计方法，采用分项系数的设计表达式还是有区别的，但公式简单、易懂。

② 管壁截面纵向应力 σ_x 计算：

a. 埋地管道的纵向应力可按下式计算：

$$\sigma_x = v_p \sigma_\theta \pm \phi_c \gamma_Q \alpha E_p \Delta T_2 \pm \sigma_\Delta \leqslant f \qquad (2-37)$$

式中：v_p——管材泊松比，钢管取 0.3；

$\quad\ \alpha$——管材线膨胀系数；

$\quad \Delta T_2$——埋地管道的计算温差。

b. 非开挖管道管壁的纵向应力可按下式计算：

$$\sigma_x = v_p \sigma_\theta \pm \phi_c \gamma_Q \alpha E_p \Delta T_1 \pm \frac{0.5 E_p D_0}{R_1} \leqslant f \qquad (2-38)$$

$$R_1 = \frac{f_1^2 + \left(\dfrac{L_1}{2}\right)^2}{f_1} \qquad (2-39)$$

式中：ΔT_1——钢管的计算温差；

$\quad\ R_1$——钢管施工变形形成的曲率半径（mm）；

$\quad\ f_1$——管道顶进允许偏差（mm），应按表 2-15 的规定采用。

顶管施工贯通后管道的允许偏差（mm）　　　　　　　表 2-15

检查项目			允许偏差（mm）	
			柔性接口	焊接接口钢管
1	直线顶管水平轴线	顶进长度＜300m	50	100
		300m≤顶进长度＜1000m	100	200
		顶进长度≥1000m	$L/10$	$L/10+100$
2	直线顶管内底高程	顶进长度＜300m　$D<1500$	+30，−40	+60，−60
		顶进长度＜300m　$D\geqslant1500$	+40，−50	+80，−80
		300m≤顶进长度＜1000m	+60，−80	+100，−100
		顶进长度≥1000m	+80，−100	+150，−($L/10+100$)
3	曲线顶管水平轴线	$R\leqslant150D$　水平曲线	150	—
		$R\leqslant150D$　竖曲线	150	
		$R\leqslant150D$　复合曲线	200	
		$R>150D$　水平曲线	150	
		$R>150D$　竖曲线	150	
		$R>150D$　复合曲线	150	
4	曲线顶管内底高程	$R\leqslant150D$　水平曲线	+100，−150	—
		$R\leqslant150D$　竖曲线	+150，−200	
		$R\leqslant150D$　复合曲线	±200	
		$R>150D$　水平曲线	+100，−150	
		$R>150D$　竖曲线	+100，−150	
		$R>150D$　复合曲线	±200	

注：L——顶进长度（m）；R——曲线顶管的设计曲率半径（mm）；

　　L_1——出现偏差的最小间距（mm），视管道直径和土质决定，一般可取管线中继间之间的距离并不小于 50m。

③ 管壁截面的最大组合折算应力计算：

$$\sigma = \eta\sqrt{\sigma_\theta + \sigma_x - \sigma_\theta\sigma_x} \tag{2-40}$$

$$\gamma_0\sigma \leqslant f \tag{2-41}$$

式中：σ——管壁的最大组合折算应力（N/mm^2）。

（2）刚性管道强度计算

刚性管道一般都为柔性接口连接，所以一般仅计算环向内力即可。钢筋混凝土管道在组合作用下，管道横截面的环向内力可按下式计算：

$$M = r_0\sum_{i=1}^{n}k_{mi}P_i \tag{2-42}$$

$$N = \sum_{i=1}^{n}k_{ni}P_i \tag{2-43}$$

式中：M——管道横截面的最大弯矩设计值（$N\cdot mm/m$）；

$\quad\quad N$——管道横截面的轴力设计值（N/m）；

$\quad\quad k_{mi}$——弯矩系数，应根据荷载类别按表 2-16 确定；

$\quad\quad k_{ni}$——轴力系数，应根据荷载类别按表 2-16 确定；

$\quad\quad P_i$——作用在管道上的项荷载设计值（N/m）。

圆形刚性管道在土（砂）基础上（图 2-18）的内力系数 k_{mi}、k_{ni}，可按表 2-16 采用。

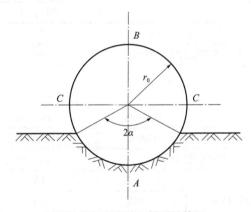

图 2-18　土（砂）基础计算图

圆形刚性管道在土（砂）基础上的内力系数表　　　　　　　　　表 2-16

荷载类别	系数	基础支撑角（2α）						
		0°	20°	45°	90°	120°	135°	180°
管自重 G_1 $P_{G1}=G_1$	k_{mA}	0.239	0.211	0.173	0.123	0.100	0.089	0.070
	k_{mB}	0.080	0.079	0.075	0.071	0.066	0.063	0.057
	k_{mC}	−0.091	−0.090	−0.088	−0.082	−0.076	−0.072	−0.063
	k_{nA}	0.080	0.109	0.148	0.207	0.236	0.249	0.277
	k_{nB}	−0.080	−0.079	−0.078	−0.062	−0.048	−0.043	−0.027
	k_{nC}	0.250	0.250	0.250	0.250	0.250	0.250	0.250

续表

荷载类别	系数	基础支撑角（2α）						
		0°	20°	45°	90°	120°	135°	180°
管内满水重 G_w $P_{Gw}=G_w$	k_{mA}	0.239	0.211	0.173	0.123	0.100	0.089	0.070
	k_{mB}	0.080	0.079	0.075	0.071	0.066	0.063	0.057
	k_{mC}	−0.091	−0.090	−0.088	−0.082	−0.076	−0.072	−0.063
	k_{nA}	−0.040	−0.369	−0.330	−0.271	−0.240	−0.229	−0.201
	k_{nB}	−0.240	−0.239	−0.237	−0.221	−0.208	−0.202	−0.186
	k_{nC}	−0.069	−0.069	−0.069	−0.069	−0.069	−0.069	−0.069
垂直均布荷载 P_v $P_v=F_{sv}+q_vD_1$ $P_v=F_{sv}+q_mD_1$	k_{mA}	0.294	0.266	0.228	0.178	0.154	0.144	0.125
	k_{mB}	0.150	0.150	0.145	0.141	0.136	0.133	0.127
	k_{mC}	−0.154	−0.154	−0.151	−0.145	−0.138	−0.135	−0.126
	k_{nA}	−0.053	−0.082	0.121	0.180	0.209	0.222	0.250
	k_{nB}	−0.053	−0.053	−0.051	−0.035	−0.021	−0.016	0.000
	k_{nC}	0.500	0.500	0.500	0.500	0.500	0.500	0.500
管上腔内土重 P_0 $P_0=0.173\gamma_s D_1^2$	k_{mA}	0.271	0.243	0.205	0.155	0.131	0.121	0.102
	k_{mB}	0.085	0.085	0.080	0.076	0.072	0.068	0.062
	k_{mC}	−0.126	−0.126	−0.123	−0.117	−0.111	−0.107	−0.098
	k_{nA}	0.102	0.131	0.170	0.229	0.258	0.271	0.299
	k_{nB}	−0.102	−0.102	−0.100	−0.084	−0.070	−0.065	−0.049
	k_{nC}	0.500	0.500	0.500	0.500	0.500	0.500	0.500
侧向主动土压力 F_{ep} F_{ep} P_{cp} P_{cp} $P_{cp}=F_{ep}D_1$	k_{mA}	−0.125	−0.125	−0.125	−0.125	−0.125	−0.125	−0.125
	k_{mB}	−0.125	−0.125	−0.125	−0.125	−0.125	−0.125	−0.125
	k_{mC}	0.125	0.125	0.125	0.125	0.125	0.125	0.125
	k_{nA}	0.500	0.500	0.500	0.500	0.500	0.500	0.500
	k_{nB}	0.500	0.500	0.500	0.500	0.500	0.500	0.500
	k_{nC}	0.000	0.000	0.000	0.000	0.000	0.000	0.000
垂直集中荷载 P_c	k_{mA}	0.318	—	—	—	—	—	—
	k_{mB}	0.318	—	—	—	—	—	—
	k_{mC}	−0.182	—	—	—	—	—	—
	k_{nA}	0.000	—	—	—	—	—	—
	k_{nB}	0.000	—	—	—	—	—	—
	k_{nC}	0.500	—	—	—	—	—	—

注：1. 弯矩正负号以管内壁受拉为正，管外壁受拉为负。

2. 轴力正负号以截面受压为正，截面受拉为负。

3. "荷载类别"中之 P_i 为单位管长上 i 项荷载的总荷载。

4. "基础支承角（2α）"为设计计算取值，施工中应适当放大。

5. "管上腔内土重"为开槽施工时管上半部两侧胸腔的回填土重（图2-19）。当管径不大，管顶覆土较深时，一般可略去不计；但当管径较大，管顶覆土浅时，应计入其影响，其值为：$P=0.1073\gamma_s D_1^2$。式中 γ_s 为回填土的重力密度，D_1 为管外径。

6. "垂直集中荷载"，在 2α＝0 时，即为管底点支承，管顶作用有集中荷载，相当于管材试压时的受力情况。

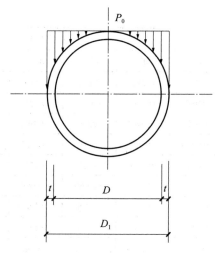

图 2-19　管上胸腔土重

圆形刚性管道在混凝土基础上（图 2-20）的内力系数 k_{mi}、k_{ni}，可按表 2-17 采用。

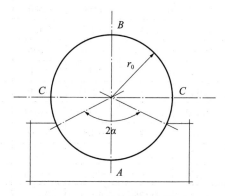

图 2-20　混凝土基础计算图

圆形刚性管道在混凝土基础上的内力系数　　　　　　　　　　　　　表 2-17

荷载类别	系数	管基构造类别			
		$b_j \geqslant D_1 + 2t$ $h_j \geqslant 2t$	$b_j \geqslant D_1 + 5t$ $h_j \geqslant 2t$	$b_j \geqslant D_1 + 5t$ $h_j \geqslant 2t$	$b_j \geqslant D_1 + 6t$ $h_j \geqslant 2.5t$
		基础支撑角（2α）			
		90°	135°	180°	180°
管自重 G_1	k_{mB}	0.077	0.053	0.044	0.044
	k_{mC}	−0.075	−0.059	−0.048	−0.048
	k_{nC}	0.250	0.250	0.250	0.250
管内满水重 G_w	k_{mB}	0.077	0.053	0.044	0.044
	k_{mC}	−0.075	−0.059	−0.048	−0.048
	k_{nC}	−0.069	−0.069	−0.069	−0.069

续表

荷载类别	系数	管基构造类别			
		$b_j \geq D_1 + 2t$ $h_j \geq 2t$	$b_j \geq D_1 + 5t$ $h_j \geq 2t$	$b_j \geq D_1 + 5t$ $h_j \geq 2t$	$b_j \geq D_1 + 6t$ $h_j \geq 2.5t$
		基础支撑角（2α）			
		90°	135°	180°	180°
垂直均布荷载 P_v	k_{mB}	0.105	0.065	0.060	0.047
	k_{mC}	−0.105	−0.065	−0.060	−0.047
	k_{nC}	0.500	0.500	0.500	0.500
管上腔内土重 P_0	k_{mB}	0.082	0.058	0.049	0.049
	k_{mC}	−0.110	−0.094	−0.083	−0.083
	k_{nC}	0.500	0.500	0.500	0.500
侧向主动土压力 F_{ep} P_{cp}	k_{mB}	−0.078	−0.052	−0.040	−0.040
	k_{mC}	0.078	0.052	0.040	0.040
	k_{nC}	0.000	0.000	0.000	0.000

注：1. 弯矩正负号以管内壁受拉为正，管外壁受拉为负。

2. 轴力正负号以截面受压为正，截面受拉为负。

3. "荷载类别"中之 P_i 为单位管长上 i 项荷载的总荷载。

4. 混凝土管道基础尺寸应满足表中"管基构造类别"的要求（图 2-21）。

5. "管上腔内土重"为开槽施工时管上半部两侧胸腔的回填土重（图 2-19）。当管径不大，管顶覆土较深时，一般可略去不计；但当管径较大，管顶覆土较浅时，应计入其影响，其值为：$P_0 = 0.1073\gamma_s D_1^2$。式中 γ_s 为回填土的重力密度，D_1 为管外径。

6. 当混凝土基础分两次施工，即预制圆管先安装在混凝土平基上，再浇注两肩混凝土时，在管自重作用下的内力系数，应取 $2\alpha = 0°$ 时的数值（表 2-16）。

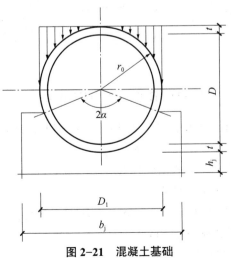

图 2-21　混凝土基础

2.5.2　管道抗浮稳定性验算

当管道埋设在地下水或地表水位以下时，应根据地下水水位和管道覆土条件验算抗浮稳定性，符合下式要求：

$$\frac{\sum G_i}{F_f} \geqslant K_f \tag{2-44}$$

式中：$\sum G_i$——各项永久作用形成的抗浮作用标准值之和（kN），主要包含管道自重，管顶覆土等；

F_f——管道所受浮托力标准值（kN）；

K_f——抗浮稳定性抗力系数，$K_f \geqslant 1.10$。

2.5.3　柔性承插管道抗滑移稳定性验算

管道采用承插式接口时，在水平或垂直方向转弯处、改变管径处及三通、四通、端头和阀门处，应根据管道设计内水压力计算管道轴向推力。

（1）管道端头及正三通处推力可按下式计算：

$$P_T = 0.785 \times DN^2 \times F_{wd,k} \tag{2-45}$$

式中：P_T——埋地给水管道对支墩产生的推力（N）；

DN——管材公称内径（m）。

（2）管道水平方向弯头处推力如图 2-22 所示，可按下式计算：

$$P_T = 1.57 \times DN^2 \times F_{wd,k} \times \sin(\partial/2) \tag{2-46}$$

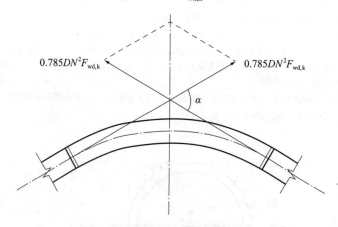

图 2-22　管道水平方向弯头推力图

（3）管道水平方向三通处推力如图 2-23 所示，可按下式计算：

$$P = Q \tag{2-47}$$

式中：Q——由于截面外推力产生的水压合力（N）。

（4）异径管轴向推力可按下式计算：

$$P_T = 0.785 \times (DN_1^2 - DN_2^2) \times F_{wd,k} \tag{2-48}$$

式中：DN_1——进水处大管公称内径（m）；

DN_2——出水处大管公称内径（m）。

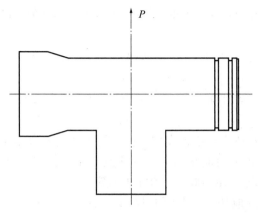

图 2-23 三通受力

（5）管道垂直方向上弯弯头及下弯弯头推力如图 2-24 所示，P_T 及其水平和垂直方向分力 P_{T1}，P_{T2} 可按下列公式计算：

$$P_T = 1.57 \times DN^2 \times F_{wd,k} \times \sin(\partial/2) \tag{2-49}$$

$$P_{T1} = P_T \times \sin(\partial/2) \tag{2-50}$$

$$P_{T2} = P_T \times \cos(\partial/2) \tag{2-51}$$

式中：P_{T1}——推力 P_T 在水平方向上的分力（N）；

P_{T2}——推力 P_T 在垂直方向上的分力（N）。

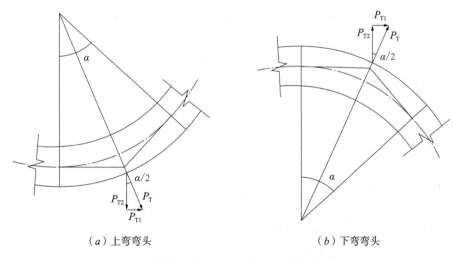

（a）上弯弯头　　　　　　　　　　（b）下弯弯头

图 2-24　管道垂直方向上弯弯头和下弯弯头推力

当轴向推力大于管道外部土体的支承强度和管道纵向四周土体的摩擦力时，应设置止推墩等抗推力措施，并进行抗滑稳定验算，应符合下列公式要求：

$$\frac{E_{pk} - E_{ak} + F_{fk}}{P_T} \geqslant K_s \tag{2-52}$$

$$p \leqslant f_a \tag{2-53}$$

$$p_{min} > 0 \tag{2-54}$$

$$p_{max} < 1.2f_a \tag{2-55}$$

式中：E_{pk}——作用在支墩抗推力一侧的被动土压力合力标准值（kN），可按朗金土压力公式计算；

　　　　E_{ak}——作用在支墩抗推力一侧的主动土压力合力标准值（kN），可按朗金土压力公式计算；

　　　　F_{fk}——支墩底部滑动平面上的摩擦阻力标准值（kN），只计入永久作用形成的摩擦阻力；

　　　　P_T——在设计内水压力标准值作用下，管道承受的推力标准值（kN）；

　　　　f_a——经过深度修正的地基承载力特征值（kPa），按现行国家标准《建筑地基基础设计规范》GB 50007—2011 的规定采用；

　　　　p——支墩作用在地基上的平均压力（kPa）；

　　　　p_{min}——支墩作用在地基上的最小压力（kPa）；

　　　　p_{max}——支墩作用在地基上的最大压力（kPa）；

　　　　K_s——抗滑稳定性抗力系数，$K_s \geq 1.50$。

2.5.4　管壁截面的稳定性验算

对柔性管道管壁截面进行稳定验算时，各项作用应取标准值，并应满足稳定系数不低于 2.0，作用组合应按表 2-18 的规定采用。而刚性管道可不用计算管壁截面的稳定性。

管壁稳定验算作用组合表　　　　　　　　　　　表 2-18

永久作用		可变作用		
竖向土压力	侧向土压力	地面车辆或堆积荷载	真空压力	地下水
√	√	√	√	√

柔性管道在真空工况作用下管壁截面环向稳定验算应满足下式要求：

$$F_{cr,k} \geq K_{st}(F_{v,k} + q_{ik} + F_{vk}) \tag{2-56}$$

式中：$F_{cr,k}$——管壁截面失稳临界压力标准值（N/mm²）；

　　　　F_{vk}——管内真空压力标准值（N/mm²）；

　　　　$F_{v,k}$——管外水土压力标准值（N/mm²）；

　　　　q_{ik}——地面堆载或车辆轮压传至管顶的压力标准值（N/mm²）；

　　　　K_{st}——管壁截面设计稳定性系数，钢管取 2.0。玻璃纤维增强塑料夹砂管取 2.5。

（1）钢管管壁截面的临界压力应按下式计算：

$$F_{cr,k} = \frac{2E_p(n^2-1)}{3(1-v_p^2)}\left(\frac{t}{D_0}\right)^3 + \frac{E_d}{2(n^2-1)(1+v_s)} \tag{2-57}$$

式中：n——管壁失稳时的褶皱波数，其取值应使 $F_{cr,k}$ 为最小并为不小于 2 的正整数；

　　　　v_s——管两侧胸腔土的泊桑比，应根据土工试验确定；一般对砂性土可取 0.30，对黏性土可取 0.40；

　　　　v_p——钢材的泊桑比，$v_p = 0.30$；

　　　　D_0——管壁中心直径（mm）；

　　　　E_p——管材弹性模量（N/mm²）；

　　　　E_d——管侧土的变形模量（N/mm²）。

（2）玻璃纤维增强塑料夹砂管管壁截面环向失稳的临界压力，应按下式计算：

$$F_{cr,k} = \frac{8 \times 10^{-6} SN (n^2-1)}{(1-v_p^2)} + \frac{E_d}{2(n^2-1)(1+v_s)} \tag{2-58}$$

2.6　正常使用极限状态计算

管道结构按正常使用极限状态进行验算时，各项作用效应均应采用作用代表值。

验算构件截面的最大裂缝宽度时，应按准永久组合作用计算。作用效应的组合设计值应按下式确定：

$$S = \sum_{i=1}^{m} C_{Gi} G_{ik} + \sum_{j=1}^{n} \psi_{qj} C_{qj} Q_{jk} \tag{2-59}$$

式中，ψ_{qj}——第 j 个可变作用的准永久值系数，应按本标准 3.2.2 节的规定采用。

正常使用极限状态验算时，作用组合工况可按本标准表 3-5 的规定采用。

2.6.1　柔性管道的变形验算

柔性管道材料力学性能均匀的，可以按管道弹性模量和壁厚进行计算，管道在土压力和地面荷载作用下产生的最大竖向变形，可按下式计算：

$$\omega_{c,max} = D_L \frac{k_b r_0^3 (F_{v,k} + \psi_q q_{ik}) D_1}{E_p I_p + 0.061 E_d r_0^3} \tag{2-60}$$

式中：k_b——竖向压力作用下柔性管的竖向变形系数，按表 2-13 确定；

D_L——变形滞后效应系数，一般取 1.0～1.5；

ψ_q——地面作用传递至管顶压力的准永久值系数；

I_p——管壁单位纵向长度的截面惯性矩（mm^4/m）。

化学类管材，仅提供管道环刚度的，管材的环刚度可按下式计算：

$$SN = \frac{E_p t^3}{12 D_0^3} \times 10^6 \tag{2-61}$$

按管道环刚度计算，管道在土压力和地面荷载作用下产生的最大长期竖向变形可按下式计算：

$$\omega_{c,max} = D_L \frac{(F_{v,k} + \psi_q q_{ik}) D_1 k_b}{8 \times 10^{-6} SN + 0.061 E_d} \times 10^{-3} \tag{2-62}$$

柔性管道在准永久组合作用下长期竖向变形允许值，应符合下列要求：

① 内防腐为水泥砂浆的钢管、球墨铸铁管，先抹水泥砂浆后埋管、顶管时，最大竖向变形不应超过 $0.02D_0$；顶管完成后再抹水泥砂浆时，最大竖向变形不应超过 $0.03D_0$。

② 内防腐为延性良好的涂料的钢管、球墨铸铁管，其最大竖向变形不应超过 $0.03D_0$。

③ 埋地聚乙烯给水管道、玻璃纤维增强塑料夹砂管最大竖向变形不应超过 $0.05D_0$。

2.6.2　刚性管道的裂缝验算

钢筋混凝土管道结构构件在长期效应组合作用下，计算截面处于大偏心受拉或大偏心受压状态时，最大裂缝宽度可按下列公式计算：

$$\omega_{\max} = 1.8\psi\frac{\sigma_{sq}}{E_s}\left(1.5c + 0.11\frac{d}{\rho_{te}}\right)(1+\alpha_1)\cdot v \tag{2-63}$$

$$\psi = 1.1 - \frac{0.65f_{tk}}{\rho_{te}\sigma_{sq}\alpha_2} \tag{2-64}$$

式中：$\omega_{\max}$——最大裂缝宽度（mm）；

$\quad\quad\psi$——裂缝间受拉钢筋应变不均匀系数，当 $\psi < 0.4$ 时，应取 0.4；当 $\psi > 1.0$ 时，应取 1.0；

$\quad\quad E_s$——钢筋的弹性模量（N/mm^2）；

$\quad\quad c$——最外层纵向受拉钢筋的混凝土净保护层厚度（mm）；

$\quad\quad d$——纵向受拉钢筋直径（mm）；当采用不同直径的钢筋时，应取 $d = \dfrac{4A_s}{u}$；u 为纵向受拉钢筋截面的总周长（mm）；

$\quad\quad\rho_{te}$——以有效受拉混凝土截面面积计算的纵向受拉钢筋配筋率，即 $\rho_{te} = \dfrac{A_s}{0.5bh}$；$b$ 为截面计算宽度，h 为截面计算高度；A_s 为受拉钢筋的截面面积（mm^2），对偏心受拉构件应取偏心力一侧的钢筋截面面积；

$\quad\quad\alpha_1$——系数，对受弯、大偏心受压构件可取 $\sigma_1 = 0$；对大偏心受拉构件可取 $\sigma_1 = 0.28\left[\dfrac{1}{1+\dfrac{2e_0}{h_0}}\right]$；

$\quad\quad v$——纵向受拉钢筋表面特征系数，对光面钢筋应取 1.0；对变形钢筋应取 0.7；

$\quad\quad f_{tk}$——混凝土轴心抗拉强度标准值（N/mm^2）；

$\quad\quad\alpha_2$——系数，对受弯构件可取 $\alpha_2 = 1.0$；对大偏心受压构件可取 $\alpha_2 = 1 - 0.2\dfrac{h_0}{e_0}$；对大偏心受拉构件可取 $\alpha_2 = 1 + 0.35\dfrac{h_0}{e_0}$；

$\quad\quad\sigma_{sq}$——按长期效应准永久组合作用计算的截面纵向受拉钢筋应力（N/mm^2）。

受弯、大偏心受压、大偏心受拉构件的计算截面纵向受拉钢筋应力 σ_{sq}，可按下列公式计算：

（1）受弯构件的纵向受拉钢筋应力

$$\sigma_{sq} = \frac{M_q}{0.87A_sh_0} \tag{2-65}$$

式中：M_q——在长期效应准永久组合作用下，计算截面处的弯矩（N·mm）；

$\quad\quad h_0$——计算截面的有效高度（mm）。

（2）大偏心受压构件的纵向受拉钢筋应力

$$\sigma_{sq} = \frac{M_q - 0.35N_q(h_0 - 0.3e_0)}{0.87A_sh_0} \tag{2-66}$$

式中：N_q——在长期效应准永久组合作用下，计算截面上的纵向力（N）；

$\quad\quad e_0$——纵向力对截面重心的偏心距（mm）。

（3）大偏心受拉构件的纵向钢筋应力

$$\sigma_{ls} = \frac{M_q - 0.5N_q(h_0 - a')}{A_s(h_0 - a')} \tag{2-67}$$

式中：a'——位于偏心力一侧的钢筋至截面近侧边缘的距离（mm）。

钢筋混凝土管在准永久组合作用下，最大裂缝宽度不应大于0.20mm。

2.7 抗 震 计 算

2.7.1 管道抗震分析方法

总的来说，地震作用对管道的影响可用图2-25所示内容进行概况：

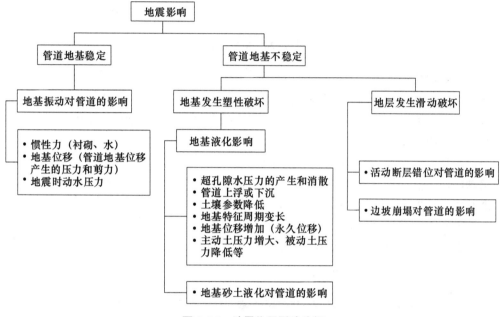

图 2-25 地震作用影响分析

市政管道作为一种地下结构，其抗震设计可参照地下结构的方法进行。由于地下管道与地面建筑相比，大地震的破坏实例及调查研究相对较少，因此，相应的抗震设计考虑得比较少。《室外给水排水和燃气热力工程抗震设计规范》GB 50032—2003中仅对管道产生的变位或应变控制提出要求，并未要求计算地震作用引起的管道内动水压力。

抗震分析时，首先需要选取适用于特定工程条件的分析方法。在地下结构抗震领域，包括拟静力法（又称地震系数法、等代荷载法）、反应位移法和地层-结构时程分析法等几大类。其中拟静力法是一种借鉴地面结构抗震理论的一种简化方法，而对于埋设于软弱底层中的重要地下结构，往往进行地震相应动力分析和动力模型试验分析。管道工程本质上属于一种地下工程，根据管径规模和重要性，可按《建筑工程抗震设防分类标准》GB 50223—2008进行分类，再根据实际情况选用不同的抗震分析方法进行计算。

（1）拟静力法

拟静力法又称为静力法、惯性力法，包括地震系数法、等效地震荷载法和等效静力荷载法。该种方法的主要思想是把地震时的动力荷载转换为静力荷载，然后对结构按照静力计算其反应，以期反映地震作用下结构的相应（图2-26）。拟静力法假设结构物各个部分与地震动有相同的震动，其所受的惯性力取地面运动加速度与结构物质量的乘积。

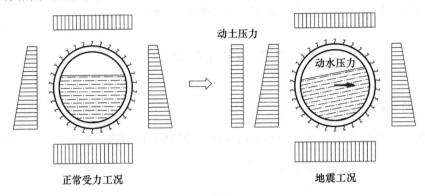

图 2-26　拟静力法

（2）反应位移法

反应位移法是地下结构抗震分析时常用的一种方法，属于一种考虑土与结构相互作用的计算方法。该方法认为地下结构的地震变形受制于地层变形，地层变形的一部分传给结构，从而产生应力应变。

管道抗震设计的反应位移法思路可用图 2-27 加以说明。如图所示，假定某时刻沿埋设管道轴向任意点，垂直管轴线方向的地基位移为 $u_G(x)$，其中 x 为埋设管道轴线方向坐标，地基位移后埋设管道的变形 $u_P(x)$ 可按如下考虑：

① 埋设管道刚度较大、地基刚度较小时，$u_P(x) \to 0$；

② 埋设管道刚度较小、地基刚度较大时，$u_P(x) \to u_G(x)$。

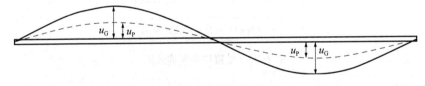

图 2-27　反应位移法思路

为研究地基位移与埋设管道变形的关系，采用图 2-28 所示的弹性地基梁模型，该模型将埋设管道作为具有弯曲刚度的梁，将地基视为弹簧，地基弹簧系数由周围地基刚度决定。在土弹簧端部施加沿管轴线方向的地基位移 $u_G(x)$，可求得埋设管道的变形 $u_P(x)$。由此求得的埋设管道变形可满足上述根据埋设管道与地基刚度所求的埋设管路变形特性。

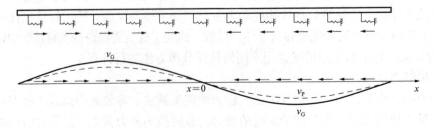

图 2-28　弹性地基梁模型

将地基位移 $u_G(x)$ 作为强制位移，施加于弹性地基梁上的土弹簧端部，可按下式求得埋设管道的变形 $u_P(x)$：

$$EI\frac{d^4 u_P}{dx^4} + k_y u_P = k_y u_G \qquad (2-68)$$

式中：EI——埋设管道的弯曲刚度；

$\quad k_y$——埋设管道单位长度的沿垂直于管轴线方向的地基弹簧系数。

$$\frac{d^4 u_P}{dx^4} + 4\beta_y^4 u_P = 4\beta_y^4 u_G \qquad (2-69)$$

$$\beta_y = \sqrt[4]{\frac{K_y}{4EI}} \qquad (2-70)$$

一般解为：

$$u_p(x) = e^{\beta_y x}(C_1\cos\beta_y x + C_2\sin\beta_y x) + e^{-\beta_y x}(C_3\cos\beta_y x + C_4\sin\beta_y x) \qquad (2-71)$$

其中，$C_1 \sim C_4$ 是由边界条件所决定的积分常数。设地基位移 $u_G(x)$ 为波长 L，振幅 $\overline{u_G}$ 的正弦波，如下式所示：

$$u_G(x) = \overline{u_G} \cdot \sin\frac{2\pi}{L}x \qquad (2-72)$$

当式中的积分常数 $C_1 \sim C_4$ 都为零时，$u_p(x)$ 的特解可由下式求得：

$$u_p(x) = \frac{4\beta_y^4 u_P}{4\beta_y^4 + \left(\frac{2\pi}{L}\right)^4}\overline{u_G} \cdot \sin\frac{2\pi}{L}x \qquad (2-73)$$

埋设管道的弯矩 $M(x)$ 用下式求得：

$$M(x) = -EL\frac{d^2 u_P}{dx^2} = -EL\left(\frac{2\pi}{L}\right)^2 \frac{4\beta_y^4 u_P}{4\beta_y^4 + \left(\frac{2\pi}{L}\right)^4}\overline{u_G} \cdot \sin\frac{2\pi}{L}x \qquad (2-74)$$

同理，管轴线方向的变形 $v_P(x)$ 也可由图所示，根据弹性地基梁模型求得：

$$EA\frac{d^2 v_P}{dx^2} - k_x v_P = k_x v_G \qquad (2-75)$$

式中：$v_G(x)$——垂直管轴线方向的地基位移；

$\quad EA$——埋设管道抵抗伸缩变形的刚度值；

$\quad k_x$——沿管轴线方向单位长度地基的基床系数。

上式可由下式求得：

$$\frac{d^2 v_P}{dx^2} - \beta_x^2 v_P = -\beta_x^2 v_G \qquad (2-76)$$

$$\beta_x = \sqrt{\frac{K_x}{EA}} \qquad (2-77)$$

一般解为：

$$v_p(x) = C_1 e^{-\beta_x x} + C_2 e^{\beta_x x} \qquad (2-78)$$

将地基位移视 $v_p(x)$ 为波长 L、振幅 $\overline{v_p}$ 的正弦波，式中的积分常数 C_1、C_2 为零，$v_p(x)$ 的特解如下式所示：

$$v_{\mathrm{P}}(x) = \frac{\beta_{\mathrm{x}}^2}{\beta_{\mathrm{x}}^2 + \left(\frac{2\pi}{L}\right)^2} \overline{v_{\mathrm{G}}} \cdot \sin\frac{2\pi}{L}x \qquad (2\text{-}79)$$

由埋设管道轴线方向伸缩变形求得轴力 $N(x)$ 为：

$$N(x) = EA\left(\frac{2\pi}{L}\right)\frac{\beta_{\mathrm{x}}^2}{\beta_{\mathrm{x}}^2 + \left(\frac{2\pi}{L}\right)^2} \overline{v_{\mathrm{G}}} \cdot \cos\frac{2\pi}{L}x \qquad (2\text{-}80)$$

（3）地层－结构时程分析法

针对大直径的重要管道，在抗震设计时宜采用时程分析法。通常情况，可以将场地地基土、管道、内部水看作一个整体同步计算，从而得到土、管道、水的动力反应。采用时程分析法计算时，应按场地类别和设计地震分组选用不少于 2 组的实际强震记录和 1 组由地震安全性评价提供的加速度时程曲线。鉴于不同地震波输入进行时程分析的结果不同，一般可以根据小样本容量下的计算结果来估计地震作用效应值。通过大量地震加速度记录输入不同结构类型进行时程分析结果的统计分析，若选用不少于 2 组实际记录和 1 组人工模拟的加速度时程曲线作为输入，计算的平均地震效应值不小于大样本容量平均值的保证率在 85% 以上，而且一般也不会偏大很多。当选用数量较多的地震波，如 5 组实际记录和 2 组人工模拟时程曲线，则保证率更高。

（4）不同分析方法的选取

拟静力法很大程度上沿用了地上结构的抗震设计理念，将地震作用简化为静力荷载，再加载在结构上，进而求得管道结构在地震荷载下的受力与变形。拟静力法在给水排水工程抗震设计中已有较丰富的应用实践，因此，在重要的大直径管道横断面抗震设计时，可采用该方法对结构抗震性能作分析。

反应位移法适用于管道纵向地震反应计算。采用这类方法时，地层动力反应位移最大值被作为强制位移通过土弹簧施加在管道结构上，根据地基土和管道的刚度，求得管道的地震反应位移。

时程分析法通过对地层、管道与水体之间进行合理的建模处理，根据实际情况加载合适的边界条件，其中模型人工边界不宜小于 3 倍结构水平有效宽度。选择地震波时，应选用多组加速度时程曲线，再按有限单元法进行抗震计算，最终得到结构的受力、变形、位移等结果。

在选取分析方法时，宜根据管道地质条件、计算方法本身的适用性等因素综合判断。一般认为，设防类别为丙类的大直径管道进行横断面抗震计算时，可采用拟静力法；而在管道纵向抗震分析时，可选用反应位移法或时程分析法，其中设防类别为乙类以上，或长距离的重大输水管道，则建议采用反应位移法和动力时程分析法同时分析，并取两种方法计算结果的较不利值。

2.7.2　管道抗震计算

埋地管道的地震作用，一般情况可仅考虑剪切波行进时对不同材质管道产生的变位或应变。

（1）承插式接头的埋地圆形管道，在地震作用下应满足下式要求：

$$\gamma_{\mathrm{EHP}} \Delta_{\mathrm{pl,k}} \leqslant \lambda_{\mathrm{c}} \sum_{i=1}^{n} [U_{\mathrm{a}}]_i \tag{2-81}$$

式中：$\Delta_{\mathrm{pl,k}}$——剪切波行进中引起半个视波长范围内管道沿管轴向的位移量标准值；

γ_{EHP}——计算埋地管道的水平向地震作用分项系数，可取 1.2；

$[U_{\mathrm{a}}]_i$——管道第 i 种接头方式的单个接头设计允许位移量；

λ_{c}——半个视波长范围内管道接头协同工作系数，可取 0.64；

n——半个视波长范围内，管道的接头总数。

（2）整体连接的埋地管道，在地震作用下的作用效应基本组合，应按下式计算：

$$S = \gamma_{\mathrm{G}} S_{\mathrm{G}} + \gamma_{\mathrm{EHP}} S_{\mathrm{EK}} + \psi_{\mathrm{t}} \gamma_{\mathrm{t}} C_{\mathrm{t}} \Delta_{\mathrm{tk}} \tag{2-82}$$

式中：S_{G}——重力荷载（非地震作用）的作用标准值效应；

S_{EK}——地震作用标准值效应。

（3）整体连接的埋地管道，其结构截面抗震验算应符合下式要求：

$$S \leqslant \frac{|\varepsilon_{\mathrm{ak}}|}{\gamma_{\mathrm{PRE}}} \tag{2-83}$$

式中：$\varepsilon_{\mathrm{ak}}$——不同材质管道的允许应变量标准值；

γ_{PRE}——埋地管道抗震调整系数，可取 0.90 计算。

（4）管道抗震计算应根据抗震设防烈度、管道敷设方式、接头连接形式等因素进行分析计算。

① 埋地管道的抗震计算，如图 2-29 所示在地震剪切波任意入射时的管道变位计算简图，管道在行波作用下将引发沿管线方向的轴向位移和垂直管线方向的弯曲变位。由于管道作为埋设在土层中的线状结构，其适应弯曲变位的性能要远比轴向变位良好，因此通常对给水排水工程中的管道，可只对管道的轴向变位进行抗震验算。

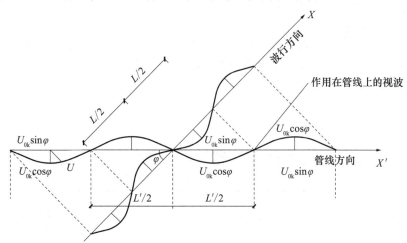

图 2-29　在地震剪切波任意入射时的管道变位计算简图

图中：φ——地震波的入射角；

$U_{0\mathrm{k}}$——剪切波行进时管道买深处的土体最大位移标准值；

L——剪切波的波长；

L'——剪切波的视波长。

② 埋地承插式接头管道直线管段在剪切波作用下的管轴向位移标准值，可按下式计算：

$$\Delta_{pl,k} = \xi_t \Delta'_{sl,k} \tag{2-84}$$

$$\Delta'_{sl,k} = \sqrt{2}\, U_{0k} \tag{2-85}$$

$$\zeta_t = \cfrac{1}{1 + \left(\dfrac{2\pi}{L}\right)^2 \dfrac{EA}{K_1}} \tag{2-86}$$

其中 $K_1 = u_p k_1$，$L = V_{sp} T_g$，$U_{0k} = \dfrac{K_H g T_g}{4\pi^2}$

式中：$\Delta_{pl,k}$——在剪切波作用下，管道沿管线方向半个视波长范围内的位移标准值（mm）；

$\Delta'_{sl,k}$——在剪切波作用下，管道沿管线方向半个视波长范围内自由土体的位移标准值（mm）；

ξ_t——沿管道方向的位移传递系数；

E——管道材质的弹性模量；

A——管道的横截面积；

K_1——沿管道方向单位长度的土体弹性抗力（N/mm²）；

k_1——沿管道方向土体的单位面积弹性抗力（N/mm³），应根据管道外缘构造及相应土质试验确定，当无试验数据时，一般可采用 0.06N/mm³；

u_p——管道单位长度的外缘表面积（mm²/mm），即管道周长；

V_{sp}——管道埋设深度处土层的剪切波速（mm/s），应取实测剪切波速的 2/3 值采用；

T_g——管道埋设场地的特征周期（s）；

K_H——地震加速度。

对承插式接头的管道，抗震计算得出的位移量，应满足式（2-87）的要求。相应管道各种接头方式半个剪切波视波长度范围内的管道接头数量 n，

$$n = \cfrac{V_{sp} T_g}{\sqrt{2}\, L_p} \tag{2-87}$$

式中：L_p——管道的每根管节长度。

管道单个接头设计允许位移量 $[U_a]$　　　　　表 2-19

管道材质	接头填料	$[U_a]$（mm）
铸铁管（含球墨铸铁）、PC 管	橡胶圈	10
铸铁、石棉水泥管	石棉水泥	0.2
钢筋混凝土管	水泥砂浆	0.4
PCCP	橡胶圈	15
PVC、FRP、PE 管	橡胶圈	10

③ 焊接钢管在水平地震作用下的最大应变量标准值可按下式计算：

焊接钢管的抗震验算应符合式（2-88）、式（2-89）的规定的要求。

钢管的允许应变量标准值，可按下式采用：

a. 拉伸

$$[\varepsilon_{at,k}] = 1.0\%$$ （2-88）

b. 压缩

$$[\varepsilon_{ac,k}] = 0.35 \frac{t_p}{D_1}$$ （2-89）

式中：$[\varepsilon_{at,k}]$——钢管的允许拉应变标准值；

$[\varepsilon_{ac,k}]$——钢管的允许压应变标准值；

t_p——管壁厚；

D_1——管外径。

④ 架空管道的抗震计算

当设防烈度为 8 度及 8 度以下时，一般对管道本身不控制，可只验算其支承结构；设防烈度为 9 度时则需对管道结构进行抗震计算。

架空管道的纵向或横向基本自振周期，可按下式计算：

$$T_1 = 2\pi \sqrt{\frac{G_{eq}}{gK_c}}$$ （2-90）

式中：T_1——基本自振周期（s）；

G_{eq}——纵向或横向计算单元（跨度）等效重力荷载代表值（N），应取永久荷载标准值、0.5 倍可变荷载标准值、0.3 倍支承结构自重标准值之和；

K_c——纵向或横向支承结构的刚度（N/m）。

架空管道支承结构承受的水平地震荷载标准值，可按下式计算：

$$F_{hc,k} = \alpha_1 G_{eq}$$ （2-91）

式中：α_1——相应纵向或横向基本自振周期的地震影响系数。

当设防烈度为 9 度时，架空管道支承结构应计算竖向地震作用效应，其竖向地震作用标准值可按下式计算：

$$F_{cv,k} = \alpha_{vmax} G_{eq}$$ （2-92）

架空管道结构所承受的水平地震作用标准值，可按下式计算：

a. 平管：

$$F_{ph,k} = \frac{\alpha_1 G_{eq}^{'}}{l}$$ （2-93）

b. 折线形管：

$$F_{pc,k} = \frac{\alpha_1 G_{eq}^{'}}{2l_1 + l_2}$$ （2-94）

c. 拱形管：

$$F_{pa,k} = \frac{\alpha_1 G_{eq}^{'}}{l_a}$$ （2-95）

式中：$F_{ph,k}$——平管单位长度的水平地震作用标准值（N/mm）；

l——平管的计算单元长度（mm）；

$F_{pc,k}$——折线形管单位长度的水平地震作用标准值（N/mm）；

l_1——折线形管的折线部分管道长度（mm）；

l_2——折线形管的水平部分管道长度（mm）；

$F_{pa,k}$——拱形管单位长度的水平地震作用标准值（N/mm）；

l_a——拱形管的拱形弧长（mm）；

G_{eq}'——管道的总重力荷载标准值，即为 G_{eq} 减去 0.3 倍支承结构自重标准值。

当设防烈度为 9 度时，架空管道应计算竖向地震作用效应，其竖向地震作用标准值可按下式计算：

a. 平管：

$$F_{phv,k} = \frac{\alpha_{vm} G_{eq}'}{l} \qquad (2-96)$$

b. 折线形管：

$$F_{pcv,k} = \frac{\alpha_{vm} G_{eq}'}{2l_1 + l_2} \qquad (2-97)$$

c. 拱形管：

$$F_{pav,k} = \frac{\alpha_{vm} G_{eq}'}{l_a} \qquad (2-98)$$

式中：$F_{phv,k}$——平管单位长度的竖向地震作用标准值（N/mm）；

$F_{pcv,k}$——折线形管单位长度的竖向地震作用标准值（N/mm）；

$F_{pav,k}$——拱形管单位长度的竖向地震作用标准值（N/mm）。

2.7.3 液化土层影响

地基液化常常造成地基在重力作用下发生大变形，即使地震晃动停止，但由于超孔隙水压力消散的影响，这种大变形还将持续很长时间，对所有地下构筑物都是一个严峻的挑战。由于管道工程一般并不直接关联人民的生命财产安全，因此其抗震性能经常被人忽略，但国内外多次强震记录中显示，城市市政管道工程因土层液化产生的破坏极为严重，这种地基液化现象造成了大量市政管线发生较大位移，破坏处的位移有几十厘米，甚至数米，超过了一般意义的地震动引起的地基位移。

关于液化地基在水平方向发生数米位移的机理有如下几种观点：

① 由于地基液化，地基刚度显著减小，在地基自重作用下发生大变形；

② 地基大变形来自液化砂层，像流体一样的运动特性所致；

③ 液化地基中形成的水膜成为地基滑动面，从而发生大变形。

简而言之，实际工程中，液化土可以看作固体，并将其刚度削减为几千分之一；或者将其看作液体、拟塑性、非线性黏性流体；或者用滑移面来模拟含液化土层的地基。尽管液化机理的研究尚未有定论，但从工程角度来说，无论用哪种模型，更重要的是通过定量的方法来预测液化土层的地表位移，见图 2-30。

日本根据 1983 年日本海中部地震及 1964 年新潟地震地表位移实测结果，针对类型 I 分析了地表坡度及液化土层厚度等因素对地表位移量的影响，并对统计结果进行优化拟合，得到如下结果：

$$D = 1500 \frac{\sqrt{H \cdot \theta}}{N} \qquad (2-99)$$

式中：D——地基永久位移（m）；

   H——液化土层厚度（m）；

   θ——地表面坡度（用小数表示）；

   N——液化土层平均 N 值。

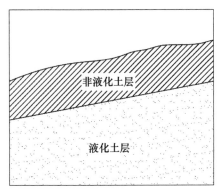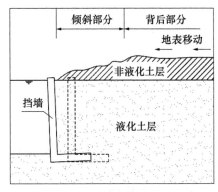

图 2-30　引起液化地基流动的两种类型

  F·Barlet 等人基于日本和美国的分析结果，对两种液化地基类型分别提出了地表位移预测公式，其中类型Ⅰ：

$$\log(D_H + 0.01) = -15.787 + 1.178M - 0.927\log R - 0.013R + 0.429\log S$$
$$+ 0.348\log T_{15} + 4.527\log(100 - F_{15}) - 0.922D50_{15}D \qquad (2-100)$$
$$= 1500 \frac{\sqrt{H \cdot \theta}}{N}$$

式中：D_H——地表水平位移（m）；

   M——震级；

   R——震中距（km）；

   S——地表坡度（%）；

   T_{15}——修正 N 值为 15 以下的饱和砂层厚度（m）；

   F_{15}——中所含砂层平均细颗粒含量（%）；

  $D50_{15}$——中所含砂层的平均粒径（mm）。

  类型Ⅱ地表位移公式如下：

$$\log(D_H + 0.01) = -16.366 + 1.178M - 0.927\log R$$
$$- 0.013R + 0.657\log W + 0.348\log T_{15} \qquad (2-101)$$
$$+ 4.527\log(100 - F_{15}) - 0.922D50_{15}D$$

式中：W——预测地基位移地点距离挡墙的水平距离与挡墙高度之比，即地表坡度。

  然而，即使这些公式给工程人员提供了计算方法，但液化地基位移结果仍然有较大离散性，具体工程中，针对无法规避的液化地基，仍应结合场地条件，进一步仔细分析。

  在得出液化土层地基位移基础上，需进一步对管道进行计算分析（图 2-31）。

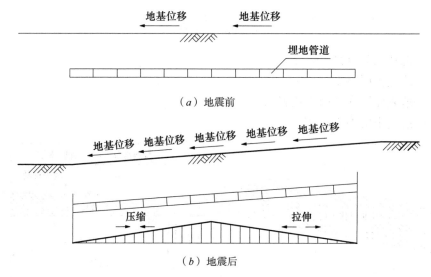

图 2-31　考虑地基位移的管道抗震设计

2.7.4　管道抗震构造措施

　　管道宜避免穿越地震断裂带，出现建筑范围内有发震断裂时，应考虑断裂错动对管道的影响，若采用承插式或拼装式管道结构，其宜采用柔性接头设计。当管道遇液化土层时，应根据实际情况选择对应的地基抗液化处理措施。实际工程中，通常应先判断地基的液化性和液化等级，再根据管道的使用功能、地基的液化等级，分别采取不同措施（表 2-20）。

　　管道工程抗液化措施分为三种：

　　① 采用地基处理措施，降低地基液化等级，部分消除地基液化沉陷；

　　② 减小不均匀沉陷影响，选择合适的管道埋置深度；

　　③ 提高管道结构适应不均匀沉陷能力，具体措施有如下方式：

　　a. 对埋地的输水、气、热力管道，宜采用钢管；

　　b. 对埋地的承插式接口管道，应采用柔性接口；

　　c. 当埋地圆形钢筋混凝土管道采用预制平口接头管时，应对该段管道做钢筋混凝土满包，纵向钢筋的总配筋率不宜小于 0.3%；并应沿线加密设置变形缝，缝距一般不宜大于 10m；

　　d. 架空管道应采用钢管，并应设置适量的活动、可挠性连接构造。

管道抗液化措施

表 2-20

管道类型　　　液化等级	轻微	中等	严重
输水干线	c	b	a + b
配管主干线	c	b	a + c
一般配管	不采取措施	c	b

第3章 钢 管

钢管，定义为具有空心截面，长度远大于直径或周长的钢材。按生产方式，钢管分为无缝钢管和焊接钢管。无缝钢管生产过程是将实心管坯或钢锭穿成空心的毛管，然后再将其轧制成所要求尺寸的钢管。焊接钢管生产过程是将钢板或带钢卷制成管状，再把缝隙焊接起来成为钢管。钢管不仅用于输送流体和粉状固体、交换热能、制造机械零件和容器，它还是一种经济钢材，用钢管制造建筑结构网架、支柱和机械支架，可以减轻结构重量。用钢管制造公路桥梁可简化施工、降低材耗、节省工程投资成本。因此，钢管是钢材中无法替代和不可或缺的重要品种，通常钢管使用总量要占钢材总量的 7%～8%。从日常用具、给水排水、采暖供气、桥梁架空到地下资源开发、国防军工、航空航天等都离不开钢管。正是由于与人类生活、生产活动密不可分，钢管工业生产技术突飞猛进、日新月异，为世界经济发展做出了巨大的贡献。

3.1 钢管发展历程

我国钢管最早出现在上海、天津等地，中华人民共和国成立前，有数十家制管厂将废柴油筒剪成直条，以手工焊接加工成钢管，生产工艺极为落后，成为我国最早出现的焊接钢管。

1949 年新中国成立之初，我国焊管主要采用链式炉焊和乙炔排焊设备生产，产量低、质量差；1960 年，上海钢管厂改进焊接工艺，将低频焊接改为高频焊接，研制出我国第一台 60kW 高频发射器，使我国直缝电阻焊管出现了崭新的面貌，产量和质量有了很大的提升（图 3-1）。20 世纪 80 年代至 90 年代，为适应国民经济快速发展对焊管品种的需求，从 1985 年始，我国先后引进了 200 多条国外先进的 ERW 焊管机组，产品规格主要从 ϕ32～ϕ508mm，这些机组配套齐全，自动化水平较高，对我国直缝焊管工业发展起到了极大的推动作用。直缝埋弧焊管机组由于工艺复杂，投资相对较大，产品成本较高，加之受国内钢铁企业宽厚板轧机能力的限制，大直径直缝埋弧焊管在我国发展较晚。1999 年，引进美国沃森公司的 UOE 设备，首次在国内生产出大直径直缝埋弧焊管。

由于带钢质量和螺旋焊缝质量不尽如人意，螺旋埋弧焊管发展相对较慢。1958 年，我国从苏联引进 650 螺旋埋弧焊管机组安装于宝鸡，建立了我国第一家螺旋焊管厂——宝鸡钢管厂，该机组可生产 ϕ245～ϕ720mm 螺旋埋弧焊管，年产能 4 万～7 万 t，生产出我国第一根 ϕ426mm×7mm 螺旋埋弧焊管（图 3-2）。20 世纪 80 年代至 90 年代是我国螺旋埋弧焊管发展的最快时期，各地先后建立了许多螺旋埋弧焊管企业，并纷纷从国外引进螺旋焊管生产线。进入 21 世纪，随着国家西部大开发战略实施，螺旋埋弧焊管发展遇到了千载难逢的机遇。华北石油钢管厂率先研制了国内首台螺旋焊管新型成型器和管端扩径样机，实现了高强度大口径螺旋埋弧焊管低应力成型，解决了钢管管端几何尺寸控制难题，并成功试制出我国第一根 X70 钢级 ϕ1016×14.6mm 螺旋埋弧焊管，填补国内空白。期间一大批科技创新成果，全面推动了国内钢铁工业发展和制管企业技术进步，渤海装备华油钢管有限公司建成了国内首条大口径螺旋埋弧焊管预精焊生产线，实现了高速成型和低速焊接的有机结合，极大地提高了螺旋埋弧焊管产品质量和生产效率。

图 3-1　1960 年我国自行研制的第一台高频直缝焊管机组在上海钢管厂建设投产

图 3-2　1958 年我国第一条螺旋埋弧焊管生产线在宝鸡钢管厂建设

对于无缝钢管，新中国成立之初，我们没有生产能力。1953 年，在苏联的帮助下，鞍山钢铁公司无缝钢管厂建成了 $\phi140mm$ 自动轧管机组，生产出我国第一根无缝钢管。随着改革开放政策的实施，我国无缝钢管生产技术及装备水平得到了迅速提高，自 2009 年之后，我国无缝钢管的产能和产量继续高增长，建立起较为完善的标准体系，且大部分标准已达到国际先进水平、实现了与国际标准的接轨。无缝钢管在石油、天然气、煤气、水行业得到广泛应用，由于市政输水管道直径大、压力相对不高，无缝钢管应用很少。

我国钢管工业的快速发展，从量的积累到质的飞跃，从望尘莫及到同台竞技，大大缩小了我国与西方先进国家的差距，创造了世界钢管发展史上的奇迹。2004 年，我国钢管产量达到 2149 万 t，超过了世界钢管史上苏联 1988 年保持的 2084 万 t 的纪录，成为世界钢管第一大国，并一直保持至今。到 2017 年，我国钢管产量达到了 7927 万 t，其中，无缝钢管 2610 万 t，焊接钢管 5317 万 t，成为名副其实的钢管大国。同时钢管的制造工艺水平、产能规模、品种规格都在接近强国水平。现在中国钢管行业由高速发展向高质量发展转变，战略目标是绿色化、智能化和轻量化，努力实现既大又强的钢管现代化。

直缝焊管生产工艺相对简单，主要生产工艺有高频焊直缝焊管和埋弧焊直缝焊管，直缝焊管生产效率高，成本低，发展较快。螺旋焊管的强度一般比直缝焊管高，主要生产工艺是埋弧焊，螺旋焊管能用同样宽度的坯料生产管径不同的焊管，还可以用较窄的坯料生产管径较大的焊管，但是与相同长度的直缝焊管相比，焊缝长度增加30%以上，而且生产速度较低。因此，较小口径的焊管大都采用直缝焊，大口径焊管则大多采用螺旋焊。

21世纪以来，随着国内钢铁冶金技术的飞速发展，钢管产品从用于高端油气管线开始走向低压输水管线，主要用于城市埋地给水排水管网改造、城市大型引水工程，城市管廊等工程，并以其承压能力强、抗变形能力优、安全可靠等优异的特性在各类水利工程中得到广泛应用。

"十三五"期间，水利建设处于补短板、破瓶颈、增后劲、上水平的发展阶段。加快完善水利基础设施网络、构建国家水安全保障体系、推进水利现代化进程仍是我国高质量发展的重点工作。近年来，钢管在输水工程领域的应用项目越来越多，代表性的项目有，上海青草沙水源地引水工程、广州市西江引水工程、天津引滦入津工程等，最大直径达4.8m。

3.2　分类及理化性能

3.2.1　钢管分类

工业生产上使用的钢管品种很多，在性能和使用用途上也千差万别，按照不同的分类方法可将其分为不同的类型。在给水排水工程建设用钢管中，使用多为中大口径螺旋埋弧焊管，管材以碳素钢或低合金钢为主。

（1）按生产方法分类

钢管按生产方法可以分为两大类：无缝钢管和焊接钢管（有缝钢管）。

① 无缝钢管按生产方式可分为：热轧管、冷轧管、冷拔管、精密钢管、热扩管、冷旋压管、挤压管和顶管等。

② 焊接钢管按其焊接工艺不同分为气焊管、炉焊管、电阻焊管（高频、低频）和电弧焊管。按焊缝不同分为直缝焊管和螺旋焊管。按其端部形状又可分为圆形焊管和异型（方、扁等）焊管等。

（2）按材质分类

钢管按材质可以分为：碳素管、合金管和不锈钢管等。

① 碳素钢管可分为：普通碳素钢管和优质碳素结构管。

② 合金管可分为：低合金管、合金结构管、高合金管、高强度管、轴承管、耐热抗酸管、精密合金管及耐高温合金管等。

③ 不锈钢管可分为：马氏体不锈钢管、铁素体不锈钢管、奥氏体不锈钢管、双相钢（$\alpha + \gamma$ 双相）和沉淀硬化型钢管等。

（3）按用途分类

① 管道用管。如水、煤气、蒸汽、石油、天然气输送用管，农业灌溉用水龙头带管和喷灌用管等。

② 热工设备用管。如一般锅炉用沸水管、过热蒸汽管、机车锅炉用过热管、大小烟管、拱砖管以及高温高压锅炉管等。

③ 机械工业用管。如航空结构管、汽车结构管、汽车半轴管、车轴管、农机用方形管与矩形管、变压器用管以及轴承用管等。

④ 石油地质钻探用管。如石油钻探管、石油钻杆、钻挺、石油油管、石油套管及各种管接头等。

⑤ 化学工业用管。如石油裂化管、化工设备热交换器及管道用管、不锈耐酸管、化肥用高压管以及输送化工介质用管等。

（4）按镀涂特征分类

钢管按表面镀涂特征可分为：光管（不镀涂）和镀涂层管。

① 镀层管有镀锌管、镀铝管、镀铬管、渗铝管以及其他合金层钢管。

② 涂层管有外涂层管、内涂层管、内外涂层管。通常采用的涂料有塑料、聚乙烯、环氧树脂、煤焦油环氧树脂以及各种玻璃型防腐涂层。

（5）按断面形状分类

钢管按断面形状可分为：简单断面钢管和复杂断面钢管。

① 简单断面钢管有圆形钢管、方形钢管、椭圆形钢管、三角形钢管、六角形钢管、菱形钢管、八角形钢管、半圆形钢管等。

② 复杂断面钢管有不等边六角形钢管、五瓣梅花形钢管、双凸形钢管、双凹形钢管、瓜子形钢管、圆锥形钢管、波纹形钢管、表壳钢管等。

3.2.2　理化性能

给水排水工程用管中，常用制造规范有《普通流体输送管道用埋弧焊钢管》SY/T 5037—2018、《低压流体输送用焊接钢管》GB/T 3091—2015 等国家标准和行业标准，也有部分项目借鉴石油天然气行业经验，选用《石油天然气工业管线输送系统用钢管》GB/T 9711—2017 国家标准。SY/T 5037—2018 和 GB/T 3091—2015 标准中，材料理化性能均引用《碳素结构钢》GB/T 700—2006 或《低合金高强度结构钢》GB/T 1591—2018 中的相关要求，需要配合使用。GB/T 9711—2017 是石油天然气输送管道用钢管国家标准，对材料理化性能有专门规定，且规定了 PSL1 和 PSL2 两种产品规范水平，在高压输水管道建设中为提高管道质量标准部分用户也有采用该标准，选择 PSL1 产品规范水平即可。

（1）化学成分

采用 SY/T 5037—2018、GB/T 3091—2015 标准制造的钢管，管材化学成分通常应符合 GB/T 700—2006 或 GB/T 1591—2018 标准要求，见表 3-1 和表 3-2。

GB/T 700—2006 碳素结构钢化学成分　　　　　表 3-1

牌号	等级	厚度 /mm	脱氧方法	化学成分（质量分数）/%，不大于				
				C	Si	Mn	P	S
Q195	—	—	F、Z	0.12	0.30	0.50	0.035	0.040
Q215	A	—	F、Z	0.15	0.35	1.20	0.045	0.050
	B							0.045

续表

牌号	等级	厚度/mm	脱氧方法	化学成分（质量分数）/%，不大于				
				C	Si	Mn	P	S
Q235	A	—	F、Z	0.22	0.35	1.40	0.045	0.050
	B			0.20				0.045
	C		Z	0.17			0.040	0.040
	D		TZ				0.035	0.035
Q275	A	—	F、Z	0.24	0.35	1.50	0.045	0.050
	B	≤40	Z	0.21			0.045	0.045
		>40		0.22				
	C		Z	0.20			0.040	0.040
	D		TZ				0.035	0.035

GB/T 1591—2018 低合金高强度结构钢化学成分 表 3-2

牌号		化学成分（质量分数）/%											
钢级	等级	C	Si	Mn	P	S	Nb	V	Ti	Cr	Ni	Cu	Mo	N
Q355	B	0.24	0.55	1.60	0.035	0.035	—	—	—	0.30	0.30	0.40	—	0.012
	C	0.20			0.030	0.030								
	D	0.20			0.025	0.025								—
Q390	B		0.55	1.70	0.035	0.035	0.05	0.13	0.05	0.30	0.50	0.40	0.10	0.015
	C	0.20			0.030	0.030								
	D				0.025	0.025								

（2）拉伸性能

采用 GB/T 3091—2015 标准制造的钢管，钢管拉伸性能应符合表 3-3 规定。采用 SY/T 5037—2018 标准制造的钢管，钢管拉伸性能通常应符合 GB/T 700—2006 或 GB/T 1591—2018 标准要求，见表 3-4。钢管应进行焊接接头拉伸试验，焊缝抗拉强度不应低于表 3-3、表 3-4 规定抗拉强度的最小值。

GB/T 3091—2015 钢管拉伸性能 表 3-3

牌号	下屈服强度 Rel/MPa		抗拉强度 Rm/MPa 不小于	断后伸长率 A/% 不小于	
	t≤16mm	t>16mm		D≤168.3mm	D>168.3mm
Q195a	195	185	315	15	20
Q215A、Q215B	215	205	335		
Q235A、Q235B	235	225	370		
Q275A、Q275B	275	265	410	13	18
Q345A、Q345B	345	325	470		

注：按照新版国家标准 GB/T 1591—2018，Q345 牌号钢材已被 Q355 替代。

SY/T 5037—2018 钢管拉伸性能 表 3-4

牌号	等级	屈服强度 ReH/MPa 不小于		抗拉强度 Rm/MPa	断后伸长率 A/% 不小于
		$t \leqslant 16$	$16 \sim 40$		$t \leqslant 40$
Q195	—	195	185	$315 \sim 430$	33
Q215	A	215	205	$335 \sim 450$	31
	B				
Q235	A	235	225	$370 \sim 500$	26
	B				
	C				
	D				
Q275	A	275	265	$410 \sim 540$	22
	B				
	C				
	D				
Q355	B、C	355	345	$470 \sim 630$	纵向 22
	D				横向 20
Q390	B、C、D	390	380	$490 \sim 650$	纵向 21
					横向 20

（3）导向弯曲性能

埋弧焊钢管应进行导向弯曲试验，弯芯直径按相关标准规定进行计算（一般为钢管公称壁厚的 8 倍）。钢管试验后，应符合如下规定：

① 试样不应完全断裂。

② 试样上焊缝金属中不允许出现长度超过 3.2mm 的裂纹或破裂，不考虑深度。

③ 在母材、HAZ 或熔合线上不应出现任何长度大于 3.2mm 的裂纹或深度超过壁厚 10%（SY/T 5037—2018、GB/T 3091—2015）/12.5%（GB/T 9711—2017）的裂纹或破裂。

试验过程中，出现在试样边缘且长度小于 6.4mm 的裂纹，不应作为拒收的依据。

3.3　制　作　工　艺

3.3.1　螺旋埋弧焊管制造工艺

螺旋埋弧焊管是采用埋弧焊接工艺制造的带有一条螺旋焊缝的钢管，在给水排水工程用钢管中为常用管型。制造方法主要有两种，一种是"一步法"；另一种是"二步法"，也称为预精焊法。

（1）产品工艺技术特点

螺旋埋弧焊管其主要工艺技术特点：

① 产品更换灵活。只要改变成形角度，就可以用同一宽度的带钢生产各种口径的钢管。能用较窄的坯料生产管径较大的焊管，不同宽度的钢板可以生产相同管径的焊管。

②长度灵活。因为是连续弯曲成形，所以钢管的定尺长度不受限制。

③焊缝螺旋形均匀地分布在整个钢管圆周上，所以钢管的尺寸精度高，强度也较高。由于螺旋焊缝的存在，有更好的止裂性能。

④生产成本低。设备费用便宜，易于变更尺寸，适合于小批量、多品种钢管的生产。在我国石油、天然气、输水、热力等管道建设中广泛采用。

⑤缺点：螺旋埋弧焊管的焊缝长度较长，增加了产生焊缝缺陷的概率。

（2）"一步法"制造工艺

"一步法"就是在钢管螺旋成型的同时进行焊接，一般在钢管成型后即在咬合点附近进行埋弧内焊，经过1.5螺距后进行埋弧外焊。螺旋成型和焊接是连续进行的，在钢管达到一定长度后采用切割装置切断，运送至精整工序进行检验和处理。"一步法"制造典型工艺流程，如图3-3所示。

钢管制造：包括钢带拆卷矫平、对头焊、铣边、成型、内外焊及切管等；

钢管精整：包括内外焊缝磨削、管端整圆、机械平头、补焊等；

检验试验：包括原料检验、理化试验、水压试验、无损检验、成品检验等。

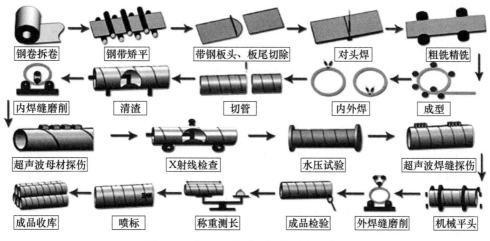

图3-3 "一步法"典型工艺流程示意图

①原料检验

原料检验为螺旋埋弧焊管生产制造的第一道工序。根据热轧钢带订货技术条件、《碳素结构钢和低合金结构钢热轧厚钢板和钢带》GB/T 3274—2017或《石油天然气输送管用热轧宽钢带》GB/T 14164—2013等标准要求，对入厂钢带进行理化性能试验（化学、拉伸、弯曲、冲击、金相等）和外观质量与几何尺寸（宽度、厚度等）检查，同时核对钢带质证书相关内容，确保原材料质量符合制管要求。

②拆卷矫平

主要工作就是将钢卷打开，利用矫平机将卷曲的钢板展平。钢带矫平效果好，则铣边后板边坡口均匀，有利于钢管成型和焊接。同时，利用剪板机将板卷头尾部不规则区域及外观存在缺陷区域切除，剪切面应平齐，以利于后续带钢头尾对接。

③对头焊

采用埋弧自动焊将两条钢带头尾部分连接起来，保证生产过程的连续性，对焊时要避免产生人工硬弯。当标准不要求对头管时，应保证对头焊缝在成型弯曲过程中不发生断裂。当标准要求对头管时，对头焊缝需严格控制（如对头焊缝性能、错边、焊缝余高等），反面对头焊缝需在自动焊接平台按工艺规范进行焊接。所用焊接工艺应经评定合格后方可使用。

④ 铣边

钢带首先进行粗铣，将带钢边缘去除，获得尺寸精度较高的板宽，保证钢管成型。然后进行精铣，获得更加精确的板宽和焊接坡口。焊接坡口的制备可减小焊接热输入，提高焊接速度，增加产量。根据板卷壁厚，焊接坡口形式主要有 Y 型和 X 型。板宽、坡口角度、坡口深度、钝边尺寸等为该工序重点质量控制参数。

⑤ 成型

钢管成型是整套焊管机组的核心部分，在递送机递送力的作用下，钢带按照一定的螺旋角度连续进入成型器，经过三辊变形并在外控成型辊的作用下获得一定几何尺寸的管坯。成型岗位要严格控制钢管残余应力，管径、椭圆度、直度等几何尺寸和错边、噘嘴、辊痕等工艺缺陷。

⑥ 内外焊

成型管坯获得后，首先在咬合点附近进行内焊，然后经过约 1.5 螺距后进行外焊。内外焊采用埋弧自动焊工艺，按照评定合格的焊接工艺进行焊接，有单丝焊、双丝焊，具体根据钢管壁厚进行选择。焊接时，随时掌握焊缝熔深、焊偏量、焊缝余高、咬边、焊缝外观质量等。

⑦ 切管

根据标准要求切割定尺长度的钢管，对钢管进行唯一性编号。然后进行成型焊接初检和理化性能取样。成型焊接初检项目主要包括：管径、椭圆度、焊缝余高、焊缝宽度、管端剩磁等测量及酸洗检查（项目包括焊缝形貌、熔合深度和焊偏量）。理化性能取样主要是根据工艺要求对钢管进行组批取样。试验项目包括：化学分析、拉伸试验、弯曲试验、冲击试验、金相试验等，具体依据产品标准要求。

⑧ 内外焊缝磨削

根据标准要求采用自动磨削机或磨削机器人将管端规定范围内的内外焊缝余高去除，磨削时不得伤及管体母材。内焊缝余高去除是为了方便管端扩径和现场对接内对口装置（即胀管器）的使用。外焊缝余高去除是为了方便现场施工自动焊接设备和自动超声波检测设备的使用。

⑨ 管端整圆

管端整圆也称管端扩径。目的是为了减小管端椭圆度，降低管端直径偏差，这对于管道施工现场的对口是非常有帮助的。扩径率一般控制在 0.3% 以内，扩径长度在 100～150mm 范围内。

⑩ 静水压试压

将钢管两端密封、注水、加压，达到标准要求的压力值后保压一段时间，检查钢管是否存在渗漏、变形等。保压阶段可对钢管的隐性缺陷进行暴露，使钢管使用状态更接近施工现场，同时也是对钢管全管体残余应力进行释放。对于针状铁素体型管线钢还可起到形变强化的效果，屈服强度提升明显。

⑪ 无损检测

常用的无损检测方法包括 X 射线检测和超声波检测。

X 射线检测主要采用全焊缝 100%X 射线工业电视检查、X 射线数字拍片、X 射线拍片（胶片）等方式，对钢管焊缝是否存在超标的气孔、夹渣、未焊透、裂纹、断弧等焊接缺陷进行检测。

焊缝超声波自动检测是对全焊缝进行 100% 超声波自动检测，对超出标准要求的报警缺陷进行标记，然后进行超声波手探复查。该方法对裂纹、未焊透等线性缺陷较敏感。

母材超声波自动检测是对管体母材进行分层检测，对超出标准要求的报警缺陷进行标记，然后进行超声波手探复查。

超声波手工检测主要是对超声波自动检测存在的管端盲区进行检查，并对自动检测报警缺陷进行复查。同时还要对管端一定范围内进行管端分层探伤。

不同的标准对采用的无损检测方法各不相同。例如，SY/T 5037—2018 规定，应采用超声检测或 X 射线检测对焊缝进行抽检，合同未规定时，由制管厂任选其中一种无损检测方法。同时还应采用超声波方法对管端的分层夹杂进行抽检。而 GB/T 3091—2015 标准则优先推荐采用静水压试验进行检测（冲裁时以该试验为准），当钢管采用静水压试验检测后可不进行无损检测。

⑫ 补焊

主要是对内外焊断弧、咬边等外部缺陷和无损检验标记的气孔、夹渣、裂纹等内部缺陷进行焊接修补。低压流体管道用钢管还可对母材进行补焊。补焊后，补焊焊缝要按标准要求进行各项检验。补焊工艺采用手工电弧焊或气体保护焊，焊接工艺在评定合格后方可使用。

⑬ 机械平头

机械平头又称倒棱，主要是为了获得标准要求的管端坡口和钝边尺寸而对管端进行的机械加工，同时也是控制切斜的有效途径。管端坡口形式根据现场环缝焊接需求或客户需求而定，常见的分为普通 V 型坡口、双 V 型复合坡口等。对于超大口径输水管道，也可采用火焰切割方式加工管端坡口。

⑭ 成品检测

对钢管的周长、椭圆度、壁厚、直度、重量、长度、焊缝余高、坡口角度，钝边尺寸等几何尺寸进行测量，同时对咬边、摔坑、划伤等造成应力集中和影响最小壁厚的缺陷进行检查、修磨、测量。

⑮ 喷字交库

对于检验合格的钢管，应进行标志。标志内容主要包括：工厂名称或代号、标准号、外径、壁厚、钢级、产品规范水平、钢管类型、管号、长度、炉号、生产日期等，以及标准要求的其他信息。

（3）"二步法"制造工艺

"二步法"基本原理借鉴直缝埋弧焊管的预焊及精焊工序分开方式。先预焊，再精焊。首先热轧钢带在钢管成型器上卷制成钢管的同时，采用熔化极活性气体保护焊（MAG）进行连续预焊，然后用等离子切割机将预焊后的钢管切割成规定长度，再将预焊后钢管输送至精焊生产线，进行第二步内外多丝埋弧焊，即精焊。预精焊生产方法摆脱了传统"一步法"生产螺旋焊管中成型速度必须与埋弧焊接速度同步的束缚，预焊速度快，一条预焊生产线可以同时供应多条精焊生产线。该方法充分利用了成型和焊接的各自特点，实现了高速成型和低速焊接的有机结合，由于钢管成型和埋弧焊接分开进行，从而解决了钢管成型和焊接相互干扰的问题，使生产效率大幅提高，且容易得到高质量的焊缝。"二步法"制造典型工艺流程，如图3-4所示。

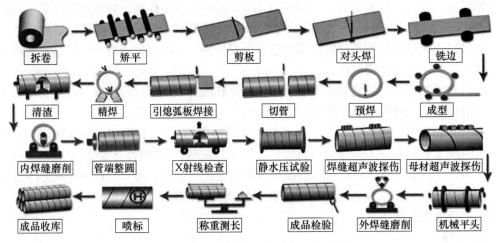

图3-4　二步法典型工艺流程示意图

"二步法"与"一步法"相比，只有预焊、切管、引熄弧板焊接、预焊修补、精焊几个工序有不同之处，其余工序完全相同。

① 预焊

预焊又称定位焊，主要是获得成型管坯后，在咬合点附近采用熔化极活性气体保护焊进行定位焊接。由于气体保护焊会产生较强烈的弧光，并且焊接速度很快，最高可达12m/min，因此必须采用性能稳定的自动跟踪设备。施焊过程中，需重点控制焊接电流、电压、保护气体流量等参数，重点关注预焊焊缝表面质量，焊缝应保持连续，外观规整，焊缝高度不得将内坡口填满。

② 切管

将成型预焊后的管坯切割成定尺管体，对钢管进行唯一性编号。同时对管体直径和椭圆度等几何尺寸进行初检，及时向成型岗位反馈。相比一步法，本岗位没有焊接初检和理化试验取样职能，上述检验在精焊后进行。

③ 引熄弧板焊接

由于埋弧焊在起弧和熄弧阶段容易产生焊接缺陷，为使精焊后的钢管焊缝没有缺陷，须在精焊前将钢管两端的预焊焊缝延长一段距离，因此需进行引熄弧板焊接，保证精焊起弧和熄弧过程在引熄弧板上完成。

④ 预焊修补

对预焊焊缝中的断弧、表面气孔、焊瘤等缺陷进行修磨、补焊，同时清理钢管内壁飞溅物，避免在精焊过程中产生焊接缺陷。预焊修补采用半自动气体保护焊，所用焊接工艺应经评定合格后方可使用。

⑤ 精焊

在多个精焊台架上对预焊过的钢管进行内外多丝埋弧焊，所用焊接工艺应经评定合格后方可使用。精焊时，首先进行内焊，然后在 0.5 螺距后再进行外焊。精焊过程对设备性能要求较高。施焊过程中重点控制焊缝熔深、焊偏量及焊缝外观质量等参数。

总之，不同规格、不同材质螺旋埋弧焊管的生产工艺及生产流程各不相同，生产线应依据标准要求、产品定位进行配置，以满足产品制造需求。

3.3.2 直缝埋弧焊管制造工艺

直缝埋弧焊管是采用埋弧焊接工艺制造的带有一条或两条直焊缝的钢管。主要有 UOE、JCOE、RBE、HME 以及 CFE 等几种成型方式，不同的成型方式各有其特点。当前较为主流的是采用 JCOE 成型工艺，RBE 工艺在给水排水工程中也经常应用。

（1）产品工艺技术特点

直缝埋弧焊管其主要工艺技术特点：

① 对管径、厚度、钢级适应性强，既可生产普通和重要结构用钢管，也可以生产高质量的石油、天然气输送钢管，且主要用于环境恶劣的地震带、冻土带及地形高落差等对钢管要求高强度、高韧性的三四类地区。

② 钢管应力水平分布较螺旋埋弧焊管更为合理。

③ 单位焊缝长度小，焊接质量好。

④ 由于焊缝焊接时处于水平位置，适合多丝大规范高速焊接，生产效率高。

⑤ 缺点：设备较为复杂，一次性投资较大；钢管管径受钢板宽度限制，生产成本较高。

（2）JCOE 制造工艺

直缝埋弧焊管生产线分焊管作业线和精整、检验作业线三大部分。焊管作业线主要完成钢板准备、钢板的预处理、管筒的成型、预焊、精焊和扩管等过程。精整和检验作业线主要是对钢管半成品进行必要的机加工、修补和检验。检验作业线主要包括原料检验、理化试验、水压试验、无损检验、成品检验等。

JCOE 成型方式直缝埋弧焊管制造典型工艺流程，如图 3-5 所示。

图 3-5 直缝埋弧焊管典型工艺流程示意图

超声波检测合格的钢板经坡口铣削、板边压制预弯后进入成型工序，通过 JCO 方式压制为开口管坯，此后采用气保自动焊接方法连接管坯为钢管，采用多丝埋弧自动焊接方法填充内、外焊道，钢管经扩径前无损探伤、冷扩径整形、静水压试验、管端坡口加工、扩径后无损检验、外观尺寸检验合格后收库。其中，钢管精整、检验作业线流程工序及设备性能与螺旋埋弧焊管生产线几乎相同，不再赘述，在此仅介绍焊管作业线。

① 钢板超声波检测

上料使用的钢板，在铣边前逐张进行超声波分层检测。钢板超声波检测仪器根据板宽选择探头数量，可对钢板头、尾和钢板侧边部分区域扫查，对钢板中部区域采用探头左右摆动方式扫查。

② 铣边

焊接坡口的制备，铣边机具有钢板自动对中、铣头上下随板形浮动仿形跟踪功能，可根据钢板的平度情况自动调整铣头位置，保证钢板两边具有同样的坡口形状和尺寸。还可自动设定铣削速度和铣削量，钢板夹持送进系统和铣头间具有良好的配合，保证了整个铣削过程中参数的恒定，进而保证铣削质量。

③ 预弯边

预弯边为压力式弯边。压力式弯边主要是通过两对渐变曲率的模具对钢板的两个边同时进行弯曲，使板边在预弯过程中始终处在一个纯弯曲变形的过程中，在厚板加工时不产生压延，而使板边达到理想的圆弧，为随后的成型、焊接和扩径等工序打下了良好的基础。

④ 成型

JCO 成型机采用数控轴进行控制，成型过程如图 3-6 所示。可根据不同的钢级、壁厚、板宽自动调整压下量、压下力和钢板进给量，以确保成型的钢管达到理想效果。同时下模具有自动补偿变形功能，有效地避免了模具变形对管形所造成的不良影响，保证了钢板压制过程中全长方向的平直度。

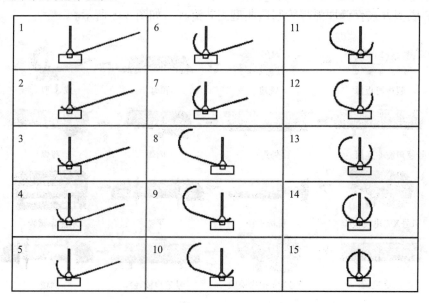

图 3-6　JCOE 成型过程示意图

⑤ 预焊

采用液压伺服控制多排挤压辊将钢管合拢，用连续的大功率混合气体保护电弧焊（MAG）进行定位焊接，焊接系统采用自动跟踪，能够在焊接过程中，实时对焊缝错边等指标进行有效的监测、记录和反馈。通过两个系统的协同配合，实现整个焊接过程中的动态闭环控制。

⑥ 内焊、外焊

内、外焊接采用最多四丝内焊和最多五丝外焊工艺进行焊接，既可保证焊接速度又可保证焊缝的内在质量和外观质量。内焊采用导轮在焊接坡口上进行跟踪，外焊采用激光进行自动跟踪，可保证焊缝的内外焊道中心一致。

⑦ 机械扩径

对钢管的全长进行步进式机械扩径，在保证钢管尺寸精度的同时，有效改善钢管内应力的分布状态。

（3）RB/RBE 制造工艺

RB 为 Roll Bending，E 为 Expansion，是辊弯成型扩径制管工艺。辊弯成型制管工艺是比较传统的制管工艺。在我国主要用于制造外径较大、壁厚较大且长度较短的压力容器、结构管及给水排水管。在德国、韩国等国家也将 RBE 工艺用于油气输送管的生产，除成型方式不一样外，其他工艺过程与 UOE、JCOE 基本类似。

辊弯成型法采用钢板为原料，钢板在三辊或四辊之间经多次辊压卷制成圆筒型，然后采用双面埋弧焊接。如不采用扩径工序，则称为 RB 焊管；如采用扩径工序，则称为 RBE 焊管。成型过程如图 3-7 所示，实物图如图 3-8 所示。

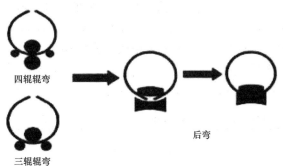

图 3-7　辊弯式成型过程示意图　　　　图 3-8　辊弯式成型实物图

RB 成型机结构上分为对称式和非对称式两种。三辊对称式成型机的上辊在两个下辊中央对称位置做垂直升降运动，两个下辊做旋转运动，为卷制板材提供扭矩。三辊非对称式成型机的上辊为主动辊，下辊垂直升降运动，以便夹紧板材，并通过下辊齿轮与上辊齿轮啮合，同时作为主传动辊。

RB/RBE 制造工艺特点：

① 成型过程采用三点弯曲原理，通过调整上、下辊的位置形成不同的弯曲曲率；管径范围大、规格变化灵活、对市场适应性强。

② 采用反复多次弯曲，可达到较高成型精度。RBE 成型法由于采用扩径工序，改善了内部应力分布和大小，此种方法生产的焊管在使用性能和可靠性上均接近 UOE 焊管。

③ 受到辊身刚度限制，不适合生产小口径和较长的钢管。对高钢级的产品开口缝往往出现中间宽，两头窄的现象，管坯焊接后应力大、易错边，生产效率较低。

④ 设备结构相对简单，投资较少。

⑤ 受钢板制造能力和设备尺寸限制，一般 RB/RBE 焊管一次成型长度较短，需要将多根短节对接成具有一定长度的成品钢管，其焊缝总长度往往较长。

RB/RBE 焊管在我国水利、水电、市政、桩基工程等行业长期大量应用，形成了相应的行业标准，如《水利工程压力钢管制造安装及验收规范》SL 432—2008、《水电水利工程压力钢管制造安装及验收规范》DL/T 5017—2007 等。由于螺旋埋弧焊管在石油天然气行业长期广泛应用，取得了大量成功经验，逐步在相关行业替代 RB/RBE 焊管。对于给水排水工程用钢管，一般优先选用螺旋埋弧焊管，但对于壁厚超过 25.4mm 的钢管，由于超出了螺旋埋弧焊管制造原材料热轧钢带的生产极限，通常采用 RB/RBE 焊管作为补充。

3.4 产品规格尺寸

3.4.1 规格尺寸

常用钢管规定外径（D）与壁厚（t）表示钢管的规定尺寸，如 $\phi1220mm \times 16mm$。钢管应按照购方订货合同规定的外径和壁厚交货，不同标准对钢管规格尺寸有不同的要求。

GB/T 3091—2015 规定，外径大于 219.1mm 的钢管按公称外径和公称壁厚交货，其公称外径和公称壁厚应符合《焊接钢管尺寸及单位长度重量》GB/T 21835—2008 的规定。表 3-5 针对 GB/T 21835—2008 中普通焊接钢管的规格尺寸要求进行了简易归纳。SY/T 5037—2018 规定，钢管外径应不小于 219.1mm，壁厚应不小于 3.2mm，公称外径和公称壁厚应符合 SY/T 6475—2000 的规定。SY/T 6475—2000 与 GB/T 21835—2008 相比，公称外径系列相同，但由于适用领域不同，同等外径条件下壁厚范围更大。

对于外径和壁厚不在标准推荐范围内的钢管，需要供需双方协议确定。

外径大于 219.1mm 钢管公称外径、公称壁厚（mm） 表 3-5

外径（D）			规定壁厚（t）
系列 1	系列 2	系列 3	
219.1	—	—	1.8 ～ 14.2
—	—	244.5	2.0 ～ 14.2
273.1	—	—	2.0 ～ 14.2
323.9	—	—	2.6 ～ 17.5
355.6	—	—	2.6 ～ 17.5
406.4	—	—	2.6 ～ 30
457	—	—	3.2 ～ 30
508	—	—	3.2 ～ 65
—	—	559	3.2 ～ 65
610	—	—	3.2 ～ 65

续表

外径（D）			规定壁厚（t）
系列 1	系列 2	系列 3	
—	—	660	4.0～65
711	—	—	4.0～65
	762	—	4.0～65
813	—	—	4.0～65
—	—	864	4.0～65
914	—	—	4.0～65
—	—	965	4.0～65
1016	—	—	4.0～65
1067	—	—	5.0～65
1118	—	—	5.0～65
—	1168	—	5.0～65
1219	—	—	5.0～65
—	1321	—	5.6～65
1422	—	—	5.6～65
—	1524	—	6.3～65
1626	—	—	6.3～19.05 22.2～65
—	1727	—	7.1～19.05 22.2～65
1829	—	—	7.1～19.05 22.2～65
—	1930	—	8.0～19.05 22.2～65
2032	—	—	8.0～65
—	2134	—	8.8～65
2235	—	—	8.8～65
—	2337	—	10～65
—	2438	—	10～65
2540	—	—	10～65

注：焊接钢管的外径分为三个系列：系列 1、系列 2 和系列 3。

系列 1 是通用系列，属推荐选用系列；

系列 2 是非通用系列；

系列 3 是少数特殊、专用系列。

3.4.2 单位长度质量

钢管单位长度质量应采用如下公式计算：

$$\rho = t(D-t) \times C \tag{3-1}$$

式中：ρ——钢管单位长度质量（kg/m）；

D——规定外径（mm）；

t——规定壁厚（mm）；

C——按 SI 单位制计算时 0.02466。

钢管的理论质量是钢管长度和钢管单位长度质量的乘积。

3.4.3　长度

螺旋埋弧焊管最大长度受制管厂场所和运输工具限制，直缝埋弧焊管最大长度由制管用钢板的长度和设备能力确定。钢管通常长度为 6～12m。经购方与制管厂协商，可供应其他长度的钢管。钢管定尺长度应在通常长度范围内，定尺钢管长度的极限偏差为 ±500mm。经购方与制管厂协商，可供应更严极限偏差的精定尺钢管。

例如：某输天然气管道用钢管长度规定：至少 90% 的钢管长度应为 11.0～12.2m，其余 10% 应大于 8m。某引水工程用钢管长度规定：单根螺旋钢管有效长度主要以 12m 为主，长度偏差为 0～50mm。

3.5　接　口　形　式

压力管道常用的连接方式有焊接连接、法兰连接、螺纹连接、热熔连接、沟槽连接、承插连接等，各种连接方式的适用管材、场合各不相同。合理的选择连接方式，是保障管道连接质量、安全运行的关键因素。在给水排水管道用钢管连接中，我国基本上是对接焊或法兰连接。柔性承插连接钢管在国外已被广泛使用，我国主要用于铸铁管，柔性承插连接在我国钢管连接中有很大的发展潜力。

3.5.1　焊接连接

焊接连接是金属压力管道工程中应用最广，也是最重要的连接方式之一。它的主要优点是焊口牢固耐久、不易渗漏、严密性高，适用于密封要求高的场合。例如输送介质为高压、强渗透性、易爆以及其他连接方式无法满足的场合。由于对接焊接头具有焊缝形貌好、强韧性高、受力后应力分布均匀等优点，我国现有埋地钢管现场连接多采用对接焊接。

（1）焊接方法

钢管对接的焊接方法主要有手工电弧焊（SMAW）、手工钨极氩弧焊（TIG）、熔化极气体保护焊（GTAW）、埋弧焊（SAW）、自保护药芯焊丝电弧焊（FCAW）。焊接方法的选用，应根据管道类型、安装设备、人员技能、工况环境等因素确定，同时还需满足法律法规、标准及设计文件的要求。

我国管道焊接技术在石油天然气行业发展较为成熟。20 世纪 70 年代开始建设大口径长输管道，其中著名的"八三"管道会战采用了手工电弧焊向上焊操作工艺，钢材 16MnR，壁厚 6～11mm。焊材选用 J506、J507 焊条，ϕ3.2mm 打底、ϕ4.0mm 填充、盖面。管端坡口为 60° V 型，根部单面焊双面成型。20 世纪 80 年代开始推广手工向下焊工艺，同时研制开发了纤维素型和低氢型向下焊条，与传统向上焊工艺比较，向下焊具有焊速快、质量好、节省焊材等特点，因此在管道环缝焊接中得到了广泛的应用。20 世纪 90 年代开始推广自保护药芯焊丝半自动焊，有效克服了其他焊接工艺野外作业抗风能力差的缺点，其特点为熔敷效率高，全位置成型好，环境适应能力强，焊工易于掌握，成了管道环缝焊接的主要方式。21 世纪以来，随着管道建设用钢管强度等级的提高，管径和壁厚的增大，在管道施工中逐渐开始应用自动焊技术。管道自动焊技术由于焊接效率高，劳动强度小，焊接过程受人为因素影响小等优势，在大口径、厚壁管道建设的应用中具有很大潜力。目前，全位置自动焊接技术已成功应用于西气东输、中俄东线等管道，标志着我国管道焊接技术达到了较高水平。

我国输水管线用钢管由于管径大、管壁相对较薄，现场开挖沟槽深，同时作业环境多处于城市人口密集地区，操作空间限制了自动焊设备应用，因此多采用手工电弧焊进行现场对口焊接，其操作灵活、环境适应强的特点尽显。《钢质管道焊接及验收》GB/T 31032—2014 规定了输送管线、管网用碳钢和低合金钢管及管件的对接接头、角接接头和承插接头的焊接工艺。焊接方式包括手工焊、半自动焊、机动焊、自动焊或其组合，适用的焊接位置为固定焊、旋转焊或其组合，同时还规定了现场焊缝无损检测、外观检测、破坏性试验的验收标准。《给水排水管道工程施工及验收规范》GB 50268—2008 第 5.3 章钢管安装中，对钢管管端坡口尺寸、焊前预热、点焊长度、焊缝外观形貌等焊接工艺重点变素进行了详细的规定。焊材选择应符合《非合金钢及细晶粒钢焊条》GB/T 5117—2012、《气体保护电弧焊用碳钢、低合金钢焊丝》GB/T 8110—2008 等标准规定。

（2）管端接头形式

在美国水行业协会（AWWA）供水实用手册 M11《输水钢管：设计与安装指导》中，对管径≥600mm 钢质水管对焊接头给出了推荐形式，如图 3-9 所示。其中图 a 平行承插搭焊接头，角焊缝可以在内部，也可以在外部，如果需要双面均进行焊接，通过大量工程实践证明，该类接头形式的安装效果是令人满意的。图 b 单面焊对接接头、图 c 双面焊对接接头能够很好地承受不均匀沉降、气温变化等因素引起的管道纵向弯曲和其他载荷应力，从而保障管道具有良好的密封性。图 d 为套筒承插搭焊接头。

目前，钢制管道现场焊接连接方式主要包括对接焊和搭接焊两种。

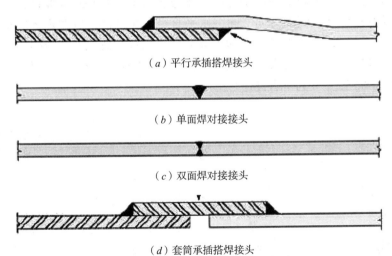

（a）平行承插搭焊接头

（b）单面焊对接接头

（c）双面焊对接接头

（d）套筒承插搭焊接头

图 3-9 AWWA 推荐钢管管端接头形式

① 对接焊

对接焊接头，因焊缝形貌好、强度高、受力后应力分布均匀等优点而得到广泛应用。

我国现有埋地钢管，油气输送管道均采用对接焊，而输水管道也主要采用对接焊。

《给水排水管道工程施工及验收规范》GB 50268—2008 中，对钢管管端的坡口角度、钝边、对缝间隙给出了具体规定，如表 3-6 所示。对口时，应使内壁齐平，错口的允许偏差应为壁厚的 20%，且不得大于 2mm。当管径大于 800mm 应采用双面焊。

钢管管端在工厂加工时，管端坡口应符合焊接工艺规程中接头设计的要求。相关钢管制造标准中也有对管端坡口的阐述。SY/T 5037—2018 规定，壁厚大于 3.2mm 的平端钢管的管端应加工焊接坡口，坡口角度为 30°，上偏差 5°，下偏差 0°，钝边为 1.6mm±0.8mm。经购方和制造厂协议，钢管可以按其他角度的坡口或以平头交货。平端钢管应切直，管径小于 813mm 的钢管，切斜极限偏差为 1.6mm，管径大于等于 813mm 的钢管，切斜极限偏差为 3mm。当钢管管端在现场加工时，宜用坡口机或自动氧气切割机进行。如业主同意，也可用手工氧气切割方法进行。坡口加工后应光滑均匀，尺寸应符合焊接工艺规程要求。

<table>
<tr><td colspan="5" style="text-align:center">电弧焊管端倒角各部尺寸　　　　　　　　　　　　　　表 3-6</td></tr>
<tr><td>倒角形式
图示</td><td>壁厚 t（mm）</td><td>间隙 b（mm）</td><td>钝边 p（mm）</td><td>坡口角度 α（°）</td></tr>
<tr><td rowspan="2"></td><td>4～9</td><td>1.5～3.0</td><td>1.0～1.5</td><td>60～70</td></tr>
<tr><td>10～26</td><td>2.0～4.0</td><td>1.0～2.0</td><td>55～65</td></tr>
</table>

传统输水管道用钢管管端整个圆周均采用外表面开坡口，在进行管道施工时，首先将钢管组对，然后进行对焊，整个圆周焊接作业涉及了平焊、立焊、仰焊，焊接难度大，且效率低。为降低现场施焊难度，管道从业者也在通过不断的技术创新提升现场施工效率。部分管道采用了一种新式适用于低压流体输送用钢管管端对焊坡口，称阴阳坡口或鸳鸯坡口。即在钢管两端圆周方向，同一水平直径位置两侧，按照规定的角度在管端周长的一半加工内坡口，周长的另一半加工外坡口。结构示意图、剖视图、实物图分别见图 3-10～图 3-12。其中，1 为第一外坡口，2 为第二外坡口，3 为第一内坡口，4 为第二内坡口，5 为上管钝边，6 为下管钝边。

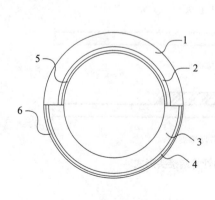

图 3-10　阴阳坡口结构示意图

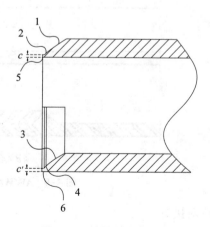

图 3-11　阴阳坡口剖视图

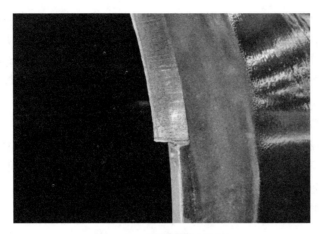

图 3-12　阴阳坡口实物图

钢管组对时，两根钢管的外坡口与外坡口对接，内坡口与内坡口对接。外部坡口设置于圆周的上半部分，内部坡口设置于圆周的下半部分。焊接外部坡口时，焊工在钢管外部平焊即可完成；焊接内部坡口时，焊工移动到管体内平焊即可完成。减少了全位置焊接步骤，省去了挖仰焊沟槽、回填等作业，显著降低劳动强度，提高现场施工效率。

阴阳坡口的坡口角度、钝边尺寸是保证钢管对焊质量的重要参数。在修端机主轴中心对称配有两把割具，一把切割外坡口，另一把切割内坡口，利用调节丝杆调整割嘴角度，以此保证加工一致性，将坡口角度精度可以控制在 ±1° 之内，满足标准要求。钝边尺寸方面，一般标准要求 0.8～2.4mm，根据钢管壁厚选择相应的尺寸，取值太小易焊穿，太大会产生未焊透。通过采用仿型割嘴切割及端边轴承定位，使切割点与下表面的（相对切割方向）距离一致，来得到标准要求的钝边。采用 180° 限位装置保证了阴阳坡口的对称性，使管端同一平面外坡口和内坡口各占一半。

以江苏沿海某输水管线为例，采用钢管规格为 $\phi2200\times20$mm，管端设计为阴阳坡口，相关要求如表 3-7 所示。

阴阳坡口尺寸标准要求　　　　　　　　　　　　　　　　表 3-7

坡口形式		切斜度（mm）	钝边（mm）	坡口角度（°）
阴阳坡口	上坡口（外）	1.2～1.8	1.3～1.9	32～34
	下坡口（内）	1.2～1.8	1.5～2.0	31～33

在大口径钢管施工中，阴阳坡口管端施工可进行下半边内坡口在管内焊接，上半边外坡口在管外焊接，与普通坡口管对接相比，焊接预留坑变小、变浅，在普通对接处的土方作业中可节约直接投资 1/3。在穿越顶管遇上淤泥时不能采用预留坑而是采用水泥钢筋沉井，沉井越深则施工成本将成倍增加，采用阴阳坡口工艺可节约一半以上直接投资。管端阴阳坡口工艺解决了大口径钢管特别是穿越顶管现场施工对接的难题，提高了施工效率，降低了投资成本，在管道工程领域有着较好的推广前景。

②搭接焊

输水钢管直径较大，壁厚较薄，管口不圆度较大，现场对接时通常采取沟下手工组焊，由于操作空间小，对口误差大（不圆度和管口垂直度偏差大），对焊工的技术要求较高。输水钢管现场对接焊耗费工时长，焊接质量也存在隐患，失效往往发生在对接焊口处。承插搭接焊连接方式在国外大直径输水钢管管道工程中已有许多成功的应用，但在国内并没有被广泛采用，在输水钢管的设计、施工规范和标准中也没有相关的技术要求，而国际标准、英国和美国标准中都有叙述。通常，承插搭接焊连接使用工作压力 2.8MPa 以下管线，而工作压力高于 2.8MPa 的管线使用对接焊连接。

承插搭接焊接口除图 3-9 所示平行承插、套筒承插外，常用的还有锥形承插、球形承插、半球形承插等接口形式，如图 3-13 所示。对直径较大的管线，采用承插搭接焊接口，对口、定位操作方便，焊接工位较好，焊缝质量有保证。承插搭接焊可以只进行外焊或内焊，需要时可同时进行内外焊。因管壁相对较薄，管口加工成形方便，多数可在水压试验时同时完成，且承插接口制作成本较低。

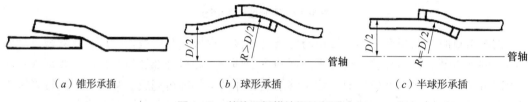

（a）锥形承插　　　　　　（b）球形承插　　　　　　（c）半球形承插

图 3-13　其他承插搭接焊接口形式

在原水管道和城镇供水管道中，通常采用承插搭接角焊连接。典型的输水钢管承插搭接角焊接口设计如图 3-14 所示。其中，外角焊适合于管径小于 900mm 钢管的连接，内角焊适合于管径大于 900mm 钢管的连接。上海福谙管道技术有限公司和山东禹王管业有限公司研究人员合作，对承插搭接焊的密封性和承压能力进行了试验验证，按照外角焊、内外角焊、内角焊三种形式依次进行标准规定最小屈服强度的 60%、70%、80% 水压试验，保压 10s，同时进行 0.3MPa，保压 5min 气密试验，试验结果全部符合预期，试验中没有出现任何渗漏和压降等问题。为开展承插搭接角焊连接工程应用奠定了基础。

（a）外角焊　　　　　　　　　　　　（b）内角焊

图 3-14　典型输水钢管承插搭接角焊接口

承插搭接焊在国外被普遍应用，因为它具有适应性强、结构设计简单、工厂扩径容易、现场安装便捷、能够满足水密性要求等特点。我国应加快相关技术的研究和应用，以发挥其优势，提升输水管道建设水平。

3.5.2　法兰连接

从 20 世纪 70 年代开始，法兰连接的研究就率先在国外展开，其成果在炼油、化工等专业领域开始得到实施。我国对法兰连接技术的研究要相对来说滞后一些，主要在管道容器连接和电力构件连接中大量应用，而在结构工程中一般只有次要受力构件才采用此种连接方式。

法兰连接是管道施工最常用的连接方式之一。这种连接方式承载性能好，制作方便又便于安装，就其他形式而言外观也更美观。方法是将两只法兰盘分别固定于需要连接的钢管端部，然后用螺栓将两法兰盘进行连接。这种方法易于操作且对施工人员技术素质要求低，但是缺点在于极易被腐蚀，维修成本也相对较高。在工业管道中，一般适用于压力在 0.25～42MPa 输送水、油、空气、煤气、蒸汽等管路上。常用的连接形式如图 3-15 所示。

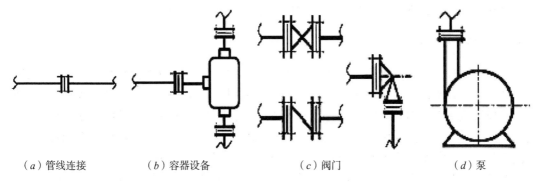

（a）管线连接　　　　（b）容器设备　　　　（c）阀门　　　　（d）泵

图 3-15　法兰连接形式

法兰连接主要由法兰片、密封垫片以及紧固件等三大部分组成。

管道法兰的种类有很多。常用的有平面整体管法兰，密封表面是一个光滑平面，通常在平面上有几条同心沟槽，防止泄露，拧紧螺栓时，垫片材料容易向内外两边挤出，不易压紧，适用于压力不高、介质无毒、非易燃易爆的场合。凹凸面整体管法兰，由一个凹面和一个凸面组成，这种密封垫片便于对中，压紧时垫片牢固，可用于压力稍高的管道。榫槽面整体管法兰，由一个榫面和一个槽面组成，垫片置于槽中，不会被挤压而移动，压紧面积小，垫片受力均匀，用于易燃、易爆、有毒介质及压力较高的场合。还有环连接面整体管法兰、凸面带颈螺旋管法兰、板式翻边松套管法兰等适用于各种不同场合的法兰。

对于法兰密封面的要求主要是表面粗糙度。使用金属垫片的密封面，要求法兰表面粗糙度值要小一些。而使用软质垫片的密封面，则需要法兰的表面粗糙度值要大一些。同时，法兰应达到一定的刚度，以满足施工需求。法兰刚度不足，拧紧连接螺栓时会引起翘曲或波浪变形，高温介质也会引起法兰热变形，导致密封失效，选用时要认真计算，留有足够的余量。在一些特定场合要求防止雷击和静电，法兰使用胶木衬套，起到绝缘和防爆的作用。管道法兰优先按《钢制管法兰技术条件》GB/T 9124—2019 选取，大直径钢制法兰（$DN650$～$DN1500$）可按《大直径钢制管法兰》GB/T 13402—2019 选取。

垫片是法兰密封的重要组成部分，垫片的好坏直接影响密封性能。其表现主要为要有适宜的变形回弹能力和较小的永久变形。回弹能力大的垫片能适应压力和温度的波动，材料致密的垫片不易渗透泄漏或被腐蚀老化。同时，垫片与法兰的硬度差在允许范围内，相差越大越容易实现密封。在选取密封垫片时，应根据具体的使用环境，包括管径大小、介质特性等，合理选择垫片的材质、种类及尺寸，计算在预紧状态与操作状态下的合理预紧力，以更好地满足施工要求。常用的法兰垫片有非金属软垫片、柔性石墨复合垫片、金属包覆垫片、金属缠绕垫片、波齿复合垫片和金属垫片。压力和温度低的场合宜采用非金属软垫片和金属包覆垫片。压力和温度高的场合宜采用金属垫片和金属复合垫片或金属缠绕垫片。压力和温度有波动的场合宜采用回弹性好、具有一定自紧式作用的垫片。

法兰密封是通过紧固件压紧垫片实现密封的。通过紧固件使法兰与垫片压紧，垫片产生弹性或塑性变形，从而填满法兰面的微小凹凸不平来实现密封。操作时，预紧力必须均匀对称地作用于垫片上，预紧力过小，垫片没有压紧就容易泄露，预紧力过大往往又会使垫片产生过大的压缩变形，使垫片失去回弹能力甚至破坏。法兰用紧固件应优先按照《管法兰连接用紧固件》GB/T 9125—2010 选取，应根据法兰压力、温度、材料和所选择的垫片来选择紧固件，以保证法兰连接在预期操作条件下的密封性能。

3.5.3 承插式柔性连接

承插式柔性连接已在大直径输水管道连接中得到了广泛的应用。在我国球铁管、塑料管、玻璃钢管、水泥管几乎所有的埋设水管线都采用了柔性接口连接，只有输水钢管还采用对接焊接或法兰连接，我国至今还没有可用的钢管胶圈密封承插式连接的标准和行业规范。在发达国家，承插连接的钢管已被广泛使用超过 60 年。如美国，埋设输水钢管线首选柔性承插连接。因此，承插式柔性连接在我国输水钢管中有很大的发展潜力。

柔性接口必须具有所有接口都应有的基本功能，能将相邻的两根钢管可靠地连接在一起。因为是柔性的接口，这种接口在工作时，就可以有一定程度的相对移动、转动，借助它使钢管道从一个长径比非常之大、容易断裂的梁构件转变为不容易折断的链状构件。

承插式柔性接口的特点：1. 释放纵向应力。实践中埋设管线主要纵向应力有两个，一个是环境温度变化引起的伸缩应力，另一个是不均匀沉降引起的弯曲应力，输水管线事故多为这两个应力造成。当环境温度变化，材料就相应会伸缩，伸缩量的大小由材料的伸缩特性和温度变化所决定，柔性接口可以很好地补偿伸缩应力造成的钢管相对位移。当遇到地基均匀支持状态破坏，在管线局部就会造成非常大的弯曲应力，弯曲应力常常高于钢材的承载极限。柔性接口则可以随地基的变动作相应的转动，使管线重新得到均匀支撑，弯曲应力也就得到充分释放。2. 现场施工简单迅速，使用的工具简单，不需求现场焊接。3. 防止电化学腐蚀。接口胶圈使用的每根钢管绝缘，降低了电化学的影响。

美国水行业协会供水实用手册 M11《输水钢管：设计与安装指导》允许使用两种承插式连接，分别为轧槽式连接和卡内基式连接。如果钢管壁厚过大，难以用冷加工变形，如壁厚 9.5mm 以上，一般会考虑采用卡内基连接方式，卡内基连接适用于直径 ϕ304.8mm～ϕ2133.6mm 钢管。标准中允许承口和插口在钢管管端成型，也可单独由板带或异型材加工制作，然后焊接到钢管管端。AWWA M11 设计指导中列出了各种承插式连接形式，图 3-16 是常用的 3 种钢管承插连接形式，图（a）为轧槽式连接，钢管本体一端辊压冷变形成插口，另一端扩径成承口。图（b）和图（c）属于卡内基连接方式，承插口与管体并非一体，而是将成形好的承插件在工厂焊接在管端，组成承插接口。3 种形式均能满足输水密封性要求。

钢管管端承口是通过扩口模具使管端变成喇叭口。轧槽式连接钢管插口的沟槽是通过辊压模具旋转冷轧来完成的，成型后沟槽两侧形成两个肩，后肩略高于前肩，沟槽的相对角度使密封圈卡在环形沟槽里，在承插连接后被压扁。沟槽的深度取决于承口直径，也与钢管壁厚有关。卡内基式插口取材为热轧异型材，按照相应的直径剪切定尺，卷曲后焊接成圆环，打磨焊缝后在模具上胀圆，然后焊接到钢管插口端。承插密封是靠填料本身在机械压紧力或介质压力的自紧作用下产生弹塑性变形来堵塞接缝空间，通常输水钢管承插式柔性接口多采用合成橡胶制成的 O 型密封圈。工作压力运动条件下可达 35MPa，工作温度 −60~200℃，轴径可达 2000mm。钢管承插式柔性连接示意图（图 3-17）。现场安装时，胶圈涂油后套紧在沟槽里，用木棍或螺丝刀杆绕在胶圈下面沿圆周转两圈，使胶圈张力均匀一致。钢管连接前承插接触面涂油，插口端平行对中承口，插入到底，并在钢管中部下方做好支撑。

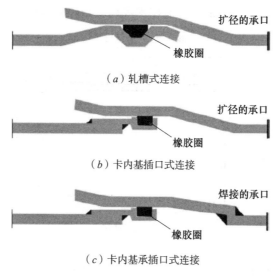

（a）轧槽式连接

（b）卡内基插口式连接

（c）卡内基承插口式连接

图 3-16　钢管承插连接接口形式

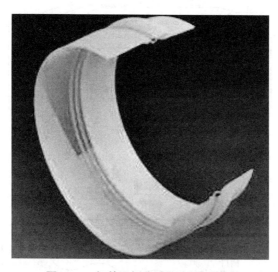

图 3-17　钢管承插式柔性连接示意图

同时，要重视钢管连接时允许偏转角度的问题，即两根钢管间允许的相对位移量。对小口径管线来说，发生一定不均匀沉降量时，接口相对移动量仍然不大，各种形式的柔性接口都可以胜任。但对于大口径管线来说，因接口相对移动量随口径呈正比增大，同样沉降量较小口径钢管相对移动量要大得多，采用柔性接口时要充分考虑此问题。轧槽式柔性承插接口允许 25mm 伸缩偏移量。卡内基式接口直径 $\phi300mm$~$\phi500mm$ 允许偏移量为 19mm，直径 $\phi600mm$ 以上允许偏移量为 25mm。

　　目前，承插式柔性连接输水钢管在我国正处于起步阶段，有较好的市场需求。采用该种连接工艺，可省去现场环焊缝对接，加快施工进度。开挖土方量、施工占地面积大大缩减，可有效节省管道工程建设成本，发展潜力巨大。

　　目前国内应用比较多的承插式柔性连接钢管接口有单胶圈柔性接口、双胶圈柔性接口和限位抗轴力柔性接口等形式，如图 3-18 所示。具体可以参考中国工程建设协会标准《给水排水工程埋地承插式柔性接口钢管管道技术规程》T/CECS 492—2017。

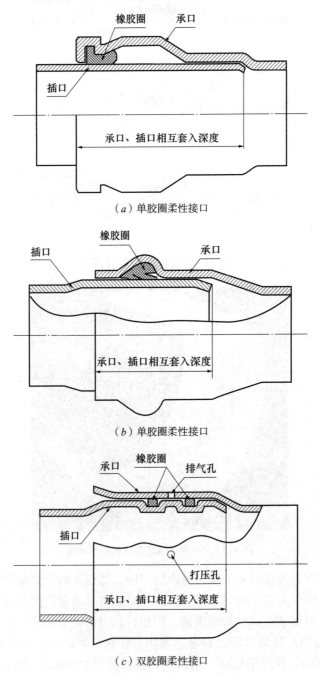

（a）单胶圈柔性接口

（b）单胶圈柔性接口

（c）双胶圈柔性接口

图 3-18　承插式柔性连接钢管典型接口形式

3.5.4 承插式钢顶管接头

随着我国城市现代化进程的快速推进，给水排水管网的敷设只能在狭窄的空间下采用非开挖技术进行，因此，顶管施工在给水排水工程中应用也得到快速发展。管材选用方面，钢管顶管以其强度高、抗渗和密封性能好、自重较小、吊装运输方便得到了多数用户青睐，大直径钢管顶管被用于全国很多大城市的重大输水管道工程建设中。如上海青草沙水源地原水工程严桥支线采用 $DN3600$ 钢管顶管施工，汕头过海水管工程中采用 $DN2000$ 钢管顶管施工，广州西江引水工程采用 $DN2400$ 钢管顶管施工等。

现有钢管顶管的连接为电弧焊刚性连接，通过在钢管两端加工合适的坡口，同时匹配恰当的焊接工艺进行钢管组对焊接。但钢管焊接接头会耗费大量的人力、物力、财力以及时间成本，焊接质量难控制，施焊时间长，进而影响工程的整体质量和进度。

国外承插式连接的钢管已经使用了超过 60 年，针对顶管工程的承插式连接钢管也已经使用了超过 20 年，均运行良好。近年来，我国针对钢管的承插式接头的研究刚刚起步，但还是处于小范围的试验和完善阶段，也没有相对应的设计规范和标准，而针对承插式钢顶管的研究更是少之又少。为提高钢管顶管的施工效率，降低施工难度，上海市政工程设计研究总院牵头，借鉴国外技术，正在组织相关单位开发试验一种卡扣式承插口钢顶管。该项技术创新了传统管口对接方式，不再需要管端环焊对接，而是在顶进机构顶进的过程中钢管插口与承口承插连接，通过特制的扣型和胶圈起到密封作用。国外卡扣式承插口钢顶管实物如图 3-19 所示，卡扣式承插接口剖视图如图 3-20 所示。

承插口连接件设计原则：1. 锥形脊的尺寸应确保拼接过程钢材处于弹性状态；2. 内部密封材料及 O 型密封圈应能保证管道的密封性；3. 承口连接件和插口连接件相互贴合，能传递一定轴向压力、拉力、弯矩；4. 承插口在试水、外土内空、外土内压、温度等工况下环向应力满足要求；5. 承插口可以承受顶进、施工偏差等因素产生的纵向应力。

图 3-19　国外卡扣式承插口钢顶管

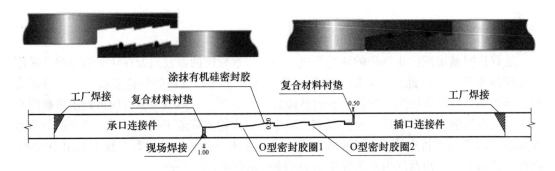

图 3-20　卡扣式承插接口剖视图

O 型密封圈材料应选择耐老化性能好、化学性能稳定、具有优异的抗压缩永久变形及抗压缩应力松弛性能。三元乙丙橡胶圈使用寿命比普通橡胶圈有根本的提高。经过资料计算，在 0.5～3.0m 埋深，环境温度 18～22℃下，使用寿命达 110 年，能匹配钢管 50～100年的使用寿命，使管道安全得到保证。

润滑密封材料的选择。单组分室温硫化硅橡胶（简称 RTV-1 胶）是缩合型液体硅橡胶中主要产品之一。使用挤出时，接触空气后能自行硫化成弹性体，使用极为方便。硫化胶能在（-60～200℃）温度范围长期使用，具有优良的电气绝缘性能、化学性能稳定，耐水、耐臭氧、耐气候老化，对多种金属和非金属材料有良好的粘接性，常作为密封填隙料及弹性粘结剂等。

O 型密封圈断面直径及沟槽尺寸如图 3-21、图 3-22 所示。拼接前，O 型密封圈初始拉伸量 1%～5%；拼接完成时，O 型密封圈压缩率 10%～30%。拼接完成后，$B_0 = B -$（0.2～0.5mm），不应大于 B 值。按照 15% 体积溶胀值，沟槽体积应比 O 型圈体积大 15%左右。槽口倒角半径 0.1～0.2mm；槽底倒角半径 0.2～d/2mm。接头拼接完成后，承、插口连接件与管节内、外壁保持基本平滑。

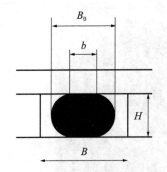

图 3-21　O 型密封圈断面示意图

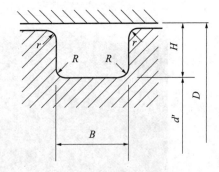

图 3-22　沟槽尺寸示意图

3.6　钢 管 防 腐

随着我国埋地管道的大规模建设，实现管线安全高效运行显得尤为重要。最大限度地降低腐蚀造成的危害，不仅是经济的问题，而且关系到社会安定、环境保护等诸多问题。控制埋地钢质管道腐蚀的主要技术手段是防腐层加阴极保护。在某种程度上，防腐层质量决定着管道的使用寿命。与国外一样，我国管道防腐层的应用也是从沥青类防腐层开始的。从 20 世纪 50 年代第一条克独长输管道到 70 年代东北输油管道，都采用了石油沥青防腐层。20 世纪 70 年代后期至 80 年代，胶带、夹克、环氧粉末等防腐材料相继投入使用。20 世纪 90 年代至今，单 / 双层熔融结合环氧粉末（FBE/2FBE）和三层聚乙烯（3PE）防腐层已成为主流。目前，我国防腐层基本实现了标准化，某些技术参数已经达到了国外先进水平。用于管道防腐的材料多种多样，各种新技术、新工艺层出不穷。在实际应用中，不存在哪种技术或者哪种材料是最佳的。正确的选择方法应该从所建管道的实际出发，本着技术可行、施工方便、经济合理的原则进行选择。

3.6.1 钢管内防腐

对于输水管道要求内防腐材料不会对水质造成不良影响，有优越的防腐蚀性能，附着力强，长时间通水也不会使附着力下降，内防腐层不易受到损伤。

（1）水泥砂浆

水泥砂浆内壁防腐除了具备取材容易、价格低廉、使用寿命长等突出优点之外，还具备以下优点。1. 具有无毒、无有害物质浸渍溢出。砂浆层保护管壁使细菌无法滋生，有效地控制了管道二次污染中三氯甲烷的发生，保证了生活饮用水的质量。2. 具有良好的抗渗、抗漏、抗爆的性能。3. 水泥砂浆防腐增大了管道的流量，它的摩阻系数小于 0.012，使用后还可以下降。这些优点使水泥砂浆作为钢管内壁防腐在工程中得到了广泛的应用。其主要防腐机理是水泥砂浆渗透到钢管壁上的 $Ca(OH)_2$ 溶液，使水泥砂浆与金属之间的 pH 值高达 12 以上，形成白色钝化层，以保护钢管不受氧化，起到隔离和电化学防护作用。

水泥砂浆内防腐层可采用机械喷涂、人工抹压、拖筒或离心预制法施工。在工厂预制时，在运输、安装、回填土过程中，不得损坏水泥砂浆防腐层。在工程现场施工是按管道先铺设焊接，试压合格，管道覆土稳定后再喷涂内壁水泥砂浆进行的。其施工顺序为管道铺设安装→管道试压→外防及补口→回填土→内防。内防步骤为内表面除锈→设备就位→制作砂浆→运送砂浆→喷涂→清理→养护→验收。

水泥砂浆内壁防腐施工方法主要为离心法及喷涂法两种。离心法是指使用离心机等设备，使水泥砂浆随钢管高速旋转，产生较大的离心力，从而均匀附着在钢管内壁上的施工工艺，一般适用于直径 $\phi400mm$ 以下的管道内防腐施工。喷涂法是指使用喷涂机将水泥砂浆在钢管内部涂抹并压光的施工工艺，一般适用于直径 $\phi700mm$ 以上的管道内防腐施工。水泥砂浆内防腐应符合《给水排水管道工程施工及验收规范》GB 50268—2008 及《埋地给水钢管道水泥砂浆衬里技术标准》CECS 10—2019 等规范要求。

① 水泥砂浆内防腐层厚度应符合表 3-8 规定。

钢管水泥砂浆内防腐层厚度要求 表 3-8

管径 D（mm）	厚度（mm）	
	机械喷涂	手工涂抹
500～700	8	—
800～1000	10	—
1100～1500	12	14

续表

管径 D（mm）	厚度（mm）	
	机械喷涂	手工涂抹
1600～1800	14	16
2000～2200	15	17
2400～2600	16	18
2600 以上	18	20

② 选用的水泥按《通用硅酸盐水泥》GB/T 175—2020 执行。

③ 选用的沙子按《建设用砂》GB/T 14684—2022 执行。

④ 砂浆中，水泥与砂子的质量比 ≤ 3.5；水灰比 ≤ 0.5。合适的水泥用量和含砂率能使水泥砂浆的质量达到最好水平。如果水泥用量过少，水泥砂浆强度、抗渗性能将降低。如果水泥用量过多，则水化热升高，不仅会使砂浆收缩值增加，而且不经济。水灰比对硬化后的水泥砂浆的孔隙大小、数量起决定性的作用，直接影响水泥砂浆的密度及抗渗性。从理论上讲，在满足水泥完全水化及湿润砂所需水量的前提下，水灰比越小，水泥砂浆密实度越好，抗渗性及强度越高，但水灰比过小，施工操作困难，也影响密实度。

⑤ 施工前钢管内壁的浮锈、氧化皮、焊渣、油污等应彻底清除。焊缝凸起高度不得大于防腐层设计厚度的三分之一。

⑥ 水泥砂浆抗压强度符合设计要求，且不应低于 30MPa。砂浆强度达标后，可喷涂一层不饱和聚酯树脂或卫生级环氧涂层，厚度 ≥ 0.2mm，从而提高防腐层的抗渗性和表面光洁度。

⑦ 水泥砂浆内防腐层形成后，应立即将管道封堵，终凝后进行潮湿养护。普通硅酸盐水泥砂浆养护时间不应少于 7d，矿渣硅酸盐水泥砂浆不应少于 14d。

⑧ 水泥砂浆层局部缺陷可以修补，为了与未损伤部位粘着良好，砂浆可加添加剂。

水泥砂浆作为供水行业历史最悠久的钢管内防腐，工程应用中也存在以下问题。1. 水泥砂浆收缩后容易开裂，表面缺陷（如麻面、砂穴、空鼓）较多。2. 水泥砂浆会造成溶解性物质含量的提高，硬度发生变化，NH_3 析出，导致水质碱化。3. 水的不稳定性也会影响水泥砂浆的防腐效果。当水中 CO_2 超平衡量浓度达到 7mg/L 会导致砂浆受损，砂砾流失，脱落的砂浆甚至会堵塞阀门。针对以上问题，从目前推广的高强度水泥砂浆使用效果来看，已经得到了很好的改观。

（2）环氧树脂

输水管道内的防腐涂层主要有两个功能，一是防腐，提高输水管线的使用寿命。其次是减阻，提高输水管线的输水能力。管道内的防腐涂料多达几十种，常用的有液体环氧涂料（H8710、环氧陶瓷等）、熔结环氧粉末（FBE）等。国内外多年实践证实，环氧树脂型涂料最适合于管道的内防腐，这主要与环氧树脂的分子结构有关。如图 3-23 所示。

环氧树脂类涂料具有以下功能。一、附着力方面：环氧树脂中环氧基和含活泼氢的金属表面形成化学键，极大提高了其对金属表面的附着力及耐化学防腐性能。二、化学性能方面：环氧树脂中含有亲水的羟基及醚键，但该树脂中的双酚A链段中两个苯环的刚性屏蔽了羟基和醚键，保持了整体防腐层的耐水性。环氧树脂中没有酯键，耐碱性优良。3. 耐老化性能方面：环氧树脂中含有醚键，经紫外线照射后易降解断链，然后粉化，不宜户外长期暴晒。

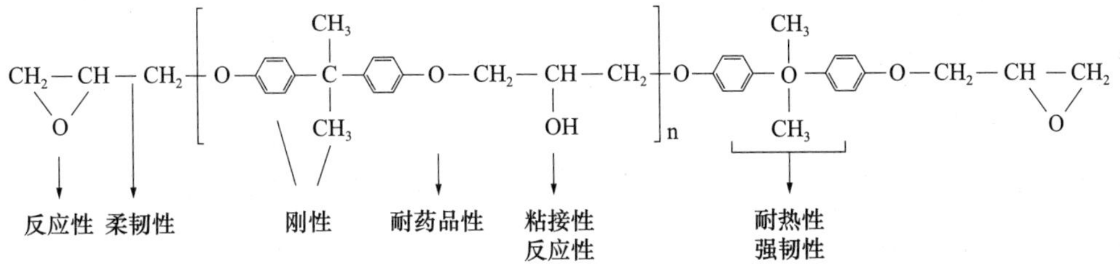

图 3-23　双酚 A 环氧树脂各结构单元与树脂性能

液态环氧涂料以 8710 为代表，为双组分环氧体系，A 组分以环氧树脂为主料，加入石英粉和助剂制成。B 组分是以聚胺类固化剂为主料，加入石英粉和助剂等制成。在机械喷涂施工时，将涂料的 A、B 组分分别预热，搅拌均匀，在专用喷涂机内等量混合，均匀的喷涂在经预热并保持旋转的钢管内表面，喷涂后保持旋转加热烘干。固化后的涂层粘结牢固、耐水、防腐蚀。

熔结环氧粉末涂料通过加热将环氧粉末熔融固化在金属底材，具有优良的附着力、低氧渗透率、坚硬耐磨、涂层表面光滑以及优异的抗腐蚀性能，被广泛应用在输油气以及输水管道的内外防护上，为处于各种环境中的管线提供了可靠的保证。自 1960 年使用以来，全球已有 20 余万千米以上的管道使用了熔结环氧粉末。熔结环氧粉末 FBE 无论作为单层或双层系统的独立涂料以及多层系统（3PE）的底涂层，被应用已达 50 年以上，目前成为全球管道防腐标准涂料材料。

① 液体环氧涂料

输水用液体环氧涂料内防腐可参考石油天然气行业标准《钢质管道液体环氧涂料内防腐层技术标准》SY/T 4057—2000 执行。同时应符合《给水排水管道工程施工及验收规范》GB 50268—2008 要求。

a. 液体环氧涂料内防腐层等级及厚度，普通级 ≥ 200μm，加强级 ≥ 300μm，特加强级 ≥ 450μm。

b. 钢管内壁喷砂等方式除锈等级不低于《涂装前钢材表面锈蚀等级和除锈等级》GB/T 8923—2011 中规定的 Sa2.5 级，锚纹深度应达到 35～75μm。

c. 钢管内表面经喷（抛）射处理后，应用清洁、干燥、无油的压缩空气将钢管内部的砂粒、尘埃、锈粉等微尘清除干净。表面灰尘度不应超过《涂覆涂料前钢材表面处理表面清洁度的评定试验　涂覆涂料前钢材表面的灰尘评定（压敏粘带法）》GB/T 18570.3—2005 规定的 3 级。

d. 液体环氧树脂防腐涂料的性能指标应符合表 3-9 规定，液体环氧涂料防腐层性能指标应符合表 3-10 的规定。

液体环氧涂料性能指标 表 3-9

序号	项目		性能指标				试验方法
			底漆		面漆		
			有溶剂	无溶剂	有溶剂	无溶剂	
1	粘度（涂-4 粘度计，25℃±1℃）（s）		≥80	—	≥80	—	GB/T 1723
2	细度		≤100	≤100	≤100	≤100	GB/T 1724
3	干燥时间（25℃±1℃）	表干（h）	≤4	≤4	≤4	≤4	GB/T 1728
		实干（h）	≤24	≤16	≤24	≤16	
4	固体含量（%）		≥80	—	≥80	—	GB/T 1725
			—	≥98	—	≥98	SY/T 4057
5	耐磨性（1000g/1000rcs17 轮）（mg）		—	—	≤120	≤120	GB/T 1768

液体环氧防腐层性能指标 表 3-10

序号	项目		性能指标	试验方法
1	外观		表面应平整、光滑、无气泡、无划痕	目测或内窥镜
2	硬度（2H 铅笔）		表面无划痕	GB/T 6739
3	耐化学稳定性（90d）（圆棒试件）	10%NaOH	防腐层完整、无起泡、无脱落	GB/T 9274
		10%H$_2$SO$_4$		
		3%NaCl		
4	耐盐雾性（500h）		1级	GB/T 1771
5	耐油田污水（80℃，1000h）		防腐层完整、无起泡、无脱落	GB/T 1733
6	耐原油（80℃，30d）		腐层完整、无起泡、无脱落	GB/T 9274
7	附着力（MPa）		≥8	GB/T 5210
8	耐弯曲（1.5° 25℃）		涂层无裂纹	SY/T 0442
9	耐冲击（25℃）（J）		≥6	SY/T 0442

e. 以液体环氧涂料作为内防腐层的钢管管道在施工时应进行现场内补口，内补口可采用内涂层补口机涂敷法、机械压接连接、内衬短管节焊接等补口方法。采用内涂层补口机涂敷法补口时，涂料和防腐层厚度应和管体内防腐层厚度一致。

②熔结环氧粉末

输水用熔结环氧粉末内防腐可参考石油天然气行业标准《钢质管道熔结环氧粉末内防腐层技术标准》SY/T 0442—2018 执行。作业主要采用静电喷涂方式。

a. 环氧粉末内防腐层最小厚度，普通级≥300μm，加强级≥500μm。

b. 钢管表面应进行喷射除锈，除锈等级应达到现行国家标准《涂装前钢材表面锈蚀等级和除锈等级》GB/T 8923—2011 中规定的 Sa2.5 级。表面锚纹深度应在 50～100μm。

c. 喷射除锈前，应预热钢管，并保持钢管表面温度至少高于露点以上 3℃。

d. 喷射除锈后，应用清洁、干燥的压缩空气吹扫钢管内表面，将钢管内表面残留的钢丸／砂粒和灰尘清除干净。表面灰尘度应达到现行国家标准《涂覆涂料前钢材表面处理 表面清洁度的评定试验 第 3 部分：涂覆涂料前钢材表面的灰尘评定（压敏粘带法）》GB/T 18570.3—2005 规定的 2 级。

e. 喷射除锈后的钢管应按现行国家标准《涂覆涂料前钢材表面处理表面清洁度的评定试验 第 9 部分：水溶性盐的现场电导率测定法》GB/T 18570.9—2005 规定的方法或其他适宜的方法检测钢管表面的盐分含量，钢管表面的盐分不应超过 20mg/m²。

f. 应采用无污染的热源对钢管进行均匀加热。预热温度应在涂料生产厂推荐的范围，但不应超过 275℃。

g. 环氧粉末涂料的性能指标应符合表 3-11 规定，环氧粉末涂料防腐层性能指标应符合表 3-12 的规定。

环氧粉末涂料性能指标　　　　　　　　　　　　表 3-11

序号	试验项目		质量指标	试验方法
1	外观		色泽均匀，无结块	目测
2	固化时间（min）		符合粉末生产厂给定的指标 ±20%	SY/T 0442 附录 A
3	胶化时间（s）		符合粉末生产厂给定的指标 ±20%	GB/T 16995
4	热特性	ΔH（J/g）	≥ 45	SY/T 0442
		T_{g2}（℃）	≥ 95	
5	不挥发物含量（%）		≥ 99.4	GB/T 6554
6	粒度分布（%）		150μm 筛上粉末 ≤ 3.0 250μm 筛上粉末 ≤ 0.2	GB/T 6554
7	密度（g/cm³）		1.3 ～ 1.5	GB/T 4472
8	磁性物含量（%）		≤ 0.002	JB/T 6570

涂敷环氧粉末防腐层性能指标　　　　　　　　表 3-12

序号	试验项目		质量指标	试验方法
1	外观		平整、色泽均匀、无气泡、无开裂及缩孔，允许有轻度橘皮状花纹	目测
2	热特性：$|\Delta T_g|$（℃）		≤ 5 且符合粉末生产厂给定特性	SY/T 0442 附录 B
3	24h 或 48h 耐阴极剥离（mm）		≤ 6.5	SY/T 0442 附录 C
4	粘结面孔隙率（级）		1 ～ 4	SY/T 0442 附录 D
5	断面孔隙率（级）		1 ～ 3	SY/T 0442 附录 D
6	抗 3° 弯曲		无裂纹	SY/T 0442 附录 E
7	抗冲击（8J）		无针孔	SY/T 0442 附录 F
8	附着力	撬剥法（级）	1 ～ 2	SY/T 0442 附录 G
		拉开法（MPa）	≥ 20	GB/T 5210

续表

序号	试验项目		质量指标	试验方法
9	电气强度（MV/m）		≥ 30	GB/T 1408.1
10	体积电阻率（Ω·m）		≥ 1×10^{13}	GB/T 1410
11	耐盐雾（1000h）		防腐层无变化	GB/T 1771
12	耐化学腐蚀①	10%HCl（常温 90d） 3%NaCl（常温 90d） 10%H₂SO₄（常温 90d） 10%NaOH（常温 90d）	合格	GB/T 9274
		原油（80℃，90d） 油田污水（80℃，90d） 汽油（常温 90d） 煤油（常温 90d） 柴油（常温 90d）	合格	GB/T 9274
13	耐磨性 （1000g/1000rcs-17 轮）（mg）		≤ 20	GB/T 1768
14	耐高温高压试验② （80℃，14MPa，16h）		无起泡	SY/T 0442 附录 H

① 腐蚀介质可由设计和业主根据所输介质协商确定。
② 是否需要高温高压试验可由设计和业主根据防腐层使用环境协商确定。

h. 熔结环氧粉末内防腐层的补口，可采用内防腐层补口机热涂熔结环氧粉末或冷涂双组分液体无溶剂环氧涂料法，机械压接法，采用内衬短管节法或设计选定的其他补口方法。

（3）液体聚氨酯

液态聚氨酯防腐涂料又称无溶剂聚氨酯防腐涂料，这种涂料属于双组分，一种是多元醇化合物，另一种是异氰酸酯溶液，黏度用低相对分子质量树脂调节。它不含任何挥发性溶剂，通常处于液态，两个组分混合后全部转化为固体厚膜型涂料，可涂刷、浇注、喷涂，一次成膜，膜厚不小于 1.2 mm。该防腐涂料性能优越，可以满足任何地质状况、输送条件及环境腐蚀的要求，施工性能好，抗装卸运输过程中的损伤。硬度高，具有优异的耐磨性能，耐划伤、耐拖拉性能好，具有一定韧性。抗阴极剥离性能强，有一定的吸水率，年久失效后仍能够导通阴极保护电流，避免阴极屏蔽作用，管体仍能得到阴极电流的保护。低温快速固化，可配成弹性体或刚性体，既能与熔结环氧粉末粘结，也能与三层聚乙烯粘结，化学稳定性好，最高使用温度可达 109℃，寿命可达 50 年，成本低。液态聚氨酯无溶剂、施工简单、防腐层质量好并且有利环保，作为防腐涂料具有明显的技术经济优势，有着广泛的应用前景。

钢质管道无溶剂聚氨酯涂料防腐层的设计、生产和检验以及现场补口按《钢质管道及储罐无溶剂聚氨酯涂料防腐层技术规范》SY/T 4106—2005 标准执行。

管道无溶剂聚氨酯涂料防腐层宜采用一次多道喷涂达到规定厚度的结构，防腐层厚度应符合表 3-13 规定。

在表面预处理前，对海运或长时间存放海边的管材应按 GB/T 18570.5—2005 或 GB/T

18570.9—2005 规定方法进行盐分检测，管材表面盐分不应超过 $30mg/m^2$，盐分超标的管材应清理至合格。

管道无溶剂聚氨酯涂料防腐层厚度　　　　　　表 3-13

外防腐层厚度（μm）			内防腐层厚度（μm）
A 级	B 级	C 级	
≥650	≥1000	≥1500	≥500

除锈前，应按 SY/T 0407—2012 规定的清洗方法除去钢管表面残留的任何油脂或其他可溶性污染物。按 SY/T 0407—2012 规定的除锈方法对钢管表面进行喷射处理。采用干燥、清洁的磨料和压缩空气，钢管表面保持干燥。

除锈等级应达到 GB/T 8923.1—2011 规定的 Sa2.5 级。表面锚纹深度应在 50～100μm。

喷射除锈后，应采用干燥、洁净、无油污的压缩空气将表面附着的灰尘及磨料清扫干净，钢管表面的灰尘度不应低于 GB/T 18570.3—2005 规定的 2 级。

涂敷时，应按照确定的涂敷工艺规程进行防腐层涂敷作业。环境温度与钢管表面温度应满足涂料推荐的涂敷温度范围。无溶剂聚氨酯涂料的涂敷宜采用双组分高压无气热喷涂设备，涂敷设备难以达到的部分可使用刷涂型涂料进行涂敷，应保证涂敷均匀、无漏点、厚度达到设计要求。

无溶剂聚氨酯涂料的性能指标应符合表 3-14 规定，无溶剂聚氨酯防腐层性能指标应符合表 3-15 的规定。

无溶剂聚氨酯涂料性能指标　　　　　　表 3-14

序号	项目			指标	测试方法
1	细度（μm）			≤100	GB/T 1724
2	不挥发物含量（%）			≥98	GB/T 1725
3	干燥时间（h）	喷涂型	表干	≤0.5	GB/T 1728
4			实干	≤1.5	
5		刷涂型	表干	≤1.5	
6			实干	≤6	

无溶剂聚氨酯防腐层性能指标　　　　　　表 3-15

序号	项目	性能指标		试验方法
		内防腐层	外防腐层	
1	附着力（MPa）	≥10	≥10	SY/T 4106
2	阴极剥离（23℃，48h）mm	≤12	≤12	SY/T 0315
3	阴极剥离（23℃，28d）mm	—	≤12	SY/T 0315
4	抗冲击（23℃）（J）	≥5	≥5	SY/T 0315
5	抗弯曲（1.5°）	涂层无裂纹和分层	涂层无裂纹和分层	SY/T 0315
6	耐磨性（CS17 砂轮，1kg，1000r）（mg）	≤100	—	GB/T 1768

续表

序号	项目		性能指标		试验方法
			内防腐层	外防腐层	
7	吸水性（23℃，24h）（%）		≤2	≤2	GB/T 1034
8	硬度（shore D）		≥65	≥65	GB/T 2411
9	耐盐雾（1000h）		涂层完整、无起泡、无脱落	涂层完整、无起泡、无脱落	GB/T 1771
10	电气强度（MV/m）		≥20	≥20	GB/T 1408.1
11	体积电阻率（Ω·m）		≥1×10^{13}	≥1×10^{13}	GB/T 1410
12	耐化学介质腐蚀（常温、28d）	10%H_2SO_4	涂层完整、无起泡、无脱落	涂层完整、无起泡、无脱落	GB 9274
		3%NaCl			
		30%NaOH			
13	浸泡试验（常温、28d）	2号柴油	涂层完整、无起泡、无脱落	—	GB 9274
14	浸泡试验（最高设计温度、28d）	储存或输送介质	涂层完整、无起泡、无脱落	—	GB 9274

（4）涂塑

涂塑是指在钢管内表面熔融一层具有一定厚度的聚乙烯（PE）、环氧树脂（EP）等塑料材料。涂塑钢管具有高强度、易连接、耐水流冲击等优点，还克服了钢管遇水易腐蚀、污染、结垢及塑料管强度不高、消防性能差等缺点，设计寿命可达50年。主要缺点是安装时不得进行弯曲，热加工和电焊切割等作业时，切割面应用生产厂家配套的无毒常温固化胶涂刷。

前文所述固体熔结环氧粉末防腐工艺也是涂塑技术的一种。涂塑工艺过程与固体熔结环氧粉末防腐工艺基本相同，此处不再赘述。

钢管涂塑可参照《钢塑复合管》GB/T 28897—2021、《给水涂塑复合钢管》CJ/T 120—2016等国家标准或行业标准执行。涂塑所用固体粉末涂料性能指标及涂层质量指标应达到产品标准规定要求。按照《给水涂塑复合钢管》CJ/T 120—2016标准，涂塑聚乙烯粉末性能指标应满足表3-16，环氧树脂粉末性能指标应满足表3-17，涂层厚度应满足表3-18。此外，涂层针孔试验、附着力、弯曲、压扁、冲击等性能还应满足相应标准要求。

涂塑聚乙烯粉末性能指标　　　　　　　　　　　　表3-16

序号	项目	指标	检验方法
1	密度/（g/cm³）	>0.91	GB/T 1033
2	拉伸强度/MPa	>9.80	GB/T 1040.1
3	断裂伸长率/%	>300	GB/T 1040.1
4	维卡软化点/℃	>85	GB/T 1633
5	不挥发物含量/%	>99.5	GB/T 2914
6	卫生性能（输送饮用水）	符合GB/T 17219规定	

涂塑环氧树脂粉末性能指标　　　　　　　　表 3-17

序号	项目	指标	检验方法
1	密度 /（g/cm³）	1.3 ～ 1.5	GB/T 1033
2	粒度分布 /%	筛上 150μm ≤ 3，筛上 250μm ≤ 0.2	GB/T 6554
3	不挥发物含量 /%	≥ 99.5	GB/T 6554
4	水平流动性 /mm	22 ～ 28	GB/T 6554
5	胶化时间 /s	≤ 120（200℃）	GB/T 6554
6	卫生性能（输送饮用水）	符合 GB/T 17219 规定	

内涂塑层厚度　　　　　　　　表 3-18

公称尺寸 DN/mm	聚乙烯涂层厚度 /mm	环氧树脂涂层厚度 /mm
200 ～ 300	> 0.6	> 0.35
350 ～ 800	协议	> 0.4
900 ～ 2000	协议	> 0.45

涂塑工艺既可用于钢管内防腐，同时也可用于钢管外防腐。用于钢管外防腐时，一般在钢管外表面和塑料层之间涂覆胶粘剂。

（5）饮用水管道内防腐特殊要求

按照国家法律法规，对于输送饮用水的管道涂层，除满足相应标准规范技术要求外，更重要的是卫生性能指标应满足《生活饮用水输配水设备及防护材料安全性评价标准》GB/T 17219—2001 规定要求。用于饮用水涂层的涂料应通过省级以上疾病预防控制中心检测，并取得省级卫生行政主管部门颁发的涉水产品卫生许可批件；涂层生产厂应使用具有卫生许可资质的涂料，同时也应取得省级卫生行政主管部门颁发的涉水产品卫生许可批件。

3.6.2 钢管外防腐

（1）石油沥青

石油沥青资源丰富而廉价，与其配套的外防腐工艺早已成熟，是我国使用历史最长的防腐技术。它由石油沥青层、加强玻璃布和外保护的聚氯乙烯膜组成，具有优良的防水性能，耐候性及对多种物体的粘结性较好，施工简单。但其温度依赖性极大，高温软化，易熔融，低温下变脆。冲击时易产生龟裂，易老化、易受细菌侵蚀，特别是生产和埋设时的环境污染问题，使之在使用上受到了极大限制。美国标准《埋地或水下金属管线系统的外部腐蚀控制》（NACERPO169）从 96 版起，就把石油沥青从常用涂层系统类别中删去。目前，我国的石油沥青防腐现也已逐渐被代替。石油沥青外防腐可参考《埋地钢质管道石油沥青防腐层技术标准》SY/T 0420—2000 执行，给水排水工程同时应符合《给水排水管道工程施工及验收规范》GB 50268—2008 要求。

（2）环氧煤沥青

环氧煤沥青防腐涂料是将煤沥青防腐涂料与环氧树脂按一定比例混合加工成的一种复

合防腐涂料。它不仅具有煤沥青的廉价、耐酸、耐碱及耐水性能，而且还具备了环氧树脂的附着力、机械强度及耐溶剂性，是一种性能较好的防腐绝缘材料。环氧煤沥青防腐层性能主要与钢管表面处理情况、纤维增强材料以及涂料本身等因素有关。因污染环境，该工艺基本已逐渐淘汰。

环氧煤沥青防腐可参考石油天然气行业标准《埋地钢质管道环氧煤沥青防腐层技术标准》SY/T 0447—2014 执行。输水管道应符合《给水排水管道工程施工及验收规范》GB 50268—2008 要求。

① 防腐工艺过程为：钢管除油除锈→钢管预热→涂底漆→缠纤维增强材料→涂面漆（涂漆与缠布遍数视防腐层的厚度而定）。GB 50268—2008 和 SY/T 0447—2014 标准中防腐层结构及厚度见表 3-19、表 3-20。SY/T 0447—2014 中在玻璃布使用的基础上，增加了纤维增强材料丙纶无纺布的技术要求，原因主要在于丙纶无纺布耐腐蚀性好，抗拉强度高，使用过程中不会扎伤皮肤，厚度均匀，尤其是丙纶无纺布不含蜡，对环氧煤沥青涂料渗透性好，固化后能形成平整、坚实的防腐层。丙纶无纺布和玻璃布性能指标按标准中相应条款执行。

环氧煤沥青外防腐层结构（GB 50268—2008）　　　　表 3-19

普通级（三油）		加强级（四油一布）		特加强级（六油二布）	
构造	厚度（mm）	构造	厚度（mm）	构造	厚度（mm）
（1）底料 （2）面料 （3）面料 （4）面料	≥ 0.3	（1）底料 （2）面料 （3）面料 （4）玻璃布 （5）面料 （6）面料	≥ 0.4	（1）底料 （2）面料 （3）面料 （4）玻璃布 （5）面料 （6）面料 （7）玻璃布 （8）面料 （9）面料	≥ 0.6

防腐层结构及厚度（SY/T 0447—2014）　　　　表 3-20

等级	结构		厚度（μm）
	溶剂型	无溶剂型	
普通级	底漆+多层面漆	单层或多层	≥ 400
加强级	底漆+多层面漆	单层或多层	≥ 600
	底漆+多层面漆+纤维增强材料 +多层面漆	多层涂料+纤维增强材料 +单层或多层涂料	≥ 700

② 钢管表面应进行喷射除锈，除锈等级应达到现行国家标准《涂装前钢材表面锈蚀等级和除锈等级》GB/T 8923—2011 中规定的 Sa2.5 级。表面锚纹深度应在 40～90μm。

③ 钢管表面经喷（抛）处理后，应用清洁、干燥的压缩空气将钢管吹扫干净，表面灰尘度应达到现行国家标准《涂覆涂料前钢材表面处理　表面清洁度的评定试验　第 3 部分：涂覆涂料前钢材表面的灰尘评定（压敏粘带法）》GB/T 18570.3—2015 规定的 2 级及以上。

④ 采用纤维增强材料的防腐层结构时，底漆厚度 ≥ 50μm。底漆实干后，宜在焊缝两

侧涂抹腻子使其形成平滑过渡面。腻子表干后、固化前涂敷面漆，随即缠绕纤维增强材料。缠绕纤维增强材料时，应拉紧、表面平整，压边宽度为 20～25mm，周向接头搭接长度为 100～150mm。缠绕后随即再次涂敷面漆。纤维增强材料所有网眼应浸满涂料。也可采用浸满面漆的纤维增强材料进行缠绕，待防腐层实干后，再次涂刷面漆。

⑤ 防腐层固化温度宜保持在 10℃ 以上。当需加温固化时，加热温度不宜超过 80℃。

⑥ 环氧煤沥青涂料性能指标应符合表 3-21 规定，环氧煤沥青防腐层性能指标应符合表 3-22 的规定。丙纶无纺布和玻璃布性能指标按 SY/T 0447—2014 执行。

环氧煤沥青涂料性能指标　　　　表 3-21

序号	项目	技术指标			试验方法
		无溶剂型	溶剂型		
			底漆	面漆	
1	黏度（涂-4 黏度剂，25℃ ±1℃）（s）	—	≥ 80	≥ 80	GB/T 1723
2	黏度（mPa.s）（23℃ ±0.2℃）	生产商规定值 ±10%	—	—	GB/T 9751.1
3	细度（μm）	≤ 100	≤ 100	≤ 100	GB/T 1724
4	不挥发物含量（%）	—	≥ 80	≥ 80	GB/T 1725
	固体含量（%）	≥ 95	—	—	SY/T 0457
5	干燥时间（h）（25℃ ±1℃） 表干	≤ 2	≤ 2	≤ 2	GB/T 1728
	实干	≤ 6	≤ 6	≤ 8	

环氧煤沥青防腐层性能指标　　　　表 3-22

序号	项目	指标		试验方法
		无溶剂型	溶剂型	
1	黏结强度（拉开法）（MPa）	≥ 8	≥ 7	SY/T 6854
2	热水浸泡后的粘结强度（MPa）（最高设计温度，且不超过 80℃，28d）	≥ 5	≥ 5	SY/T 0447
3	阴极剥离（mm） 1.5V，65℃，48h	≤ 8	≤ 10	SY/T 0315
	1.5V，23℃，28d	≤ 10	≤ 12	
4	工频电气强度（MV/m）	≥ 20	≥ 20	GB/T 1408.1
5	体积电阻率（Ω·m）	≥ 1×10^{10}	≥ 1×10^{10}	GB/T 1410
6	耐化学介质腐蚀 10%H_2SO_4（23℃ ±2℃，7d）	防腐层完整、无起泡、无脱落	防腐层完整、无起泡、无脱落	GB/T 9274
	10%NaOH（23℃ ±2℃，7d）	防腐层完整、无起泡、无脱落	防腐层完整、无起泡、无脱落	
	3%NaCl（23℃ ±2℃，7d）	防腐层完整、无起泡、无脱落	防腐层完整、无起泡、无脱落	
7	耐沸水性（24h）	通过	通过	SY/T 0447

序号	项目	指标		试验方法
		无溶剂型	溶剂型	
8	耐冲击（23℃±2℃，4.9J）	无漏点	无漏点	SY/T 0315
9	抗弯曲（23℃±2℃，1.5°）	无裂纹	无裂纹	SY/T 6854
10	吸水率（%）（23℃±2℃，24h）	≤0.4	≤0.4	SY/T 0447

注：当防腐层为有纤维增强材料时，不做第1项黏结强度和第2项热水浸泡后的黏结强度检验项目。

⑦ 补口使用的涂料和防腐层结构应与管体相同。经业主同意，使用辐射交联热收缩带（套）补口可用于相关工程。

（3）单／双层熔结环氧粉末（FBE/2FBE）

熔结环氧粉末于20世纪60年代初在美国开发成功，至今已有近60年的历史。由于其优良的机械性能、抗腐蚀、耐老化性能，被广泛应用于陆上、水下、海底等管线的涂装防腐。我国从20世纪80年代起，引进该项技术，得到广大用户的高度评价。

双层环氧由美国OBRIEN公司发明，它将单层FBE的防腐性能与表层塑性FBE的抗机械损伤性能结合在一起，表现出粘结性能强、使用温度高、耐土壤应力、耐冲击能力和抗阴极剥离性能好的特点。双层FBE由两种不同性能的环氧粉末在喷涂过程中一次喷涂成膜完成，底层环氧防腐层与单层FBE相同，用以提供防蚀功能，外层FBE为增塑性环氧粉末层，主要用于抗机械损伤。两层厚度一般为525～1000μm，可适用于各种口径的钢管，并适用于补口、弯头、异型构件的防腐需要。可根据不同使用环境、不同需要，选择不同的双层FBE结构类型，如可生产专门针对山区、水网地带和海底环境的双层FBE管道防腐层。它的耐冲击性能和阴极保护电流密度与3PE相当，是唯一能用于阴极保护系统并完全兼容而无屏蔽的防腐系统，具有失效安全性。双层FBE的价格因其结构与厚度不同而不同，但一般比3PE便宜，随着工艺技术的发展成熟其成本还在降低。

单／双层环氧粉末外防腐可参考石油天然气行业标准《钢质管道熔结环氧粉末外涂层技术规范》SY/T 0315—2005执行。作业主要采用静电喷涂方式。

① 单层环氧粉末外涂层为一次成膜结构。双层环氧粉末外涂层由内、外两种环氧粉末涂料分别喷涂一次成膜而构成。单层环氧粉末外涂层厚度普通级≥300μm，加强级≥400μm。双层环氧粉末外涂层厚度普通级：内层≥250μm、外层≥350μm、总厚度≥600μm；加强级：内层≥300μm、外层≥500μm、总厚度≥800μm。

② 对于临海及高盐地区的钢管，应按GB/T 18570.2—2005规定方法做表面盐分测定。如果测定值超过20mg/m²时，应用清洁水清洗至合格。

③ 喷（抛）射除锈前，当钢管表面温度低于露点温度以上3℃时，应预热钢管驱除潮气。

④ 钢管外表面喷（抛）射除锈等级应达到GB/T 8923.1—2011规定的Sa2.5级。表面锚纹深度应在40～100μm。

⑤ 喷（抛）射除锈后，应将钢管内外表面残留的钢丸（砂粒）和外表面微尘清除干净。钢管外表面的灰尘度不应低于GB/T 18570.3—2005规定的2级。

⑥ 涂敷前钢管温度应控制在工艺试验范围之内，固化时间应符合所用环氧粉末涂料的要求。双层环氧粉末涂敷时，外层涂敷应在内层胶化完成前进行，且应保证外层环氧粉

末涂料所要求的固化温度。

⑦ 环氧粉末涂料的性能指标应符合表3-23规定，环氧粉末涂层性能指标应符合表3-24的规定。

环氧粉末涂料性能指标　　表3-23

序号	项目		性能指标	双层环氧粉末涂料		试验方法
			单层环氧粉末涂料	内层	外层	
1	外观		色泽均匀，无结块	色泽均匀，无结块		目测
2	固化时间（230℃±3℃）min		≤2，且符合粉末生产商给定范围	≤2，且符合粉末生产商给定范围	≤1.5，且符合粉末生产商给定范围	SY/T 0315
3	胶化时间（230℃±3℃）s		≤30，且符合粉末生产商给定范围	≤30，且符合粉末生产商给定范围	≤20，且符合粉末生产商给定范围	GB/T 6554
4	热特性	ΔH（J/g）	≥45，且符合粉末生产商给定范围	≥45，且符合粉末生产商给定范围		SY/T 0315
		T_{g2}（℃）	≥最高使用温度+40	≥最高使用温度+40		
5	不挥发物含量（%）		≥99.4	≥99.4		GB/T 6554
6	粒度分布（%）		150μm 筛上粉末≤3.0；250μm 筛上粉末≤0.2	150μm 筛上粉末≤3.0；250μm 筛上粉末≤0.2		GB/T 6554
7	密度（g/cm³）		1.3～1.5，且符合粉末生产商给定值±0.05	1.3～1.5，且符合粉末生产商给定值±0.05	1.4～1.8，且符合粉末生产商给定值±0.05	GB/T 4472
8	磁性物含量（%）		≤0.002	≤0.002		JB/T 6570

环氧粉末涂层性能指标　　表3-24

序号	项目		性能指标		试验方法
			单层涂层	双层涂层	
1	热特性	$|\Delta T_g|$（℃）	≤5	≤5（内层、外层）	SY/T 0315
2	阴极剥离（65℃，24h）mm		≤8	≤8	SY/T 0315
3	抗弯曲（订货规定最低试验问题±3℃）		2.5°弯曲，无裂纹	普通级 2°弯曲，无裂纹	SY/T 0315
				加强级 1.5°弯曲，无裂纹	
4	抗冲击 J		1.5（-30℃），无漏点	普通级 10（23℃），无漏点	SY/T 0315
				加强级 15（23℃），无漏点	
5	断面孔隙率（级）		1～4	1～4	SY/T 0315
6	黏结面孔隙率（级）		1～4	1～4	
7	附着力（24h）（级）		1～3	1～3	SY/T 0315
8	耐划伤（30kg）μm		—	普通级≤（30kg）：≤350，无漏点	SY/T 4113
				加强级≤（50kg）：≤500，无漏点	

⑧ 熔结环氧粉末外涂层钢管采用环氧粉末静电喷涂方式补口施工时，应符合SY/T 0315—2005 相关标准条款规定。

（4）聚乙烯涂敷

聚乙烯涂敷是一种技术先进、经济合理的防腐技术。因为聚乙烯本身有机械强度高、抗冲击好、耐久性好、无针孔、阴极保护电流低、阴极剥离性能好、耐酸耐碱性能好、污染小、适用温度范围大（−50～80℃）等优点，在管道防腐方面得到了广泛应用。

聚乙烯涂敷工艺主要包括熔结聚乙烯工艺、挤出包覆聚乙烯工艺和挤压缠绕聚乙烯工艺。

熔结聚乙烯工艺，涂层的原料是线性聚乙烯，即聚乙烯粉末。其生产方法是以低密聚乙烯为主体，加入适量氧化剂、改性剂、光稳定剂、流平剂、颜料和填料等各种助剂而制成。线性聚乙烯分子具有短小而有规则的直链结构，分子排列整齐，其密度和结晶度介于高度和低密聚乙烯之间，机械强度、耐化学腐蚀、耐环境应力开裂等性能优良，可实现弯头、管件的防腐层作业。用于钢管熔结聚乙烯涂敷工艺有如下几种。1. 浸涂工艺：把聚乙烯粉末置于流化床中，加热的钢管浸于呈沸腾状态的粉末中，线性聚乙烯熔结在钢管表面形成钢管的防腐涂层。2. 喷涂工艺：加热的钢管边旋转边前进，通过多把喷枪把线性聚乙烯粉末喷至钢管表面熔结成涂层。3. 喷洒工艺：加热的钢管边旋转边前进，进入涂敷区，通过多个喷洒机构，把线性聚乙烯粉末熔结在钢管表面形成涂层。

挤出包覆聚乙烯工艺，此涂层通常称为夹克。其工艺是经过清理、除锈和预热的钢管通过挤压设备的环形通道，粘胶剂和聚乙烯通过挤出机按先后顺序挤压在钢管外面，形成无缝套筒式的聚乙烯涂层，此工艺适用于中小直径钢管的防腐涂层。

挤压缠绕聚乙烯工艺，此工艺是将经过清理、除锈、加热的钢管按一定的旋转速度送入涂敷区，第一台挤出机按一定厚度和密度挤出胶粘剂薄膜并缠绕在钢管表面，在胶粘剂还处于熔化状态时，第二台挤出机挤出聚乙烯薄膜并缠绕在胶粘剂外而形成涂层，这就是二层结构聚乙烯涂层。如在缠绕胶粘剂前在钢管表面喷涂一层环氧底漆，即为三层结构缠绕聚乙烯涂层（3PE）。3PE 防腐目前广泛应用于各类输送管道的外防腐涂层，本节将重点介绍。

20 世纪 80 年代，德国曼内斯曼公司发明了被称为"完美涂层"的三层聚乙烯。三层 PE 防腐层的结构是：底层为 FBE，中间层为胶粘剂，外层为聚乙烯。这一结构将 FBE 的高粘结性、抗氧性、耐化学腐蚀及耐阴极剥离性能和高密度聚乙烯的抗潮气、电绝缘及抗机械损伤的性能结合成一个完美的有机整体，具有与管道表面粘结力强、电绝缘性能好、耐冲击、寿命长等突出优点，而且阴极保护电流密度小，只有 $13～3\mu A/m^2$。3PE 使用寿命预计达 50 年以上，我国自 1995 年引进以来，主要钢管厂都建立了 3PE 防腐生产线。陕京输气管道、西气东输管道工程、中俄东线天然气管道工程等油气管道，甘肃引洮输水工程、图克镇鄂尔多斯输水管线、沙西线输水管线等市政输水项目，钢管均使用了 3PE 防腐层。

三层聚乙烯防腐分包覆工艺及缠绕工艺。

包覆聚乙烯工艺适用于中小口径钢管的外防腐。首先钢管外壁抛丸除锈，高频加温至 180～200℃，包覆式喷注环氧粉末，包覆式注胶，包覆式喷注聚乙烯层。由于包覆式喷注需要在管体外套一模具，因此大口径钢管难以适应。

缠绕聚乙烯适用于各种口径的钢管，如图 3-24 所示，工艺流程如下。预热→抛丸除锈→管道除尘→管道外观检测→中频感应加热→环氧粉末喷涂→喷涂粘胶剂→缠绕聚乙烯→水冷却→防腐层质量检验→管端预留处理→成品管入库。

钢质管道挤压聚乙烯防腐层的设计、生产和检验以及现场补口按《埋地钢质管道聚乙烯防腐层》GB/T 23257—2017 标准执行。

图 3-24　3PE 防腐工艺图

① 防腐层厚度应符合表 3-25 规定。焊缝部位的防腐层厚度不应小于表 3-25 规定值的 80%。应根据管道建设环境和运行条件，选择防腐层等级。

防腐层厚度　　　　　　　　　　　　　　　　　　　　　　　　表 3-25

钢管公称直径 DN	环氧涂层 μm	胶粘剂层 μm	防腐层最小厚度 mm	
			普通级（G）	加强级（S）
DN ≤ 100	≥ 120	≥ 170	1.8	2.5
100 < DN ≤ 250			2.0	2.7
250 < DN ≤ 500			2.2	2.9
500 ≤ DN < 800	≥ 150		2.5	3.2
800 ≤ DN ≤ 1200			3.0	3.7
DN > 1200			3.3	4.2

② 环氧粉末、胶粘剂、聚乙烯性能指标按标准相应条款执行。3PE 整体防腐层性能有以下要求：

a. 剥离强度（N/cm）环境温度 20℃±10℃时 ≥ 100

环境温度 60℃±5℃时 ≥ 70

b. 阴极剥离（mm）当 65℃，48h 时 ≤ 5

当最高运行温度，30d 时 ≤ 15

c. 环氧粉末底层热特性 – 玻璃化温度变化值 $|\Delta T_{\mathrm{g}}|$（℃）≤ 5

d. 冲击强度（J/mm）≥ 8

e. 抗弯曲（−30℃，2.5°）聚乙烯无开裂

f. 耐热水浸泡（80℃，48h）翘边深度评价 ≤ 2mm，且最大 ≤ 3mm

③ 钢管表面处理

a. 首先清除表面油脂和污垢等附着物，然后进行抛（喷）射除锈，管体表面温度不应低于露点温度以上 3℃。除锈质量应达到 GB/T 8923.1—2011 中规定的 Sa2.5 级，锚纹深度达到 50～90μm。钢管表面的焊渣、毛刺等应清除干净。

b. 钢管表面附着的灰尘及磨料清扫干净，灰尘度应不低于 GB/T 18570.3—2005 规定

的 2 级。

c. 除锈后应按 GB/T 18570.9—2005 规定的方法检测钢管表面的盐分含量，钢管表面的盐分不应超过 20mg/m²。

d. 表面处理后 4h 内进行涂敷，超过 4h 或当出现返锈或表面污染时，应重新进行表面处理。

④ 涂敷作业

应用无污染的热源对钢管加热至合适的涂敷温度，环氧粉末应均匀喷涂在钢管表面，胶粘剂涂敷应在环氧粉末胶化过程中进行。通常采用侧向缠绕工艺，确保搭接部分的聚乙烯及焊缝两侧的聚乙烯完全辊压密实。

⑤ 冷却

聚乙烯缠绕后应用水冷却至钢管温度不高于 60℃，并确保熔结环氧涂层固化完全。

⑥ 端口防腐

钢管管节的防腐层在两端应预留 100～150mm 不做防腐层，且聚乙烯层端面应形成不大于 30° 的倒角，聚乙烯层端部外保留不超过 10～30mm 的环氧粉末层，防止防腐层端部剥离或翘边。

⑦ 涂敷效果检查

a. 防腐层外观应逐根目测检查，聚乙烯层表面应平滑、无暗泡、无麻点、无折皱、无裂纹、色泽均匀，防腐端无翘边。

b. 防腐层的漏点用在线电火花检漏仪进行连续检测，检漏电压 25kV，无漏点为合格。

c. 按标准规定，抽检其他性能指标的相关数据。

⑧ 现场补口

挤压聚乙烯防腐管的现场补口宜采用环氧底漆 / 辐射交联聚乙烯热收缩带（套）方式，同时应采用热收缩带（套）配套提供或指定的无溶剂环氧树脂底漆。另外，在雨天、雪天、风沙天，风力超过 5 级，相对湿度大于 85%，环境温度低于 0℃时，不应进行防腐作业。

补口前，应对焊口处杂物、油污等进行清理。防腐层端部有翘边、生锈、开裂等缺陷时应进行清理。

在进行表面磨料喷砂除锈前，应使用无污染的热源将补口部位的钢管预热至露点以上至少 5℃ 的温度。除锈等级应达到 GB/T 8923.1—2011 规定的 Sa2.5 级，锚纹深度达到 40～90μm。除锈后表面灰尘度不低于 GB/T 18570.3—2005 规定的 3 级。补口部位钢管表面处理与补口施工间隔不宜超过 2h，表面返锈时，应重新进行表面处理。

底漆湿膜厚度不应小于 150μm。热收缩带加热，宜控制火焰强度，缓慢均匀加热。收缩后，热收缩带（套）与聚乙烯层搭接宽度不应小于 100mm。

补口质量检测按 GB/T 23257 相应条款执行。

3.6.3　电化学防腐蚀法

金属管道做覆盖式防腐处理是必要的，但在强腐蚀性土壤中埋设金属管道，上述处理又是不完备的，通常还需采用电化学防腐措施。其中阴极保护法为最常用的保护方式。

阴极保护法是从外部给一部分直流电源，由于阴极电流的作用，将金属管道表面不均匀的电位消除，从而不再产生腐蚀电流，达到保护金属管道不受腐蚀的目的。从金属管道流入土壤的电流为腐蚀电流，从外部流向金属管道的电流为防腐蚀电流，阴极保护法包括牺牲阳极法和外加电流法。

牺牲阳极法其原理是将还原性较强的金属作为化学反应的一端，这样就可以与被保护的金属形成原电池。此时还原性较强的金属作为原电池的负极而被腐蚀消耗，被保护的金属则作为原电池的正极被保护起来。使用这种保护方式不需要外接电源，具备简单轻便的作用，在目前的城市管道铺设工作中或者是在一些小型的储油气罐以及长输管道中，都可以使用这种方法来保护。

外加电流法是在原来阴极保护的基础上外加了直流电，这样就可以保证电流在土壤中形成有效的阴极保护措施，很大程度上提升了阴极保护的可靠性和效率。当加入外接直流电源后，保护金属的结构电位便会低于周围土壤的电阻，从而更好地保证了整个氧化还原反应的顺利进行。这种外加电流的阴极保护法基本都是用于保护那些大型的或者是电阻率较高的金属。但是该方法在使用时会增加投入成本，并且使操作和维护变得相对复杂一点。

阴极保护措施应根据具体情况进行选择，输水工程一般采用牺牲阳极的阴极保护法。土壤作为管道所处的腐蚀环境，其腐蚀性的强弱决定了管道所需要保护程度。土壤的腐蚀因素主要包括土壤电阻率、土壤 pH 值、土壤氧化还原电位、土壤中氯离子浓度、土壤含水量及杂散电流等。土壤环境腐蚀检测一般采用理化性能分析法，即选择典型地段进行现场电阻率测试，随后对土壤取样后理化分析。另外，对可能产生杂散电流干扰的地区进行干扰排查，通过以上方式综合评价输水管道沿线土壤的腐蚀性强弱。

土壤电阻率是重要的腐蚀指标。我国一般地区土壤腐蚀性分级如表 3-26 所示。

常用参比电极的主要性能和适用环境 表 3-26

等级	强	中	弱	微
土壤电阻率（$\Omega \cdot m$）	< 20	20 ～ 50	50 ～ 100	> 100

在长距离输水管道中可能产生杂散电流干扰的位置主要在石油天然气管线、电气化铁路及高压铁塔交叉或邻近地带。杂散电流分为直流杂散电流与交流杂散电流，其中石油天然气管线与电气化铁路可能对输水管道产生直流杂散干扰，高压铁塔可能对输水管道产生交流杂散干扰。对于在新建管道的设计阶段，主要进行直流杂散干扰排查。

牺牲阳极的阴极保护法宜使用在含氧环境中，其保护电位应达到 −0.85V 或更负（相对于铜/饱和硫酸铜参比电极）。若在缺氧环境中，保护电位应达到 −0.95V 或更负（相对于铜/饱和硫酸铜参比电极）。最大保护电位应以不损坏金属结构表面涂层为前提。参比电极应根据施工环境选用，其技术条件符合 GB/T 7387 的规定。常用参比电极的主要参数和适用环境应符合表 3-27 的规定。

常用参比电极的主要性能和适用环境 表 3-27

名称	电极结构	常用符合	电位（V）（相对于标准氢电极）	适用环境
饱和甘汞电极	$Hg/HgCl$/饱和 KCl	E_{Hg}、E_{SCE}	+ 0.25	海水、淡水
铜/饱和硫酸铜电极	Cu/饱和 $CuSO_4$	E_C、E_{CSE}	+ 0.32	淡水、土壤
银/氯化银电极	$Ag/AgCl$/海水	E_{Ag}	+ 0.25	海水
锌及锌合金电极	Zn 合金	E_{Zn}	− 0.78	海水、淡水、土壤

锌基、铝基和镁基合金是常用的牺牲阳极材料。在土壤中阴极保护所用的牺牲阳极材料一般采用镁合金或锌合金。镁合金阳极比重小，发电量大，对碳钢的驱动电位高，易于过保护，特别适用于作悬挂式或用于电阻率（50～100Ω·m）较高的土壤环境。锌合金阳极比重大，发电量小，对碳钢的驱动电位低，自腐蚀程度较低，常用于电阻率（<50Ω·m）较低的土壤环境。牺牲阳极的性能应符合 GB/T 17731—2015、GB/T 4948—2002、GB/T 4950—2002 的要求。牺牲阳极的电化学性能测试应符合 GB/T 17731—2015 和 GB/T 17848—1999 的要求。牺牲阳极的规格应根据金属结构形式、保护电流和牺牲阳极的使用年限，参照 GB/T 17731—2015、GB/T 4948—2002、GB/T 4950—2002 等标准设计。

3.7 技 术 要 求

3.7.1 管型设计

钢管设计、选用受多种因素的影响，需要综合考虑。1. 根据国家及地方相关政策因地制宜、合理选用管材。2. 根据现行国家标准、规范灵活进行钢管设计。3. 根据使用场合、地点选用合适的管型。4. 钢管的技术、经济特性不仅是由自身特性决定的，更主要地取决于该地区的地理环境、工况条件、资源特点、居民习惯及生活质量水平、社会经济发展水平等因素。

管材分为刚性和柔性两种，柔性管定义为能够变形大于 2% 而不致结构损坏，钢管被认定为是柔性管。输水钢管作为一种柔性管道，与其他材质的柔性管道一样都是以内压来确定壁厚，以外荷载作为校核条件。而埋地柔性管道应该按照管土共同作用下的结构设计来考虑。提高回填材料的质量和回填土的压缩率是提高管体、回填土系统的最常用的办法。输水管道通常按照承受工作压力和运行中的瞬时压力来进行设计，其他的运行状态评估包括外部永久荷载，动荷载和无内压状态下的压屈失稳。此外，管径的大小和内外涂层的类型也是影响壁厚的重要因素。

输水钢管工作压力一般较低，从经济角度考虑，一般选用 Q235 钢级即可。当工作压力超过 1.1MPa 时，可选用更高的钢级。选用高强钢的目的是可以相对减小设计壁厚，以达到节省工程投资成本的目的。这一点上与油气输送管设计相同。

目前，国外输水管道大量采用高钢级管线钢来降低钢管壁厚、提高材料可焊性，常用的钢级有 B/L245、X42/L290、X52/L360，也有的管道钢级选用 X60/L415、X65/L450，甚至 X70/L485；而我国常用的最高钢级一般为 Q355。对于设计壁厚较大的钢管（如壁厚大于 20mm 时），建议考虑选用钢级更高的管线钢（如 X52/L360），可降低壁厚节约投资，管道焊接也不存在任何技术难题，质量还会有所提高。新版《普通流体输送管道用埋弧焊钢管》SY/T 5037—2018 行业标准中，允许选用《石油天然气输送管用热轧宽钢带》GB/T 14164—2013 标准中的各牌号管线钢材料。

目前，《给水排水工程埋地钢管管道结构设计规程》和《给水排水工程结构设计手册（第二版）》是指导我国输水钢管设计的主要依据，同时还应符合《给水排水管道工程施工及验收规范》GB 50268—2008 要求。就钢管质量要求而言，与油气管线标准相比，给水排水标准对钢管整体质量要求较低。采用短尺钢管对接、管段拼接增加了焊缝长度及对口数量，不利于管道整体质量控制，加大了工程施工成本。建议给水排水工程在钢管选用及质量控制方面，借鉴油气管线建设经验。优先选用《普通流体输送管道用埋弧焊钢管》SY/T 5037—2018、《低压流体输送用焊接钢管》GB/T 3091—2015 标准进行钢管制造；对于输送压力等级较高的管道，也可选用《石天然气工业管线输送系统用钢管》GB/T 9711—2017 PSL1 产品规范水平进行钢管制造；或者，组织有关单位单独起草给水排水行业标准。通过标准加严控制，提升给水排水工程用钢管几何尺寸、理化性能等整体质量指标，减少现场对口数量，降低管道投资成本，提升施工进度。

3.7.2 采购信息

钢管采购过程中，准确的采购信息是确保钢管质量满足工程需求的前提保障。对于客户在输水钢管采购时，订货合同中应包括如下适用信息（以 SY/T 5037—2018 为例）：

（1）一般信息

① 数量（即钢管的总质量或总长度）；

② 钢管种类（直缝埋弧焊钢管或螺旋缝埋弧焊钢管）；

③ 钢级；

④ 外径和壁厚；

⑤ 长度和长度类型（非定尺或定尺）；

⑥ 可提出夏比冲击要求，同时给出试验温度及钢管管体、焊缝、热影响区冲击值；

⑦ 光管或防腐管交货（防腐类型要求）。

（2）可协议信息

① 经供需双方协商，可选用其他外径和壁厚；

② 经购方与制管厂协商，可供应其他长度的钢管；

③ 管径大于 1422mm 时，供需双方应协商不圆度；

④ 经购方与制管厂协商，钢管可以其他角度的坡口或以平头交货；

⑤ 双方有协议时，管端也可采用承插接口形式交货；

⑥ 承插接口钢管管端其他要求应符合制造商与购方的协议；

⑦ 钢管既可以按理论质量交货、也可按实际质量交货，由双方协商，并在合同中注明；

⑧ 经购方与制管厂协商，允许钢带对头焊缝位于管端，但钢带对头焊缝与管端螺旋焊缝之间的环向间隔不应小于 150mm；

⑨ 承插式柔性接口钢管的焊接材料及橡胶密封圈应符合双方协商要求；

⑩ 对于公称外径大于 1219mm 的钢管，制造商与购方协商，可采用超声检测或射线检测方法之一代替静水压试验；

⑪ 钢管承插式柔性接口应进行密封性型式试验，并符合购方与制造商的协议要求；

⑫ 如果购方要求钢管外表面带临时性涂层交货，购方应在订货合同中注明；

⑬ 如果购方要求内外壁防腐涂层时，应在订货合同中规定并符合国家有关标准的规定。

3.7.3 钢管制造

给水排水工程用钢管应符合现行《给水排水管道工程施工及验收规范》GB 50268—2018、《工业金属管道工程施工及验收规范》GB 50235—2010 等相关规范要求。

钢管制造过程中,《普通流体输送管道用埋弧焊钢管》SY/T 5037—2018、《低压流体输送用焊接钢管》GB/T 3091—2015 及《石天然气工业管线输送系统用钢管》GB/T 9711—2017 为常用技术规范。下面以 SY/T 5037 为例介绍钢管制造技术要求。理化性能技术要求在第 5.2 章节分类及物理力学性能中有详细描述,不再赘述。

SY/T 5037—2018 为国内行业标准,规定了普通流体输送管道用埋弧焊钢管(包括直缝埋弧焊钢管和螺旋缝埋弧焊钢管)的尺寸、外形、质量、性能要求、试验方法、检测规则、涂层、标志和质量证明书等内容。适用于水、空气、采暖蒸汽等普通流体输送管道用钢管,也适用于输水工程用承插式接口管道用钢管。

(1)钢管几何尺寸、外观质量要求

钢管几何尺寸应符合表 3-28 的规定,外观质量及缺陷补焊应符合表 3-29 的规定。

几何尺寸参数要求 表 3-28

项目		标准	SY/T 5037—2018 技术要求
直径		管端	$219.1 < D \leqslant 610$(±0.75%D 或 ±2.5,取小值) $610 < D \leqslant 1422$(±0.50%D 或 ±3.5,取小值) $D > 1422mm$,依照协议
		管体	$219.1 < D \leqslant 610$(±1.0%D) $610 < D \leqslant 1422$(±0.75%D) $D > 1422mm$,依照协议
壁厚			$T \leqslant 5.0$,±0.5mm $5.0 < T \leqslant 15.0$,±10.0% $T > 15$,±1.5mm
长度			6～12m,定尺钢管长度极限偏差 ±500mm
重量			重量偏差控制范围:-5%～+10%
不圆度			在管端 100mm 长度范围内,管径 ≤ 1422mm 时,不圆度 ≤ 2% 当规定外径 > 1422,依照协议
直度			$\leqslant 0.2\% L$
管端	承插接口		依照协议
	加工坡口	坡口角	30°～35°
		钝边	1.6±0.8mm
		切斜	$D < 813mm$ 的钢管 ≤ 1.6mm $D \geqslant 813mm$ 的钢管 ≤ 3mm

外观质量要求及缺陷补焊 表 3-29

项目	标准 SY/T 5037—2018 技术要求
钢管表面质量	钢管表面不应有裂纹、结疤、折叠,以及其他深度超过公称壁厚下偏差的缺陷。扩张成型承插口表面应光滑、不应有裂纹、褶皱及豁口等缺陷
错边	$t \leqslant 13mm$ 错边不应超过 $0.35t$ 且最大不超过 3.0mm $t > 13mm$,错边不应超过 $0.25t$
焊偏	无损检测结果表明焊缝完全焊透和熔合,焊偏不应成为拒收的理由

续表

项目＼标准	SY/T 5037—2018 技术要求
焊缝余高	$t \leq 13mm$，焊缝余高 $\leq 3.5mm$ $t > 13mm$，焊缝余高 $\leq 4.0mm$
咬边	下列尺寸的咬边的在钢管上允许存在： a. 最大深度不超过 0.6mm 的任意长度的焊缝咬边 b. 最大深度不超过 0.8mm 且不超过钢管公称壁厚的 12.5%，最大长度为钢管公称壁厚一半的咬边最多允许两处 深度不超过 0.8mm 且不超过钢管公称壁厚的 12.5% 咬边应修磨 深度超过 0.8mm，或超过钢管公称壁厚的 12.5% 咬边，应补焊、切除或整根钢管不合格
其他缺陷	a. 外观检测发现的深度小于或等于 $0.15t$，且不影响最小壁厚的缺欠允许存在 b. 外观检查发现的深度大于 $0.15t$，且不影响最小壁厚的缺欠应视为缺陷 外观检查发现影响最小壁厚的缺欠应视为缺陷。该类缺陷应按下列一种方法处置： a. 可修整缺陷应用砂轮磨除，但剩余壁厚应在规定范围内 b. 不可修磨缺陷应按下列任一种方法进行处置：补焊；如长度符合要求，应将有缺陷的管段切除；整根钢管判不合格
补焊	钢管母材和焊缝上的缺陷均可修补 间隔小于 100mm 的多个焊缝缺陷应作一个连续单个焊缝缺陷进行修补。补焊焊缝的最小长度应为 50mm $219mm \leq D < 508mm$，补焊焊缝总长度不应超过钢管长度的 20%。$D \geq 508mm$，补焊焊缝总长度不应超过钢管长度的 30% 对补焊焊缝进行修磨，母材补焊修磨后高度不应超过 1.5mm 补焊后应进行钢管静水压试验和无损检测

（2）无损检测

按照《普通流体输送管道用埋弧焊钢管》SY/T 5037—2018 标准制造的钢管，应采用超声检测或 X 射线检测对焊缝进行抽检。合同未规定时，由制造厂任选其中一种无损检测方法。此外，还应采用超声波方法对管端的分层夹杂进行抽检。

采用 X 射线检测时，应按《石油天然气工业钢管无损检测方法　第 1 部分：焊接钢管焊缝缺欠的射线检测》SY/T 6423.1—2013 或《石油天然气工业钢管无损检测方法　第 5 部分：焊接钢管焊缝缺欠的数字射线检测》SY/T 6423.5—2014 进行检测。焊缝质量应达到《金属熔化焊焊接接头射线照相》GB/T 3323—2005 对焊缝的要求，即应无裂纹、未熔合、未焊透。

采用超声检测时，焊缝质量不低于《石油天然气工业钢管无损检测方法　第 2 部分：焊接钢管焊缝纵向和 / 或横向缺欠的自动超声检测》SY/T 6423.2—2013 中刻槽深度与公称壁厚比为 10% 对应信号的验收等级要求。

管端及坡口面无损检测及验收极限：钢管上不应有扩展到管端面或坡口面上，而且横向尺寸超过 6.4mm 的分层或夹杂。管端及坡口面的超声检测应符合《石油天然气工业钢管无损检测方法　第 4 部分：无缝和焊接钢管分层缺欠的自动超声检测》SY/T 6423.4—2013 的规定。

（3）静水压试验

每根钢管应由制造商进行静水压试验。试验压力采用如下公式计算，而且试验压力不应低于计算数值，试验过程中应无渗漏现象。$D < 508mm$ 钢管的保压时间不少于 $5s$，$D \geqslant 508mm$ 钢管的保压时间不少于 $10s$。

$$P = 2St/D \tag{3-2}$$

式中：P——静水压试验压力（MPa）；

　　　t——公称壁厚（mm）；

　　　D——公称外径（mm）；

　　　S——静水压试验环向应力，表 3-30 所示百分数与钢管规定最小屈服强度的乘积（MPa）。

用于确定 S 的规定最小屈服强度百分数　　　表 3-30

钢管最小屈服强度（MPa）	规定外径（D）	确定 S 的规定最小屈服强度百分数
$\leqslant 210$		60[a]
$235 \sim 275$	$\geqslant 219.1$	60[a]
$\geqslant 290$		80[b]

注：[a] 试验压力不应超过 19MPa；[b] 试验压力不应超过 20.5MPa。

（4）标识、装运与储存

$D < 406.4mm$ 的钢管，从外表面距管端 $450 \sim 750mm$ 处开始，沿钢管轴向做外标识；$D \geqslant 406.4mm$ 的钢管，从内表面距离管端不小于 $150mm$ 处，沿钢管圆周方向做内标识。标识内容按标准或客户要求执行，主要应包括制造厂名称、标准号、钢管外径、壁厚、长度、钢级、管号等必要标明的信息。

钢管在吊运时，应采用尼龙吊带或带有软衬垫（不允许用铜及其他低熔点金属或合金）的吊钩或在吊钩的内弧侧覆盖一层聚氨酯，避免磕碰损伤，操作时应注意观察周围有无人员、设备，保障人员设备安全。钢管装运过程中，不得造成钢管损伤和碰上、局部受力损伤、严重腐蚀、不得造成钢管标识无法识别的污染（铜污染、油污染）。对于重要工程用钢管，两端应考虑安装管端保护器，以防止管端坡口损伤。

钢管储存时，同规格钢管应放在同一垛位，合格管和不合格管进行标识区分。光管应放置在具有一定高度的稳定支撑物上，避免钢管直接接触地面。钢管贮存高度应予以控制，防止钢管变形。

3.7.4　现场施工

钢管管道现场施工可按《给水排水管道工程施工及验收规范》GB 50268—2008、《工业金属管道工程施工质量验收规范》GB 50184—2011、《工业金属管道工程施工规范》GB 50235—2010 等标准要求执行。

以开槽埋管为例，简要介绍钢管现场施工过程注意事项。

沟槽；按照设计图纸，沟槽开挖要满足管道安装要求。原状地基土不得扰动、受水浸泡或受冻。槽壁平整，槽底高程、槽底中线每侧宽度，边坡坡度等符合设计要求。当沟槽需设支撑时，支护结构强度、刚度、稳定性应符合设计要求。

管材检查：每根钢管和管件都要进行外观、形状、尺寸、重量检验，外观良好无缺陷。所有管材材料、规格、压力等级、加工质量要符合设计要求。管道安装前，钢管应逐根测量，选用管径相差最小的钢管进行组对对接。

现场钢管存放和吊装：存放钢管的地面平坦、松软，硬地面要垫木块。管子要堆放在平整的地方，附近不得有腐蚀性化学物品，堆放层高不宜过大避免造成钢管变形。管道在沟槽地基、管基质量检验合格后开始下管，钢管的吊装采用吊车加人工配合。吊装时使用尼龙编织的吊带或外套橡胶管的钢丝绳兜身起吊，轻提轻放，防止磨损防腐层。管子吊起时要保持一定的角度确保管子变形力最小。吊车下管时，其架设的位置不得影响沟槽边坡的稳定。钢管运输吊装过程中应避免与硬物碰撞摩擦，发生碰撞损伤时应修补至合格。

铺管安装：钢管铺装前对表面进行清洁处理，使钢管表面保持干净。将管口由机械进行成型处理，校正接口端，使直径、椭圆度、接头间隙符合设计要求。铺管找正时先安装基准杆，按标准调整标高和坡度。在基准杆稳好之后，可从基准管的一端或两端同时安装。暂停施工时，管端要用管塞堵死。在可能有地下水深入的情况下，防止沟槽内入水将管子浮起。

管道焊接：钢管连接采用焊接，焊接前在接口下方开挖工作坑，以方便焊接及防腐施工。在焊接接口前必须先修口、清根，选用的焊接方式、坡口角度、焊材匹配、焊接规范、预热及层温控制等参数均应符合焊接工艺评定的要求。焊接完成后，对焊口进行100%无损检测，确保焊接质量。

接口防腐：钢管接口采用内、外防腐措施。钢管两端内外壁100mm范围内暂不防腐。在管道现场焊接完毕、试压合格并按要求覆土夯实之后再进行钢管内部人工防腐。管道现场焊接完毕、试压合格后进行接口处的外防腐。

水压试验：输水管道安装完毕后，应对管道试压，试压应分段进行，每段长度不超过1km，试验压力按设计要求，在规定的时间内压力降符合规定要求，水压试验合格后方可进行回填。

对于施工现场长时间堆放的钢管，应保证钢管距离地面一定高度，避免与吸水性强、有腐蚀性的介质或材料直接接触，堆放场地应有良好的排水措施，堆放层数不宜过多。对于存放时间超过6个月的钢管，应避免直接在露天环境中存储，尤其是防腐钢管，应采取措施对防腐层进行防护。

第4章 铸 铁 管

铸铁主要是由铁、碳和硅组成的合金的总称，铸铁可分为灰口铸铁、白口铸铁、可锻铸铁、球墨铸铁、蠕墨铸铁和合金铸铁等。铸铁管具有强度高、耐腐蚀性好、使用寿命长等特点，特别是球墨铸铁管还具有良好的机械特性，被广泛用于市政给水排水工程中。

21世纪初，随着污染加剧、温室气体排放的增加，以及世界各国对环境保护的重视，球墨铸铁管迎来了新的发展挑战。其发展趋势是用更少的矿石原料和能源，更可靠的防腐方案，更有效的埋设技术为给水排水领域提供服务。

4.1 铸铁管的发展历程

4.1.1 铸铁管

给水排水管道的发展一直伴随着人类文明史的发展，从古巴比伦陶土管，到古希腊地下隧道，到罗马帝国的导水系统，到法兰西凡尔赛宫铸铁管线，再到今天的种类繁多的各种管道，人类一直在寻求经济、可靠、长久的管材，铸铁管的出现无疑是这项浩大工程的里程碑事件。

我国对铸铁管的使用较早，可以追溯到明朝，在南京等地陆续发现明朝期间埋设的铸铁管道。有文献记载，在1865~1940年期间我国约进口2.4万t铸铁管，在武汉等地已经发现了超过百岁的铸铁管道（图4-1）。位于武汉市汉口中山大道六渡桥一段供水铸铁管道，它始建于清朝光绪三十四年（1908年），宣统元年（1909年）通水，这段直径500mm、长约200m的管道运行106年后为了配合地铁建设于2015年被拆除改建（图4-1）。

图4-1 2015年武汉出土的"106岁铸铁管"

当时的铸铁管由于铸造技术限制和缺少有效的防腐技术，管道壁厚超厚，管道长度短，大都采用刚性接口（类似法兰）连接，密封垫多用软质金属片（例如铝等）。这些因素导致了其造价高，不经济。

自从 1738 年取代木炭而使用焦炭，能廉价地精炼生铁以来，铸铁管的使用逐渐扩大起来，但初期铸铁管采用的是铅密封垫圈的法兰接口型式。最初的铸铁管是用含水较多的砂子制作铸型，采用水平卧式工艺进行铸造。这种方法在当时是唯一的制造铸铁管的方法，已经持续使用了 300 多年。

1785 年，英国伦敦切尔西（Chelsea）自来水公司的技师托马斯·辛普森设计出了承插式的接口连接方式，使用铅和黄麻作为密封材料，经过埋设试验，验证结果获得巨大成功。从那时起，承插式连接的铸铁管逐步得到广泛的应用，即使在今天，绝大多数铸铁管仍在采用这种承插式接口。

随着铸铁管的长度逐渐增长（即 3 英尺—6 英尺—9 英尺—12 英尺—16 英尺），铸造方法由水平卧式变成倾斜式，最后变成垂直式，即立式铸造法。最早用立式铸造法生产铸铁管是 1846 年英国的曼特罗斯林克涛造厂（Mantrose a LinksFoundry）。这种方法逐渐取代了卧式铸造法，能够铸造长度 9 英尺以上的铸铁管。立式铸造法在 1920 年以前是生产铸铁管的主要的铸造方法。

随着技术的发展，铸铁管的制造水平有了大幅提升，到 1922 年，铸铁管的制造方法发生了革命性的变化，发展出了与早期卧式铸造或立式铸造根本不同的卧式离心铸造工艺，并达到了实用化程度。也是在这一年，美国铸铁管公司开始采用砂型离心铸造法生产铸铁管。1933 年，美国铸管铸造公司采用金属型离心铸造法制造铸铁管，达到生产实用化。随即，这种卧式离心铸造工艺在世界范围内展开了大规模的应用。

4.1.2 球墨铸铁管

铸铁的机械性能和金相组织有着密切关系。因为组织大体由基体和石墨组成，所以提高机械性能是从改善其基体组织和改善石墨的形状、分布等方面着手的：首先为了改善基体组织，出现了珠光体铸铁，黑心可锻铸铁，并被广泛使用；另外，为了改善石墨的形状、分布，科研人员先使石墨成为块状，逐渐研究成细化石墨，最终使石墨成为球状。

1947 年英国人摩罗和格兰特首先使用 Ni-C、Co-C 系合金成功地使石墨球化，1948 年用铈处理铁水，使铸铁中的石墨球化获得成功。几乎在同一时间，美国的盖格纳宾等人用镁处理铁水，采取孕育，使石墨球化获得成功。由于镁在工业中容易获得，使用镁制造球铁的方法得到迅速发展，并广泛应用。

球墨铸铁一出现，就迅速地应用到铸铁管生产中。球墨铸铁管不仅很好地继承了灰铸铁原有的耐腐蚀性，同时还大大提高其强度和韧性，满足了压力管道输送要求。灰铸铁管与球墨铸铁管的材料力学性能对比及实验对比见表 4-1，可以看出球墨铸铁相对于灰铸铁，在抗拉强度、抗弯强度、延伸率等方面已经有了一个质的飞跃；在外部荷载作用（如土荷载）下，球墨铸铁管壁可以挠曲变形（图 4-2），与沟槽回填土形成"管土共同作用共同体"，大大地提高了管道的抗外压能力。

灰铸铁管与球墨铸铁管的力学性能对比　　　　　　　　表 4-1

性能指标	灰铸铁管	球墨铸铁管
抗拉强度（MPa）	$150 \sim 260$	$\geqslant 420$
抗弯强度（MPa）	$200 \sim 360$	$\geqslant 500$
延伸率（%）	0	$DN80 \sim DN1000 \geqslant 10$ $DN1100 \sim DN2600 \geqslant 7$
弹性模量（N/mm²）	11×10^4	17×10^4
硬度（HB）	$\leqslant 230$	$\leqslant 230$

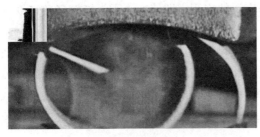

（a）灰铸铁管壁脆裂　　　　　　　　（b）球墨铸铁管壁挠曲变形

图 4-2　外部荷载作用下的灰铸铁管和球墨铸铁管

随着技术的发展，人们对离心球墨铸铁管道进行了优化壁厚、提高效率和降低成本等研究，进一步促进了球墨铸铁管的推广。如 1957 年前后喷锌防腐技术得到应用，使得在保证管道防腐效果、使用寿命的前提下，大幅度减薄壁厚成为可能。

球墨铸铁管发展到今天，已经成为一种机械性能良好、防腐效果突出、经济可行的给水排水领域的优秀管材。随着球墨铸铁管内外防腐涂层的应用，密封胶圈的发展、应用，接口性能的提高，球墨铸铁管的适用范围越来越广，很好地适应了原水、饮用水、生活污水、工业废水等介质的输送要求，黏土、黄土、红壤土、潮土、灰漠土、盐渍土等埋设环境的腐蚀要求。

我国离心球墨铸铁管工业起步较晚，从 20 世纪 80 年代末才开始球墨铸铁管的发展，在广大技术人员和国内水协会、设计院、水利部门的大力支持下，经过 30 年的发展，已经逐步成为世界范围内球墨铸铁管生产、研发、销售和服务的主力军，有部分企业已经进入世界球墨铸铁管厂商的第一方阵，获得世界球墨铸铁管市场的认可和尊重。例如，新兴铸管股份有限公司生产的 $DN2600 \times 8150mm$ 球墨铸铁管，是目前世界上口径最大、长度最长的离心球墨铸铁管，其生产制造技术已经达到了世界先进水平；为进一步提高水利工程中超大口径规格管材质量，新兴铸管股份公司正在研发 $DN3000$ 球墨铸铁管，相信很快就会推向市场，届时一定会在世界球墨铸铁管行业中引起巨大的反响。

从 20 世纪 50 年代起，发达国家用了 30 年时间，实现了球墨铸铁管的使用率达到 95% 以上。我国近三年的铸铁管道的平均年产量已经达到了 900 万 t（数据来源：中铸协铸管及管件分会第五届理事会工作报告），其中球墨铸铁管及管件 750 万 t，灰铁管 75 万 t，可锻铸铁件 75 万 t。

目前，球墨铸铁管已经成为国内输水、给水系统的首选管材，也是污水、排水系统的主流管材。在给水排水领域，球墨铸铁管的市场份额逐年快速上升，根据历年中国城镇供水排水协会发布的《城镇供水年鉴》，从2002～2016年这短短的15年间，球墨铸铁管的实际铺设长度和市场占有率发生了跨越式的发展变化，实际铺设长度从2002年的14225km发展到2016年的145865km，市场占有率从2002年的18.2%发展至34.5%。

4.2 生 产 工 艺

球墨铸铁管的生产工艺如图4-3所示：

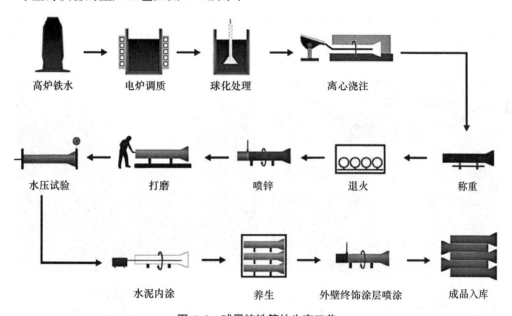

图4-3 球墨铸铁管的生产工艺

高质量的球墨铸铁管是采用离心铸造工艺生产的，而采用砂型铸造或拉管法是很难保证球墨铸铁管质量的。在离心力（一般为40～50g）的作用下，铁水中的杂质及气体得到充分的排除，使管壁十分密实，可以最大限度地减薄壁厚，节约材料。这是传统铸造工艺无法实现的。球墨铸铁管伸长率的高低取决于两个因素：一是铁基体中石墨的球化率和大小；二是球化后铁的金相组织，即铁素体、珠光体、渗碳体的比例。实践证明，铁水球化处理后，必须消除渗碳体，才能保证铸管有较好的伸长率。当珠光体的比例控制在10%～15%时，球墨铸铁管的伸长率可超过10%，最高可达20%以上；当珠光体的比例控制在15%～25%时，球墨铸铁管的伸长率可超过7%，最高可达15%。铸态球墨铸铁管如果不采取退火处理的措施，伸长率是很难保证达到标准的。

离心铸造工艺有两种方法：一是水冷法，二是热模法。热模法根据管模内所使用的保护材料不同，又分为树脂砂法和涂料法。树脂砂法所生产的铸管，表面质量较差，所以常采用涂料法生产。水冷法可用于DN80～DN1400铸管的生产，外观质量很好，生产率较高。热模法常用于DN1000以上大口径铸管的生产。

水冷法生产的铸管，由于铁水在管模内急剧冷却，容易形成渗碳体，所以要通过高温（＞920℃）退火处理。而热模法由于铁水在管模内冷却速度缓慢，凝固过程中渗碳体很少产生，因此退火处理的温度较低（＞720℃）。

离心球墨铸铁管的质量要求很高。首先要求生铁的有害元素较少，其中硫的含量小于0.025%，磷的含量小于0.04%，超过了国家一级生铁的标准，所以在高炉和冲天炉熔炼过程中要对硫、磷等元素进行有效控制。

（1）铁水制备

铁水制备主要包括高炉进铁、电炉调质、喷镁球化三个过程（图4-4）。本流程采用优质高炉铁水，加入废钢等辅料经熔炼除渣、温度和成分调整合格后，出炉进行球化处理；球化方式采用颗粒镁氮气喷吹法，主要目的是改变铁水金相组织，使石墨由片状转化为球状，同时利用镁活泼的化学性质，与在铁水中的硫、氧等有害元素结合，形成低密度、高熔点MgO、MgS等化合物，漂浮到铁水表面被拔渣除掉，达到净化铁水的目的。

图4-4　铁水制备

喷镁法氮气喷吹球化工艺是新兴铸管股份有限公司率先研发的一种球化生产工艺，具备生产效率高、成本低的优势，已逐渐取代传统粗放型的冲入法和喂丝法球化工艺。喷镁法球化工艺的球化剂为钝化镁粒，具有深度脱硫能力，可直接处理高硫铁水，铁水球化后残余硫含量0.010%左右；本工艺通过高压喷枪将金属镁粒喷入铁水底部，剧烈反应产生大量气体有较强的搅拌作用，可以达到促进铁液反应速度和提高球化质量均匀性、稳定性的效果，同时也减少了温度损耗。喷镁法球化工艺将脱硫与球化合二为一，简化了工艺流程，提高了生产效率，球化效果稳定，铁液杂质含量少，具备国际先进水平。

（2）离心浇注

球化处理合格的铁液经球化包运输至高速旋转的离心机，通过可移动的溜槽将铁液均匀布置在离心机管模内部，通过控制布料溜槽的行进速度、管模自动旋转速度和扇形包倾翻程度，分段孕育控制，最终得到壁厚均匀、金相组织稳定的离心球墨铸铁管（图4-5）。

图4-5 离心浇注

（3）热处理（退火）

热处理采用单体式退火工艺，离心铸造出的管子在700℃以上的温度入退火炉，利用管子的余热，使用焦炉煤气作为燃料，对管材进行退火处理，调整金相组织，同时消除铸造应力。退火炉炉体内设有热电偶，可实现退火温度的实时监控，并通过调节焦炉煤气流量来实现退火温度的调节，保证退火质量（图4-6）。

图4-6 热处理（退火）

（4）精整（打磨）

管道退火完成后进入精磨、切环、倒角工序，即使用精磨机对承插口工作面进行打磨，消除粗糙表面，同时使用切环机在插口进行切环，用以进行金相和性能检验，保证铸管内在质量；随后使用倒角机对插口进行倒角和外壁打磨，方便产品安装。

（5）喷锌

承插口打磨后，使用纯度为99.99%以上的锌丝，对管身和承口作喷锌处理，可有效提高管道的防腐能力，进一步延长管道的使用寿命。可通过调整管道转速来控制锌层厚度，满足不同类型管道的防腐要求（图4-7）。

图 4-7 喷锌

（6）工厂水压试验

离心球墨铸铁管喷锌完成后逐支进行水压试验，其中压力分级管的工厂水压试验压力不低于管的压力等级，但高于首选压力等级的压力分级管可以按照首选压力等级进行水压试验；壁厚分级管的工厂水压试验压力见表 4-2。水压试验周期总计持续时间不少于 15s，包括试验压力下的 10s。压力试验后经外观检查，应无可见渗漏。

水压试验过程中实行水压自动检测，自动保压，并采用水压机打压数据实时采集系统，随时监控水压试验情况，检测球墨铸铁管的承压能力和管体缺陷。

壁厚分级管的工厂水压试验   表 4-2

DN	最小试验压力（MPa）	
	壁厚级别系数 $K < 9$	壁厚级别系数 $K \geqslant 9$
$80 \sim 300$	$0.05(K+1)^2$	5.0
$350 \sim 600$	$0.05K^2$	4.0
$700 \sim 1000$	$0.05(K-1)^2$	3.2
$1100 \sim 2000$	$0.05(K-2)^2$	2.5
$2200 \sim 3000$	$0.05(K-3)^2$	1.8

（7）涂覆水泥砂浆内衬

球墨铸铁管内衬水泥砂浆的涂覆工艺基本都采用高速离心工艺。传统内衬离心工艺的涂衬机一般采用两组挂胶轮形式，两组挂胶轮设定合适的包角来适应不同规格的管道，管道自重和挂胶轮片上橡胶的弹性可以一定程度上抵消部分因管子椭圆、弯曲造成的旋转不平稳，但如果管道椭圆度增加或平直度降低，转速达不到工艺要求的离心力，内衬质量会明显变差，无法满足产品要求。

鉴于传统挂胶轮离心工艺的局限性，国内一些大型球墨铸铁管生产企业开始逐步采用吊挂离心旋转式内衬涂覆工艺。该工艺采用吊挂皮带实现管道高速旋转，同时布料小车沿管道轴线方向均匀移动，通过控制吊挂皮带运动速度和布料小车前进速度来达到控制水泥砂浆内衬厚度和均匀性。吊挂离心旋转式内衬涂覆装备还具有自动化程度高、整体布局结构紧凑、运转平稳可靠、水泥衬层速率高、操作简便易行、水泥内衬表面平滑光泽、与铸管本体附着力高等特点，有效地解决了大口径管道椭圆度对内衬质量造成的不利影响（图 4-8）。

图4-8 涂覆水泥砂浆内衬

（8）终饰层喷涂及管身编码喷印

水泥砂浆内衬涂覆后，管道首先进入加热炉预热，使管温达到终饰层喷涂要求，随后使用喷涂机进行终饰层的喷涂；喷涂完成后管子进入固化炉进行固化、干燥，以保证喷涂后终饰层外观质量。固化完成后，采用自动喷号机进行管身编码喷印，实现管道生产质量追溯管理（图4-9）。

图4-9 终饰层喷涂及管身编码喷印

4.3 球墨铸铁管技术要求

目前，国内企业均按照《水及燃气用球墨铸铁管、管件和附件》GB/T 13295—2019和《污水用球墨铸铁管、管件和附件》GB/T 26081—2022中的相关要求来生产球墨铸铁管。

4.3.1 规格范围

根据球墨铸铁管产品标准规定，管和管件公称直径可分为：DN40、DN50、DN60、DN65、DN80、DN100、DN125、DN150、DN200、DN250、DN300、DN350、DN400、DN450、DN500、DN600、DN700、DN800、DN900、DN1000、DN1100、DN1200、DN1400、DN1500、DN1600、DN1800、DN2000、DN2200、DN2400、DN2600、DN2800、DN3000，共计32种。除上述规格外，其他规格均属于非标规格。

球墨铸铁管的规格范围涵盖DN80～DN3000，燃气用管的公称直径不大于DN700。DN40、DN50、DN60、DN65四种规格主要针对球墨铸铁管件（如承插单支盘三通的支管等），目的是方便小规格排气阀等部件直接安装在球墨铸铁管件上。

4.3.2　壁厚分级方式

根据产品标准，球墨铸铁管的壁厚主要有两种分级方式：一种是依据壁厚进行分级，称为壁厚分级管，简称 K 级管；另一种是依据允许工作压力进行分级，称为压力分级管，简称 C 级管。

K 级和 C 级仅仅只是球墨铸铁管的两种不同的分级方法，没有孰优孰劣。在球墨铸铁管刚问世之时，为了方便制造商的生产及质量控制，当时的产品标准中仅仅提供了一个壁厚系数 K，根据壁厚系数 K 可以很方便地计算出管道的壁厚数值，但客户关心的管道的允许承压能力却仍然需要一个复杂的公式计算；为了解决这一问题，2013 年颁布的球墨铸铁管国家标准中，首次引入了 C 级管的概念，壁厚也可根据允许工作压力进行分级，大大地方便了设计、施工人员进行选用。

对于任何一种管道来说，壁厚设计计算方法都是非常重要的。下面本节将分别介绍 K 级管和 C 级管公称壁厚和最小壁厚的设计计算方法（公称壁厚：球墨铸铁管身壁厚的设计、制造平均值；最小壁厚：球墨铸铁管身某一点的最薄厚度，等于公称壁厚减去制造公差）。

4.3.3　K 级管

K 级管的公称壁厚 e_{nom} 是壁厚系数 K 和管道规格 DN 的函数值，可按照公式 4-1 计算：

$$e_{nom} = K \times (0.5 + 0.001DN) \tag{4-1}$$

式中：e_{nom}——公称壁厚（mm）；

$\quad DN$——公称直径（mm）；

$\quad K$——壁厚级别系数，取……9、10、11、12、……

管按壁厚分级时，常用壁厚级别包括 K8 级、K9 级、K10 级，其他壁厚级别还包括 K7 级、K11 级、K12 级等。

根据球墨铸铁管及管件是否采用离心铸造生产工艺，K 级球墨铸铁管及管件的壁厚制造公差符合表 4-3 的规定。

管标准壁厚的允许偏差　单位：mm　　　　　　　　表 4-3

铸件类型	公称壁厚 e_{nom}	制造公差
离心铸造管	6	−1.3
	＞6	−(1.3 + 0.001DN)
非离心铸造管及管件	7	−2.3
	＞7	−(2.3 + 0.001DN)

4.3.4　C 级管

采用允许工作压力进行分级时，球墨铸铁管级别由 10 倍的允许工作压力 PFA（单位为 MPa）前面加上字母 C 表示，例如允许工作压力 PFA 为 2.5MPa 的球墨铸铁管的级别应表示为 C25。

C 级管的最小壁厚 e_{min} 可按照式（4-2）计算，e_{min} 通常不小于 3mm。

$$e_{min} = \frac{SF \times PFA \times DE}{2 \times R_m + SF \times PFA} \qquad (4-2)$$

式中：PFA——管的允许工作压力（MPa）；

　　　DE——插口外径（mm）；

　　　SF——安全系数，取 3；

　　　R_m——球墨铸铁允许最小抗拉强度（MPa），取 420MPa。

只有离心铸造的球墨铸铁管才可以采用允许压力 C 进行分级，非离心铸造的球墨铸铁管和管件只能采用壁厚系数 K 进行分级。上文已经提到，离心铸造的球墨铸铁管的制造公差为（1.3 + 0.001DN），因此 C 级管的公称壁厚 e_{nom} 可按照式（4-3）计算。

$$e_{nom} = e_{min} + (1.3 + 0.001 \times DN) \qquad (4-3)$$

常用的压力等级包括 C25、C30、C40，其他压力等级还包括 C50、C64、C100。一般情况下，C 级管的首选压力等级可按照表 4-4 进行选取。（首选压力等级，也就是球墨铸铁管制造商推荐的管道分级）

各规格范围适用的首选压力等级　　　　　　　　　　表 4-4

规格范围	首选压力等级
80 ≤ DN ≤ 300	C40
300 < DN ≤ 600	C30
600 < DN ≤ 2600	C25

4.4 球墨铸铁管的性能

4.4.1 化学成分

球墨铸铁管及管件的化学成分中主要元素有碳、硅、锰、磷、硫和镁。根据离心浇铸工艺和退火工艺的不同，铁水成分也不尽相同，如表 4-5 所示。

不同离心浇注工艺、退火工艺条件下的铁水成分（%）　　　　表 4-5

离心工艺	退火工艺	C	Si	Mn	P	S	Mg
水冷金属型	高温退火	3.2 ~ 3.5	2.4 ~ 2.6	≤ 0.4	≤ 0.08	≤ 0.02	≥ 0.035
水冷金属型	低温退火	3.3 ~ 3.7	1.8 ~ 2.5	≤ 0.4	≤ 0.07	≤ 0.02	≥ 0.050
热模树脂砂法	低温退火	3.2 ~ 3.5	2.0 ~ 2.2	≤ 0.4	≤ 0.07	≤ 0.02	≥ 0.050

4.4.2 金相组织

球墨铸铁管的金相组织如图 4-10 所示，在铁素体和珠光体基体上分布有一定数量的球状石墨，根据公称口径及对伸长率的要求不同，基体组织中铁素体和珠光体的比例有所不同，小口径球墨铸铁管珠光体比例相对应少一些，一般不大于 20%；大口径球墨铸铁管珠光体比例多一些，一般可控制在 25% 左右。石墨的圆整度应达到《球墨铸铁金相检验》GB/T 9441—2021 规定的 1～3 级，石墨大小应达到 GB/T 9441—2021 规定的 6～8 级。

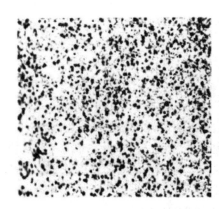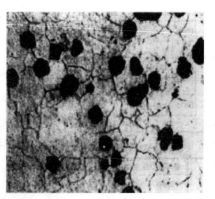

图 4-10 球墨铸铁金相组织

4.4.3 机械性能

经过对灰铸铁中的石墨进行球化，克服了灰铸铁的脆性劣势，大幅度提高了铸铁的延展性，抗拉强度、延伸率等机械性能指标已经接近普通碳钢的水平，可以说球化后的球墨铸铁具有高强度、高伸长率，且硬度低，方便机械加工的特性，属于"铁的本质，钢的性能"。

4.4.4 力学性能

《水及燃气用球墨铸铁管、管件和附件》GB/T 13295—2013 中明确给出了球墨铸铁管、管件、附件的材料力学性能，见表 4-6。

球墨铸铁管、管件、附件的力学性能   表 4-6

铸件类型	最小抗拉强度 R_m（MPa）	最小屈服强度 $R_{p0.2}$（MPa）				最小断后伸长率 A（%）	
		$DN40 \sim DN1000$		$DN1100 \sim DN3000$		$DN40 \sim DN1000$	$DN1100 \sim DN3000$
	$DN40 \sim DN3000$	$A \geqslant 12\%$	$A < 12\%$	$A \geqslant 10\%$	$A < 10\%$		
离心铸造管	420	270	300	270	300	10	7
非离心铸造管、管件、附件	420	270	300	270	300	5	5

该标准还规定，公称直径 $DN40 \sim DN1000$ 离心铸造管 C 级管设计最小壁厚不小于 10mm 时或公称直径 $DN40 \sim DN1000$ 离心铸造管 K 级管的壁厚级别超过 K12 时，最小断后伸长率不低于为 7%。离心铸铁管的布氏硬度应不超过 230HBW，非离心铸铁管、管件和附件的布氏硬度应不超过 250HBW。焊接制造部件的焊接热影响区的布氏硬度可大于上述规定。

4.4.5 管体强度

衡量管体强度的主要指标是铸管的承压能力。球墨铸铁管的水压试验是对管体强度的一种检验方法，但它不是铸管所能承受的正常运行压力。

球墨铸铁管行业内，衡量管体强度的主要有三个指标：

PFA：部件可长时间安全承受的最大内部压力，不包括冲击压；

PMA：部件在使用中可安全承受的最大内部压力，包括冲击压；

PEA：新近安装在地面上或敷设在地下的部件在相对短时间内可承受的最大内部压力，用以检测管线的完整性和密封性（注：该试验压力与给水排水工程中管道水压试验压力不同，但同管线的设计压力有关）。

球墨铸铁管的允许工作压力 *PFA* 可由式（4-4）计算：

$$PFA = \frac{2 \times e_{min} \times R_m}{D \times SF} \tag{4-4}$$

式中：*PFA*——允许工作压力，单位为兆帕（MPa）；

　　e_{min}——球墨铸铁管最小壁厚，单位为毫米（mm）；

　　D——球墨铸铁管平均直径（$DE-e_{min}$），单位为毫米（mm）；

　　DE——管的公称外径，单位为毫米（mm）；

　　R_m——球墨铸铁管的最小抗拉强度（$R_m = 420$MPa），单位为兆帕（MPa）；

　　SF——安全系数，取 3。

最大允许工作压力 *PMA* 与 *PFA* 的计算公式相同，但取 *SF* = 2.5，因此得出：*PMA* = 1.2*PFA*，现场允许试验压力 *PEA* 一般情况下为 *PMA* + 0.5MPa。

这些压力值表明离心球墨铸铁管具有较高的管体强度，但作为一条管线的承压能力要受到其他部分低承受压力的限制，如管件、法兰等。

4.4.6 管的径向刚度

球墨铸铁管具有较大的径向刚度，能抵抗较大的外部荷载而不产生变形，从而避免外部荷载作用下管道环向变形过大引起的管壁破损、内衬脱落、密封失效等问题。

管的径向刚度 *S* 可由下式（4-5）计算出：

$$S = 1000 \frac{E \times I}{D^3} = 1000 \frac{E}{12} (e_{stiff}/D)^3 \tag{4-5}$$

式中：*S*——径向刚度，单位为千牛每平方米（kN/m²）；

　　E——材料弹性模量（$E = 170000$N/m²），单位为牛每平方米（N/m²）；

　　I——每单位长度管壁纵向截面的截面惯性矩，单位为立方毫米（mm³）；

　　e_{stiff}——管的最小壁厚（e_{min}）加上 1/2 公差，单位为毫米（mm）；

　　D——管的平均直径（$DE-e_{stiff}$），单位为毫米（mm）；

　　DE——管的公称外径，单位为毫米（mm）。

4.4.7 管的最大允许径向变形 $\varDelta_{max}$

受限于材料屈服弯曲强度，球墨铸铁管的最大允许径向变形 $\varDelta_{max}$ 可由式（4-6）进行计算：

$$\varDelta_{max} = 100 \frac{R_f (DE - e_{nom})}{SF \times E \times e_{nom} \times DF} \tag{4-6}$$

式中：R_f——管壁材料的屈服弯曲强度（MPa），球墨铸铁的 $R_f = 500$MPa；

　　e_{nom}——公称壁厚（mm）；

　　SF——安全系数，取 1.5；

　　E——管壁材料的弹性模量（MPa），球墨铸铁 $E = 170000$MPa；

DF——变形附加系数，取 3.5。

考虑到承插口密封配合公差和内衬抵抗变形能力，水泥砂浆内衬球墨铸铁管 $\varDelta_{max}$ 通常控制在 3% 以内，柔性内衬（如环氧类内衬、聚氨酯内衬）$\varDelta_{max}$ 通常控制在 4% 以内。

4.4.8 耐腐蚀性能

球墨铸铁管虽然在我国使用时间较短，不足 40 年，但是在国外已有 70 多年的使用历史，其耐腐蚀性能优于钢管，与普通灰铸铁管不相上下已得到广泛的认同。球墨铸铁管的耐腐蚀性能体现在耐化学腐蚀性能和耐电化学腐蚀性能。

（1）耐化学腐蚀性能

日本久保田铁工株式协会在这方面做过大量的试验，下面列举一些试验结果（表 4-7～表 4-11），通过比较来证明球墨铸铁管具有良好的耐腐蚀性。

不同管道在自来水水流腐蚀中的试验结果　　　　表 4-7

试验管道	腐蚀量 /mg·(dm² · 天)⁻¹	
	45 天后腐蚀	90 天后腐蚀
球墨铸铁管	0.389	0.583
普通铸铁管	0.389	0.667
焊接钢管	1.905	2.566

注：用喷枪将自来水雾化，喷洒 10h，停止 14h，反复进行干湿试验。

不同管道浸入自来水中的试验结果　　　　表 4-8

试验用管	腐蚀量 /mg·(dm² · 天)⁻¹
球墨铸铁管	32.4
普通铸铁管	34.9

注：吹入空气，加热 90～95℃ 40h，总浸入时间为 196h。

不同管道浸入蒸馏水中的试验结果　　　　表 4-9

试验用管	腐蚀量 /mg·(dm² · 天)⁻¹	
	浸入水中静止 380 天	浸入水中 380 天吹压缩空气
球墨铸铁管	6.1	19.1
普通铸铁管	6.2	19.3
钢管	7.5	24.5

不同管道浸入到海水中的试验结果　　　　表 4-10

试验用管	不同浸入试验结果					
	mg·(dm² · 天)⁻¹			mm · a⁻¹		
浸入时间	90 天	180 天	360 天	90 天	180 天	360 天
球墨铸铁管	24.0	16.1	13.2	0.122	0.081	0.066
普通铸铁管	24.9	16.4	14.5	0.127	0.083	0.073
钢管	30.2	20.7	27.3	0.140	0.097	0.130

注：浸入海水中，加机械搅拌。

实验管道浸入盐水中的试验结果	表 4-11
试验用管	腐蚀量 /mg·(dm² · 天)⁻¹
球墨铸铁管	22.1
普通铸铁管	36.2

注：在 3% 的盐水中浸入 165h。

（2）耐电化学腐蚀性能

① 电化学腐蚀的一般原理

一般埋于地下的金属导体都能测定出一定容量的电流，由这种电流而引起的金属体腐蚀现象称为电解腐蚀，简称电化学腐蚀或电蚀。这种电腐蚀主要是由电动机车钢轨产生泄漏电流引起的。

② 球墨铸铁管的耐电化学腐蚀性

球墨铸铁材料由于电阻较大，通常不易产生电化学腐蚀。球墨铸铁和钢的电阻值如表 4-12 所示。

球墨铸铁和钢的电阻值	表 4-12
材料	电阻值 /Ω
球墨铸铁	50～70
钢	10～20

由于球墨铸铁管的承插接口处都使用橡胶圈来密封，整条管线不会形成长距离导电体，具有较好的耐电化学腐蚀性。在一些特殊条件下的电化学腐蚀较强的工况环境，使用聚乙烯套保护就可以起到一定的隔离作用，也不需要做阴极防护，而且从实际工程经验来看，聚乙烯套保护比做阴极防护的效果更好。

4.5 球墨铸铁管防腐涂层

4.5.1 外防腐涂层

根据输水管线沿线土壤和地下水对管道的腐蚀性程度，通常可以将管道埋设环境分为一般腐蚀性、较强腐蚀性、强腐蚀性，管线设计时可分别对应采用球墨铸铁管标准级、加强级、重防腐级外防腐涂层。不同级别外防腐涂层及适用环境见表 4-13。

球墨铸铁管外防腐涂层及适用范围		表 4-13
外防腐级别	适用范围	外防腐涂层
标准级	一般腐蚀环境	锌层＋终饰防腐层
		加厚锌层＋合成树脂终饰层
加强级	较强腐蚀环境	标准防腐层＋聚乙烯膜
		锌铝稀土合金＋环氧树脂涂层
重防腐级	强腐蚀环境	聚氨酯涂层
		环氧树脂涂层

（1）锌（加厚锌）层＋合成树脂终饰层

锌层外防护已经在世界范围内被证明为最有效的防腐措施之一，可以有效地延长管道的使用寿命。球墨铸铁管的标准防腐涂层包含金属锌层，锌层表面喷涂一层平均厚度至少为 70μm 的多孔性结构的合成树脂终饰层，如图 4-11 所示。

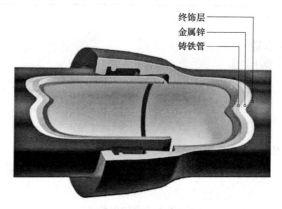

终饰层
金属锌
铸铁管

图 4-11 锌（金属锌）层＋合成树脂终饰层

① 防腐机理

a. 主动防腐。

牺牲锌阳极，保护球铁阴极的主动防腐特性。

b. 形成稳定的保护层。

在与环境土壤接触过程中，金属锌缓慢腐蚀生成产物为难以溶解的锌盐，紧紧地黏附在管壁上，形成一层致密连续的、难以溶解、难以渗透的保护膜。涂敷在锌层之上的多孔终饰涂层也具有极其重要的作用，利于阴极保护和自愈合，也利于锌转化产物形成稳定的、不溶性致密的保护膜。锌＋终饰层的防腐能力还反映在两者相互间的作用上，锌与铸铁之间以及锌与终饰层之间具有很好的附着性，给管道与外界筑起了一道完整的保护屏障，并预防防腐失效。防腐涂层结构如图 4-12 所示。

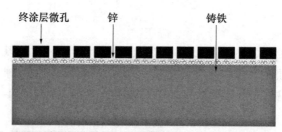

终涂层微孔　　　锌　　　　铸铁

图 4-12 锌层＋合成树脂终饰层的多孔性结构示意图

c. 锌层损伤的自我愈合：

在管道运输或安装过程中，不可避免会发生局部损伤。锌在原电池的作用下迅速转变成锌离子。锌离子通过终饰层的孔隙迁移并覆盖损伤部位，形成稳定的、不可溶解的保护层，如图 4-13 所示。

② 应用领域

此类涂层适用于大多数的一般腐蚀性土壤环境。

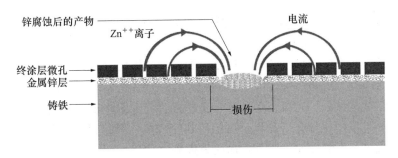

图 4-13　锌层损伤自我愈合示意图

（2）锌铝稀土合金＋环氧树脂涂层

在球墨铸铁管表面采用电弧喷涂锌铝稀土三元合金（即在 85Zn15Al 中加入微量稀土元素），单位面积涂层质量不低于 $400g/m^2$，并在合金涂层之上喷涂环氧树脂密封涂层（最小厚度不小于 $100\mu m$）组成的防腐涂层，该涂层结构如图 4-14 所示。

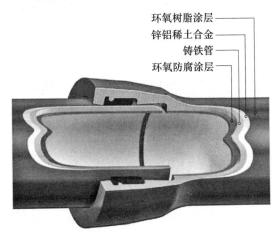

图 4-14　锌铝稀土合金＋蓝色环氧树脂涂层结构示意图

① 防腐机理

a. 主动防腐

像纯锌一样，锌铝稀土合金防腐涂层也是一种主动防腐涂层。

b. 形成稳定的保护层

像锌层一样，在球铁管壁上形成一层致密连续的、难以溶解、难以渗透的保护膜。但合金中的铝具有钝化作用，即使在高腐蚀性的土壤中，也可以降低锌的消耗率；少量稀土元素（Re）的加入，能净化涂层组织，使涂层腐蚀过程中的表面活性点减少，还可以细化晶粒，降低涂层孔隙率，使涂层组织致密，进而减少了腐蚀通道，如图 4-15 所示。

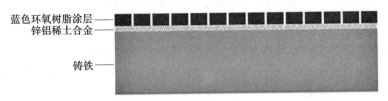

图 4-15　锌铝稀土合金＋蓝色环氧树脂涂层多孔性结构示意图

c. 锌铝稀土合金涂层与纯锌一样具有损伤的自我愈合特性。

② 锌铝稀土合金涂层的优势

由于稀土的加入，锌铝稀土合金涂层相比锌铝合金涂层具有如下优势：

a. 强化作用

稀土的化学活泼性强，它可与 Zn-Al 合金中的许多元素形成金属间化合物，这些金属间化合物硬度高且呈网状分布于晶界，可阻碍蠕变滑移，因而起到了强化的作用，从而改善合金涂层的硬度和耐磨性能，使其寿命明显提高。

b. 细化作用

在涂层凝固过程中，稀土元素能降低镀液的表面张力，使结晶核心增加进而使晶粒细化，这种细小的共晶组织能阻止裂纹的扩展，使组织均匀，消除镀层表面裸露点。这是稀土能提高涂层塑性和韧性的重要机理，也是稀土合金涂层特有的性能。

c. 耐腐蚀性

由于 Re 元素能细化涂层的微观结构，减少喷涂层的孔隙率，同时对 Zn-Al 合金涂层具有一定的强化作用，因此少量 Re 元素的加入能进一步提高 Zn-Al 合金涂层的耐蚀性能。

③ 适用领域

该防腐涂层属于加强级防腐涂层，适用于较高腐蚀性土壤中，即低电阻率土壤，受地下水影响的土壤，但不包括酸性泥炭土壤，含有垃圾、氧化皮、矿渣或是被废水、工业废液污染过的土壤，位于海平面以下且电阻率低于 $500\Omega \cdot cm$ 的土壤，有杂散电流存在的土壤。

（3）聚乙烯保护套

聚乙烯保护套是施工时在管道外壁套上（或包上）的，由聚乙烯或聚乙烯和/或乙烯和烯烃共聚物的混合物制成的 0.2mm 聚乙烯保护套（膜）。球墨铸铁管道外包覆聚乙烯套，见图 4-16。

图 4-16 球墨铸铁管道外包覆聚乙烯套

① 防腐机理

标准外防腐涂层外覆聚乙烯保护套（膜），其防腐机理有两点：

a. 聚乙烯套（膜）可以阻止球墨铸铁管与土壤的直接接触，抑制电化学电池的产生，并且具有隔绝杂散电流的作用；

b. 聚乙烯套（膜）可以通过防止管道周围的地下水、空气的频繁出入、交换来达到弱化腐蚀环境的作用，可以将高腐蚀性非均质的土壤环境改变为弱腐蚀性的均质腐蚀环境。

② 使用领域

聚乙烯套适用于某些较强腐蚀性或有杂散电流存在的土壤环境。可在较高腐蚀性土壤中使用聚乙烯保护套，例如低的土壤电阻率（高腐蚀性迹象）土壤环境，含有杂散电流地区，具有较高氯含量或者硫含量或细菌活跃的地区。

（4）聚氨酯涂层

聚氨酯涂层是采用双组分、无溶剂、100%固含量的聚氨酯材料喷涂于球铁管外壁固化而成，此防腐涂层具有良好的防腐性能、抗冲击性和耐磨性。涂层结构如图4-17所示。

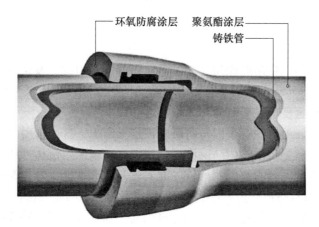

环氧防腐涂层　聚氨酯涂层
铸铁管

图4-17　聚氨酯外涂层结构示意图

聚氨酯外防腐涂层的平均厚度不低于900μm，最小厚度不低于700μm；与水接触的承插口位置涂刷环氧涂料，平均厚度不低于250μm，最小厚度不低于200μm。

① 防腐机理

该涂层的防腐机理是利用聚氨酯涂层将球铁管道与外部腐蚀性环境完全隔绝开，属被动防腐方式。

② 聚氨酯涂层的优势

a. 良好的机械强度，抗岩石冲击，抗土壤应力，在搬运吊装过程中不易损伤；

b. 耐水性好，抗渗系数为0，在海洋环境下长期使用不会受贝类生物的侵蚀；

c. 由于聚氨酯涂层具有很好的耐化学腐蚀性和耐电腐蚀性，因此此种涂层的球墨铸铁管可以满足复杂的土壤埋设环境，提高铸铁管的使用寿命。

③ 额外保护

对于强腐蚀性土壤环境，为对接口进行进一步的防护，可在铺设时对接口部位采取包覆热收缩套等额外防护，如图4-18所示。

④ 适用领域

该涂层主要适用于强腐蚀性土壤环境，如海港、沼泽等潮湿地带，含水的盐碱地带等。也可适用于其他所有类型的土壤环境。

图 4-18　接口外包热收缩套示意图

4.5.2　内防腐涂层

作为球墨铸铁管的内壁防腐涂层，必须具有良好的水力性能及防腐性能，因此在选择球墨铸铁管内衬时就要衡量所要输送液体的腐蚀性、水流速度以及使用的环境温度等因素，另外内壁的光滑程度也是衡量内衬的指标之一。

对于给水管道，球墨铸铁管道内防腐层应该是无毒的，这是选用内衬最基本的要求。

对于排水管道，球墨铸铁管内防腐涂层的耐微生物以及耐流体冲刷共同作用的防腐能力变得更为重要，因此需具有高的耐酸性（尤其是耐硫酸性能）及更高耐磨性的内衬，才可提供一个耐冲击、抗腐蚀性好以及抗化学环境侵害的长期的腐蚀保护环境。

球墨铸铁管的内防腐涂层通常可分为标准内衬、加强级内衬、特殊内衬，内衬材料及适用环境如表 4-14 所示。

球墨铸铁管内防腐涂层分类 表 4-14

内衬级别	内防腐涂层	适用环境
标准内衬	普通硅酸盐水泥砂浆内衬	大多数的原水和饮用水
加强级内衬	水泥砂浆内衬＋环氧密封层	要求较高的饮用水
	抗硫水泥砂浆内衬	用于水质对普通水泥具有侵蚀性的情况下（如软水，弱酸性水、生活污水、工业污水等）
	铝酸盐水泥砂浆内衬	
特殊内衬	聚氨酯内衬	非常特殊的案例或者强腐蚀性水质（如：工业排水、海水淡化水等）
	环氧陶瓷内衬	

（1）水泥砂浆内衬

球墨铸铁管水泥砂浆内衬是采用离心法涂衬工艺在管道内表面涂覆的一层厚度均匀、密实且表面光滑的内防腐涂层。管道生产过程中，铸管在离心涂衬机上旋转的同时，将一定数量的水泥砂浆注入管内，然后再高速旋转，水泥砂浆就与管内表面充分密实，形成一层厚度均匀的内衬。

水泥砂浆内衬厚度符合《球墨铸铁管和管件水泥砂浆内衬》GB/T 17457—2019 的相关要求，如表 4-15 所示。

水泥砂浆内衬厚度要求 表 4-15

公称规格 DN	内衬厚度	
	公称厚度（mm）	某一点最小厚度（mm）
80～300	4.0	2.5
350～600	5.0	3.0
700～1200	6.0	3.5
1400～2000	9.0	6.0
2200～2600	12.0	7.0
2800～3000	15.0	9.0

① 防腐机理

水泥砂浆内衬是一种主动防腐涂层，具有长效防腐效果。其防腐机理主要是水泥砂浆内衬遇水释放出碱性物质，富集于球墨铸铁管内壁表面，使球墨铸铁管内壁产生钝化现象，从而为基体提供电化学保护，如图 4-19 所示。因此水泥砂浆内衬主要依赖其碱性环境使球墨铸铁管内壁产生钝化，达到防腐目的。

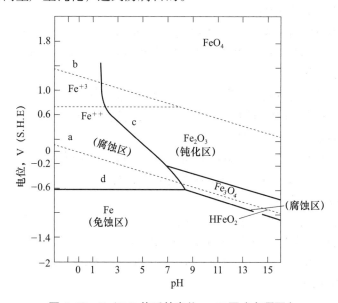

图 4-19 Fe/H$_2$O 体系的电位—pH 图（布拜图）

② 水泥砂浆内衬特点

a. 自愈合作用

水泥砂浆内衬随着水泥的水化反应不断完成会发生收缩，因此内衬径向位移和裂纹的形成是不可避免的，这是水泥砂浆的特质，也是标准所允许的，见表 4-16。这些径向位移和裂纹、连同其他单个的在制造或在运输过程中引起的裂纹，不会对内衬的机械稳定性产生不利影响。

当水泥砂浆内衬管通水后，这些裂纹和径向位移会随着内衬的再次膨胀和水泥的持续水化作用自行缩小闭塞，不会影响内衬的防腐效果。

最大裂纹宽度和径向位移 表 4-16

公称规格 DN	最大裂纹宽度和径向位移 （饮用水管道）	最大裂纹宽度 （污水管道）
80 ～ 300	0.4	0.4
350 ～ 600	0.5	0.5
700 ～ 1200	0.6	0.6
1400 ～ 2000	0.8	0.8
2200 ～ 2600	0.8	0.8
2800 ～ 3000	0.8	0.8

b. 挠曲安全性

根据新兴铸管股份有限公司提供的实验数据，在集中负荷的作用下，当垂直挠度变形超过管径的 6% 时，内衬才产生有害的裂纹。而敷设于地下的球墨铸铁管，其所承受的负荷不是集中的，而是分散的，所以更不容易造成水泥砂浆内衬产生有害的裂纹。由此可见，水泥砂浆内衬管的允许挠度变形规定为管径的 3% 已足够安全。因此，可以不必担心水泥砂浆内衬会产生脱落的问题。

水泥砂浆内衬的线性热膨胀系数约为 $12\times10^{-6}\text{m/℃}$，与球墨铸铁的热膨胀系数（$11\times10^{-6}\text{m/℃}$）基本相同，因此可减小热膨胀系数不同产生裂纹的风险。

c. 附着力和耐真空性

水泥砂浆内衬与球墨铸铁管的附着力为 2MPa，是水泥砂浆与钢管附着力的 4 倍，具有良好的附着性。因此，可以不用担心在运输、安装过程中产生的一些不可避免的碰撞，会对水泥砂浆内衬造成脱落的问题。

水泥砂浆内衬同样具有良好的耐真空性。即使选择密合程度较差的球墨铸铁管，在管内真空达到 92% 时，也未出现内衬剥落或其他异常情况。

d. 耐振性和耐冲击性

水泥砂浆内衬具有良好的耐振性和耐冲击性，可以通过下面的两个实验来进行证明。

水泥砂浆内衬振动实验：将 DN500 水泥砂浆内衬球墨铸铁管的插口端提高 60mm，并在冲击平台上做反复落下试验，经 5000 次的振动冲击，没有产生有害裂纹和剥落等情况。振动试验如图 4-20 所示。

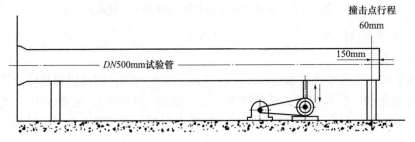

图 4-20 水泥砂浆内衬振动实验

水泥砂浆内衬冲击试验：在 DN500 水泥砂浆内衬球墨铸铁管的插口端上面，用重约 22.7kg（50 磅）铁锤，从 150mm 高开始落下，以后每次增加 50mm 高度做一次落下冲击，直到落下高度约为 500～750mm 时，内衬表面仅产生微裂纹。冲击试验如图 4-21 所示。

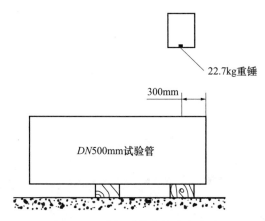

22.7kg重锤

300mm

DN500mm试验管

图 4-21　水泥砂浆内衬冲击试验

e. 水力性能

采用离心铸造工艺生产的水泥砂浆内衬球墨铸铁管，内衬很平整，根据中国水利水电科学研究院检测中心检测，水泥砂浆内衬球墨铸铁管的糙率系数 n 值为 0.086，当量粗糙度 K 值为 0.030mm，海森－威廉系数 Ch 的均值为 $Ch = 149$，考虑到了由于管件、阀门和其他装置而引起的粗糙度，再加上容差，在用于设计目的的时候，建议水泥砂浆内衬的糙率系数 n 取值 0.011～0.012，当量粗糙度 K 取值 0.07～0.10mm，海森－威廉系数 Ch 取值 120～130。

③ 适用领域

根据水泥种类的不同，水泥砂浆内衬可分为硅酸盐水泥砂浆内衬、抗硫酸盐水泥砂浆内衬、铝酸盐水泥砂浆内衬，适用范围如表 4-17 所示。

不同水泥砂浆内衬类型输送介质参考表　　　　　　　　表 4-17

水质特征	硅酸盐水泥砂浆内衬	抗硫酸盐水泥砂浆内衬	高铝水泥砂浆内衬
pH 值	≥6	≥5.5	≥4
腐蚀性 CO_2 含量（mg/l）	≤7	≤15	不限
SO_4^{2-} 含量（mg/l）	≤400	≤3000	不限
Mg^{2+} 含量（mg/l）	≤100	≤500	不限
NH_4^+ 含量（mg/l）	≤30	≤30	不限

a. 针对供水工程，应根据表 4-17 中硅酸盐和抗硫酸盐水泥砂浆内衬的适用范围，选择适合的内衬。需要特别注意的是铝酸盐水泥砂浆内衬不能用于供水工程。

b. 针对排水工程和工业废水工程，由于输送介质通常含有大量的腐蚀性和油脂类物质，因此通常采用铝酸盐水泥砂浆内衬，若输送的介质超出表 4-17 中铝酸盐水泥砂浆内衬的水质适用范围，需采用其他重防腐内衬，如聚氨酯内衬、环氧类内衬等。

（2）水泥砂浆内衬环氧密封层

水泥砂浆内衬环氧密封层是在水泥砂浆内衬表面喷涂一层水性环氧涂料固化而成，如无特殊要求环氧涂料密封层厚度一般控制在 70μm 左右。此内衬具有优异的防腐性能并能保证输送水的水质不受污染，在延长内衬寿命的同时防止通水初期 pH 值的上升，从而保证了水质的质量。该涂层的结构如图 4-22 所示。

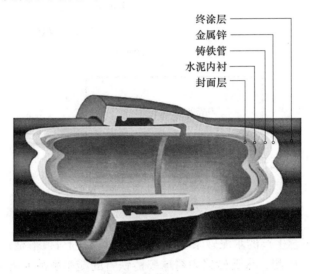

终涂层
金属锌
铸铁管
水泥内衬
封面层

图 4-22　水泥砂浆内衬环氧密封层结构示意图

① 防腐机理

水泥砂浆内衬环氧密封层球墨铸铁管结合了水泥砂浆内衬的主动防腐与有机涂层的被动防腐综合性能，即环氧涂料密封层的实施为球墨铸铁管内壁提供了一个物理屏障，减少或隔绝了水与球墨铸铁管内壁的接触机会，此为被动防腐；同时也减缓或阻止了水泥砂浆内衬中的碱性物质向水中释放的机会，这也就保证了水泥砂浆的碱性物质会长久的富集于球墨铸铁管的内壁，通过钝化现象对球墨铸铁管内壁提供了化学保护，此为主动防腐，从而保证了内衬长久的防腐性。水泥砂浆内衬环氧密封层的防腐机理如图 4-23 所示。

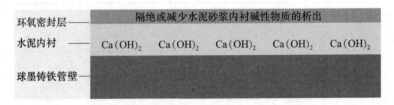

环氧密封层 —— 隔绝或减少水泥砂浆内衬碱性物质的析出

水泥内衬 —— $Ca(OH)_2$　　$Ca(OH)_2$　　$Ca(OH)_2$　　$Ca(OH)_2$　　$Ca(OH)_2$

球墨铸铁管壁

图 4-23　水泥砂浆内衬环氧密封层防腐机理

所用环氧涂料密封层材料不含任何有机溶剂；不会对环境造成污染、不会对施工人员造成危害；

密封层固化后无毒，不会对水质造成污染，不会产生对人体有害的物质；

已通过了英国 WRAS 根据 BS 6920 的卫生性能检测认证。

② 涂层特点

a. 耐腐蚀机理

结合了主动防腐与被动防腐的综合性能，即使环氧密封层有破损和漏涂点，那么水泥砂浆内衬就会提供主动防腐，具有长久的抗腐蚀能力。

具有优异的耐碱性，可长期经受水泥砂浆内衬本身的碱性环境；具有优良的耐酸性，能经受外部输送水质的侵蚀（例如弱酸性水）。

b. 抑制碱性物质析出

环氧密封层球铁管段在 2m/s 的流速、6bar 的压力下，长达 3 个月的密闭循环试验后，密封层无起泡、无脱落现象，对其循环水进行了 pH 值的检测，短期密封性能检测结果为 8.2 左右，其结果远远小于标准要求的 pH 值 ≤ 9.5，试验示意图如图 4-24 所示。

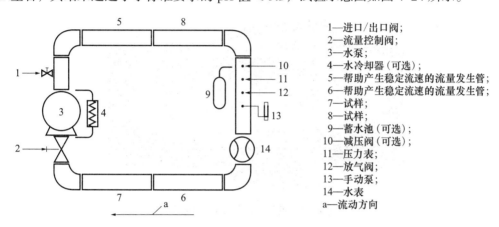

1—进口/出口阀；
2—流量控制阀；
3—水泵；
4—水冷却器（可选）；
5—帮助产生稳定流速的流量发生管；
6—帮助产生稳定流速的流量发生管；
7—试样；
8—试样；
9—蓄水池（可选）；
10—减压阀（可选）；
11—压力表；
12—放气阀；
13—手动泵；
14—水表
a—流动方向

图 4-24　密封性能试验示意图

③ 水力性能

环氧密封层附着在水泥砂浆内衬表面，起到了很好的减阻效果。根据中国水利水电科学研究院检测中心检测，水泥砂浆内衬球墨铸铁管的糙率系数 n 值为 0.083，当量粗糙度 K 值为 0.02mm，考虑到了由于管件、阀门和其他装置而引起的粗糙度，再加上容差，在用于设计目的的时候，建议水泥砂浆内衬环氧密封层的糙率系数 n 取值 0.0105～0.0115，当量粗糙度 K 取值 0.05～0.07mm，海森 – 威廉系数 Ch 取值 130～140。

④ 适用领域

本产品安全绿色、低碳环保、是打造优质安全的输水管线的首选产品。

a. 可应用于输水量小、流速慢或有滞留的间歇性输水管线。例如小城镇或居民区管网建设。

b. 直饮水等高端市场：随着直饮水正在走进我国城乡居民的日常生活，对输水管线内衬材料的卫生性能要求将越来越严格，水泥砂浆内衬环氧密封层球铁管可以满足直饮水市场的要求。

c. 传统水泥内衬球墨铸铁管的升级产品：随着国家对饮用水质要求的提高，对储水容器及输水管线的卫生安全性能的要求也会逐步提高，水泥砂浆内衬环氧密封层球墨铸铁管在满足这一要求的前提下，可成为传统水泥内衬球墨铸铁管的升级产品。

（3）聚氨酯内衬

球墨铸铁管及管件聚氨酯内衬是采用双组分、无溶剂、100% 固含量的聚氨酯材料喷涂而成的，这样的内衬具有优异的防腐性能和耐磨性，对于不同的输送媒介（例如饮用水／废水／软化水、市政污水、工业废水等）表现了很高的抵抗力，适用于从软水到硬水的所有水质的供水工程和市政排污工程。该涂层的结构如图4-25所示。

根据所输送水质的不同，聚氨酯内衬及承插口的防腐涂层厚度会有所不同，表4-18和表4-19给出了供水工程中和排水工程中涂层的推荐厚度。

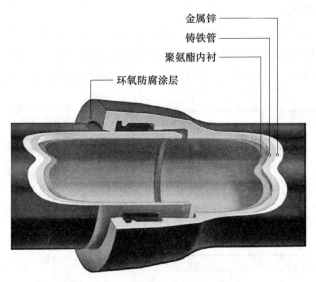

图4-25 聚氨酯内衬结构示意图

供水工程中聚氨酯内衬球墨铸铁管的内衬厚度　　　　表4-18

DN	管身聚氨酯内衬		承插口环氧树脂（与水接触部位）		承插口环氧树脂（不与水接触部位）
	平均厚度 μm	最小厚度 μm	平均厚度 μm	最小厚度 μm	最小厚度 μm
80～200	≥1300	≥800	300	250	150
>200	≥1500				

排水工程中聚氨酯内衬球墨铸铁管的内衬厚度　　　　表4-19

DN	管身聚氨酯内衬		承插口环氧树脂（与水接触部位）		承插口环氧树脂（不与水接触部位）
	平均厚度 μm	最小厚度 μm	平均厚度 μm	最小厚度 μm	最小厚度 μm
80～200	≥1300	≥800	300	250	150
250～700	≥1500	≥800			
700～1000	≥1800	≥1000			
>1000	≥2000	≥1000			

① 防腐机理

聚氨酯内衬是一种被动防腐涂层，其有效性依赖于涂层的连续性、附着力和涂层随时间变化的稳定性。

每支聚氨酯内衬球墨铸铁管都必须进行漏电检测，检测电压为 6kV，高于标准 EN 15655 中 4kV 的要求，确保聚氨酯内衬的连续性；聚氨酯内衬具有优异的附着力，聚氨酯内衬在 23℃时附着力 ≥ 11MPa。

② 内衬稳定性

聚氨酯内衬具有很好的化学稳定性和抗老化性：在 50℃蒸馏水浸泡 180 天涂层增重不超过 4%；户外暴露 6 个月后，聚氨酯内衬的附着力大于 8MPa。

③ 内衬柔韧性

聚氨酯内衬具有良好的韧性，可以抵抗管道在运输、安装及外载造成的冲击和管径的变形。

④ 水力性能

根据中国水利水电科学研究院检测中心检测，聚氨酯内衬球墨铸铁管的糙率系数 n 值为 0.0081，当量粗糙度 k 值为 0.01mm，海森 – 威廉系数 Ch 的均值为 $Ch = 154$，考虑到了由于管件、阀门和其他装置而引起的粗糙度，再加上容差，在用于设计目的的时候，建议聚氨酯内衬的糙率系数 n 取值 0.010~0.011，当量粗糙度 k 值 0.03~0.05，海森 – 威廉系数 Ch 取值 140~145。

（4）环氧陶瓷内衬

环氧陶瓷内衬是采用双组分、无溶剂、100% 固含量的环氧陶瓷涂料喷涂而成的，内衬厚度 ≥ 1000μm，由于环氧陶瓷涂层中至少含有 20% 体积的陶瓷填料，因此这样的内衬具有优异的耐磨性和优异的耐腐蚀性能，对于不同输送物质（例如市政污水、工业废水等）表现了很高的抵抗力，适用于市政排污工程。该涂层的结构如图 4-26 所示。

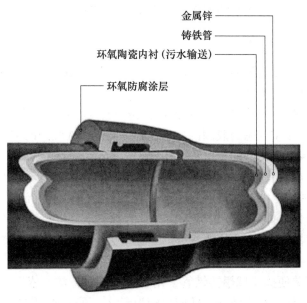

图 4-26　环氧陶瓷内衬球墨铸铁管

为保证环氧陶瓷内衬球墨铸铁管线的整体耐腐蚀性能，管身环氧陶瓷内衬厚度及承插口环氧树脂厚度的推荐厚度如表 4-20 所示。

环氧陶瓷内衬推荐厚度 表 4-20

管身环氧陶瓷厚度	承插口环氧树脂厚度 （与水接触部位）	承插口环氧树脂厚度 （不与水接触部位）
最小厚度 μm	最小厚度 μm	最小厚度 μm
1000	250	150

① 防腐机理

环氧陶瓷内衬与聚氨酯内衬一样，也是一种被动防腐涂层，其有效性同样依赖于涂层的连续性、附着力。每支环氧陶瓷内衬球墨铸铁管都必须进行漏电检测，检测电压为 6kV，可以很好地保证环氧陶瓷内衬的连续性；环氧陶瓷还具有优异的附着力，23℃时的附着力不低于 10MPa。

② 水力性能

外表光滑如镜，具有磨阻小的特点，水力性能优良，在用于设计目的的时候，建议与聚氨酯内衬保持一致。

③ 安全环保要求

涂料为无溶剂型涂料，使用时不散发任何挥发性溶剂，符合安全和环保要求。

4.6　球墨铸铁管接口类型

球墨铸铁管接口种类繁多，主要分为柔性接口、自锚接口、法兰接口三大类，其中自锚接口分为外自锚式接口、内自锚式接口、胶圈自锚式接口。

4.6.1　柔性接口

柔性接口是球墨铸铁管最具有代表性的接口，广泛应用于水利工程、市政给水排水工程和其他工程，它具有下列特点：

① 密封性能良好。球墨铸铁管承插连接会挤压密封胶圈，造成较大的密封接触压力，而且内水压力会进一步增加密封胶圈的接触压力，使得两次胶圈的密封接触压力之和远大于内水压力，从而保证了良好的接口密封性。

② 地基沉降适应性良好。球墨铸铁管承插接口可满足 1.5°～3.5° 的径向偏转并能满足一定距离的轴向伸缩，能够很好地适应不良地基产生的不均匀沉降。

③ 热膨胀适应性良好。由于温度变化产生的管道承插口热膨胀/收缩能很容易地被承插口安装预留间隙来吸收，不需要额外的伸缩接头。这也是球墨铸铁管应用于供热行业的一个最重要的应用优势。

④ 施工安装简单便捷。球墨铸铁管采用承插式连接方法，依靠手拉葫芦等简易装置即可实现快速安装，而且对安装环境适应性较为广泛，不受雨、雪等恶劣天气的影响，施工安装简单便捷，成本远低于其他管材。

⑤ 管道安全性良好。球墨铸铁管承口壁厚远超管身，加之异形密封胶圈密封作用面较宽，管道整体安全性较好，再加上管道承插连接后，胶圈几乎完全处于承插接口内部而真正露出、与氧气接触的面积很少，因此管道长期运行不会产生胶圈老化的现象，这也进

一步增加了管道的安全性。

⑥ 能防止电化学腐蚀的影响。得益于承插接口处的密封胶圈的阻隔绝缘作用，整条球墨铸铁管线不会形成长距离导电体，不需要额外的防护措施就能有效防止电化学腐蚀的产生。

（1）T型接口

滑入式柔性接口是球墨铸铁管最常用的接口，其中T型接口在国内外已成功运用半个世纪之久，无数工程案例证明T型接口是一种兼顾经济性和实用性的经典接口。滑入式（T型）接口结构如图4-27所示。

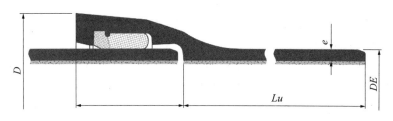

图4-27　T型接口示意图

T型接口目前广泛应用于 $DN2000$ 以下的球墨铸铁管，具有结构简单，安装方便，密封性较好等特点。在承口结构上考虑了橡胶圈的定位和偏转角问题，因此这种接口能适应一定的基础变形和地基不均匀沉降，同时利用偏转角实现管线长距离的转向。

T型接口的密封效果是依靠橡胶圈自身的弹性、存在设计装配过盈量和预加载荷来实现的。接口安装时，管子的插口外壁挤压安放在承口内的橡胶圈，利用承插口之间的装配过盈量使其压缩变形而产生一定的接触压力；实际运行中，当橡胶圈受到流体压力作用时，会产生新增接触压力。橡胶圈上实际形成的接触压力等于安装时预先压缩胶圈产生的接触压力与流体压力作用在橡胶圈上的新增接触压力之和。由于接触压力比流体压力大，所以接口具有良好的密封性。T型接口密封原理如图4-28所示。

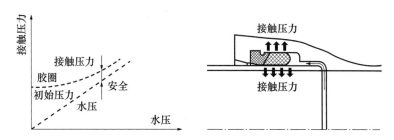

图4-28　柔性接口密封原理示意图

T型接口需要依靠橡胶圈与承口、插口接触压力产生对流体的密封，因此对承口和插口及胶圈的尺寸偏差做出了严格的规定，以保证密封可靠。一般在承插口内胶圈的压缩比要达到25%～40%。

（2）XT2/STD型接口

T型接口虽然是一种经典有效的接口，但对于规格 $DN \geqslant 2200$ 以上的超大口径球墨铸铁管，如继续沿用T型接口，则安装阻力就会急剧增加，给安装施工带来较大的困难。针对这种情况，国内外多家球墨铸铁管企业对T型接口改进优化，将T型接口密封球头改进成唇形，在保证密封性的情况下大大降低了安装阻力，这种接口在行业内被称为 XT2 型或 STD 型接口，结构示意图如图 4-29 所示。

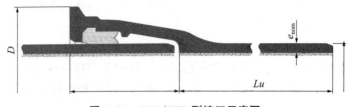

图 4-29　XT2/STD 型接口示意图

XT2/STD 型接口的密封原理与 T 型接口类似，在此不再赘述。

（3）机械式柔性接口

机械式柔性接口，顾名思义，是通过机械装置（压兰、螺栓等）挤压胶圈从而使胶圈产生一定的压缩变形，并与密封面产生接触压力来实现密封的一种柔性接口。

此类接口除了承插口及密封胶圈外，还包括压兰和连接螺栓螺母等，接口结构如图 4-30 所示。

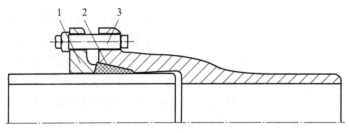

图 4-30　机械式柔性接口结构示意图
1—压兰；2—胶圈；3—螺栓

相比滑入式柔性接口，机械式柔性接口增加了压兰、连接螺栓和螺母等附件，因此该接口具有管材价格较高、安装步骤繁杂、密封能力不足、承压能力较低的局限性，但由于此类接口具有安装顺序灵活、拆卸方便的特点，在一些管线合拢、维修的管件中仍有较为广泛的应用。

对于强腐蚀性的管线埋设环境，应加强压兰、螺栓、螺母的防腐，使其与管体具有相同的防腐性，避免腐蚀失效。

4.6.2　自锚接口

通常情况下，球墨铸铁管采用的滑入式柔性接口，这类接口仅仅只能依靠密封胶圈与管道插口外壁之间较小的摩擦阻力，这些摩擦阻力远远不足以约束接口，因此滑入式柔性接口通常被认为是一种无法提供轴向抗拔脱能力的接口。

但在球墨铸铁管线中，经常存在着流体运动力和流体静压力等不平衡力，这些不平衡力被称为水力推力。流体运动力产生的推力相对于流体静压力产生的推力而言，通常是微小的，而且能够很容易被管道外壁的摩擦力平衡，通常可以忽略不计，因此水力推力其实指的就是流体静压力产生的不平衡力。简单地来说，只有在管线水流方向或者管道横截面积发生变化的地方，如弯头、三通、渐缩管、盲端和阀门等，才会存在水力推力。

　　在这些存在水力推力的位置，如果没有采用混凝土支墩或镇墩来抵消水力推力，那么就必须采用自锚式接口球墨铸铁管，依靠连续自锚管段与回填土之间的摩擦力来抵消水力推力，以实现管线安全运行。

　　自锚接口，顾名思义，就是指接口结构中含有锚固组件，能阻止已安装接口分离的接口。按照锚固组件位置的不同，自锚接口分为外自锚接口、内自锚接口、胶圈自锚接口等。

（1）外自锚接口

　　外自锚接口采用了 T 型接口的密封结构，但相比 T 型接口，它在插口端增加焊环，并在接口部位增设挡环、压兰以及勾头螺栓螺母等附件，使接口具有较好的抗拔脱能力；挡环和压兰之间可以相对滑动，使接口具有一定的轴向伸缩和偏转能力。外自锚接口的结构示意图如图 4-31 所示。

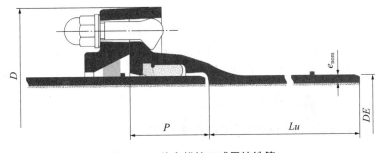

图 4-31　外自锚接口球墨铸铁管

　　压力管线在弯头、三通等处产生的水力推力使接口处的承插口组件产生相对位移。插口端轴向应力通过焊环、挡环、压兰、连接螺栓传递给承口，从而实现了轴向应力的传递，使接口具备防滑脱能力。

　　外自锚接口一经问世，就引起了巨大的市场反响，并成功应用于南水北调、延安引黄、引江济淮等多个大中型水利、市政工程，给建设单位和施工单位带来了巨大的经济效益。但外自锚接口有一个设计局限性，那就是该接口是依靠勾头螺栓连接管道承插口，由于勾头螺栓的斜面与承口凸起的接触面积较小，且压兰与挡环之间的间隙较小，因此外自锚接口的允许工作压力 PFA 和允许偏转角较小，且无法适应 DN1400 以上大口径规格接口的锚固要求，无法满足工程高内压和施工现场灵活安装的要求。

（2）内自锚接口

　　有鉴于外自锚接口的设计局限性，国内外多家球墨铸铁管企业研发出了球墨铸铁管内自锚接口，例如新兴铸管公司研发的 SIA Wb 型、Xanchor 型接口，圣戈班公司研发的 UNIVERSAL Ve 型、PAMLock 型接口，极大地提高了自锚接口的接口性能、适用范围和应用领域。

　　① SIA Wb 型接口

　　SIA Wb 型接口主要包括承口、插口、挡环、支撑体、密封胶圈，插口的端部设置插口凸起（焊环），承口内设计有密封腔和挡块仓两个环形腔，密封腔安装密封胶圈，挡块仓安装自锚组件，挡环为分体式结构，其包括多个挡环和多个橡胶支撑体；挡环上设置有固定孔，用来固定橡胶支撑体。接口示意图如图 4-32 所示。

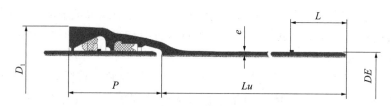

图 4-32   SIA Wb 型接口示意图

该接口的密封原理与 XT2 型接口相同，在此不再赘述。

该接口利用挡环组与插口焊环相互锚固产生可靠的自锚能力，挡环组包括多个挡环与橡胶支撑体，支撑体在承口自锚仓内可将挡环均匀地向管道轴心支撑，形成一个环形整体，具有较大柔性，同时，支撑体使得挡环始终与插口外壁及焊环紧紧接触，保证接口拥有可靠的自锚性能。

②Xanchor 型接口

Xanchor 型接口主要包括承口、插口、挡块、支撑胶圈、密封胶圈，插口的端部设置插口凸起（焊环），承口内设计有密封腔和挡块仓两个环形腔，密封腔安装密封胶圈，挡块仓安装挡块、支撑胶圈。接口示意图如图 4-33 所示。

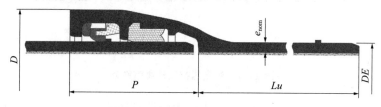

图 4-33   Xanchor 型接口示意图

该接口的密封原理与 XT2 型接口相同，在此不再赘述。

该接口的锚固原理是利用前后两排刚性挡块提供可靠的防滑脱能力，同时前后排挡块沿挡块仓环向的滑动使接口具有较大的柔性，该设计使 Xanchor 接口与其他自锚接口相比结构更简单，安装更方便，同时具有更大的轴向抗拔脱能力和柔性。

③胶圈自锚接口

胶圈自锚接口是一种中小口径滑入式柔性自锚接口，通过承口内部的特定结构与自锚胶圈相互配合实现管道系统的自锚和密封功能，其规格范围为 $DN80 \sim DN600$，主要应用于小区高压供水、庭院管网、旧管网改造、免支墩设计等领域。

胶圈自锚接口的结构如图 4-34 所示，接口主要包括承口、插口及自锚胶圈，自锚胶圈采用 XT2 型接口密封结构，并在 XT2 型胶圈中均匀嵌入若干钢牙，该钢牙与承口特定的结构相互配合，实现自锚功能。

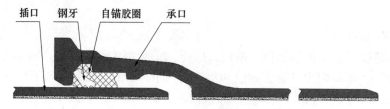

图 4-34   胶圈自锚接口结构示意图

该接口的密封原理与 XT2 型接口相同，在此不再赘述。

该接口的锚固原理是利用均匀嵌入胶圈中的钢牙与特定的承口结构及插口相互配合产生可靠的自锚能力。钢牙均匀嵌入胶圈，当管线开始承压后，钢牙扎入插口管壁阻止接口发生相对运动。钢牙与承口为圆弧形接触，并能绕圆弧中心点旋转，从而使接口具有较大的柔性，该设计理念使该接口的结构更简单，安装更方便，同时具有更大的轴向抗拔脱能力。

④ 自锚接口应用—抗滑稳定性设计

a. 混凝土支墩方案

为保证球墨铸铁管线不受水力推力的影响，最常用的方法是使用混凝土支墩，依靠混凝土支墩与回填土之间的摩擦力和被动土压力来平衡水力推力，从而实现管线安全运行（图 4-35）。

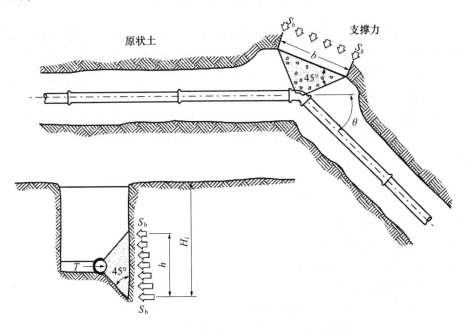

图 4-35　弯头处设计混凝土支墩抵消水力推力

但在某些特殊情况下，设置锚固混凝土支墩是不可能的，如：

（a）施工工期紧张，没有时间设置混凝土支墩；

（b）施工场地狭窄，没有空间设置混凝土支墩或设置混凝土支墩难度较大；

（c）当管线跨河、过桥时；

（d）穿越沼泽地等地基承载力较差的土质。

在上述特殊工况条件下，自锚管免支墩设计方案就成了一种经济有效的解决方案。

b. 自锚管免支墩设计原理及设计方法

自锚管道系统的功能上与水泥支墩的原理类似，在产生推力的管件两侧分别铺设一定长度的自锚管，依靠连续自锚管段与回填土之间的摩擦力与被动土压力来抵消水力推力，从而实现管线安全运行，自锚管线免支墩设计原理如图 4-36 所示。

目前国内广泛应用的自锚管设计理念有以下三种：《给水排水工程埋地钢管管道结构

设计规程》CECS 141—2002 的 6.2.4 条；欧洲铸管公司技术手册计算方法；美国 AWWA M41—2009《Ductile-iron pipe and fitting》手册第 8 章。

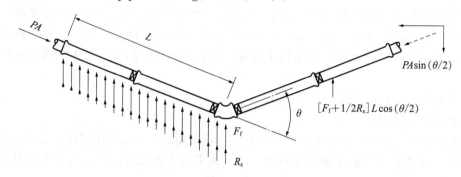

图 4-36 弯头处管土作用示意图

鉴于这三种设计方法的工程应用时间都已经超过二十年，可以认为这些方法都是具有足够的安全性的。美国标准 AWWA M41 给出的设计方法对于弯头类型的细分设计模型，使得其同时具备了良好的经济性，所以设计人员在设计自锚管时，可以优先参考 AWWA M41 的设计方法。

（a）对于水平弯头或者竖直向上度数为 θ 自锚管系统，总体平衡方程式如下：

$$PA\sin(\theta/2) = F_f L\cos(\theta/2) + 1/2\,R_s L\cos(\theta/2) \qquad (4-7)$$

解出 L，并乘以安全系数

$$L = \frac{S_f \cdot P \cdot A \cdot \tan(\theta/2)}{F_f + 1/2 \cdot R_s} \qquad (4-8)$$

式中：P——为设计压力，kN/m^2；

  A——为管子的横截面积，m^2；

  S_f——安全系数（通常取 1.5）；

  R_s——单位承载力，kN/m。

（b）对于竖直向下度数为 θ 自锚管系统，其自锚管长度公式为：

$$L = \frac{S_f \cdot P \cdot A \cdot \tan(\theta/2)}{F_f} \qquad (4-9)$$

（c）对于 F_f，给出了由于外涂层不同引起的折减系数，当采用 PE 膜包裹时，折减系数为 0.7。

4.6.3 法兰接口

法兰是指沿圆周等距分布有螺栓孔且与管或管件轴线相垂直的环形体，主要分为固定法兰和松套法兰两大类，其中固定法兰又分为整体铸造法兰、螺纹连接法兰或焊接法兰。法兰接口，是指由法兰、垫片及螺栓三者相互连接作为一组可安装、拆卸的组合密封结构。不同规格、不同压力等级的法兰厚度不同，它们使用的螺栓也不同。

根据前文，我们不难发现球墨铸铁管大多数接口型式都属于柔性接口或半柔性（自锚式）接口，这种接口具有很多优点，但仍然有着一定的局限性，那就是无法在一些特殊的场所使用，如与泵、阀门、消火栓及穿过基础、墙体等。在这些情况下，法兰接口也就成为了球墨铸铁管线中经常使用的一种接口。

球墨铸铁管法兰接口的结构如图 4-37 所示，尺寸参数执行《整体铸铁法兰》GB/T 17241.6—2008 标准，与同规格同压力等级的钢制法兰接口，可以完美地进行连接。

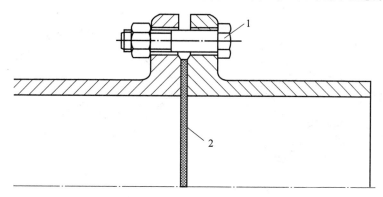

图 4-37　法兰接口结构示意图

1—螺栓螺母；2—密封垫

根据 GB/T 13295—2019 中关于法兰接口的描述，球墨铸铁法兰接口部件的允许压力如表 4-21 所示。

球墨铸铁法兰接口部件的允许压力　　　　　　表 4-21

DN	PN10			PN16			PN25			PN40		
	PFA	PMA	PEA	PFA	PMA	PEA	PFA	PMA	PEA	PFA	PMA	PEA
40～50	同 PN40			同 PN40			同 PN40			4.0	4.8	5.3
60～80	同 PN16			1.6	2.0	2.5	同 PN40			4.0	4.8	5.3
100～150	同 PN16			1.6	2.0	2.5	2.5	3.0	3.5	4.0	4.8	5.3
200～600	1.0	1.2	1.7	1.6	2.0	2.5	2.5	3.0	3.5	4.0	4.8	5.3
700～2000	1.0	1.2	1.7	1.6	2.0	2.5	2.5	3.0	3.5	—	—	—
2200～2600	1.0	1.2	1.7	1.6	2.0	2.5	—	—	—	—	—	—
2800～3000	1.0	1.2	1.7	—	—	—	—	—	—	—	—	—

4.7　球墨铸铁管件

可使管线偏转、方向改变、分支、口径改变以及接口类型改变的部件称为球墨铸铁管件。管件的接口型式通常采用柔性接口、自锚接口、法兰接口等；壁厚通常采用 K12 级，计算方法见 4.3.3 中 K 级管壁厚计算公式。

球墨铸铁管件类型主要分为四种型式：弯头类、三通类、转换类、其他类。其中弯头类管件分为承插弯头、双承弯头两种，每种弯头细分为 11.25°、22.5°、45°、90°；三通类管件分为双承单支盘底三通、承插单支盘底三通、全盘三通等；转换类管件分为盘承、盘插、承套、双承渐缩管、双盘渐缩管；其他类管件主要包括法兰接头、柔性街头，可拆卸接头。管件种类类型如图 4-38～图 4-41 所示。

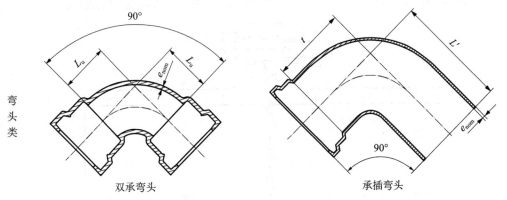

（作用：改变管线水流方向）

图 4-38　弯头类管件

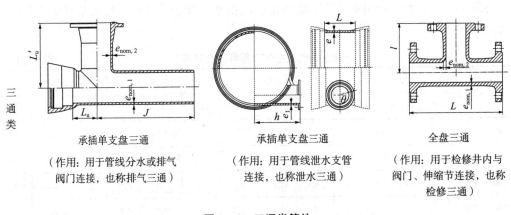

承插单支盘三通

（作用：用于管线分水或排气阀门连接，也称排气三通）

承插单支盘三通

（作用：用于管线泄水支管连接，也称泄水三通）

全盘三通

（作用：用于检修井内与阀门、伸缩节连接，也称检修三通）

图 4-39　三通类管件

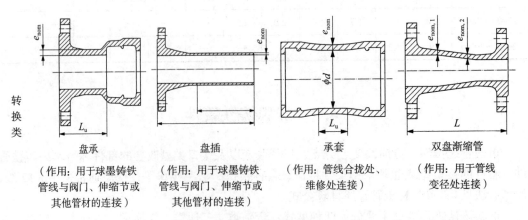

盘承

（作用：用于球墨铸铁管线与阀门、伸缩节或其他管材的连接）

盘插

（作用：用于球墨铸铁管线与阀门、伸缩节或其他管材的连接）

承套

（作用：管线合拢处、维修处连接）

双盘渐缩管

（作用：用于管线变径处连接）

图 4-40　转换类管件

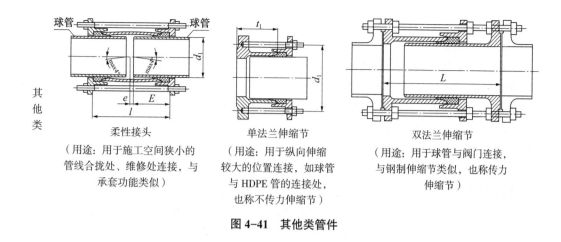

其他类

柔性接头
（用途：用于施工空间狭小的
管线合拢处、维修处连接，与
承套功能类似）

单法兰伸缩节
（用途：用于纵向伸缩
较大的位置连接，如球管
与 HDPE 管的连接处，
也称不传力伸缩节）

双法兰伸缩节
（用途：用于球管与阀门连接，
与钢制伸缩节类似，也称传力
伸缩节）

图 4-41 其他类管件

4.8 球墨铸铁管新技术新产品

4.8.1 顶管施工用球墨铸铁管

球墨铸铁顶管是在常规 T 型球墨铸铁管的基础上，通过设置顶推法兰、加强筋和外包钢筋混凝土等措施，增加管道允许顶推力，使之能借助工作坑内顶进设备产生的顶力，克服管道与周围土壤的摩擦力，在不开挖沟渠的情况下将管道在地下逐节顶进。球墨铸铁顶管产品结构如图 4-42 所示。

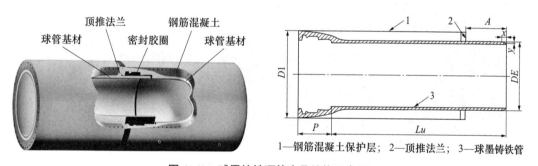

1—钢筋混凝土保护层；　2—顶推法兰；　3—球墨铸铁管

图 4-42 球墨铸铁顶管产品结构示意图

（1）接口选择

球墨铸铁顶管采用 T 型承插式柔性接口，每个接口均可承受 1.5°～3.5° 的偏转角，能有效适应地基不均匀沉降及热膨胀带来的径向偏转和轴向伸缩；同时滑入式承插式接口安装简单便捷，工人经过简单培训后即可熟练施工安装。

（2）顶推性能

球墨铸铁顶管可承受较大的顶推力，如 K9 级 DN1200 顶管的最大允许顶推力为 7240KN，并且可以在增加很小的成本情况下，通过增加球管壁厚来制造更高允许顶推力的产品，确保在顶进施工中可以兼顾顶进距离和施工安全性的要求。

顶管施工时，顶推力通过焊接在插口处的带加强筋的钢制顶推法兰均匀地传递给承口端面，从而保证在顶推操作中不会造成插口变形及钢筋混凝土外壳的损坏，不会影响密封性和耐腐蚀性。

（3）耐腐蚀性能

球墨铸铁材料具有同碳钢接近的力学性能，如机械强度高、韧性好等，同时又具有铸铁特有的耐腐蚀性能。管道外表面的金属锌涂层、钢筋混凝土外壳及环氧树脂涂层可以进一步增加球墨铸铁顶管耐腐蚀性能，确保管材可安全运行百年以上。

球墨铸铁顶管可以提供硅酸盐水泥内衬、铝酸盐水泥内衬、聚氨酯内衬、环氧陶瓷内衬等多种防腐涂层来适应不同客户及不同输送介质的要求，确保管线长期安全运行。

（4）其他

球墨铸铁顶管预制的注浆孔可用于顶进施工中注入膨润土泥浆，可起到减小顶进阻力的作用；管道外部的环氧树脂外涂层，同样也能起到减小顶进阻力的目的。采用人工掘土的顶进方式，平均顶进速度可达 30～40m/ 天；采用泥水平衡的顶进方式，平均顶进速度可达 80～90m/ 天。

4.8.2 水平定向钻施工用球墨铸铁管

水平定向钻施工用球墨铸铁管采用是承插式柔性自锚接口，该接口带有自锚舱和密封舱两个独立舱体，利用自锚舱内分体式挡环、橡胶支撑体及插口端焊环的相互配合，使分体式挡环始终紧紧箍在插口端焊环一侧，提供可靠的轴向抗拔脱力（图 4-43）。依靠水平定向钻机提供的拖拉力和接口间轴向抗拔脱力，在不开挖沟渠的情况下将管道依次拖入钻孔中。球墨铸铁拖拉管产品结构如图 4-44 所示。

图 4-43 水平定向钻施工用球墨铸铁管

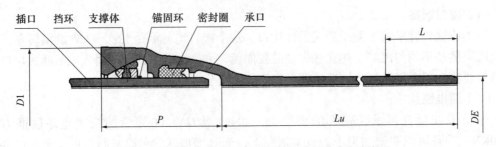

图 4-44 水平定向钻施工用球墨铸铁管产品结构示意图

（1）耐腐蚀性能

球墨铸铁基材具有优良的耐（电）化学腐蚀性能，管身外部的金属锌涂层和环氧树脂涂层及接口外部的热缩套、梳妆金属套可进一步增强管道的使用寿命，"层层防护"进一步增强了球墨铸铁管的耐腐蚀性能（图 4-45）。

（a）管道外金属锌涂层

（b）环氧树脂涂层

（c）接口防护装置

图 4-45 水平定向钻施工用球墨铸铁管"层层防护"

由于球墨铸铁拖拉管线承口外径大于管身，回拖施工时孔壁与管线主要接触的地方均位于管线承口部分，对接口采取保护措施后，可最大限度地减少管线磨损。即使管身存在少量划痕，锌层的"自愈合"作用会使附近锌盐迁移到划痕处，依然可提供有效保护，避免进一步腐蚀。

（2）接口选择及工程应用特点

水平定向钻施工用球墨铸铁管采用承插式自锚接口，该接口在研发过程中，从 CAD 设计到有限元分析，再到型式试验，再到最终的产品定型，严格遵循球墨铸铁管接口研发流程，从根本上保证了优良的接口性能。

接口允许拖拉力是球墨铸铁拖拉管最重要的参数，为保证拖拉力传递安全可靠，水平定向钻施工用球墨铸铁管接口的自锚组件与管道承口球面接触，即使在管线偏转的情况下，焊环与挡环依然全接触，保证拖拉力传递安全可靠。

合理的接口设计保证了水平定向钻施工用球墨铸铁管具有以下几方面特点：

① 经济性上，每个球墨铸铁管的自锚接口均有 1.2°～3° 的偏转角，安装完成的球墨铸铁拖拉管线的最小曲率半径 113～382m，与钻杆曲率半径相当，可最大程度的节省管材、施工成本。

② 安全性上，球墨铸铁拖拉管线依靠接口偏转通过钻孔曲线段，管材本身不发生挠曲变形，可有效减小回拖阻力及增加管材安全性。

③ 便捷性上，球墨铸铁拖拉管线由于采用滑入式承插自锚连接，安装速度极快，每个接口的安装可控制在 10～15min，在施工场地狭小的条件下，具备分段回拖能力。

4.9 球墨铸铁管安装

4.9.1 安装前准备工作

（1）管道校圆

在管道运输、吊运、安装环节中，管道插口部位不可避免会造成一些碰撞损坏、椭圆变形，DN500 以下规格管道可将插口端损坏、变形部分切掉，而 DN500 以上规格管道可使用专用校圆工装进行校圆，校圆工装的上下圆弧工装块弧的大小及形状与校圆管内表面保持一致，如图 4-46 所示。

校圆后管道存在一定程度的回缩现象，因此校圆时通常需要超量顶扩，如管的公称直径为 100mm，则校圆时需顶扩至 105mm，顶扩超量值与管子的规格、壁厚及椭圆程度等因素有关，具体参数可在现场校圆时通过试验来确定。

（2）切管

当管道插口端损坏、变形部位无法校圆而影响安装时，或遇到安装弯头、三通等管件而安装距离小于管道长度时，应对管道进行切割作业。切割后需对切割断面进行倒角及磨圆处理，以防止安装时损坏胶圈，倒角尺寸应与切割前管道相同，倒角形状如图 4-47 所示；还需将插口线标示清楚，插口线尺寸应与切割前管道相同。

对于管径≤ DN300 的球铁管，可从插口端面到管长 2/3 位置任意切割；对于管径＞ DN300 的球铁管，可选择制造商提供的可切割管（标记"✂"符号），从插口端面到管长 2/3 位置任意切割。

切管操作中，可选用砂轮切割机或其他切管工具对管道插口部位进行切割，但严禁使用气割工艺，过高的切割温度将影响球铁管材料的性能。管道切割示意图如图 4-48 所示。

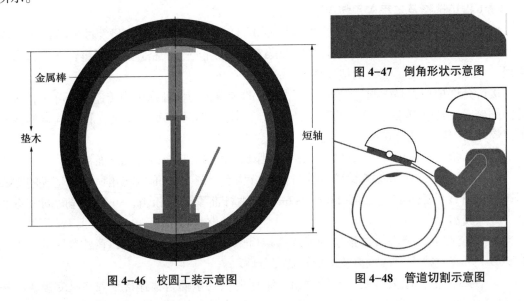

图 4-47 倒角形状示意图

图 4-46 校圆工装示意图

图 4-48 管道切割示意图

4.9.2 球墨铸铁管安装

（1）安装密封胶圈

安装前应对管道承口部位进行清理，避免承口杂物对胶圈密封性能产生影响。随后将密封胶圈装入承口凹槽内，确保安装到位。

对于较小规格（DN≤800）的胶圈，将其弯成"心"形后再放入承口内；对于较大规格（DN＞800）的胶圈，将其弯成"十"形后再放入承口内。胶圈安装方法如图 4-49 所示。

胶圈安装到位后，需采用橡胶锤对胶圈施加径向力使其完全装入承口槽内，避免胶圈安装不到位影响密封性。胶圈最终安装状态如图 4-50 所示。

（a）$DN \leqslant 800$　　　　　　　　　　（b）$DN > 800$

图 4-49　胶圈安装示意图

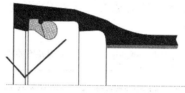 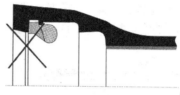

（a）正确安装状态　　　　　　　　　　（b）错误安装状态

图 4-50　胶圈最终安装状态示意图

（2）涂刷润滑油脂

胶圈安装到位后，需对胶圈工作面及待安装管道插口工作面涂刷润滑油脂，如图4-51所示。

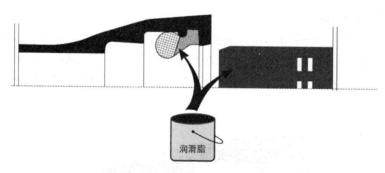

润滑脂

图 4-51　涂刷润滑油示意图

（3）接口连接

连接时，应先将两支管子的承口和插口对中，然后将管子的插口缓慢地推入到承口中，要使第一道插口线全部插入承口内且第二道插口线全部露在承口端部之外，如图 4-52 所示。如发现插入时阻力过大，应立即停止安装，将管道拔出，检查密封胶圈的位置和管子的承插口，查明原因并妥善处理后再行安装。

针对不同规格的球铁管，可以采用不同的安装工具：

DN150 及以下规格管可采用撬棍等简易工具进行安装，撬棍和承口端面间须加硬木块防护，如图 4-53 所示。

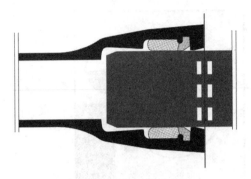

图 4-52　接口连接示意图

图 4-53　*DN*80 ~ *DN*150 球墨铸铁管安装示意图

　　*DN*200 及以上规格的管子可以用钢丝绳、手拉葫芦加专用钩头（图 4-54）等工具进行安装，需要注意的是，钢丝绳、倒链与管子接触的部位需垫柔性材料进行保护，以免损伤管体及其内外壁涂层。如一个手拉葫芦无法满足安装要求，可使用两个或两个以上手拉葫芦，手拉葫芦的位置需沿管子周向均匀分布。

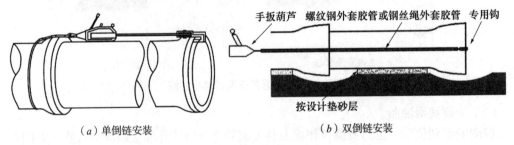

（*a*）单倒链安装　　　　　　　　　　　　　　（*b*）双倒链安装

图 4-54　*DN*200 规格以上球墨铸铁管安装示意图

（4）胶圈位置检查

　　接口连接完成后，可采用下列方法检查接口胶圈的位置：利用一把薄的窄钢尺作探尺，绕插口端 360° 对接口进行检验，如图 4-55 所示。如探尺沿插口端 360° 环向的每一处探入深度均相同，则证明接口连接正常，胶圈安装到位，否则需要将承插接口分离并重新进行连接安装。

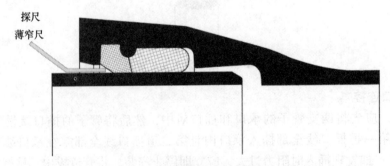

图 4-55　胶圈安装位置检查

4.9.3　管道损坏修复

　　如果正在使用的球墨铸铁管因局部损坏而漏水时，可使用 K 型承套修复方案将其修复，具体修复步骤如下：

（1）开挖及断管

将损坏部分的管道挖出，确认管子的损坏长度后，再将受损坏的管段切掉，如图 4-56 所示。

（2）换管准备

准备一段同规格的双插直管和两套 K 型承套组件。

（3）安装 K 型承套

将两个 K 型承套的可伸缩端分别连接到待修复管线的两个管端，使原管线的插口端尽量插到 K 型承套的最大安装深度，如图 4-57 所示。

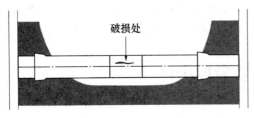

图 4-56　管道切断示意图　　　　图 4-57　K 型承套安装示意图

（4）换管

按照图 4-58 所示，切割一段长度为 L-8cm 的同口径的双插短管并将其放入待更换位置。

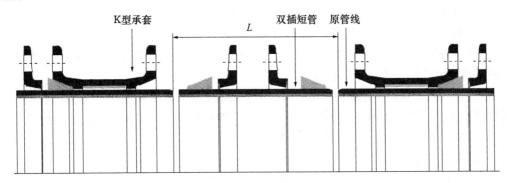

图 4-58　管道修复后示意图

（5）承套连接

将两个 K 型承套分别向新插入的管段进行轴向移动，移动到位后完成 K 型承套安装。修复完成结构图如图 4-59 所示。

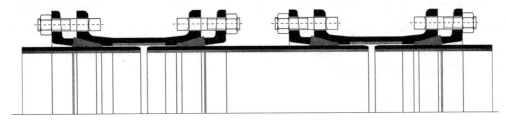

图 4-59　K 型承套修复完成示意图

第5章 钢筋混凝土管

混凝土管为用混凝土浇筑的管道总称。可以分为素混凝土管、钢筋混凝土管、预应力混凝土管和钢筒混凝土管，可采用开槽埋管和非开挖施工，混凝土管道是市政工程中应用最广泛的管材，随着混凝土管道制作工艺的提高和管道接口的优化，预制混凝土管直径已达4000mm，耐水压也已达1.6MPa。玻璃钢、PVC和HDPE内衬管的出现，耐腐蚀性能也得到很大的提高，在污水排水管道应用中，耐腐蚀性能已达到与混凝土管同寿命。

5.1 混凝土管发展历程

5.1.1 钢筋混凝土管

我国混凝土管最早是1935年辽阳水泥制管厂采用离心制管工艺生产的，1938年北京建立水泥管厂，1950年上海建立荣大水泥管厂后迁至洛阳，以上厂家均是离心制管。建国初期大规模的城市建设需要大量排水管材，各地陆续建立水泥制管厂，离心制管技术很快在全国普及，成为主流生产工艺。1967年国家建材部颁发了我国第一个离心法生产的混凝土及钢筋混凝土管的标准即JC 130—67标准。

20世纪70年代中期开发了立式轴向挤压制管技术，由于设备构造简单，造价低，长1m的小口径承插口管大多采用这种工艺。

1974年，澳大利亚罗克拉公司来中国作制管技术交流，介绍悬辊制管技术，这一制管技术很快被国内的广东、山东、四川等地推广应用。1980年，我国又派出专家组去澳大利亚进行技术考察，进一步推广了这一技术。有些原以离心工艺生产的厂家也改用悬辊工艺生产。

我国立式径向挤压制管技术发展较晚，1985年研制了LE600立式径向挤压制管机，可用于制作直径600mm以下承插式钢筋混凝土管，同期上海市引进了美国麦克拉普公司的pH48型制管机，后来天津等地又引进德国BFS公司径向挤压制管设备，可生产直径300～1200mm钢筋混凝土管，最大可生产直径1650mm。2011年，我国第一套径向挤压设备研制成功，该工艺在国内很快普及。

芯模振动工艺引入我国是在20世纪90年代后期，从丹麦、德国、美国、意大利等国引进芯模振动生产设备，我国在2005年实现芯模振动设备国产化，芯模振动工艺因其生产效率高、安全、节能、产品质量好等诸多优势，成为大中口径管的首选工艺，很快在国内推广。可生产直径1000以上管，最大直径可生产4000mm。小管芯模振动设备可生产直径300～1200mm的钢筋混凝土管。

5.1.2 预应力混凝土管

我国早在1955年，就已开始研究三阶段平口式预应力混凝土压力管，不久组织了生产。1958 年我国开始研究三阶段承插式预应力混凝土压力管，很快获得成功，批量生产并安装使用。

1968 年试制成功用一阶段工艺制造的预应力混凝土压力管。20 世纪 80 年代中期，我国预应力混凝土管进入了快速发展时期。我国先后从瑞典"逊他布"公司和澳大利亚"罗克拉"公司成功引进了震动挤压工艺生产一阶段管和悬辊离心工艺生产三阶段管的先进生产技术和生产线，为我国制管技术和装备的进步和发展奠定了良好的基础。

5.1.3 预应力钢筒混凝土管（PCCP）

1893 年，法国人邦纳（Bonna）设计制造了由钢管与钢筋混凝土复合的钢筒混凝土管，1939 年，法国邦纳管道公司利用刚发现的预应力混凝土原理，制造了预应力钢筒混凝土管。1942 年，美国洛克昭公司（Look Joint）引入上述技术工艺后制造成功预应力钢筒混凝土管。其后，相继在美国出现了阿麦隆公司（Ameron）和普赖斯兄弟公司（Price Brothers），并在技术上有了新的发展。

20 世纪 70 年代，我国开始研究 PCCP 管，80 年代开始 PCCP 管的工业化试验。1989 年，原国家能源局开始考虑为电厂的压力输水管线引进一种性能优良的输水管材，在其牵头和组织下，中国开始引进美国 Ameron 公司的 PCCP 管关键装备和生产技术，开启了引领中国 PCCP 产业发展的新篇章，随后，由于管材性能优良，PCCP 在国内得到迅猛的发展。

截至目前，PCCP 在国内的使用里程已达 4 万 km 以上，广泛应用于我国水利、电力、市政给水排水等各个领域及国家重点工程。

5.2 钢筋混凝土管

5.2.1 管道用途

适用于雨水、污水、引水及农田排灌等重力流管道，在市政、公路工程、农田水利工程、电力和铁路工程建设中得到了广泛应用，可用于开槽施工和顶进施工。

5.2.2 制管主要材料

制管主要材料有水泥、细骨料（砂）、粗骨料、粉煤灰、矿渣等掺合料，钢筋采用冷轧带肋钢筋、热轧带肋钢筋，也可采用热轧光圆钢筋，冷拔低碳钢丝。

5.2.3 生产工艺

生产工艺有：悬辊成型工艺、芯模振动成型工艺、离心成型工艺、立式径向挤压成型工艺、立式附着式振动成型工艺等。

（1）悬辊工艺

悬辊工艺是先将管模平卧套置于悬辊机辊轴上，喂入管模内的混凝土在离心力作用下均匀分布于内壁，当混凝土的厚度超过管模挡圈时，受到辊压力的作用，混凝土在辊压力的作用下使混凝土密实成型，同时辊轴与混凝土接触面不平产生振动也有助混凝土密实的一种制管工艺（图 5-1、图 5-2）。

图 5-1 悬辊机设备

图 5-2 悬辊工艺成型管材

（2）芯模振动工艺

芯模振动工艺是内外模垂直组装于地坑内的底托盘上，浇入管模的混凝土混合料受到内模高频振动力的作用，使混凝土混合料液化，充满模型并排出空气，逐渐密实，管子的上端部配有定型环，由液压力搓动碾压，密实成型的一种制管工艺（图 5-3、图 5-4）。

图 5-3 芯模振动设备

图 5-4 芯模振动工艺管材

（3）离心工艺

离心工艺是管模平卧在离心机上旋转，使投入管模内的混凝土混合料受到离心力的作用，沿着管模四周均匀分布，在离心力的作用下使混凝土密实成型的一种制管工艺（图 5-5、图 5-6）。

图 5-5 离心成型设备

图 5-6 离心工艺管材

（4）径向挤压工艺

径向挤压工艺是布料机向管模内喂入混凝土混合料，通过挤压成型头的高速旋转挤压管模内的混凝土混合料，使混凝土密实，挤压的同时，成型头以一定的速度上升，完成成型过程的一种制管工艺（图5-7）。

（a）　　　　　　　　　　　　　　　　（b）

图5-7　径向挤压工艺设备与管材

（5）立式附着式振动成型工艺

管模垂直放在成型台上，浇灌混凝土后，在强烈振动力作用下，使混凝土密实。施振方式有：用安装在管模的外模或内模上的附着式振动器振动；管模固定在振动台上振动；通过做成整体的带有偏心块装置的振动芯模在内模上振动等三种。主要用于制作大直径的钢筋混凝土管（图5-8）。

（a）　　　　　　　　　　　　　　　　（b）

图5-8　立式附着式振动成型工艺设备与管材

（6）排水管生产工艺优缺点比较（表5-1）

排水管生产工艺优缺点比较

表 5-1

比较项目＼生产工艺	悬辊	芯模振动	离心	径向挤压	立式振动
制管用混凝土性能	干硬性混凝土	干硬性混凝土	塑性混凝土	干硬性混凝土	塑性混凝土
主要成型作用力	辊压力	振动力	离心力	挤压力	振动力
水压抗渗性能	差	好	较差	好	一般
外观质量	一般	一般	较好	一般	较好
劳动强度	大	低	大	低	大
生产效率	较低	较高	低	高	最低
生产环境	较差	较好	差	好	较差
噪声	大	较大	较大	小	大
适用管径	$DN300 \sim DN2200$	$DN300 \sim DN4000$	$DN200 \sim DN3000$	$DN300 \sim DN1650$	$DN1000 \sim DN4000$
自动化程度	低	高	低	高	低

5.2.4　产品规格

（1）混凝土管产品规格

混凝土管（CP）是管壁内不配置钢筋骨架的混凝土管，按外压荷载可分为 Ⅰ、Ⅱ 两级，其产品规格外压荷载和内水压力检验指标见表5-2。

混凝土管规格、外压荷载和内水压力检验指标

表 5-2

公称内径 D_0/mm	有效长度 L/mm ≥	Ⅰ级管 壁厚 t/mm ≥	Ⅰ级管 破坏荷载 /（kN/m）	Ⅰ级管 内水压力 /MPa	Ⅱ级管 壁厚 t/mm ≥	Ⅱ级管 破坏荷载 /（kN/m）	Ⅱ级管 内水压力 /MPa
100		19	12		25	19	
150		19	8		25	14	
200		22	8		27	12	
250		25	9		33	15	
300	1000	30	10	0.02	40	18	0.04
350		35	12		45	19	
400		40	14		47	19	
450		45	16		50	19	
500		50	17		55	21	
600		60	21		65	24	

（2）钢筋混凝土管（RCP 或 DRCP）

管壁内配置有单层或多层钢筋骨架的混凝土管按外压荷载可分为 Ⅰ、Ⅱ、Ⅲ 三级，其产品规格外压荷载和内水压力检验标准见表5-3。

钢筋混凝土管规格、外压荷载和内水压力检验指标　　表 5-3

公称内径 D_0/mm	有效长度 L/mm ≥	Ⅰ级管				Ⅱ级管				Ⅲ级管			
		壁厚 t/mm ≥	裂缝荷载 /(kN/m)	破坏荷载 /(kN/m)	内水压力 /MPa	壁厚 t/mm ≥	裂缝荷载 /(kN/m)	破坏荷载 /(kN/m)	内水压力 /MPa	壁厚 t/mm ≥	裂缝荷载 /(kN/m)	破坏荷载 /(kN/m)	内水压力 /MPa
200		30	12	18		30	15	23		30	19	29	
300		30	15	23		30	19	29		30	27	41	
400		40	17	26		40	27	41		40	35	53	
500		50	21	32		50	32	48		50	44	68	
600		55	25	38		60	40	60		60	53	80	
700		60	28	42		70	47	71		70	62	93	
800		70	33	50		80	54	81		80	71	107	
900		75	37	56		90	61	92		90	80	120	
1000		85	40	60		100	69	100		100	89	134	
1100		95	44	66		110	74	110		110	98	147	
1200		100	48	72		120	81	120		120	107	161	
1350		115	55	83		135	90	135		135	122	183	
1400	2000	117	57	86	0.06	140	93	140	0.10	140	126	189	0.10
1500		125	60	90		150	99	150		150	135	203	
1600		135	64	96		160	106	159		160	144	216	
1650		140	66	99		165	110	170		165	148	222	
1800		150	72	110		180	120	180		180	162	243	
2000		170	80	120		200	134	200		200	181	272	
2200		185	84	130		220	145	220		220	199	299	
2400		200	90	140		230	152	230		230	217	326	
2600		220	104	156		235	172	260		235	235	353	
2800		235	112	168		255	185	280		255	254	381	
3000		250	120	180		275	198	300		275	283	410	
3200		265	128	192		290	211	317		290	292	438	
3500		290	140	210		320	231	347		320	321	482	

5.2.5 技术要求

（1）混凝土强度

制管用混凝土强度等级不低于 C30，用于制作顶管的混凝土强度等级不低于 C40。

（2）钢筋骨架

钢筋骨架制作：环筋直径小于或等于 8mm 时，应采用滚焊成型；环筋直径大于 8mm

时，应采用滚焊成型或人工焊接成型。当采用人工焊接成型时，焊点数量应大于总连接点的 50% 且均匀分布。钢筋的连接处理应符合 GB 50204—2015、JGJ 95—2011 的规定。

钢筋骨架的环向钢筋间距由设计计算确定，并不得大于 150mm，且不得大于管壁厚度的 3 倍。钢筋直径不得小于 3.0mm。骨架两端的环向钢筋应密缠 1～2 圈。

钢筋骨架的纵向钢筋直径不得小于 4.0mm。纵向钢筋的环向间距不得大于 400mm 且纵向筋根数不得少于 6 根。

公称内径小于或等于 1000mm 的管子，宜采用单层配筋，配筋位置在距管内壁 2/5 处；公称内径大于 1000mm 的管子宜采用双层配筋。

用于顶进施工的管子，宜在管端 200～300mm 范围内增加环筋的数量和配置 U 型箍筋或其他形式加强筋。

钢承口用钢板厚度：对公称直径大于等于 2000mm 的管子，钢板厚度不宜小于 10mm；对公称直径小于 2000mm，且大于 1200mm 的管子，钢板厚度不宜小于 8mm；对公称直径小于或等于 1200mm 的管子，钢板厚度不宜小于 6mm。承口钢板和插口异性钢的性能应符合 GB 3274、GB/T 700 的规定。

（3）保护层厚度

环筋的内、外混凝土保护层厚度：当壁厚小于或等于 40mm 时，不应小于 10mm；当壁厚大于 40mm 且小于等于 100mm 时，不应小于 15mm；当壁厚大于 100mm 时，不应小于 20mm。对有特殊防腐要求的管子应根据需要确定保护层厚度。

（4）接口形式

管子按连接方式分为柔性接口管和刚性接口管。柔性接口管分为承插口管、钢承口管、企口管、双插口管、钢承插口管；刚性接口管分为平口管、承插口管和企口管。

（5）试验方法

内水压力。应按 GB/T 16752—2017 的规定进行检验，允许采用专用装置检验管体的内水压力。

外压荷载。按 GB/T 16752—2017 的规定按照三点法外压荷载进行检验。

5.3　预应力混凝土管

5.3.1　管道用途

适用于管线运行工作压力或静水头不大于 1.2MPa，管顶覆土深度不超过 10m 的承插式预应力混凝土管，可用于城市给水系统，排水系统、工业和水利输水管线、农田灌溉工厂管网及深覆土涵管等工程建设领域。

5.3.2　制管主要材料

制管主要材料：

水泥：水泥强度等级不低于 42.5。

细集料：管体混凝土用细集料宜采用中粗砂，三阶段管保护层水泥砂浆宜采用细砂，含泥量不应大于 1%。

粗集料：管体混凝土用粗集料应为人工碎石或卵石、石子最大粒径不应大于 20mm。且不大于管芯厚度的 1/4，含泥量不应大于 1%。

混凝土外加剂：不应对管子水质产生有害影响。

活性掺合料：粉煤灰不低于 II 级灰，磨细矿渣或硅灰可作为硅酸盐水泥或普通硅酸盐水泥的替代物，最佳替代量需经试验确定。

钢丝：制管用预应力钢丝宜采用热处理钢筋、冷拉钢丝，消除应力低松弛钢丝或钢绞线。

加强钢筋：钢筋的屈服强度不应低于 335MPa。

5.3.3 生产工艺

（1）振动挤压预应力混凝土管生产工艺

振动挤压预应力混凝土管成型工艺为振动挤压工艺。一阶段管指采用振动挤压工艺生产的预应力混凝土管包括传统的一阶段管（管子代号：YYG）和一阶段逊他布管（管子代号：YYGS），管子的外保护层为混凝土，管子的结构形式为整体式。振动挤压工艺指首先向安放有钢筋骨架（已实施纵向张拉）的管模内灌注新拌混凝土，然后在养护台上向内模的橡胶套内注入符合设计要求的压力水，对新成型的混凝土管壁实施挤压排水使混凝土密实同时实施环向预应力钢丝张拉，再经养护、卸压、脱模而制作管子的一种制管方法（图 5-9、图 5-10）。

图 5-9 一阶段管成型

图 5-10 一阶段管材

（2）管芯缠丝预应力混凝土管生产工艺

管芯缠丝预应力混凝土管成型工艺为离心工艺、悬辊工艺、立式振动工艺。

三阶段管指采用管芯缠丝工艺生产的预应力混凝土管包括传统的三阶段管（管子代号：SYG）和三阶段罗克拉管（管子代号：SYGL），管子的外保护层为水泥砂浆，管子的结构形式为复合式。管芯缠丝工艺指首先采用离心成型工艺或悬辊成型工艺或立式振动成型工艺制作带有纵向预应力的混凝土管芯，经养护、脱模后再以螺旋方式在管芯外表面缠绕环向预应力钢丝，在管壁混凝土内建立环向预应力，最后在缠丝管芯外表面制作水泥砂浆保护层而制作管子的一种制管方法。

5.3.4 振动挤压预应力混凝土管产品规格（表5-4）

一阶段管（YYG）基本尺寸（单位：mm）　　　　表5-4

公称内径 D_0	管壁厚度 t	保护层厚度 h	有效长度 L_0	管体长度 L	管体外径 DW	承口细部尺寸						l_1	l_2	l_3	插口细部尺寸				参考重量
						承口外径 D_1	外导坡直径 D_2	工作面直径 D_3	内导坡直径 D_4	斜坡投影长度 L_2	平直段长度 L_1				工作面直径		止胶台外径	安装间隙	
															D_6	D_6'			
400	55	15	5000	5160	500	684	548	524	494	504	70	50	60	70	500	492	516	20	1
500	55	15	5000	5160	600	784	648	624	594	504	70	50	60	70	600	592	616	20	1.2
600	55	15	5000	5160	710	904	758	734	704	504	70	50	60	70	710	702	726	20	1.6
700	55	15	5000	5160	810	1004	858	834	804	532	70	50	60	70	810	802	826	20	1.8
800	60	15	5000	5160	920	1124	968	944	914	630	70	50	60	70	920	912	936	20	2.3
900	65	15	5000	5160	1030	1248	1082	1056	1024	599	80	50	60	70	1030	1022	1048	20	2.8
1000	70	15	5000	5160	1140	1368	1192	1166	1134	626	80	50	60	70	1140	1132	1158	20	3.3
1200	80	15	5000	5160	1360	1608	1412	1386	1354	682	80	50	60	70	1360	1352	1378	20	4.6
1400	90	15	5000	5160	1580	1850	1636	1608	1574	714	80	50	60	70	1580	1572	1600	20	6
1600	100	20	5000	5160	1800	2098	1866	1833	1802	740	90	50	60	70	1808	1800	1830	20	7.6
1800	115	20	5000	5160	2030	2352	2100	2066	2030	770	90	60	60	70	2032	2024	2058	20	9.8
2000	130	20	5000	5160	2260	2602	2330	2296	2260	800	90	60	60	70	2262	2254	2288	20	12.3

5.3.5 管芯缠丝预应力混凝土管产品规格（表5-5，表5-6）

三阶段管（SYG）基本尺寸（单位：mm）　　　　表5-5

公称内径 D_0	管壁厚度 t	保护层厚度 h	有效长度 L_0	管芯长度 L	管芯外径 DW	承口细部尺寸							l_1	l_2	l_3	插口细部尺寸				参考重量
						承口外径 D_1	外导坡直径 D_2	工作面直径		内倒坡直径 D_4	平直段长度 L_1	斜坡投影长度 L_2				工作面直径		止胶台外径	安装间隙	
								D_3	D_3'							D_6	D_6'			
400	38	20	5000	5160	476	644	545	524	518	494	220	554	50	65	65	500	492	516	20	1.18
500	38	20	5000	5160	576	764	650	624	618	594	220	612	50	65	65	600	592	616	20	1.46
600	43	20	5000	5160	686	882	760	734	728	704	230	648	50	65	65	710	702	726	20	1.89

续表

公称内径 D_0	管壁厚度 t	保护层厚度 h	有效长度 L_0	管体长度 L	管芯外径 DW	承口细部尺寸 承口外径 D_1	外导坡直径 D_2	工作面直径 D_3	D_3'	内倒坡直径 D_4	平直段长度 L_1	斜坡投影长度 L_2	l_1	l_2	l_3	插口细部尺寸 工作面直径 D_6	D_6'	止胶台外径	安装间隙	参考重量
700	43	20	5000	5160	786	1004	860	834	828	804	230	726	50	60	70	810	802	826	20	2.23
800	48	20	5000	5160	896	1120	970	944	938	914	240	740	50	60	70	920	912	936	20	2.72
900	54	20	5000	5160	1008	1228	1080	1056	1050	1024	240	756	50	60	70	1030	1022	1048	20	3.29
1000	59	20	5000	5160	1118	1348	1190	1166	1160	1134	240	790	50	60	70	1140	1132	1158	20	3.9
1200	69	20	5000	5160	1338	1580	1410	1386	1380	1354	240	864	50	60	70	1360	1352	1378	20	5.25
1400	80	20	5000	5160	1560	1818	1634	1608	1602	1574	240	900	50	60	70	1580	1572	1600	20	6.67
1600	95	20	5000	5160	1790	2081	1864	1833	1832	1802	190	1075	50	110	20	1808	1800	1830	20	9.86
1800	109	20	4000	4170	2018	2320	2088	2066	2060	2028	190	1140	60	110	20	2032	2024	2058	20	9.61
2000	124	20	4000	4170	2248	2556	2318	2296	2290	2258	190	1230	60	110	20	2262	2254	2288	20	11
2200	120	25	4000	4170	2440	2782	2528	2498	2492	2454	195	1356	60	120	20	2458	2450	2490	30	13.5
2400	135	25	4000	4215	2670	3048	2773	2728	2722	2682	240	1475	90	120	20	2688	2680	2720	30	16.7
2600	150	25	4000	4200	2900	3308	3004	2958	2952	2912	250	1620	90	120	20	2916	2908	2950	30	19.95
2800	165	25	4000	4200	3130	3568	3230	3188	3182	3141	260	1740	90	120	20	3145	3137	3180	30	23.7
3000	180	25	4000	4200	3360	3828	3464	3418	3412	3370	260	1860	90	120	20	3374	3366	3410	30	27.76

三阶段罗克拉管（SYGL）基本尺寸（单位：mm） 表 5-6

公称内径 D_0	管芯厚度 t	保护层厚度 h	有效长度 L_0	管芯外径 DW	胶圈直径 d	承口外径 D_1	外导坡高度 S	工作面直径 D_3	平直段长度 L_1	斜坡投影长度 L_2	M	N	l_1	l_2	l_3	e	f	g	胶槽深度 U	止胶台外径 D_5	工作面直径	安装间隙	参考重量 T
620	40	26	5000	700	22	879	14	524	160	806	2.5	2	30	76	26	20	35	7	11	752	730	6	2.1
700	45	26	5000	790	22	973	14	624	161	824	2.5	2	30	80	26	20	35	7	11	842	820	6	2.46
800	50	26	5000	900	22	1089	14	734	165	850	2.5	2	30	84	26	20	35	7	11	952	930	6	3.02
900	55	26	5000	1010	22	1205	14	834	175	883	2.5	2	30	94	26	20	35	7	11	1062	1042	6	3.63
1000	60	26	5000	1120	25	1324	16	944	185	918	3	2	36	95	29	22	40	8	13	1172	1146	7	4.26
1200	70	26	5000	1340	25	1560	16	1056	190	990	3	2	36	105	29	22	40	8	13	1392	1366	7	5.7

公称内径 D_0	管芯厚度 t	保护层厚度 h	有效长度 L_0	管芯外径 DW	胶圈直径 d	承口细部尺寸										l_1							参考重量 T
						承口外径 D_1	外导坡高度 S	工作面直径 D_3	平直段长度 L_1	斜坡投影长度 L_2	M	N	l_1	l_2	l_3	e	f	g	胶槽深度 U	止胶台外径 D_5	工作面直径	安装间隙	
1400	80	26	5000	1560	25	1798	16	1166	200	1071	3	2	36	110	29	22	40	8	13	1612	1586	7	7.34
1500	85	26	5000	1690	25	1917	17	1386	212	1113	3.5	2	39	115	33	25	43	9	14	1722	1694	7	8.3
1600	90	26	5000	1780	25	2036	17	1608	215	1152	3.5	2	39	118	33	25	43	9	14	1832	1804	8	9.37

5.3.6　技术要求

（1）振动挤压预应力混凝土管技术要求

① 混凝土强度

管体混凝土强度不得低于 C50。

② 浇筑

升压、稳压装置应具有压力显示和记录功能，稳压过程中的压力波动不得大于 ±0.02MPa。蒸汽养护时最高恒温温度不宜超过 95℃。

脱模强度不得低于 35MPa，脱模强度和 28d 强度乘以强度系数确定，振动挤压成型工艺的强度系数为 1.5。

脱模放张时管体混凝土中建立的初始环向预压应力不应超过脱模时混凝土抗压强度的 55%。

每一根管子抗渗检验压力值应为管道工作压力的 1.5 倍，最低的检验压力为 0.2MPa。在抗渗检验压力下，合格管体不应出现冒汗、淌水、喷水以及合缝漏水和纵筋串水现象，管体外表面出现的任何单个潮片面积不应超过 20cm^2。

③ 预应力筋

管体混凝土内由纵向预应力钢筋建立的纵向预应力值不得低于 2.0MPa，钢筋宜采用螺纹钢筋。

（2）管芯缠丝预应力混凝土管技术要求

① 混凝土强度

管芯混凝土的强度等级不得低于 C40。

② 浇筑

脱模强度、缠丝强度及 28d 强度由标准立方体强度乘以强度系数进行确定。强度系数由各厂经试验确定，在没有取得足够试验依据时可分别采用：离心成型工艺的强度系数为 1.25；悬辊成型工艺或立式振动成型工艺的强度系数为 1.0。

三阶段管成型操作时采用的离心或悬辊成型工艺制度、立式振动成型工艺制度包括所采取的振动频率和振动成型时间应保证其获得设计要求的管芯尺寸和足够的密实度。成型过程中模型不得出现变形、松动和位移，成型后的管芯混凝土不得出现任何塌落。成型结束时应及时对管内壁混凝土进行整平处理。

采用立式振动工艺制作三阶段管时，每根管芯的全部成型时间不得超过水泥的初凝时间。脱模强度不得低于 28MPa。

③ 预应力筋

三阶段管缠绕环向预应力钢丝时，管芯混凝土抗压强度不应低于立方体抗压强度标准值的 70%，同时缠丝时，在管芯混凝土中建立的初始环向预压应力不应超过缠丝时管壁混凝土抗压强度的 55%，缠丝时环境温度不应低于 2℃。

在缠丝操作之前，管芯混凝土外表面如有直径或深度超过 10mm 的孔洞以及高于 3mm 的混凝土棱角都必须进行修补和清理。

缠丝时预应力钢丝在设计要求的张拉控制应力下，按设计要求的螺距呈螺旋形缠绕在管芯上，钢丝的起始端应牢固固定，管芯两端的锚固装置所能承受的抗拉应力至少为钢丝极限抗拉强度的 75%，管芯任意 0.6m 管长的环向预应力钢丝圈数不应低于设计要求，所用的预应力钢丝表面不得出现鳞锈和点蚀。

缠丝过程中如需进行钢丝搭接，则钢丝接头所能承受的拉应力至少应达到钢丝最小极限强度。

缠丝机应配备可以连续记录钢丝张拉应力的应力显示装置或应力记录装置，缠丝过程中张拉应力偏离平均值的波动范围不应超过 ±10%。

缠丝时环向钢丝间的最小净距不应小于所用钢丝直径，同层环向钢丝之间的最大中心间距不应大于 38mm。

缠丝前或缠丝时宜在管芯表面喷涂一层水泥净浆，净浆用水泥应与管芯混凝土相同。水泥净浆的水灰比宜为 0.625，涂覆量宜为 0.41L/m^2。

④ 保护层制作

制作水泥砂浆保护层应采用辊射法，喷涂法或其他有效方法，制成的水泥砂浆保护层应密实、坚固、新拌水泥砂浆的含水量不得低于其干料总重的 7%。制作水泥砂浆保护层时，应首先在缠丝管芯表面喷涂一层水泥净浆。

为了验证水泥砂浆保护层制作机的机械性能和水泥砂浆配合比是否满足制管要求、每隔三个月或当水泥砂浆原材料来源发生改变时至少应进行一次保护层水泥砂浆强度试验。水泥砂浆试样的养护应与管子砂浆保护层相同，保护层水泥砂浆 28d 龄期的立方体（试件尺寸 25mm×25mm×25mm）抗压强度不得低于 45MPa

保护层水泥砂浆吸水率，每工作班至少应进行一次保护层水泥砂浆吸水率试验，水泥砂浆试样的养护应与管子砂浆保护层相同。水泥砂浆吸水率全部试验数据的平均值不应超过 9%，单个值不应超过 11%。如连续 10 个工作班测得的保护层吸水率数值不超过 9%，则保护层水泥砂浆吸水率试验可调整为每周一次；如再次出现保护层水泥砂浆吸水率超过 9% 时应恢复为日常检验。

保护层养护，制作完成的水泥砂浆保护层应采用适当方法进行养护。采用自然养护时，在保护层水泥砂浆充分凝固后，每天至少应洒水两次以使保护层水泥砂浆保持湿润。

（3）接口形式

震动挤压预应力混凝土管采用滚动密封胶圈柔性承插接头。

管芯缠丝预应力混凝土管采用滚动密封胶圈柔性承插接头和滑动密封胶圈柔性承插接头。

（4）试验方法

① 抗渗检验

抗渗性检验制造中的每一根管子或缠丝管芯都应进行管体抗渗性检验，抗渗检验压力值应为管道工作压力的 1.5 倍，最低的抗渗检验压力值应为 0.2MPa，抗渗检验压力下管体不应出现冒汗、淌水、喷水；管体出现的任何单个潮片面积不应超过 $20cm^2$，管体任意外表面每平方米面积出现的潮片数量不得超过 5 处。

② 抗裂性能检验

成品管在控制开裂标准组合条件下的抗裂检验内压应由下式求得。卧式水压试验时，采用公式计算所得的 P_t 值应扣除管重和水重的影响；立式水压试验时，采用公式计算所得 P_t 值（管子顶部的压力值）应扣除管子垂直度高度水柱的影响。管子在抗裂检验内压下恒压 3 分，管体不得出现开裂（表 5-7，表 5-8）。

$$P_t = \frac{(A_p \sigma_{pe} + f_{tk} A_{cm})}{a_{cp} b_{\gamma_0}} \tag{5-1}$$

式中：P——管子的抗裂检验内压（MPa）；

A_p——每米管子长度环向预应力钢丝面积（mm^2）；

A_{cm}——每米管子长度管壁截面内混凝土、钢丝及混凝土或砂浆保护层折算面积（mm^2）；

σ_{pe}——环向钢丝最终有效预加应力（N/mm^2）；

f_{tk}——制管用混凝土抗拉强度标准值（N/mm^2）；

a_{cp}——预压效应系数，取 1.25；

b——管子轴向计算长度（m）；

γ_0——管子内半径（mm）。

一阶段管抗裂内压检验指标　　　　　　　　表 5-7

公称内径 /mm	工作压力 MPa					
	0.2	0.4	0.6	0.8	1	1.2
400	0.76	1.03	1.28	1.54	1.7	1.86
500	0.84	1.11	1.34	1.57	1.76	1.95
600	0.89	1.16	1.39	1.62	1.81	2
700	0.97	1.24	1.47	1.7	1.89	2.08
800	0.99	1.26	1.49	1.73	1.92	2.1
900	1.01	1.28	1.51	1.74	1.93	2.11
1000	1.02	1.29	1.52	1.75	1.94	2.12
1200	1.06	1.33	1.55	1.8	1.99	2.17
1400	1.1	1.37	1.6	1.84	2.03	2.21
1600	1.12 (1.27)	1.39 (1.54)	1.62 (1.77)	1.85 (2.0)	2.04 (2.19)	2.22 (2.37)

续表

公称内径 /mm	工作压力 MPa					
	0.2	0.4	0.6	0.8	1	1.2
1800	1.12 （1.27）	1.39 （1.54）	1.62 （1.77）	1.85 （2.0）	2.04 （2.19）	2.22 （2.37）
2000	1.12 （1.27）	1.39 （1.54）	1.62 （1.77）	1.85 （2.0）	2.04 （2.19）	2.22 （2.37）

注：1. 本表数据适用铺设条件：素土基础，管顶覆土深度 0.8～2.0m，地面允许两辆汽 -20 并列。

2. 制造厂应根据管道的实际铺设使用条件进行管子结构验算。

3. 表列带括弧的数据为立式水压检验指标，其余为卧式水压检验指标。

三阶段管抗裂内压检验指标   表 5-8

公称内径 /mm	工作压力 MPa					
	0.2	0.4	0.6	0.8	1	1.2
400	0.68	0.95	1.18	1.41	1.7	1.86
500	0.75	1.02	1.25	1.49	1.76	1.95
600	0.78	1.05	1.29	1.52	1.81	2
700	0.84	1.11	1.34	1.57	1.89	2.08
800	0.87	1.14	1.38	1.61	1.92	2.1
900	0.88	1.15	1.38	1.61	1.93	2.11
1000	0.92	1.19	1.42	1.65	1.94	2.12
1200	0.98	1.22	1.45	1.68	1.99	2.17
1400	0.98	1.25	1.49	1.72	2.03	2.21
1600	0.98 （1.13）	1.25 （1.40）	1.49 （1.64）	1.72 （1.87）	2.04 （2.19）	2.22 （2.37）
1800	0.98 （1.13）	1.25 （1.40）	1.49 （1.64）	1.72 （1.87）	2.04 （2.19）	2.22 （2.37）
2000	0.98 （1.13）	1.25 （1.40）	1.54 （1.73）	1.72 （1.87）	2.04 （2.19）	2.22 （2.37）
2200	1.03 （1.22）	1.30 （1.49）	1.57 （1.76）	1.77 （1.96）	—	—
2400	1.03 （1.23）	1.30 （1.5）	—	—	—	—
2600	1.03 （1.25）	1.30 （1.52）	—	—	—	—
2800	1.03 （1.25）	1.3 （1.52）	—	—	—	—
3000	1.03 （1.25）	1.3 （1.53）	—	—	—	—

注：1. 本表数据适用铺设条件：素土基础，管顶覆土深度 0.8～2.0m，地面允许两辆汽 -20 并列。

2. 制造厂应根据管道的实际铺设使用条件进行管子结构验算。

3. 表列带括弧的数据为立式水压检验指标，其余为卧式水压检验指标。

③ 管子接头允许相对转角

管子接头允许相对转角应符合表 5-9 的规定。管子接头转角试验在抗渗检验压力下恒压 5 分，达到标准规定的允许相对转角使管子接头不应出现渗漏水。

管子接头允许相对转角　　　　　　　　　　　　　　　　表 5-9

公称内径 /mm	管子接头允许相对转角（°）
400 ~ 700	1.5
800 ~ 1400	1.0
1600 ~ 3000	0.5

注：依管线工程实际情况，在进行管子结构设计时可以适当增加管子接头允许相对转角。

5.4　预应力钢筒混凝土管

5.4.1　应用范围

预应力钢筒混凝土管适用于公称内径为 400~4000mm 管线运行工作压力或静水头不超过 2.0MPa 的输水工程，主要用于城市给水排水管、倒虹吸管、压力隧道管线及涵管道等。

5.4.2　产品分类

（1）预应力钢筒混凝土管（简称 PCCP）

在带有钢筒的混凝土管芯外侧缠绕环向预应力钢丝并辊射砂浆保护层而制成的管子，见图 5-11。

图 5-11　预应力钢筒混凝土管

（2）内衬式混凝土预应力钢筒混凝土管（简称 PCCPL）

由钢筒和混凝土内衬组成管芯并在钢筒外侧缠绕环向预应力钢丝，然后辊射砂浆保护层而制成的管子（图 5-12）。

（3）埋置式预应力钢筒混凝土管（简称 PCCPE）

由钢筒和钢筒内、外两侧混凝土层组成管芯并在管芯混凝土外侧缠绕环向预应力钢丝，然后辊射砂浆保护层而制成的管子（图 5-13）。

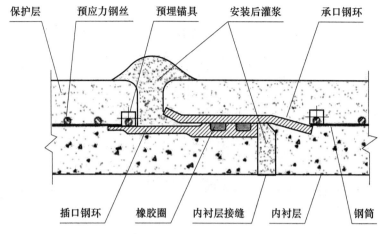

图 5-12 内衬式混凝土预应力钢筒混凝土管

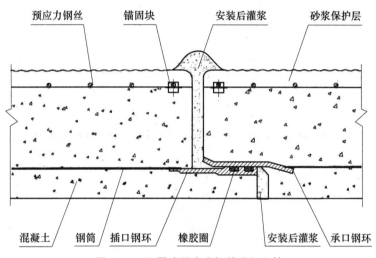

图 5-13 埋置式预应力钢筒混凝土管

（4）单胶圈预应力钢筒混凝土管（简称 PCCPS）

管子接头用单根橡胶密封圈进行柔性密封连接的混凝土预应力钢筒混凝土管，包括单胶圈内衬式预应力钢筒混凝土管（简称 PCCPSL）和单胶圈埋置式预应力钢筒混凝土管（简称 PCCPSE）。

（5）双胶圈预应力钢筒混凝土管（简称 PCCPD）

管子接头采用两根橡胶密封圈进行柔性密封连接的预应力钢筒混凝土管，包括双胶圈内衬式预应力钢筒混凝土管（简称 PCCPDL）和双胶圈埋置式预应力钢筒混凝土管（简称 PCCPDE）。

（6）非预应力钢筒混凝土顶管（简称 JCCP）

在钢筒内外侧设置钢筋骨架并一次浇筑成型的适用于非开挖施工的管道，见图 5-14。

（7）预应力钢筒混凝土顶管（简称 JPCCP）

一种预应力钢筒混凝土与非预应力复合而成的适用于非开挖施工的管道，见图 5-15。

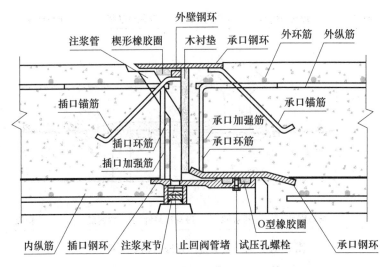

图 5-14 非预应力钢筒混凝土顶管

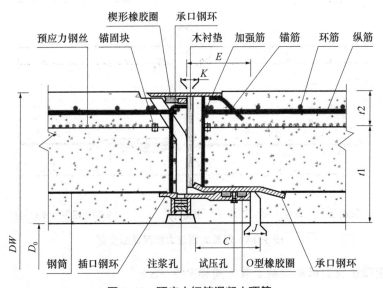

图 5-15 预应力钢筒混凝土顶管

5.4.3 原辅材料

（1）水泥

制管用水泥应采用硅酸盐水泥、普通硅酸盐水泥、矿渣硅酸盐水泥，水泥性能应分别符合 GB 175—2020 的规定。采用活性掺合材料作为水泥的替代物时，水泥强度等级不应低于 42.5。

（2）细集料

管芯混凝土宜采用天然中粗砂或人工砂。砂子的质量要求应符合 GB／T 14684—2022 的规定。其中砂含泥量或粉尘含量不应大于 2%。

（3）粗集料

管芯混凝土用粗集料应为人工碎石或卵石，石子的最大粒径不应大于 31.5mm，且不得大于混凝土层厚度的 2/5。石子的质量要求应符合 GB/T 14685—2022 的规定。

（4）水

管芯混凝土、保护层混凝土、水泥净浆拌合用水及成品管子的养护用水应符合 JGJ 63—2019 的规定。

（5）混凝土外加剂

使用外加剂时，所用外加剂不应对管子或水质产生有害影响，其质量要求应符合 GB 8076 的规定；混凝土外加剂的使用应符合 GB 50119—2013 的规定。

（6）活性掺合料

成品粉煤灰、磨细矿渣或硅灰等活性掺合料均可作为硅酸盐水泥或普通硅酸盐水泥的替代物，其最大替代量需经试验确定。成品粉煤灰的质量要求应不低于Ⅱ级灰的规定；磨细矿渣或硅灰的质量要求应分别符合相应标准的规定。

（7）钢丝

预应力钢丝应采用冷拉钢丝，钢丝直径不应小于 5mm，极限抗拉强度不应大于 1670MPa，钢丝力学性能应符合 GB/T 5223—2014 的规定。

（8）薄钢板

制造钢筒用薄钢板应分别符合 GB 700—2006、GB 912—2008 和 GB 11253—2019 的规定，薄钢板的最小屈服强度不应低于 248MPa。

（9）承口钢板和插口型钢

制造承插口接头钢环所用的承口钢板和插口型钢应分别符合 GB/T 699—2015、GB 700—2006 和 GB 3274—2017 的规定。

（10）配件用钢材

制造配件用钢板应分别符合 GB/T 699—2015、GB 700—2006 和 GB 3274—2017 的规定。钢板的屈服强度应不低于由设计工作压力引起的管壁应力的两倍且钢板的最小屈服强度不应低于 215MPa。

（11）钢筋焊接网

配件加强用钢筋焊接网应采用机械制造，所用钢筋或钢丝直径不得小于 2.5mm。钢筋焊接网的技术要求应符合 GB/T 1499.3—2013 的规定。

（12）加强钢筋

加强用钢筋应分别符合 GB 1499.2—2013 和 GB 13788—2017 的规定，钢筋的最小屈服强度不应低于 335MPa。

（13）胶圈

管子接头用橡胶密封圈应采用圆形截面的实心胶圈，胶圈的尺寸和体积应与承插口钢环的胶槽尺寸和配合间隙相匹配。橡胶密封圈的基本性能和质量要求应分别符合 JC/T 748—2010 的规定。

管子接头用橡胶密封圈允许拼接。每根橡胶密封圈最多允许拼接两处，两处拼接点之间的距离不应小于 600mm。

逐个检验橡胶密封圈的每个拼接点，检验时将橡胶密封圈拉长至原长的两倍以上并扭转 3600，然后采用肉眼检查，如胶圈的拼接点出现脱开或裂纹应予以废弃。

橡胶密封圈应存放在干燥、阴凉的地方，避免受阳光照射。

5.4.4　生产工艺

（1）PCCP 管制作流程

先制作接口钢环，再将钢环与管身钢筒焊接，构成管道整体密封结构；然后将钢筒置于模具中，经浇筑成型完成第一次浇筑，即管芯混凝土层制作；管芯混凝土养护至一定强度后缠绕预应力钢丝，最后外层喷浆形成保护层（图 5-16）。

PCCP 制作工艺流程如下：

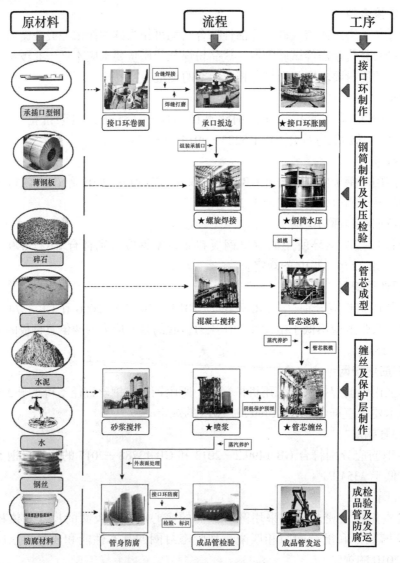

图 5-16　PCCP 制作工艺流程

① 接口环制作

材料：定尺承口钢带和插口异型钢；

主要设备：卷圆机、扳边机、数显自动涨圆机（图 5-17）；

过程：从原材料下料、接口环卷圆、焊接、磨光、承口扳边、接口环涨圆、端面找平到最后检查的全过程。

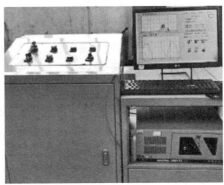

图 5-17 接口环制作

工艺规程：

a. 插口钢圈采用双胶圈接头型钢，承、插口钢圈下料长度应保证在涨圆中超出弹性极限。

b. 每个钢圈不允许超过两个接头，而且接头焊缝间距不应小于 500mm。

c. 接口应对接平整，接口焊接采用双面熔透焊接，并打光磨平，错边不大于 0.5mm。焊接完毕，经自检，确认合格后标识。

d. 涨圆工作应根据要求调整好涨圆模具，将接口环放在涨圆机上，直至涨圆成型至标准尺寸。

e. 涨圆后，在插口环两道密封槽之间沿直径方向 180° 对称做 2 个注水检验螺孔，以方便检验时注水管的接入和空气的排空。

② 钢筒制作

材料：薄钢板采用冷板或热板，材料符合 GB 912—2016、GB/T 700—2006、GB/T 11253—2016 的规定。

主要设备：螺旋制筒机，可进行自动焊接、出筒、修补和立起作业，提高钢筒制作效率和保证焊接质量（图 5-18）。

过程描述：包括螺旋筒体自动卷板、焊接成型、出筒、修补和立起作业的全过程。

图 5-18 钢筒制作

工艺规程：

a. 钢筒制作采用螺旋焊，并按要求的尺寸精确卷制，钢筒端面倾斜度满足 GB/T 19685—2017 的要求。

b. 焊前准备：对薄钢板表面进行除油、除锈处理。

c. 焊前调整：安装好承、插口环，保证其椭圆度及端面不平度小于规定的要求。

d. 自动焊接：待钢板与承口搭接符合要求后，开始筒体自动焊接，焊接时及时调整，保证焊缝均匀，连续平整，采用的搭接焊缝凸起高度不应大于钢板厚度加上 1.6mm，外观缺陷处或水压检验出的缺陷处的修补焊缝凸起高度不应大于 1.6mm，且焊缝同一部位补焊不得超过两次。

e. 焊接完成后，卸筒装置进入筒体下方，将成型的钢筒托起，移出放到指定位置。

f. 在水压前对钢筒焊接缺陷进行提前处理，提高钢筒水压试验效率。

③ 钢筒水压

材料：钢筒、预埋件等；

主要设备：PLC 自动控制立式水压机、加压泵、电焊机等（图 5-19）；

过程描述：包括钢筒水压试验、焊接预埋件等全过程。

图 5-19　钢筒水压

工艺规程：

a. 钢筒水压试验：把焊好的筒体套在立式水压机内胆上，向筒体内注水加压，至试验压力，要求恒压时间不少于 3min，钢筒无渗漏为合格。卸压、放水，采用数码喷涂技术进行钢筒标识，不得采用油漆类材料进行标识。

b. 如有漏点，做好标记，待卸压后进行补焊，并在补焊后再次进行水压检验，直到钢筒所有焊缝无渗漏为止。

c. 在正确位置焊接预埋件，焊接必须牢固，确保钢丝锚固块与钢筒间的电连续性，然后将合格钢筒平稳吊到指定地点待用。

d. 制作混凝土管芯前应对钢筒表面进行清理和整平处理。钢筒表面不得粘有可能降低钢筒与混凝土粘结强度的油脂、锈皮、碎屑及其他异物，钢筒表面的凹陷或鼓胀与钢筒基准面之间的偏差不应大于 10mm。

e. 每周对钢筒静水压试验机的压力计量系统进行检验。

④ 混凝土制备

材料：水泥、粉煤灰、水、骨料、外加剂等。

主要设备：料仓防雨装置、自动上料、拌料控制系统、风冷螺杆式冷水机等（图5-20）。

过程描述：包括从原材料计量、搅拌到混凝土入模前的全过程。

图 5-20　混凝土制备

工艺规程：

a. 混凝土配合比设计遵循 JGJ 55—2011 的有关规定，性能指标应满足 GB 50010—2010 规范的要求。设计配合比在使用前需经监理人批准。

b. 称量或计量用的设备和计量精度满足相关规范要求，每周进行混凝土拌和设备计量系统的精确检测、调整，对计量系统的检验在监理人见证下进行。

c. 每天进行一次砂、石骨料的含水率的测定（阴雨天应加大测定频率），据以调整混凝土生产配合比，指导生产班组进行混凝土生产。

d. 混凝土生产采用强制式搅拌机，按施工的配合比自动进行称量。

e. 料加完后，按照设计配合比进行拌料，搅拌时间不少于 3min。

f. 拌好料后，打开出料门卸料。

g. 按要求做混凝土坍落度、温度、和易性试验，必须控制在设计要求之内。

⑤ 管芯浇筑成型

材料：混凝土。

主要设备：喂料机、分料器、风动振动器、立式管芯模具、吊车等（图5-21）。

过程描述：本工序包括PCCP管芯浇筑成型的全过程。

图 5-21　管芯浇筑成型

工艺规程：

a. 将分料器正确吊放到顶盖上。

b. 混凝土运输车在搅拌站底下接收混凝土后，运至浇筑车附近，启动带动力的料斗移动到混凝土浇筑车上。

c. 另一条线上浇筑完的空料斗，待混凝土运输车与浇筑车对正后移至混凝土运输车上。

d. 混凝土采用立式成型。混凝土浇筑车行走至放好分料器的立式管模上方，开启振动器，浇筑车料门打开，连续均匀浇筑，保证浇筑时钢筒内外侧混凝土均匀上升，且高差（内高外低）不超过 500mm，使钢筒内混凝面高于钢筒外混凝土面。

e. 平整插口端混凝土端面，保证尺寸符合设计要求。

f. 完成后清理干净顶盖，清除剩余混凝土。

⑥ 管芯养护

材料：管芯、饱和蒸汽。

主要设备：温度自动控制系统、蒸汽养护罩等（图 5-22）。

过程描述：包括管芯养护全过程。

图 5-22　管芯养护

工艺规程：

a. 管芯混凝土采用蒸汽养护，管芯浇筑完毕后，盖好养护罩，通知蒸养中控室管芯的编号及放置的坑位，按照提前设定好的蒸养控制程序，自动开始进入养护阶段。

b. 恒温阶段结束后，按蒸养中控室的指令，及时吊除蒸养罩，待管子温差满足要求后下达新的指令。

c. 蒸养中控室按技术规范进行操作，加速养护期间养护罩内的升温速度控制在 22℃ 以内，最高恒温温度不得超过 52℃，并严格控制恒温时间及去罩降温时间。

d. 在蒸汽养护期外，自然条件下放置时进行自动洒水养护，养护时间满足技术规范的要求。

e. 每天对管材养护过程温度、持续时间等养护进行记录，确保养护环境满足要求。

⑦ 管芯拆模及清理

材料：水质脱模剂等。

主要设备：吊车、PCCPDE 管模、气动扳手、套筒扳手、自动清模机、自动喷涂机等（图 5-23）。

过程描述：包括从管模拆卸、清理、涂覆脱模剂等全过程。

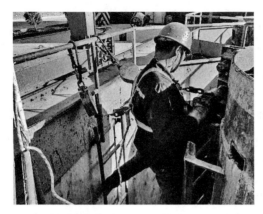

图 5-23 管芯拆模及清理

工艺规程：

a. 脱模程序：

（a）检测管芯表面温度与环境温度相差在 20℃ 以内时进行脱模，养护结束脱模时管芯混凝土抗压强度不低于 20MPa。

（b）松开螺栓后，吊出顶盖、内模和外模。吊动过程中要求吊具与内模（或外模）中心一致，垂直起吊，以免碰伤管芯混凝土。

b. 清理程序：将脱模后的管芯吊运至堆放区。清理底座、顶盖、内外模，清理过程中不允许碰伤模具。清理干净后的内、外模用脱模剂均匀地喷刷一遍。

c. 装模程序：

（a）内模清理、喷脱模剂。内、外模各自的拼合缝处要严密，并有良好的平整度。

（b）将合格的钢筒吊放到有内模的底座上后。吊放清理干净并涂油的顶盖。

（c）将外模吊放至底座，然后均匀地上紧全部螺栓。

d. 脱模、清理、涂油、装模按顺序交叉进行。

⑧ 缠丝

材料：预应力钢丝、净浆等。

主要设备：立式缠丝机、吊车等（图 5-24）。

过程描述：包括从钢丝预绕、缠丝、压阴极保护用镀锌钢带、钢丝锚固全过程。

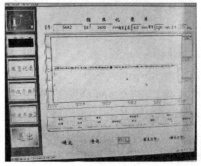

图 5-24 缠丝

工艺规程：

a. 钢丝预绕：

（a）先将成捆的钢丝吊放到放料盘上。找出钢筋头，将它与预绕机上的钢丝头用绑扎机绑扎好，开启滚筒预绕钢丝，过程中要防止钢丝受伤。

（b）滚筒缠满钢丝后，固定钢丝尾部放好，准备待用。

b. 缠丝工序：

（a）检查管芯是否有合格标志，缠丝时混凝土立方体抗压强度不低于设计强度的70%，并不低于 20.7MPa（圆柱体强度），同时缠丝时在管芯混凝土中建立的初始压应力不得超过缠丝时混凝土抗压强度的 55%。

（b）将管芯吊上平台，轻落轻放，放到位后压好顶盖。

（c）阴极保护钢带预埋：对于单层缠丝的 PCCP，在钢丝下对称压放两条阴极保护钢带，对于双层缠丝的 PCCP，在两层预应力钢丝下各对称压放两条阴极保护钢带。

（d）锚固好钢丝后开始缠丝，施加应力，第一圈和最末圈钢丝具有 1/2 应力，由下向上缠丝，第二圈达到设计应力，并按照设计的缠丝参数进行缠丝。缠丝过程中连续记录钢丝的张拉应力。

（e）缠丝时同步喷水泥净浆，水泥净浆搅拌均匀后，开动离心泵边缠边喷。

（f）缠丝结束前在距顶端 50～100mm 时，减慢缠丝机速度，锚固好钢丝。

（g）提起顶盖，将管子吊运到堆放区。

⑨ 砂浆保护层制作

材料：主要为细砂、水泥、水等。

主要设备：料仓防雨装置、砂浆辊射机、强制式搅拌机、吊车等（图 5-25）。

过程描述：包括制作砂浆外保护层的全过程。

图 5-25　砂浆保护层制作

工艺规程：

a. 混合料投入上料斗中。开动卷扬机，将料提升投入搅拌机。预先开启搅拌机，料投完后加水搅拌，搅拌时间不少于 3min。

b. 搅拌好的混合料，通过皮带输送到辊射机料斗中。

c. 已缠丝的管芯在转盘上放平稳。转动转盘，同时开启水泥净浆泵，边喷净浆边辊射，辊射时管芯的表面温度应不低于 2℃。

d. 按照工艺规定设置辊射机的各种工作参数，做到回弹料准确计量而且辊射密实。

e. 辊射完毕后检查厚度是否符合技术规范的要求。二次辊射后，清理插口端多余砂浆和插口环端面附着的砂浆，清理好后停机，将管吊出工作平台，刮平承口端外边，防止损坏边缘，运至堆放区。

f. 保护层采用适当方法进行养护。加速养护制度与管芯养护相同，最少养护 12h；若自然养护，待保护层水泥砂浆充分凝固后，应间断喷水保持湿润不少于 4d，最初 24h 内，环境温度低于 10℃的累计时间，则每小时环境温度低于 10℃喷水养护时间应增加 1h。必须及时喷水保证湿润。

⑩ PCCP 管外防腐

材料：无溶剂环氧煤沥青涂料等。

主要设备：自动喷涂机、空压机、自动防腐机、起重机等（图 5-26）。

过程描述：对 PCCP 标准管保护层环氧煤沥青外防腐制作全过程。

图 5-26　PCCP 管外防腐

工艺规程：

a. 表面预处理：PCCP 管保护层砂浆喷涂后养护期应满足标准的要求，养护完成后，待管道表面干燥后进行表面处理。管道外水泥砂浆表面应洁净，应确保无油污、无浮尘，施工前用软毛刷、压缩空气、工业吸尘器等将其表面清理干净。

b. 防腐层施工：

（a）施工环境：当环境低于 5℃或高于 32℃时，不应进行防腐涂装施工，不得在雨雾或 5 级以上大风中露天施工。

（b）施工基本要求：使用高压无气双组分自动喷涂设备，辊涂和刷涂方式仅用于角落狭小部位。且施工人员必须是经过培训并有实际操作经验的熟练人员。

（c）喷涂：喷涂设备及压力应达到产品说明书的要求，以保证漆膜均匀，平整，光滑。

c. 喷涂距离 100～200mm，喷枪尽可能与基体表面成直角，不得小于 45°。

d. 控制喷枪移动速度，厚度应均匀，各喷涂带之间应有 1/3 以上的宽度重叠。

e. 漆膜缺陷应及时修正。经表面处理后，采用高压无气喷涂或手工刷涂、辊涂，逐步将漆膜补至规定的干膜厚度。

⑪ 翻管及接口环防腐

材料：环氧饮水舱防腐涂料、阴极保护钢片。

主要设备：喷砂机、空压机、无气喷涂机、电焊机、翻管机、吊车（配合）等（图 5-27）。

过程描述：包括翻管、焊接阴极保护钢片及接口环防腐等全过程。

图 5-27　翻管及接口环防腐

工艺规程：

a. 翻管

（a）将管子吊起正确放到翻管机底座上，液压翻管机在管道重力的作用下启动，管子慢慢倾倒，到位稳定后停止。

（b）在吊钩上挂上专用吊具，将管道吊放到储存区。吊车行走平稳，防止管体滑动。

b. 接口环防腐

（a）刷漆前，对承插口环露出钢件表面进行除锈，要求钢表面应无油污、无锈迹、无杂物，干燥清洁，除锈质量达到《涂装前钢材表面锈蚀等级和除锈等级》GB 8923—2011 所规定的 Sa2.5 级。

（b）涂层施工：大风、雨、雾天气不宜进行室外施工。环氧饮水舱防腐涂料在涂刷前必须搅拌均匀，漆膜厚度为 100μm。

c. 阴极保护钢片：在管材承口钢环处和插口环钢环处对称 180° 分别焊接一根阴极保护钢片，用于 PCCP 管段间的电连续性跨接。要求焊接要牢固。

（2）JPCCP 制作工艺

JPCCP 制作流程与 PCCP 基本一样，缠绕预应力钢丝后采用模具浇筑二次混凝土形成钢筋混凝土保护层，见图 5-28。

图 5-28　JPCCP 制作工艺

5.4.5 规格和尺寸

（1）内衬式预应力钢筒混凝土管基本尺寸如表 5-10 所示。

（2）预应力钢筒混凝土管基本尺寸（单胶圈接头）如表 5-11 所示。

（3）埋置式钢筒混凝土管基本尺寸（双胶圈接头）如表 5-12 所示。

（4）承插口钢环基本尺寸如表 5-13 所示。

内衬式预应力钢筒混凝土管（PCCPL）基本尺寸   表 5-10

管子种类	公称内径 D_0 mm	最小管芯厚度 t_c mm	最小保护层净厚度 mm	钢筒厚度 t_y mm	承口深度 C mm	插口长度 E mm	承口工作面内径 B_b mm	插口工作面外径 B_s mm	接头内间隙 J mm	接头外间隙 K mm	胶圈直径 d mm	有效长度 L_0 mm	管子长度 L mm
单胶圈	400	40	20	1.5	93	93	493	493	15	15	20	5000 6000	5078 6078
	500	40					593	593					
	600	40					693	693					
	700	45					803	803					
	800	50					913	913					
	900	55					1023	1023					
	1000	60					1133	1133					
	1200	70					1353	1353					
	1400	90					1593	1593					
双胶圈	600	40	20	1.5	160	160	693	693	25	25	20	5000 6000	5135 6135
	700	45					803	803					
	800	50					913	913					
	900	55					1023	1023					
	1000	60					1133	1133					
	1200	70					1353	1353					
	1400	90					1593	1593					

预应力钢筒混凝土管（PCCPSE）基本尺寸（单胶圈接头）   表 5-11

公称内径 D_0 mm	最小管芯厚度 t_c mm	最小保护层净厚度 mm	钢筒厚度 t_y mm	承口深度 C mm	插口长度 E mm	承口工作面内径 B_b mm	插口工作面外径 B_s mm	接头内间隙 J mm	接头外间隙 K mm	胶圈直径 d mm	有效长度 L_0 mm	管子长度 L mm
1000	90	20	1.5	108	108	1093	1093	25	25	20	5000 6000	5083 6083
1200	100					1303	1303					
1400	100					1503	1503					
1600	100					1703	1703					
1800	115					1903	1903					

续表

公称内径 D_0 mm	最小管芯厚度 t_c mm	最小保护层净厚度 mm	钢筒厚度 t_y mm	承口深度 C mm	插口长度 E mm	承口工作面内径 B_b mm	插口工作面外径 B_s mm	接头内间隙 J mm	接头外间隙 K mm	胶圈直径 d mm	有效长度 L_0 mm	管子长度 L mm
2000	125					2103	2103					
2200	140	20	1.5	108	108	2313	2313	25	25	20	5000 6000	5083 6083
2400	150					2513	2513					
2600	165					2713	2713					
2800	175					2923	2923					
3000	190					3143	3143					
3200	200					3343	3343					
3400	220	20	1.5	150	150	3553	3553	25	25	20	5000 6000	5125 6125
3600	230					3763	3763					
3800	245					3973	3973					
4000	260					4183	4183					

埋置式钢筒混凝土管（PCCPDE）基本尺寸（双胶圈接头）　　　　表 5-12

公称内径 D_0 mm	最小管芯厚度 t_c mm	最小保护层净厚度 mm	钢筒厚度 t_y mm	承口深度 C mm	插口长度 E mm	承口工作面内径 B_b mm	插口工作面外径 B_s mm	接头内间隙 J mm	接头外间隙 K mm	胶圈直径 d mm	有效长度 L_0 mm	管子长度 L mm
1000	90					1093	1093					
1200	100					1303	1303					
1400	100					1503	1503					
1600	100					1703	1703					
1800	115	20	1.5	160	160	1903	1903	25	25	20	5000 6000	5135 6135
2000	125					2103	2103					
2200	140					2313	2313					
2400	150					2513	2513					
2600	165					2713	2713					
2800	175					2923	2923					
3000	190	20	1.5	160	160	3143	3143	25	25	20	5000 6000	5135 6135
3200	200					3343	3343					
3400	220					3553	3553					
3600	230					3763	3763					
3800	245	20	1.5	180	180	3973	3973	30	30	22	5000 6000	5150 6150
4000	260					4183	4183					

承插口钢环基本尺寸 表 5-13

钢环种类	公称内径	插口钢环						承口钢环				
		t_s	W_s	a	b	c	h	t_b	W_b	d	e	f
单胶圈	400～1200	16.0	140	22.0	10.0	11.1	—	6.0～8.0	130	7.0	26.0	76
	1400～2600	16.0	140	22.0	10.0	11.1	—	8.0	165	7.0	26.0	110
	2800～4000	16.2	184	21.8	10.0	11.4	—	8.0～10.0	203	10.0	26.0	114
双胶圈	600～2600	19.0	205	21.0	10.0	11.0	16.0	8.0	216	10.0	26.0	127
	2800～3400	19.0	205	21.0	10.0	11.0	16.0	8.0～10.0	216	10.0	26.0	127
	3600～4000	21.0	240	25.0	10.0	13.0	16.0	10.0	236	10.0	26.0	147

5.4.6 制管技术要求

（1）接头钢环

① 承口钢环应采用一块钢板或由多块钢板组成的钢板条，经过制圈焊接形成圆环后以超过钢板弹性极限强度的扩张力对承口钢环进行扩张整圆，以获得设计所确定的精确尺寸。

② 插口钢环应采用符合要求的异型钢板条，经过制圈焊接形成圆环后以超过钢板弹性极限强度的扩张力对插口钢环进行扩张整圆，以获得设计所确定的精确尺寸。

③ 制成的承插口接头钢环工作面的对接焊缝应精心打磨光滑并与邻近表面取平，焊缝表面不应出现裂纹、夹渣、气孔等缺陷。

（2）钢筒

① 钢筒体制作可采用螺旋焊或拼板焊；钢板的拼接可采用对焊或搭接焊。钢筒体的尺寸应符合设计图纸的要求。

② 承插口接头钢环应组装在钢筒两端的准确位置，钢筒组装后的端面倾斜度应符合本标准表 5 的规定。

③ 钢筒体的焊缝可以是螺旋缝、环向缝或纵向缝，但不允许出现"+"字形焊缝。内衬式预应力钢筒混凝土管子用钢筒体的焊缝应连续平整，采用对焊时焊缝凸起高度不应大于 1.6mm，采用搭接焊时焊缝凸起高度不应大于钢筒钢板厚度加上 1.6mm。

④ 钢筒应进行水压试验以检验钢筒体焊缝的渗漏情况。检验压力（P_g）由公式（5-2）计算所得，钢筒在规定的检验压力下至少恒压 3min。试验过程中检验人员应及时检查钢筒所有焊缝并标出所有的渗漏部位，待卸压后对渗漏部位进行人工焊接修补，经修补的钢筒需再次进行水压试验直至钢筒体的所有焊缝不发生渗漏为止。

$$P_g = \frac{2\sigma t_y}{D_y - 2t_y} \tag{5-2}$$

式中：P_g——钢筒抗渗检验压力（MPa）；

σ——薄钢板承受的拉应力。采用卧式水压时至少应为 140MPa，但其最大值不应超过 172MPa；采用立式水压时底部钢筒所受的拉应力应为 172MPa；

D_y——钢筒外径（mm）；

t_y——钢筒厚度（mm）。

⑤ 制作混凝土管芯或制作水泥砂浆保护层之前应对钢筒表面进行清理和整平处理。钢筒表面不得粘有可能降低钢筒与混凝土或水泥砂浆粘接强度的油脂、锈皮、碎屑及其他异物；钢筒表面的凹陷或鼓胀与钢筒基准面之间的偏差不应大于 10mm。

（3）管芯混凝土

① 管芯中的混凝土可以通过离心工艺，立式浇筑工艺，径向压缩工艺或其他认可的工艺进行浇筑，制管用混凝土设计强度等级不应低于 C40。混凝土配合比设计应遵循 JGJ 55 的规定，混凝土的操作施工应遵循 GB 50204 的规定，混凝土中采用外加剂时应遵循 GB 50119 的规定。

② 每班或每拌制 100 盘（不大于 100m³）同配比的混凝土拌和料应抽取混凝土样品制作 3 组立方体试件或圆柱体试件用于测定管芯混凝土的脱模强度、缠丝强度及 28d 标准抗压强度。用于测定管芯混凝土脱模强度和缠丝强度的试件的养护条件应与管子相同。

③ 管芯混凝土标准抗压强度的检验与评定应符合 GB/T 50107 的规定。如采用标准圆柱体试件测定混凝土抗压强度时应将测试结果换算成标准立方体试件的抗压强度进行评定，换算系数应由试验确定，无资料时可取 1.25。

（4）管芯成型

① 采用离心工艺制作管芯混凝土时其成型工艺制度应保证管芯获得设计要求的管芯厚度和足够的密实度，成型后的管芯混凝土内衬不得出现任何塌落，钢筒与管芯混凝土之间不应出现空壳现象。成型结束后，应及时对管芯混凝土内壁进行平整处理并排除余浆。

② 采用立式振动工艺制作管芯混凝土时其成型操作时采取的振动频率和振动成型时间应保证管芯混凝土获得足够的密实度，成型过程中钢筒不得出现变形、松动和位移。每根管芯的全部成型时间不得超过水泥的初凝时间。

（5）管芯养护

① 新成型的管芯应采用适当方法进行养护。采用蒸汽养护时养护设施内的最高升温速度不应大于 22℃/h；在混凝土充分凝固后应及时进行洒水养护。

② 对于内衬式管应采用一次蒸汽养护法。采用的蒸汽养护制度应保证管芯混凝土达到规定的脱模强度。养护时最高恒温温度不宜超过 85℃；养护设施内的相对湿度不宜低于 90%。

③ 对于埋置式管宜采用二次养护法，第一次养护结束时使管芯混凝土强度达到规定的脱模强度。采用蒸汽养护时最高恒温温度不应超过 60℃，养护设施内的相对湿度不宜低于 85%。第二次养护结束时使管芯混凝土强度达到规定的缠丝强度。

（6）管芯脱模

① 管芯脱模操作不应对管芯混凝土产生明显的损坏，管芯混凝土内外表面不得出现粘模和剥落现象。

② 采用离心成型时管芯混凝土脱模强度不应低于 30MPa；采用立式振动成型时管芯混凝土脱模强度不应低于 20MPa。

（7）缠绕预应力钢丝

① 缠绕环向预应力钢丝时管芯混凝土应具备的缠丝强度不应低于 28 天标准抗压强度的 70%，同时缠丝时在管芯混凝土中建立的初始压应力不应超过管芯混凝土缠丝强度的

55%，缠丝时管芯表面温度不得低于 2℃。

② 在缠丝操作之前，内衬式管钢筒外表面黏附的所有异物或混凝土碎渣都应清理干净；埋置式管芯混凝土外表面直径或深度超过 10mm 的孔洞以及高于 3mm 混凝土凸起都必须进行修补和清理。

③ 缠丝时预应力钢丝在设计要求的张拉控制应力下按设计要求的螺距呈螺旋形缠绕在管芯上，钢丝的起始端应采用锚固装置牢固固定，锚固装置所能承受的抗拉力至少应为钢丝极限抗拉强度的 75%，管芯任意 0.6m 管长的环向预应力钢丝圈数不应低于设计要求，所用的预应力钢丝表面不得出现鳞锈和点蚀。

④ 缠丝过程中如需进行钢丝搭接，则钢丝接头所能承受的拉力至少应达到钢丝极限抗拉强度且不得进行密缠；缠丝过程中张拉应力偏离平均值的波动范围不应超过±10%。

⑤ 缠丝时环向钢丝间的最小净距不应小于所用钢丝直径，同层环向钢丝之间的最大缠丝螺距不应大于 38mm。对于内衬式管，当采用的钢丝直径≥6mm 时，最大缠丝螺距不应大于 25.4mm。

⑥ 每次缠丝之前都应在管身表面喷涂一层水泥净浆，净浆用水泥应与管芯混凝土相同。水泥净浆的水灰比宜为 0.6～0.7，涂覆量宜控制在 0.41L/m^2。

（8）水泥砂浆保护层

① 保护层制作

新拌水泥砂浆的含水量不得低于其干料总重的 7%。制作水泥砂浆保护层时，应首先在管芯钢丝表面喷涂一层水泥净浆。制作埋置式管时水泥砂浆保护层所用的水泥应与管芯混凝土相同；制作水泥砂浆保护层时管芯的表面温度不得低于 2℃。

② 保护层水泥砂浆抗压强度

为了验证辊射机的机械性能和水泥砂浆配合比是否满足制管要求，每隔三个月或当水泥砂浆原材料来源发生改变时至少应进行一次保护层水泥砂浆强度试验。水泥砂浆试样的养护方法应与管子砂浆保护层相同，采用切割法制作的尺寸为 25mm×25mm×25mm 保护层水泥砂浆试件 28 天龄期的抗压强度不得低于 45MPa。

③ 保护层水泥砂浆吸水率

每班至少应进行一次保护层水泥砂浆吸水率试验，水泥砂浆试样的养护方式应与管子砂浆保护层相同。水泥砂浆吸水率试验全部试验数据的平均值不应超过 9%，最大值不应超过 10%。

④ 保护层养护

制作完成的水泥砂浆保护层应采用适当方法进行养护。采用自然养护时，在保护层水泥砂浆充分凝固后，每天至少应洒水两次以使保护层水泥砂浆保持湿润。

5.4.7 成品质量要求

外观质量

（1）管芯混凝土

成品管承插口端部管芯混凝土不应有缺料、掉角、孔洞等瑕疵。成品管内壁管芯混凝土表面应平整。内衬式管内表面不应出现浮渣、露石和严重的浮浆层；埋置式管内表面不应出现直径或深度大于 10mm 孔洞或凹坑以及蜂窝麻面等不密实现象。

（2）承插口工作面

成品管承插口工作面应光洁，不应粘有混凝土、水泥浆及其他脏物。

（3）砂浆保护层

成品管砂浆保护层保护层不应出现任何空鼓、分层及剥落现象，成品管覆盖在预应力钢丝表面上的水泥砂浆保护层不允许存在任何可见裂缝；覆盖在非预应力钢丝区域的水泥砂浆保护层出现的可见裂缝宽度不应大于 0.25mm。

（4）管体裂缝

成品管内壁出现的环向裂缝或螺旋状裂缝宽度不应大于 0.5mm（浮浆裂缝除外）；距管子插口端 300mm 范围内出现的环向裂缝宽度不应大于 1.5mm；成品管内壁沿管子纵轴线的平行线呈 150° 夹角范围内不允许存在裂缝长度大于 150mm 的纵向可见裂缝。

（5）允许偏差

成品管允许偏差应不超过表 5-14 的规定。

成品管允许偏差　　　　　　　　　　　　　　表 5-14

公称内径	管子内径 D_0 mm	保护层厚 t_g mm	管子总长 L mm	承口工作面		插口工作面		承插口工作面椭圆度	管子端面倾斜度
				内径 B_b mm	深度 C mm	外径 B_s mm	长度 E mm		
400～900	±6				±5		±5		6
1000～2400	±8				+5 -10		+5 -10		9
2600～3400	±10	-0 +10	±6	+1.0 +0.2	+5 -10	-0.2 -1.0	+5 -10	0.5% 或 12 mm （取小值）	13
3600～4000	±10				+5 -15		+5 -15		

注：1. 承插口工作面内外径允许偏差包含了防腐漆膜厚度；
　　2. 成品管子接头间隙仅作为计算管子有效长度之用。

（6）抗渗内压检验抗裂检验内压（P_t）

成品管在控制开裂标准组合条件下的抗裂检验内压（P_t）应由公式 5-3 求得。水压试验时管子 P_t 下至少恒压 5min，管体不得出现爆裂、局部凸起或出现其他渗漏现象，管体预应力区混凝土保护层不应出现任何可见裂缝或其他的剥落现象。

$$P_t = \frac{(A_p \sigma_{pe} + \alpha f_{tk} A_n)}{b r_0}$$　　　　　　　　　（5-3）

式中：P_t——管子的抗裂检验内压（MPa）；

　　　A_p——每米管子长度环向预应力钢丝面积（mm^2/m）；

　　　A_n——每米管子长度管壁截面管芯混凝土、钢筒、钢丝及混凝土保护层折算面积（mm^2）；

　　　σ_{pe}——环向钢丝最终有效预加应力（N/mm^2）；

　　　α——管芯混凝土抗拉强度标准值（N/mm^2）；

　　　b——管子轴向计算长度（m）；

r_0——管壁截面计算半径（mm）；

α——控制混凝土开裂系数，对 PCCPE 为 1.06；对 PCCPL 为 0.65。

（7）抗裂外压检验荷载（P_c）

成品管主要用于承受外压时，可采用三点法检验管子的外压抗裂性能。在控制开裂标准组合条件下的抗裂外压检验荷载（P_c）应由公式（3）求得。外压试验时管体预应力区混凝土保护层不应出现长度大于 300mm，宽度大于 0.25mm 裂缝或其他的剥落现象，管内壁不得出现纵向开裂。

$$P_c = \frac{1.834\,\omega_c t_c^2 \left(A_p \sigma_{pe}/A_n + \alpha f_{tk} \right)}{D_0 + t_c} \tag{5-4}$$

式中：P_c——抗裂外压检验荷载，kN/m；

D_0——管子内径，mm；

t_c——管芯厚度，包括钢筒厚度，mm；

ω_c——管壁截面受拉边缘弹性抵抗矩折算系数；

f_{tk}——管芯混凝土抗拉强度标准值，N/mm²。

（8）接头允许相对转角

成品管接头允许相对转角应符合表 5-15 的规定。接头转角试验在设计工作压力下恒压 5min，达到标准规定的允许相对转角时管子接头不应出现渗漏水。

接头允许相对转角 　　　　　　　　　　　　　　　　　　表 5-15

公称内径	接头允许相对转角（度）	
	单胶圈接头	双胶圈接头
400 ～ 500	1.5	—
600 ～ 1000		0.5
1200 ～ 4000	1.0	

注：依管线工程实际情况，在进行管子接头设计时允许增大接头允许相对转角。

5.4.8 管子修补

（1）裂缝修补

成品管内表面出现的环状或螺旋状裂缝宽度大于 0.5mm 及距管子插口端 300mm 以内出现的环状裂缝宽度大于 1.5mm 时，应予修补；管子外表面非预应力区混凝土保护层出现的裂缝宽度大于 0.25mm 时，应予修补。管体裂缝应采用水泥浆或环氧树脂进行修补。

（2）混凝土修补

管芯混凝土在制造、搬运过程中因碰撞造成的瑕疵，经修补合格后方能出厂。实施修补前应清除有缺陷的混凝土，修补所用水泥应与管芯混凝土或混凝土保护层相同。如果缠丝前管芯混凝土出现缺陷的表面积超过管体内表面或外表面积的 10%，则该根管子应予报废；如混凝土保护层出现损坏的表面积超过管子外保护层表面积的 5%，则应将其全部清除后重新浇筑混凝土保护层。

埋置式管芯混凝土内外表面出现的凹坑或气泡，当其宽度或深度大于 10mm 时应采用水泥砂浆或环氧水泥砂浆予以填补并刮平。

5.4.9　PCCP 运输

（1）根据管道施工现场的条件，PCCP 可采用公路运输，如施工现场存在水路，也可采用水路运输。

（2）公路运输时，PCCP 宜采用平板车运输，管子要采取适当的支垫和支撑措施，一般可采用木块作为管子的鞍形支撑和隔离块，管子必须采用链条、线缆，或钢丝绳捆扎牢固。

5.5　钢筋混凝土管防腐

5.5.1　有机涂料类

（1）环氧涂料

以环氧树脂为主要成膜物质的涂料称为环氧涂料。环氧树脂泛指分子中含有两个或两个以上环氧基团，以脂肪、脂环族或芳香族等为骨架，并能通过环氧基团反应形成的热固性高分子低聚物。除个别外，它们的相对分子质量都不高。环氧树脂涂料具有高附着力、高强度、固化方便和优异的防腐性能。正因为这些优点，环氧类涂料常被用作混凝土表面的封闭底漆和中漆。

环氧类防腐涂料以环氧树脂为主体，与颜料、催干剂、助剂等调制而成。环氧树脂涂料具有高附着力，高强度，耐化学品和优异的防腐性能。但环氧树脂涂料的缺点是户外耐候性差，涂层硬面脆，易粉化失光；固化时对温度和湿度的依赖性大（10℃以下固化缓慢，5℃以下停止。23℃时完全固化要 7 天。在相对湿度 80%～85% 时就很敏感）。为了改进环氧涂料的性能，最近 20 年国内外已研究出各种不同的提高热固性环氧树脂韧性的方法。已面市的改性环氧产品提高了表面润湿性及渗透性，增强了柔韧性、耐磨性和耐候性，改善了对固化温度和湿度的依赖性（可在 –10℃固化，在相对湿度 95% 的环境下施工），并可用于已有环氧涂料、氯化橡胶涂料和醇酸树脂涂料的涂覆。

但是因环氧树脂分子中含有醚键，树脂分子在紫外线照射下易降解断链，所以涂膜的户外耐候性差，易失光和粉化。并且环氧树脂固化时对温度和湿度的依赖性大；固化后内应力大，涂膜质脆、易开裂，耐热性和耐冲击性都不理想。

（2）聚氨酯涂料

以聚氨酯树脂为主要成膜物质组成的涂料，称为聚氨酯涂料，通常可以分为双组分聚氨酯涂料和单组分聚氨酯涂料。双组分聚氨酯涂料一般是由含异氰酸酯的预聚物和含羟基的树脂两部分组成，按含羟基的不同可分为：丙烯酸聚氨酯、醇酸聚氨酯、环氧聚氨酯等。单组分是利用混合聚醚进行脱水，加入二异氰酸酯与各种助剂进行环氧改性制成。

聚氨酯涂料与环氧涂料有着相似的性能，而且弹性更好，能弥补混凝土表面细小的裂缝。由于耐化学品性能突出，广泛用于混凝土贮槽内壁衬层。对于大气环境中的混凝土建筑物来说，脂肪族聚氨酯涂料是耐候性优异，装饰性强的首选面漆。

聚氨酯树脂涂料在应用中具有以下优点：涂层的透水性和透气性小，防腐蚀性能优良；通过调节配合比，涂膜既可以做成刚性涂料，也可以做成柔性涂料；可与多种树脂混合或改性制备成各种特色的防腐蚀涂料；可以在低温潮湿的环境下固化；良好的机械性能、水解稳定性、耐生物污损性和耐温性。由于耐候性优异、装饰性强，聚氨酯涂料是目前常用的一类面漆涂料。梅代罗斯（M.H.F.Medeiros）和海伦（P.Helene）通过对几种常用涂料的性能试验后表明，聚氨酯的抗氯离子渗透性明显好于斥水性涂料和丙烯酸涂料，而且它降低氯离子扩散系数达 86%。

但是这种涂料的缺点是涂膜易变黄、粉化褪色；固化反应慢；附着力相对较小。

上海市污水治理白龙港片区南线输送干线完善工程（东段输送干管）（南线，2014）、上海城市环境项目 APL 二期城市污水管理子项目西干线改造工程（新西干线，2009）、上海市污水治理二期工程 – 中线（中线，1999）等上海主要污水输送工程都采用了聚氨酯类防腐涂料。南水北调工程等输水工程中也使用了聚氨酯类防腐涂料。

（3）聚脲弹性体涂料

喷涂聚脲是由异氰酸酯组分（简称 A 组分）与氨基化合物组分（简称 R 组分）反应生成的一种弹性体物质。

聚脲弹性体涂料是继高固体分涂料、水性涂料、光固化涂料、粉末涂料等技术之后，为适应环境保护需求而研发的一种无溶剂、无污染的新的涂料涂装技术。这种高厚膜弹性涂料，不仅一次喷涂厚涂层，且能快速固化（5～20s），物理力学性能及耐化学品性能优异。脂肪族聚脲耐紫外线辐射，不易变黄；芳香族聚脲有泛黄现象，但无粉化和开裂。由于第 3 代聚脲弹性体的优异性能及成膜不受水分、潮气影响，聚脲材料对环境温度、湿度有很强的容忍度，适用于污水环境下钢筋混凝土防腐蚀的应用。

喷涂聚脲弹性体（SPUA）与传统聚氨酯弹性体涂料喷涂技术相比的优点是：高强度；高弹性；干燥快；对湿气不敏感；施工环境适应性强，立面厚膜不流挂；优异的力学性能和耐腐蚀性能。同时涂膜能够快速固化；可在任意曲面、斜面、垂直面及顶面连续喷涂成型；5s 凝胶，1min 后便可达到步行强度；一次成型的厚度不受限制，克服了多次施工的弊端；原形再现性好，无接缝，美观实用等优点。SPUA 即可以直接使用也可以作为面漆使用。

成都自来水七厂水管管道防腐使用了 $500000m^2$ 的聚脲防腐。四川绵阳 DN2200 输水管线防腐中使用了聚脲防腐。南水北调工程等输水工程中也使用了聚脲类防腐涂料。

（4）丙烯酸乳胶漆

丙烯酸酯涂料是用丙烯酸酯或甲基丙烯酸酯单体通过加聚反应生成的聚丙烯酸树脂，其主要有热塑性和热固性两大类。热固性树脂是分子链上含有能进一步反应使分子链增长的官能团。这类树脂配制的涂料具有很好的耐化学品性、耐候性和保光保色性，同时也可制备成高固体组分涂料。

丙烯酸树脂涂料在使用中具有很好的耐碱性和极强的装饰性，特别适合在铝镁等轻金属上使用，常被用作混凝土结构的面漆。但该涂料还存在一定的缺点，如耐水性差、低温易变脆、高温变黏失强，从而导致该涂料易黏尘、耐污染性差。阿尔穆斯兰（A.A.Almusallam）等通过试验证明丙烯酸的耐酸性不如环氧树脂和聚氨酯，即使同一品种涂料来自不同的生产厂家，性能也会有差别。

丙烯酸乳胶漆耐碱性强，具有水解稳定性，特别是适合于混凝土表面。丙烯酸乳胶漆的呼吸功能强，允许水蒸气透过，但同时对水有阻隔作用。优良的弹性和弹性回复，使丙烯酸乳胶漆可以容忍混凝土表面的尺寸变化而不破损。

（5）氟树脂涂料

氟树脂涂料是以氟烯烃聚合物或氟烯烃与其他单体为主要成膜物质的涂料。又称氟碳涂料、有机氟树脂涂料、氟碳漆。氟树脂涂料具有超强的耐候性、突出的耐腐蚀性、优异的耐化学药品性、良好的耐沾污性和裂缝追随性。其优异的性能是由于氟树脂分子中的氟原子半径较小，电负性高，它与碳原子间形成的 C–F 键极短，键能高达 485.6kJ/mol，因此分子结构稳定。由于碳氟原子之间是由比紫外线能量还高的键相连，所以受紫外线照射后不易断裂。在其分子链中，每一个 C–C 键都被螺旋式三维排列的氟原子紧紧包围着，这种特殊结构能保护其免受紫外线、热或其他介质的侵害。

氟树脂涂料具有超常的耐候性、突出的耐腐蚀性、优异的耐化学药品性、良好的耐沾污性。由于 C–F 原子是由比紫外线能量大的键合强度连接着，所以不易受紫外线照射面断裂。在其分子链中，每个 C–C 键都被螺旋式的三维排列的氟原子紧紧地包围着。这种结构能保护其免受紫外线、热或其他介质侵害。共聚物含氟涂料主要有氟乙烯 – 乙烯基醚共聚物涂料（FEVE）等。这类涂料涂膜表面坚硬且柔韧；涂膜柔和典雅，具有高装饰性；表面能低，手感光滑，因此耐沾污性好，易于用水冲洗保洁；涂膜还具有防霉阻燃，耐热的特点。

这类涂料涂膜表面坚硬而柔韧，具有高装饰性，手感光滑，易于用水冲洗保洁，涂膜还具有防霉、阻燃的特点。现在常用的氟乙烯 – 乙烯基醚共聚物涂料（FEVE）是以三氟聚乙烯和四氟乙烯为含氟单体，通过与烷基乙烯基醚和烷基乙烯基酯共聚，同时引入含有羧基和羟基等功能性基团化合物的方法合成。它不但具有传统氟碳涂料优异的耐候、耐黏、防腐等特性，而且还具备高装饰性和易施工性，已经广泛应用于建筑、机械、电子等行业。同时由于含氟聚合物能够满足防污的要求，防止海洋生物的附着。

（6）有机硅树脂涂料

含有 Si–C 键的化合物统称为有机硅化合物。习惯上也常把那些通过氧、硫、氮等使有机基与硅原子相连接的化合物当作有机硅化合物。其中，以硅氧键（Si–O）为骨架组成的聚硅氧烷，是有机硅化合物中为数最多，应用最广的一类，约占用量的 90% 以上。

有机硅涂料根据防止水汽入侵的方式不同又可分为斥水型和防水型两类。防水型是通过在基材表面或附近形成一层防水膜而阻止外面水分进入，但同时也阻塞了基材的气孔而不利于基材的透气性；斥水型是使疏水物质附着在基材气孔上而不是阻塞气孔，所以它在阻止外部液体水进入的同时也允许内部水蒸气散出，保证了基材的透气性。

有机硅类涂料的优点是：耐温度变化；优良的消泡性、与其他物质的隔离性、润滑性以及良好的成膜性；透气性和保色性优异。含有机硅树脂的溶液，具有很强的渗透性和憎水性，因此有机硅类涂料常用作防水处理材料。

但是有机硅防护涂料也存在一些问题：① 涂料的挥发性；② 应用部位的限制：一般渗透型有机硅表面防护涂料用于大气环境，而不能用于水下结构；③ 成本较高：渗透型有机硅防护涂料很多都是 100% 固含量，因价格昂贵，对于施工中的合理损耗就是很大的损失；④ 现场质量控制与检测：目前均不能运用无损检测技术对其防水效果、抗氯离子渗透性等进行现场测量。针对这些缺点，许多专家进行了大量的改进试验。印度的安达·库玛（S. Ananda Kumar）等研究了通过内部交接网络工作机制改性的环氧有机硅树脂后指出，新产品结合了环氧树脂和有机硅树脂的优良性能，显示了非常低的腐蚀电流和很高的阻燃性能，是一种很有发展前景的树脂材料。

（7）玻璃鳞片涂料

玻璃鳞片实际上是一种极薄的玻璃碎片。以玻璃鳞片作为骨架的涂料，能够大幅度延长腐蚀介质的传输路径，从而使涂料具有良好的抗渗透性、耐化学品性及抗老化等性能。同时由于玻璃鳞片的存在，又可有效地抑制涂层龟裂、剥落等现象，使涂层具有优异的附着力和抗冲击性。这类涂料在海洋混凝土工程中常被用作中涂漆，特别适合用于腐蚀严重的海洋和海浪飞溅区的钢构筑物上。萨斯亚那拉亚南（S. Sathiyanarayanan）等研制了一种聚苯胺改性环氧玻璃鳞片，由于聚苯胺可以形成一层保护膜从而可以预防涂层表面出现针孔的缺陷。通过电化学交流阻抗（EIS）试验表明，这种涂料的耐腐蚀性能相比其他玻璃鳞片涂料有了很大的提高。但是此种涂料也存在一些缺点：在低温条件下，涂层固化速度慢，不能满足施工要求；固化时有二氧化碳放出；用于户外抗紫外线老化性能较差。

5.5.2 防腐砂浆类

聚合物通常具有优异的柔韧性、抗冲击性，以及良好的抗渗性和单位体积重量小等优势，可以弥补普通水泥基材料的缺陷。聚合物改性水泥砂浆所用的聚合物种类很多，用乳液掺加到水泥砂浆中是其中应用最广泛的一种。砂浆经过聚合物改性后，与水泥浆体之间的界面结合就会得到很好的改替，二者之间的粘结力大幅度提高。众所周知，骨料与水泥浆体之间的界面是砂浆中薄弱环节，被称之为过渡区，砂浆内部一旦受到应力作用，就极容易在过渡区处产生裂纹。如果在砂浆中掺入聚合物，则砂浆的凝结硬化过程中，聚合物就会在砂子颗粒与水泥浆体之间的过渡区干燥成膜，使二者之间的结合变密实，粘结变牢固。砂子颗粒与水泥浆体之间的结合得到加强直接表现为：砂浆的抗折、抗拉强度大幅度提高，延伸性能改善，从而减少干所裂缝的形成，砂浆的抗裂性得到提高。

聚合物大都以乳液形式掺入水泥砂浆中，大大提高了砂浆层密实性和粘结力，其耐久性可与基体混凝土保持一致。我国已有丙乳砂浆、氯丁缪乳砂浆等品种，近年来又出现了一些新的品种。聚合物改性水泥砂浆层主要用于各种盐类存在的（氯盐、硫酸盐）强腐蚀环境，而且大量用于已有建筑物的修复工程。

5.5.3 防腐内衬类

内衬类防腐设计可以采用内衬 PE、内衬 HDPE、内衬玻璃钢、内衬 PVC 等材料。内衬防腐片材主要作用是防止污水产生的硫化氢气体，经氧化后生成硫酸，附着于钢筋混凝土管而造成的侵蚀，有效地隔阻腐蚀液体浸透到钢筋混凝土管中的钢筋，免除因钢筋生锈膨胀导致混凝土管产生龟裂而崩塌之害。内衬类防腐与管材一体预制成型。内衬材料的低粗糙度，降低了管道中淤泥的堆积，从而减少了微生物对内壁的腐蚀作用。内衬类防腐设计整个管道抗压及刚度不变，整体承载力高。

内衬 HDPE 片材具有耐酸、耐碱、经久耐用的优良特性，而且本身是微软材质，富有弹性、韧性，即使管道因外力或者地层震动而产生裂缝，仍可有效防止渗漏。还具有高伸缩性，受地下水压时不易损坏，且机械式嵌入混凝土管内壁，握力强不易脱落。内衬 HDPE 为柔性结构层，拉伸性能及断裂伸长率性能优良，可适应结构受力变化，不会开裂脱落。附着力可达检测数据达 60MPa 以上，图 5-29 为 3.5m 内径带 HDPE 内衬的钢筋混凝土管顶管施工现场，和带锚固件的 HDPE 板材。新加坡深层污水隧道工程（DTSS）全项目采用内衬 HDPE 作为防腐层。隧道不同部分采用不同亮色调内衬 HDPE，以利于 DTSS 运营期间的检查及断面核实。卡塔尔多哈 IDRIS 隧道，采用了双层防腐蚀衬砌，在现浇第二道 250mm 内衬上安装了 2.5mm 厚 HDPE 内衬。硅谷净水隧道在管片制作阶段就将内衬 HDPE 固定在混凝土管片上，取消了二次衬砌，并缩短了施工周期。

图 5-29　内衬 HDPE

内衬 PVC 片材以聚氯乙烯为原料，配合其他辅料经压出制造成型。防腐蚀片一面为平面，另一面具有 T 型或钻石型凸键，可嵌入混凝土结构内（图 5-30）。管片间采用热熔方式无缝连接。PVC 寿命长，且材料不易受酸、碱类污水或废气的侵蚀，抗腐蚀性能强。本身软质，避免由于结构层变形产生的剥离或龟裂现象。材料老化后，塑料内衬与混凝土基层易脱落。如部分脱落，要全部取出需要特殊设备硬拉，会对混凝土产生创伤。目前内衬 PVC 防腐管道已在广东省东莞市的污水工程中已大批量使用，如东莞市大岭山镇污水处理厂污水排放工程、东莞市中堂镇污水处理厂污水排放工程。在国外，美国洛杉矶 NIES 工程采用了内衬 PVC 形式。

图 5-30　内衬 PVC

内衬玻璃钢是以无碱或中碱玻璃纤维为增强材料，以不饱和树脂为粘接材料，在生产过程中通过浇筑振动方式通过一定的机械锚固形式固定在钢筋混凝土内部上。图 5-31 为 3.5m 内径的玻璃钢内衬钢筋混凝土管和带不锈钢丝锚固件的玻璃钢板材。

图 5-31　内衬玻璃钢

也有工程应用了其他内衬材料，例如美国俄亥俄州哥伦布市 BWARI 工程采用了内衬环氧树脂薄膜防腐；加拿大西部排水干管采用了内衬聚双环戊二烯防腐。

第6章 塑 料 管

塑料是以单体为原料，通过加聚或缩聚反应聚合而成的高分子化合物。塑料的主要成分是树脂，塑料的基本性能主要决定于树脂的本性。塑料可分为热固性与热塑性两类，前者无法重新塑造使用，后者可以再重新塑造使用。用于市政工程管道热固性塑料主要就是玻璃钢，而热塑性材料就比较多，主要有聚氯乙烯（PVC）、聚乙烯（PE）、聚丙烯（PP）、聚丁烯（PB）以及工程复合塑料等多品种。由于塑料管道具有防水性能好、耐腐蚀和重量轻等优点，被广泛用在市政排水、城市供水等领域。市政给水排水工程热塑性塑料管道主要有聚氯乙烯（PVC）管道和聚乙烯（PE）管道，管道结构形式有实壁管道和结构壁管道。

6.1 塑料管道的发展历程

6.1.1 聚氯乙烯管道

在我国PVC管材产品经历了导入期和高速发展期，从时间上看，可以分别定义为20世纪80～90年代中期、1995～2002年左右和2003年以后。

我国PVC管道的发展始于20世纪80年代中期，当时大量引进欧美和日本的先进设备开发生产了PVC-U给水和排水管道。我国的第一根PVC-U扩口管材于1983年在沈阳塑料厂（现沈阳久利的前身）诞生，自此PVC管技术开始在中国得到了使用和推广，但是仅仅是局限于中国东部少数几个沿海城市。

直到1999年，我国的建设部、经贸委、建材局、质量技术监督局联合发文《关于在住宅建设中淘汰落后产品的通知》，规定城镇饮用水方面淘汰钢管、冷镀锌管，这个时候PVC管才开始在全国范围内展开，从此欧洲市场所有的PVC管道在国内均有生产和应用，并建立了较为完整的产品体系，包括市政排水PVC管、建筑排水PVC管、给水PVC管和建筑冷热水PVC管以及采暖PVC管等。

自2003年以后PVC管材行业进入了转型期，许多弊端开始反映出来，经过不断完善和进步，至今PVC管道发展逐渐趋于平稳，市政给水排水工程管道主要包含了PVC-U、PVC-UH、PVC-O、PVC-M等实壁管和结构壁管。

6.1.2 聚乙烯管道

我国自20世纪70年代初开始生产聚乙烯管，80年代初期开始系统地研究聚乙烯管道在市政工程中应用并逐步扩展；虽起步较晚，但随着高分子材料的发展及产品技术性能提高，在我国发展十分迅速；据有关资料，我国1996年生产聚乙烯管近18万t，仅次于聚氯乙烯管的24万t。但是，在1996年以前，聚乙烯管都与先进国家当时聚乙烯管的发展有着相当大的距离，主要表现有二：一是所使用的聚乙烯原料存在很大的问题，制管原料绝大部分是通用牌号树脂，而不是管材级树脂，如常用的有 5000S、6098 等，即使有少量使用管材级树脂的，材料也未经过定级试验；二是管道的连接方法不正规，在生产工艺及设备、产品结构与标准等方面也存在较大的差异，最终体现在管材使用性能及使用寿命上与国外先进水准的聚乙烯管差距很大，安全性无保证，用途也几乎全部集中在农村改水、农田喷灌等领域。

在 20 世纪 90 年代末开始，我国的聚乙烯管道高速发展，作为供水管道在我国推广应用的条件已日趋成熟。标准规范的制定工作也有序推进，1998 年国家轻工业局、国家技术质量监督局发布了《给水用聚乙烯管材》国家标准的修订计划，与国际先进水平接轨的《给水用聚乙烯管材》国家标准将于 1999 年底制定完成，2000 年正式发布，《给水用聚乙烯管道工程技术规范》也于 1999 年底制定完成，聚乙烯管道发展速度加快，生产企业大量增加。

2010 年以后，我国 PE 管道发展进入一个高速平稳期，大量的 PE 管道应用于市政给水排水中，但随着个别问题工程的出现，行业对聚乙烯给水管道产品产生质疑，甚至影响到聚乙烯管道的市场推广及应用。2014 年，国标委启动了 GB/T 13663—2018 的修订工作，于 2018 年发布了总则、管材、管件和系统适用性的系列标准。规定聚乙烯管道及管件使用混配料进行生产，如今聚乙烯管道发展平稳增长，产品质量得到较大提升。

6.2 实壁聚氯乙烯（PVC）管道

6.2.1 概述

塑料管道中聚氯乙烯硬质管道是用量最大的塑料管道，其次是聚乙烯管道。在我国，随着供水管网建设及改造数量的增多，塑料管道以其无以比拟的优点得到快速发展，平均年增长率达 10.43%。我国 PVC 原料产能 2500 万 t 以上，产量 1500 万 t 左右，是世界上 PVC 原料生产第一大国，优质 PVC 管材在我国的推广应用符合我国国情，有利于促进经济发展。硬质聚氯乙烯管材具有优异的性能和价格优势，在市政给水排水工程中也应用广泛。

塑料管道由于拥有其他管材无法比拟的优点，在其他发达国家也得到了广泛的应用。在美国，PVC 管道以其优异的性能被广泛应用于给水系统 60 多年，至今已有 200 多万英里（约 320 万 km）的 PVC 管道在北美大地上为千家万户提供服务。PVC 管材几十年来一直是给水排水管材用量最大的管材品种。

聚氯乙烯管道在国内外的快速发展主要是因为聚氯乙烯管材具有十分优良的性能，并且可以通过配方设计，实现聚氯乙烯管道的特殊性能要求。聚氯乙烯管道的优良性能特点主要有以下几点：

（1）聚氯乙烯管道具有良好的耐酸耐碱性，对很多化学物质呈现惰性，适用于流体的输送，其埋地时也不受土质和水质的影响。塑料管道在无压下耐化学性的初步分类可参考《塑料管材和管件耐化学性综合分类表》ISO/TR10358—2021，此表确立了在一系列温度范围内对于特殊流体的耐化学侵蚀性分级。

（2）拉伸和压缩性能好，且有一定的柔韧性。聚氯乙烯硬质管材在20℃时拉伸强度可达48MPa以上，压缩强度可达65MPa以上，在压扁管径超过60%时不会有裂痕。

（3）流动阻力小。由于聚氯乙烯管材内壁光滑，流动阻力小，长期使用不结垢。

（4）性价比高。与各种塑料管材相比，以比模量＝E（弹性模量）/欧元×密度计算，聚氯乙烯管材可以最低廉的价格得到最高的比模量，其弹性模量一般设计参考数据为3000MPa，为聚乙烯管道的3倍。

（5）使用寿命长，维修费用低。聚氯乙烯硬质管材敷设在地下时，保证使用寿命50年，实际使用寿命可达100年以上。管材使用期间不会生锈，对氧化不敏感，对水质无二次污染。美国多项试验研究确认了PVC管材的长期使用寿命。《PVC使用寿命报告 PVC pipe longevity report》一文中提到对使用25年的PVC管材进行标准规定的各项性能检测，发现所有测试样品全部合格，且与新管的测试结果一致。美国、加拿大、欧洲、澳大利亚等全球范围内多家研究机构对使用20～49年的PVC给水管材挖出后按照标准进行检测：测试结果与新管一样。对使用了13年、15年、22年、25年、26年等的PVC排污管材挖出后进行检测：管材模量或刚度没有减少；产品压扁等性能与新管一致，所有测试样品全部通过测试。且根据专业理论数据推算，PVC管材的使用寿命至少为98年。

（6）安装方便，施工造价低。硬质聚氯乙烯管材质轻，密度约为1.40～1.50，是钢管的1/5，混凝土管的1/3，可降低运输费用，减轻劳动强度。同时，其连接方便，小口径可采用胶粘剂粘接，中大口径一般采用密封圈承插连接，无需焊接设备，降低施工造价。且近几年在市政领域应用较多的高性能硬聚氯乙烯（PVC-UH）管材采用一体成型的钢骨架密封圈承口结构，安装快捷方便，并且避免了后置胶圈在安装中扭曲、变形、错位等问题，保证了安装质量和连接的密封性；并且，管材的插口端有插入深度标记，便于确认安装的规范性。

（7）独特的作用机理，抗外压能力强。与混凝土管等传统的刚性管材不同，埋地塑料管属柔性管材，在外压负载作用下，塑料管和周围的土壤产生"管土共同作用"，管材和周围土壤共同来承受外压负载，管壁所受应力较少。

（8）管材可以根据使用要求，现场使用电锯或普通手锯进行切割，无需使用昂贵或复杂的机械进行切割处理。

（9）制造能耗低。经测算，生产硬质聚氯乙烯管材的能耗为铸铁管的18.27%，混凝土管的73.47%，玻璃钢管的80%。

（10）如果将PVC管材纳入生命周期成本计算（包括管道铺设过程中的材料成本、施工成本和输配运行过程中的维护成本、漏失成本、爆管成本、输配生产成本等），并有准确的预期寿命假设，公共事业设备将节省大量成本。

另外，聚氯乙烯为热塑性塑料，聚氯乙烯管材废弃物料还可循环利用，用于生产新的聚氯乙烯制品。工厂本厂产生的清洁回用料还可按少量比例添加至新管材的生产中。

由于硬质聚氯乙烯管材在制造过程不加入增塑剂，因而在ISO标准中定义为unplasticized polyvinyl chloride，简称PVC-U，PVC-U管材主要有ISO标准及国家标准，但性能指标存在差异，后文中会进行对比介绍；PVC-UH管材是高性能硬质聚氯乙烯管材，是一种从产品原料，结构，性能及检测等要求均得到提升的一种硬质聚氯乙烯管材，该产品是参考PVC-U ISO国际标准，美国标准进行编制，国内目前为住建部行业标准，该产品与 PVC-U 管材的差异会在后文中具体对比介绍；PVC-M 管材是抗冲改性聚氯乙烯管材，是一种通过增加改性剂使产品具有更好的抗冲击性能和抗开裂性能，并保持高强度的改性聚氯乙烯管材，参照澳洲标准和南非标准编制，目前无 ISO 标准和美国标准；PVC-O 管材是双轴取向聚氯乙烯管材，是通过管材加工过程中的双向拉伸，通过分子取向使管材强度大幅度提升，并具有高韧性的聚氯乙烯管材，目前有 ISO 标准，澳标及美国标准等，国内为住建部行业标准，目前国家标准正在编制中。

6.2.2 管道用途

实壁 PVC 管材适用于水温不大于 45℃的饮用水输配管网、承压排水管、淤水回收管和建筑用给水排水管。在美国，一般通过颜色区分管道用途，颜色不同，用途不同，蓝色代表给水管、紫色代表中水回收管、绿色代表污水排放管。在我国，PVC-U、PVC-M 管材主要以灰色为主，未通过不同颜色区分用途，近几年发展的 PVC-UH 及 PVC-O 管材主要为蓝色，且 PVC-UH 管材参考美国的颜色区分理念，针对给水排水应用不同进行了颜色区分，PVC-UH 给水管材为蓝色，PVC-UH 低压或无压排污管材为绿色，一般中水压力管材或压力排污管材常直接选用蓝色的 PVC-UH 管材使用。

6.2.3 材料要求

（1）一般规定

① PVC 给水工程管道应符合现行国家标准《生活饮用水输配水设备及防护材料的安全性评价标准》GB/T 17219—2001 或《生活饮用水输配水设备及防护材料的安全性评价规范》的有关规定。

② PVC-U 给水排水管，PVC-UH 给水排水管，PVC-M 管材，PVC-O 管材的材料要求均应符合其执行的产品标准，具体参见附录 A 的标准列表。

③ PVC 给水排水管材的树脂应符合 GB/T 5761—2018 的规定，树脂的 K 值应大于 64，氯乙烯单体含量应小于 5mg/kg。

④ 聚氯乙烯管材配方主要由聚氯乙烯树脂、稳定剂、润滑剂、填充剂、加工改性剂、着色剂等按一定比例组成混配料。各种原料的选取应根据聚氯乙烯管材类型及性能要求进行。PVC 混配料经挤出机挤出成型。PVC 混配料中任何添加剂的加入不应引起感官不良感觉，损害产品的加工和密封性能及影响产品的标准符合性。根据近几年环保要求，PVC 给水排水管材生产过程中不应使用铅盐稳定剂，建议采用有机锡稳定剂或钙锌稳定剂生产。

⑤ 管道系统使用的聚氯乙烯胶粘剂应符合现行行业标准《硬聚氯乙烯（PVC-U）塑料管道系统用溶剂型胶粘剂》QB/T 2568—2022 的有关规定；管道系统适用的密封圈橡胶材质宜采用三元乙丙橡胶（EPDM）、丁苯橡胶（SBR）、丁腈橡胶（NBR）或硅橡胶，后两种价格一般较高，使用较少，密封圈橡胶材料应符合现行国家标准《橡胶密封件给水、排水管及污水管道用接口密封圈材料规范》GB/T 21873—2008 的有关规定，橡胶圈的表面应光滑平整，起密封作用的密封表面应无缺胶、无脱层、无飞边、无气泡、色泽一致、无局部缺陷，不得有毛刺、裂纹、破损等缺陷，而且橡胶密封圈的邵氏硬度一般为 50±5 为宜，伸长率应大于 400%，拉伸强度应不小于 9MPa，永久变形不应大于 20%，老化系数不应小于 0.8（70℃ 144h）；对于 PVC-UH 管材用钢骨架一体成型密封圈钢骨架的设计应

满足扩口后胶圈不变形不扭曲，且钢骨架不外露，密封圈橡胶材质必须满足产品耐候性要求，露天室外曝晒至少两年内不允许有任何开裂或裂纹产生。对于 PVC-O 管材，不能采用胶粘剂粘接方式连接，也不能采用钢骨架一体成型密封圈承口结构连接，只能采用 R 口后置胶圈形式进行连接。

（2）压力管材混配料技术要求

对于压力管材，PVC 混配料的配方设计及混配料的性能指标非常关键，直接影响产品的性能及长期使用寿命。

① PVC 压力管材混配料性能要求

在 ISO 标准及我国国内标准中，未对混配料具体物理力学性能指标进行规定，美国 ASTM D1784 标准中对 PVC 混配料的性能指标进行了具体规定。ASTM D1784 是 PVC 混配料的标准规范，该标准规定了 PVC 混配料性能分级的要求。对不同的材料分级用 5 位数字表示，每一位数字代表一种物理性能，而每一位数字又用不同的数字代表不同的性能区间。这样一个五位数字的组合就可完整地把该配方的物理性能系统地确定下来。不同的产品对于配方的物理性能提出不同的要求，根据美国给水 PVC 管材标准要求材料配方以混配料制作注塑样条测试的物理性能等于或高于 PVC:12454。具体所代表的物理性能如表 6-1 所示：

PVC 混配料的物理力学性能要求 表 6-1

PVC 分级	具体意义	性能要求
1	聚氯乙烯均聚物	—
2	缺口冲击强度（悬臂梁）	≥ 34.71J/m
4	拉伸强度	≥ 48.3MPa
5	抗拉弹性模量	≥ 2758MPa
4	负载变形温度	≥ 70℃（负载 1.82MPa）

美国国家卫生基金会（NSF）针对 PVC 管材的每一种原材料生产厂家都会进行质量管控，从而保证管材厂家外购来的原材料全部符合相关标准要求及行业要求。PVC 管材中所有添加剂应满足标准要求的技术指标，同时，必须满足卫生指标的要求。标准 NSF/ANSI 14 和 NSF/ANSI 61 中规定了 PVC 给水管材的树脂要求和混配料中各组分的要求及检测方法，且 NSF 会不定期进行取样检测。具体可参考中国塑料文章《美国 PVC 给水管材的质量控制》。

② PVC 压力管材混配料定级要求

PVC 压力管道设计使用寿命 50 年，管材的混配料应按照 ISO9080 或 GB/T 18252—2008 的规定进行混配料定级试验。

在 ISO 1452—1 中对材料进行了级别划分，根据材料的最小要求静液压强度（MRS）值，规定了管材用 PVC 材料 MRS 为 25MPa，即材料等级为 PVC-U 250。PVC-U 管材国标 GB/T 10002.1—2006 对管材混配料的压力等级没有进行规定。PVC-UH 给水管材行标 CJ/T 493—2016 对混配料规定了 MRS 大于等于 25MPa 的定级要求。美国 PVC 管材的标准 ASTM D2241 及 AWWA C905 规定了 PVC 混配料的静液压设计基础（HDB）为 4000psi

（27.58MPa），其中 HDB 表示根据 ASTM D2837 测试的长期静液压强度，类似于最小要求静液压强度（MRS）。

PVC-M 管材的最小要求强度（MRS）规定不小于 24.5MPa。ISO 标准规定的 PVC-O 管材的最小要求强度（MRS）分为 5 种，31.5MPa、35.5MPa、40MPa、45MPa、50MPa，对应的管材原材料等级代码分别为 315、355、400、450、500，其中 400 和 450 等级一般生产较多，其他几种不太常用；美国常用 PVC-O 管材标准为 AWWA C909，标准只规定了 PVC-O 管材混配料的静液压设计基础（HDB）为 7100psi（48.95MPa），无其他材料等级，且管材长期安全系数为 2.0，从设计数据来看，较 ISO 标准要求更高。

（3）管材设计计算参数

① 埋地 PVC 管材的弹性模量一般按 3000MPa 取值。

② PVC 管材温度对压力的折减系数一般按表 6-2 取值。

当输水温度不同时，应按表 6-2 给出的不同温度对压力的折减系数（f_t）修正工作压力，最大允许工作压力应由公称压力乘以折减系数得到。

温度对压力的折减系数 　　　　　　　　　　　　　　　　　　　表 6-2

温度 t，℃	折减系数 f_t
$0 < t \leqslant 25$	1
$25 < t \leqslant 35$	0.8
$35 < t \leqslant 45$	0.63

③ PVC 给水管道的密度一般为 1400～1460kg/m³，PVC 排污管的密度一般为 1400～1550kg/m³；线膨胀系数 7×10^{-5} m/m·℃。

④ PVC 压力管道的水流状况可以采用海澄 - 威廉（Hazen William）公式进行评估，美国 AWWA 手册 M23 建议 PVC 管的流动系数（系数 C）为 150，该手册说明根据新旧 PVC 管研究得出 $C = 155～165$，如果试验管道中有较多数量的管件，需要考虑管件的摩擦损失，现场经验表明，长期使用的 PVC 管其流动性能变化不大；重力流排水管道常用曼宁（Manning）等式计算水阻，根据 PVC 管道美国 Uni-Bell 手册，实验室研究和实际安装经验发现 PVC 管道摩阻系数 $n = 0.007～0.011$，Uni-Bell 手册建议曼宁的 n 值取 0.009。

⑤ PVC 实壁管道材料的其他设计计算参数参考《埋地塑料给水管道工程技术规程》CJJ 101—2016 取值。

6.2.4　主要技术参数

（1）尺寸和压力范围

表 6-3 列出了国内最常用的几种 PVC 管材的标准尺寸和公称压力范围及相关标准编号。

国内最常用几种 PVC 管材的标准尺寸和公称压力范围 　　　　表 6-3

类型	公称外径（mm）	公称压力（MPa）	执行标准
PVC-U 给水管	20 ～ 1000	0.63 ～ 2.5	GB/T 10002.1—2006
PVC-UH 给水管	50 ～ 1600	0.5 ～ 2.5	CJ/T 493—2016
PVC-U 排污管	110 ～ 1000	—	GB/T 20221—2006

续表

类型	公称外径（mm）	公称压力（MPa）	执行标准
PVC-UH 排污管	110 ~ 1600	0.32 ~ 0.63	SZDB/Z 239—2017 T/CECS 10110—2020
PVC-M 给水管	63 ~ 800	0.8 ~ 2.0	GB/T 32018.1—2015
PVC-O 给水管	63 ~ 630	0.5 ~ 2.5	CJ/T 445—2014

国内标准尺寸系列一般按照 ISO 标准执行，为公制尺寸，管材外径基本一致，管材壁厚一般根据《热塑性塑料管材通用壁厚表》GB/T 10798—2001 数据执行，比较统一；而美国标准管材尺寸较复杂，不同类型的 PVC 管材即使公称尺寸相同，外径可能不一样，这样需要关注匹配问题，例如按照 AWWA C900 标准的公称直径 300mm（12in.），生产的外径为 335.3mm（13.2in.）（与美国球墨铸铁尺寸一致）；按照 ASTM D2241 的公称直径 300mm（12in.），生产的外径为 323.9mm（12.75in.）；按照 ASTM D3034 的公称直径 300mm（12in.），生产的外径为 317.5mm（12.50in.），具体参考相应产品标准的相关尺寸要求执行。

（2）允许内压和设计安全系数

压力管道设计应力：

$$\sigma = MRS/C \tag{6-1}$$

式中：MRS——管材的最小要求强度；

C——安全系数。

PVC 管材按期望使用寿命 50 年设计。输送 20℃的水时，PVC 给水管材设计应力的最大允许值应符合表 6-4 的规定。

PVC 压力管道设计应力的最大允许值 表 6-4

管材类型	管材规格	最小要求强度 （MRS），MPa	最小安全系数 C_{min}	设计应力的最大 允许值 σ_s，MPa
PVC-U 及 PVC-UH 给水管	$d_n \leqslant 90mm$	25	2.5	10
	$d_n > 90mm$		2.0	12.5
PVC-M 给水管	$63mm \leqslant d_n \leqslant 800mm$	24.5	1.6	16
PVC-O 给水管 （以 400 等级为例）	$63mm \leqslant d_n \leqslant 630mm$	40	1.6	28

注：PVC-O 管材原材料等级较多，具体可参照 PVC-O 产品标准设计；一般 400 和 450 等级，设计安全系数 C 为 1.6 类型较多。

管材的公称压力：

$$PN = 2\sigma_s/(SDR-1) \tag{6-2}$$

式中：PN——公称压力，也为设计压力，是最大工作压力或额定工作压力，一般是正常工作压力的 1.5 倍；

SDR——标准尺寸比。

美国标准规定的管材压力等级与 ISO 1452-2 规定的管材的压力等级比较如表 6-5 所示，从表中可以看出同 SDR 系列的管材，美国标准规定的管材压力等级高于 ISO 1452-2 规定的压力等级。

管材压力等级比较　　　　　　　　　　　　　　　　　表 6-5

美国 AWWA C905		ISO 1452-2 / GB/T 10002.1—2006	
SDR	压力等级，MPa	SDR	压力等级，MPa
51	0.55	51	0.5
41	0.69	41	0.63
32.5	0.86	33	0.8
26	1.1	26	1.0
21	1.38	21	1.25
14	2.1	13.6	2.0

（3）承受外载荷能力

① 环刚度计算

参考 GB/T 19278—2018 中环刚度的定义可知，PVC 管材环刚度 SN（单位为 kN/m^2）的设计计算可通过 PVC 管材弹性模量（单位为 MPa）及壁厚（标准尺寸比 SDR）数据进行核算，计算结果基本能够满足环刚度的设计要求。具体参考核算简式如公式 6-3 所示：

$$SN = 1000E_p / (SDR - 1)^3 \tag{6-3}$$

式中：E_p——PVC 管材的弹性模量，对于 PVC 管材一般取 3000MPa 核算；

　　　SDR——标准尺寸比。

② 柔性管的强度和刚度

我们直觉的思维会简单地认为刚性管在强度和刚度上要远大于柔性管，事实上就管材本身的单体强度和刚度而言，确实如此。但是管网系统并不是单体的简单组合，而是需要与围护土体一起组成一个整体的结构来维系管网的功能和应用。

如图 6-1 柔性管与刚性管受力结构示意图和承载示意图所示，可知柔性管（对于柔性管而言：埋地条件所需力学应力的主要变形模量由"管土共同作用"提供）与刚性管的承受负载的机理完全不同，HDPE 管与 PVC 管则属于柔性管，其结构刚度小于管体周围土体的刚度，在受外压负荷时，它正是利用其良好的弹性变形能力和紧密回填其周围的土壤形成一个良好的受力结构，当管材受到正上方的载荷时，管材将发生横向变形，将力分散至周围土壤形成一个共同受力结构。塑料管材从埋地到实际应用时将要经历四个阶段变形，一、当回填土填至管材一半口径高时，管材纵向成椭圆形（DI/DY＜5%）；二、回填土到达管顶 0.5m 以上时，管材恢复圆形；三、当重载荷通过管材上部时，管材将横向变形并将力传递给周围土壤，管土共同作用承担载荷；而且这样的横向变形使得管道上部土体形成拱形，即土柱作用削弱了静荷载对管体本身的作用；四、当载荷离开时，管材恢复圆形。其中 HDPE 管与 PVC 管道柔性管在受压破坏之前可以有较大的变形，而刚性管不可能有，同样外压负载下柔性管管壁内的应力较小，它和周围的回填土共同承受负载，因此柔性管不需要和刚性管一样的强度和刚度，在合理的刚度下，完全可以达到使用要求，只要保证回填土的密实度达到要求，一般埋深可达到 7.62m（参考 AWWA M-55，PE 管道最大覆土设计表）。

综上所述，由于作用基理的不同，HDPE 和 PVC 柔性管整体强度和刚度并不低于刚性管。

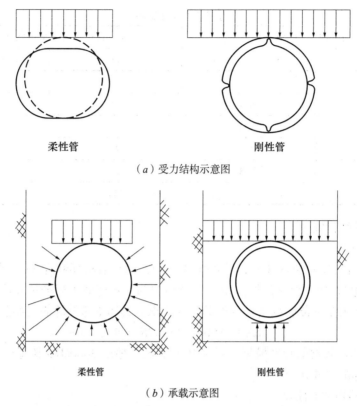

（a）受力结构示意图

（b）承载示意图

图 6-1 柔性管与刚性管受力结构示意图和承载示意图

（4）标准生产长度

PVC 给水排水管材因含有扩口，长度分管材长度（即总长度）和有效长度，一般都采用管材长度（图 6-2）。管材长度宜为 4m、6m、9m、12m，也可由供需双方协商确定。以 PVC-UH 给水管材为例，管材长度示意图见图 6-2。长度不应有负偏差。管材长度一般不超过 12m，当设计需要超过 12m 生产时，管材承口尺寸需要进行相应的尺寸设计调整。

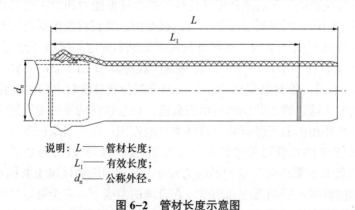

说明：L —— 管材长度；
L_1 —— 有效长度；
d_n —— 公称外径。

图 6-2 管材长度示意图

（5）管材性能指标要求及试验方法

①PVC-U 给水管及 PVC-UH 给水管

表 6-6 列出了 ISO 1452-2 规定的 PVC-U 给水管与美国 PVC 给水管材技术指标要求

的对比，可以看出，美国标准中对 PVC 管材的柔韧性及每根管材的耐压性能都有严格的要求。

PVC 给水管材物理力学性能要求比较　　　　表 6-6

项目	ISO 1452-2	AWWA C900 及 AWWA C905
落锤冲击试验	0℃条件下试验 （所有规格均需要测试）	（23±2）℃条件下试验 （d_n≤12 英寸的管材进行测试）
静液压测试	20℃，42MPa，1h 静液压测试 60℃，12.5MPa，1000h 静液压测试	爆破试验或表观拉伸试验 1000h 长期耐压试验
其他测试项目	纵向回缩率	压扁试验
	二氯甲烷浸渍试验	丙酮浸渍试验
整管水压检测	无	每根管材以 2 倍公称压力试验，维持 5s，管材应无破裂无渗透

PVC-U 管材在性能指标上与 ISO 标准规定的 PVC-U 管材有一定差异，耐压性能要求降低，抗冲击性能要求提高，落锤冲击试验要求≤5%，较 ISO 标准规定的≤10% 在管材韧性方面提出了更高的要求；PVC-UH 管材参考 PVC-U 给水管 ISO 标准和美国 PVC 给水管标准制定，管材的物理力学性能要求增加了压扁试验和整管水压性能，实现每根管材的产品质量监控且抗冲击性能要求较 ISO 标准提高，落锤冲击试验要求≤5%。国内 PVC-U 给水管和 PVC-UH 给水管的性能指标对比如表 6-7 所示。

PVC-U 给水管和 PVC-UH 给水管的性能指标对比　　　　表 6-7

项目		PVC-UH 给水管 （CJ/T 493—2016）	PVC-U 给水管 （GB/T 10002.1—2006）
管材性能	密度，kg/m³	1350～1460	1350～1460
	落锤冲击（TIR），%	≤5	≤5
	维卡软化温度，℃	≥80	≥80
	纵向回缩率，%	≤5	≤5
	二氯甲烷浸渍试验（15℃，30min）	表面变化不劣于 4N	表面变化不劣于 4N
	静液压试验（无破裂无渗漏）	20℃，42MPa 环应力，1h 60℃，12.5MPa 环应力，1000h	20℃，38MPa 环应力，1h 60℃，10MPa 环应力，1000h
	压扁试验（压至 40%）	无破裂	无
	整管水压试验	每根管材以 2 倍公称压力试验，维持至少 5s，无破裂无渗漏	无
连接结构		PVC-UH 采用一体成型的钢骨架密封圈承口结构：连接快捷方便，密封性好，安全可靠	后置胶圈承口

② PVC-M 给水管

表 6-8 为 PVC-M 给水管标准性能要求。

PVC-M 给水管标准性能要求 表 6-8

项目		性能要求（GB/T 32018.1—2015）
管材性能	密度，kg/m³	1350 ～ 1460
	维卡软化温度，℃	≥ 80
	纵向回缩率，%	≤ 5
	二氯甲烷浸渍试验（15℃，30min）	表面变化不劣于 4N
	落锤冲击（0℃）（d_n ≤ 90mm）/%	TIR ≤ 5
	高速冲击（23℃）（d_n ≥ 110mm）	不发生脆性破坏
	静液压试验（无破裂无渗漏）	20℃，38MPa 环应力，1h 20℃，30MPa 环应力，100h 60℃，12.5MPa 环应力，1000h
	切口管材静液压试验（无破裂无渗漏）	20℃，38MPa 环应力，1h 60℃，12.5MPa 环应力，1000h
	C- 环韧度	不发生脆性破坏
连接结构	后置胶圈承口	

③ PVC-O 给水管

表 6-9 为 PVC-O 给水管标准性能要求。

PVC-O 给水管标准性能要求 表 6-9

项目		性能要求（CJ/T 445—2014）
管材性能	落锤冲击（0℃）/%	TIR ≤ 10
	拉伸强度，MPa	≥ 48
	环刚度，kN/m²	≥ 4
	静液压试验（无破裂无渗漏）	20℃，10h 20℃，1000h 60℃，1000h （试验环应力参照标准要求核算）
连接结构	后置胶圈承口	

说明：对于 PVC-O 管材不能采用一体成型钢骨架密封圈承口结构及胶粘剂粘接平放口结构。

④ PVC-U 及 PVC-UH 排污、排水管

国内 PVC-U 排污、排水管材因其规格种类少，产品为 R 口后置胶圈承口结构，使用并不普遍，近几年 PVC-UH 排污、排水管使用较多，具体指标差异见表 6-10，PVC-U 排污、排水管与 PVC-UH 排污、排水管其他方面的要求及差异具体参考执行标准。

排污、排水管产品技术指标对比 表 6-10

项目			PVC-UH 排污管 （T/CECS 10110—2020）	PVC-U 排污管 （GB/T 20221—2006）
管材性能	密度，g/cm³		≤ 1.55	≤ 1.55
	环刚度，kN/m²	SN2	≥ 2	≥ 2
		SN4	≥ 4	≥ 4

项目			PVC-UH 排污管 （T/CECS 10110—2020）	PVC-U 排污管 （GB/T 20221—2006）
管材性能	环刚度，kN/m²	SN8	≥ 8	≥ 8
		SN12.5	≥ 12.5	无
		SN16	≥ 16	无
	管材公称压力	SN2	0.32MPa	无
		SN4	0.4MPa	无
		SN8	0.5 MPa	无
		SN12.5	0.6 MPa	无
		SN16	0.63 MPa	无
	落锤冲击（TIR），%		≤ 10	≤ 10
	维卡软化温度，℃		≥ 79	≥ 79
	纵向回缩率，%		≤ 5，管材表明应无气泡和裂纹	≤ 5，管材表明应无气泡和裂纹
	拉伸屈服应力，MPa		≥ 40	无
	耐内压性能		20℃，1h，4 倍公称压力，无破裂	无
	压扁试验（压至 40%）		无破裂	无
	整管水压试验		2 倍公称压力至少 5s 管材及承口无破裂无渗漏	无
连接结构			PVC-UH 采用一体成型的钢骨架密封圈承口结构：连接快捷方便，密封性好，安全可靠	后置胶圈承口

6.2.5 生产工艺

一般实壁 PVC 管材的生产包括混料，上料，挤出机挤出成型及扩口等工序，具体生产过程流程如图 6-3 所示。PVC-UH 给水管材增加在线水压测试，且扩口形式为钢骨架一体成型结构；PVC-O 管材生产工艺与一般 PVC 管材不同，在管材挤出成 PVC-U 管材后通过一定设备和工艺进行轴向拉伸和径向拉伸，使管材中的 PVC 长链分子在双轴向规整排列形成的一种特殊分子链结构 PVC 管材。PVC 管材生产必须采用匹配的口芯模具进行生产，不匹配芯模的使用会影响壁厚，无法正常生产。

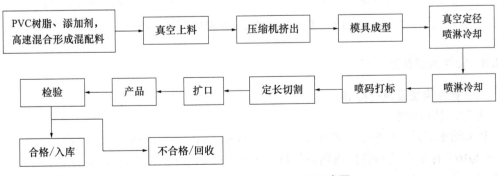

图 6-3 PVC 管材生产工艺流程示意图

6.2.6 内外防腐

PVC 输水管材不需要进行防腐处理。PVC 是一种均质热塑性聚合物，属于非导体，不发生电化学反应。PVC 管材易受紫外线照射而发生褪色，一般室外明敷使用的 PVC 管材会增加 UV 紫外线吸收剂和抗氧剂来提高其耐候性，减缓褪色；对于埋地敷设的管材，一般不需要添加抗紫外线助剂，但管材贮存过程中需要遮盖。关于阳光照射对 PVC 管的影响可参考美国 Uni-Bell PVC 管协会出版的"紫外线对 PVC 管老化的影响"。

6.2.7 接口形式

PVC 管道最常用的接口是胶粘剂粘结，胶圈密封承插和机械连接。一般 200mm 以下口径的管材可采用胶粘剂粘结，110mm 及以上口径管材大多都采用密封圈承插连接，与钢管或阀门等连接采用机械法兰连接。

胶圈密封承插连接目前主要有 R 口活套胶圈承口形式和钢骨架一体成型密封圈承口形式，R 口活套胶圈一般在常规 PVC-U 管材、PVC-M 管材及 PVC-O 管材中应用较多；钢骨架一体成型密封圈承口形式在 PVC-UH 管材中应用较多，具体可参考 CJ/T 493—2016 标准。

PVC-UH 管材一体成型钢骨架密封圈结构是指钢骨架密封圈在管材扩口同时嵌入扩口中，扩口凹槽结构由密封圈直接预制成型，扩口完成后，形成一体成型的钢骨架密封圈承口结构，非破坏情况下，承口中密封圈不可脱出。PVC-U 管材与 PVC-UH 管材承口结构示意图如图 6-4 所示。

（a）后置胶圈承口结构　　　　　　　　（b）一体成型钢骨架密封圈承口结构

图 6-4　PVC-U 管材与 PVC-UH 管材承口结构示意图

6.2.8 管件类型及生产

（1）管件类型及执行标准

① 管件执行标准

PVC 给水管道管件配套一般中小口径采用注塑管件，大口径采用 PE 材质连接件（CJ/T 493—2016）标准产品的管件或钢制管件等。PVC 排污、排水一般采用检查井连接，塑料检查井近几年发展迅速，生产企业已超过 100 家，塑料检查井在城市污水管网改造项目中展示出不可替代的作用。市政工程排污、排水项目若有管件需要，直接采用满足管材配套使用的给水管件使用。国内 PVC 管件主要执行标准如表 6-11 所示。

PVC 管件主要执行标准 表 6-11

序号	产品名称	执行标准
1	给水用硬质聚氯乙烯（PVC-U）管件	GB/T 10002.2—2006
2	给水用高性能硬聚氯乙烯管材及连接件	CJ/T 493—2016
3	给水用抗冲改性聚氯乙烯（PVC-M）管道系统　第 2 部分：管件	GB/T 32018.2—2015
4	工业用硬聚氯乙烯（PVC-U）管道系统第 2 部分：管件	GB/T 4219.2—2015

注：有些给水项目也会采用工业用 PVC 管件。

②管件类型

PVC 注塑管件目前一般口径在 d_n400mm 以内，常用工程给水排水管件包括 45°弯头、双承 45°弯头、90°弯头、双承 90°弯头、22.5°弯头及 11.25°弯头、正三通、三承正三通、异径三通、三承异径三通、两承一平异径三通、四通、管箍、双承管箍、变径、双承变径、异径接头、双承异径、一体法兰、活套平承法兰、插口法兰、鞍形增接口等类型。

说明：以上承口说明承口形式的为密封圈承口形式，其他一般为胶粘剂粘接形式的承口结构。

大口径 PVC 管材用 PE 材质连接件一般为 d_n400 及以上口径，主要类型包括双承口弯头、三承口三通、双承口变径、双承口套筒、法兰承口接头、法兰支管双承口三通等。

（2）管件生产工艺及连接形式

①PVC 注塑管件

a. 材料要求

PVC 注塑管件一般采用 SG8 型树脂生产，加入为达到标准要求必需的添加剂，混合均匀后经注塑机注塑成型。PVC 管件的生产较 PVC 管材生产在配方及配方稳定性要求上更高，在原辅物料选择上需要按照管件的生产要求选取，具体原料选取及配方设计可参考《聚氯乙烯配方设计与制品加工》。

b. 生产工艺

PVC 注塑管件的生产工艺流程如图 6-5 所示。

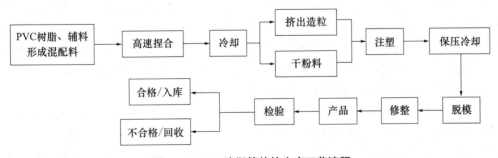

图 6-5 PVC 注塑管件的生产工艺流程

PVC 粉料直接注塑成型，可节省造粒工序，缩短原料受热时间，降低稳定剂用量，并缩短加工流程，降低能耗，从而降低生产成本，是当前常用的管件注塑生产方式。

② 管件连接形式

管件的连接方式有胶粘剂粘接和密封圈式连接。

a. 胶粘剂粘接安装方法：

（a）将管材按要求的尺寸，垂直切割，并按安装要求在连接端加工倒角。

（b）将插口表面和管件承口内表面的灰尘、污物、油污清洗干净。

（c）根据管件承口深度在插口端划出插入深度标线。

（d）粘接前进行试插，检验承口与插口的紧密程度，插入深度宜为 1/2～1/3 承口深度。

（e）涂抹胶粘剂时应先涂承口，后涂插口，转圈涂抹，要求涂抹均匀、适量，不得漏涂和涂抹过量。

（f）找正方向对准轴线，立即将管端插入承口，并推挤到插入深度标线后将管转动，但不超过 1/4 圈，最后抹去管外多余的胶粘剂。

（g）粘接完毕后，应避免受力或强行加载，按规定的时间进行静止固化。

b. 密封圈连接安装方法：

（a）检查和清理承口和插口的污物。

（b）管端插入长度应留出温差产生的伸缩量，其值应按施工时的闭合温差计算确定。

（c）插入深度确定后，应在管端画出插入深度标线。

（d）在胶圈上和插口插入部分涂滑润剂。滑润剂必须无毒、无臭，且不会滋生细菌，对管材和橡胶密封圈无任何损害作用。

（e）将插口插入管件承口，对准轴线，用紧线器等专用拉力工具均匀用力一次插入至标线。

（3）PVC 管材用 PE 材质连接件

① PVC 管材用 PE 材质连接件介绍

聚烯烃材料（如聚乙烯 PE、聚丙烯 PP）制成的连接管件具有高强度、高韧性、使用寿命长的特点，并可采用热熔对接或电熔连接。PE 管件根据生产工艺不同可以分为注塑管件或焊制管件，一般 $d_n \leqslant 630$mm 的为注塑管件，$d_n > 630$mm 的为焊制管件。大口径 PE 焊制管件在聚乙烯管道系统中已具有非常成熟的应用，$d_n800$mm、$d_n900$mm、$d_n1000$mm、$d_n1200$mm、$d_n1400$mm 等规格的焊制弯头已成功应用于河北省南水北调邢台、保定、衡水等项目段中。本节提到的 PVC 管材用全塑管件是指 PE 材质的连接件，管件产品结构分为 PE 管件部分和含密封圈承口结构的带增强层的 PE 连接接头，PE 管件部分采用 PE100 混配料制备的注塑管件或 PE100 管材焊制的管件；连接接头的基体材料采用符合 GB/T 13663.3—2018 规定的 PE100 级混配料，承口部位采取纤维或钢编织加固增强措施，有效地解决了 PE 材料蠕变性能对机械式承口长期密封性能影响的技术难题。

以弯头为例，连接件组成结构示意图如图 6-6 所示。

连接件中承插连接接头为聚乙烯（PE）材质，通过特殊设计的密封圈，大大增加了承口部位对间隙的适应性，密封环槽的特殊设计，使密封圈具有抗拉拔、防脱出的特性，并且承口部位采取特殊的加固增强措施，有效地解决了 PE 材料蠕变性能对机械式承口长期密封性能影响的技术难题。连接件承插接头的注塑工艺及成型模具设计中采用大流孔热流道系统设计，缩短注料时间对品质的影响与控制；冷却工艺控制防止冷却过程形成结晶孔洞。从结构设计和工艺控制方面保证了产品质量。

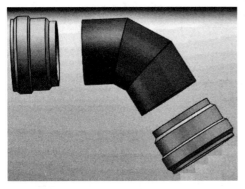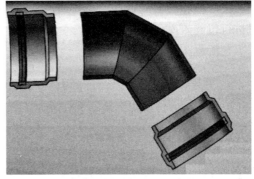

图 6-6　大口径 PVC 管材用 PE 材质连接件示意图

大口径 PVC 管材用 PE 材质连接件的主要应用类型，包括双承口弯头、三承口三通、双承口变径、双承口套筒、法兰承口接头、法兰支管双承口三通等，具体可参考 CJ/T 493—2016 标准附录 A。其中双承口变径和双承口套筒是通过采用承插连接接头与承插连接接头焊制而成。

② PVC 管材用 PE 材质连接件生产工艺

以高密度聚乙烯（HDPE）为原料，经除湿干燥机滤出原料中所含水分后，通过塑料挤塑机、二次补料机将熔融后的物料注入压力机管件模腔内。按工艺要求经一定时间的保压冷却后，物料结晶形成管件毛坯，取出后运至半成品库房集中存放，自然时效处理足够时间待加工。时效处理后的管件毛坯，经冲洗吹干在室温（23℃±2℃）条件下进行状态调节。按照产品制造加工图纸和工艺操作规范，通过数控车床进行车削加工，再经特制的增强方式对密封圈环槽处进行增强，最后在密封环槽处安装防脱出密封圈，最终制造成 PVC 管材用聚乙烯（PE100）材质的承插式管件过渡接头。

全塑管件 PE 管件部分为符合 GB/T 13663.3—2018 和 ISO 4427-3 标准规定的管件，采用注塑或管段焊制的方法制作，焊制管件采用多角度焊接机进行焊制，如图 6-7 所示。将聚乙烯（PE100）焊制管件部件或聚乙烯（PE100）注塑管件，与聚乙烯（PE100）过渡接头经焊制中心或热熔焊机进行组装焊接，装配橡胶密封圈，制造成各种型号规格的承插式大口径 PVC 管材用全塑管件。

图 6-7　多角度熔接机

经出厂检验合格的管件产品，通过激光打码机打印管件标识和批次信息，再经缠绕包装机进行包装入库。

工艺流程图如图6-8所示。

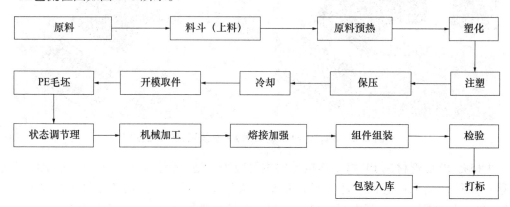

图6-8 PVC管材用PE材质连接件生产工艺流程图

连接过渡接头的承口端为密封圈连接的方式与PVC管材进行连接，承口端内壁开有环形的燕尾型凹槽，凹槽内设置有燕尾型柔性密封圈，可以实现柔性密封的有效固定，同时燕尾型密封圈的双密封结构，增强密封效果，保证管材安装和使用的可靠性。

综合而言，连接件是以PE100混配料、PE100管材、橡胶密封圈、纤维或镀锌钢丝增强层为主要原材料，经挤塑压注机注塑成型毛坯，再经数控车床加工、热熔焊接、检验试验、激光打码，生产出各种型号规格的大口径PVC管材用连接件。

6.2.9 安装、试验和回填要求

（1）PVC给水排水管道的安装

① 施工准备

a. 需准备检验合格的润滑剂。输送饮用水管道使用的润滑剂，必须无毒、无臭、无味、不会发育细菌，且对管材弹性密封圈无任何损害作用。

b. 管道、管件应根据施工要求选用配套的等径、异径弯头和三通等管件。

c. d_n200mm口径以下小口径管材可直接进行人工承插；大于d_n200mm口径的管材严禁使用挖土机等施工机械，推、顶管子插入，须使用手动葫芦等专用拉力工具插入。

② 安装前准备

a. 先检查现场环境是否符合进行管材安装作业的要求，施工环境温度需为−5℃以上。如现场环境不能满足施工条件时，应采取相应措施使其满足安装需求。

b. 对管材及管件的外观和接头配合的公差进行仔细检查。管材、管件内外壁应光滑、平整、无气泡、无裂口裂纹、脱皮、严重的冷斑和明显的痕纹、凹陷等明显外观缺陷，并清除管材及管件外附着的污物和杂物。

c. 管道连接前应按设计要求对管材、管件及管道附属设备进行核对，并在施工现场对管材、管件进行外观检查。

d. 管材在敷设中需切割时，切割面应平直，而且插入式接头的插口管端应削倒角。倒角后管端厚度一般为管壁厚的1/3～1/2，倒角一般为15°，对于大口径厚壁管材倒角一般

会大于 15°，完成后将残屑清除干净，不留毛刺。

③沟槽开挖要点

a. 管道埋设

管道埋设在机动车道下，最小覆土深度不宜小于 1m；埋设在非机动车道和人行道下，最小覆土深度不宜小于 0.6m。

b. 地基处理

对于一般土质，应在管底以下的原状土地基上铺垫不小于 150mm 的中、粗砂基础层；为软地基时应按设计要求对地基进行加固处理后再铺垫不小于 150mm 中、粗砂基础层；若沟槽底部为岩石或坚硬物体时，铺设中、粗砂基础层的厚度不应小于 150mm。

（2）PVC 管材的安装（以密封圈承口结构管材为例）

①准备

将管材吊装至沟槽指定位置，并确认沟槽基础高程符合设计要求（图 6-9）。

连接前，先检查配套胶圈是否完好，管材插口端的两条承插深度标记线是否清晰（图 6-10）。

图 6-9 管材吊装至沟槽指定位置

图 6-10 管材插口端的两条承插深度标记

②清理

仔细清扫承口内胶圈沟槽及插口端的工作面，不得有砂、土等杂物；并将胶圈清理干净，不得粘有任何杂物。仔细检查插口倒角是否满足要求（图 6-11）。

图 6-11 清扫承口内胶圈沟槽及插口端的工作面

③ 刷润滑剂

用毛刷将润滑剂均匀地涂刷在承口胶圈表面、插口外表面和倒角端面上，且注意不要将润滑剂涂到胶圈沟槽内（图6-12）。润滑剂应采用易涂抹，具有良好的润滑性质，且对管道输送介质无污染，不含有任何有毒成分，不影响胶圈的使用寿命的产品。建议使用有机硅润滑脂或食用油作为润滑剂，严禁使用黄油或废机油。涂抹时，应使用足够量的润滑剂，以确保承插安装时不会损坏胶圈。

图 6-12 刷润滑剂

④ 对口插入

将待连接管道的插口对准承口，保持插入管端的平直，用手扳葫芦或其他机械设备慢而稳的插入至两根标记线之间（图6-13）。

d_n400mm 以下口径（含）管材安装可使用一个 1.5t 手扳葫芦安装；d_n400mm 以上口径管材安装可使用两个 1.5t 或两个 3t 手扳葫芦进行安装。

图 6-13 对口插入

⑤ 检查

检查承插口插入深度满足安装要求，一般要求管材插口端有插入深度安装指导线。

⑥ 配管（切管）规定

a. 锯管长度应根据实测结果并结合各连接管件的尺寸逐层确定。

b. 锯管工具宜采用细齿锯、割刀或专用断管机具。

c. 断口应平整且垂直于轴线，断面处不得有任何变形，完成后除去断口处的毛刺和毛边。

d. 插口管端应削坡口（倒角），切削角度可计 15°～30°，其预留尖端厚度宜为管壁厚的 1/3～1/2。削角可用板挫，完成后将残屑清除干净。

e. 将承插口进行试插，对承插口的配合程度进行检验。

⑦ 支墩要求

当管道系统采用柔性连接时，在水平或垂直转弯处，改变管径处及三通、四通、端头和阀门处，应根据管道设计内水的压力计算管道轴向推力，当轴向推力大于管道外部土体的支撑强度和管道纵向四周土体的摩擦力时，应设置止推墩。

密封圈连接的管应水平敷设，当敷设坡度大于 1：6 时，应浇筑混凝土防滑墩。具体要求执行《埋地塑料给水管道工程技术规程》CJJ 101—2016。

（3）沟槽回填要点

按《给水排水管道工程施工及验收规范》GB 50268—2008 或《埋地塑料给水管道工程技术规程》CJJ 101—2016 或《埋地硬聚氯乙烯给水管道工程技术规程》CECS 17：2000 或《埋地塑料排水管道工程技术规程》CJJ 143—2010 的相关规定执行。

（4）大口径 PVC 管材安装建议

PVC 管材安装应按照《给水排水管道工程施工及验收规范》GB 50268—2008 和《埋地塑料给水管道工程技术规程》CJJ 101—2016 及《埋地塑料排水管道工程技术规程》CJJ 143—2010 的要求执行。管材的安装及回填非常重要，合理规范的操作可保障管材百年以上的使用寿命，并成为基础设施建设的重要成分。对于大口径 PVC 管材，安装及施工应注重细节，此文结合实际施工出现的不规范操作给出几条施工建议，以便客户正确使用 PVC 管材：

a. 承口（含密封圈）安装前要清洁，并涂抹润滑剂。

b. 管材承插过程应严格按照安装指导线进行安装，避免过度承插；承插应水平，借转角度控制在 1° 以内，轴向偏移过大在承插口位置有可能产生应力点，在外压力作用下，对管材的长期使用寿命可能存在隐患。

c. 管材不能直接敷设在原地基上，应具有垫层，垫层是敷设在管沟底部，为管材提供均匀支撑的材料，美国《管道安装 2.0》书籍表示在管底正下方位置的垫层不压实，不压实的垫层为管道创造一种缓冲，并最大限度减少点载荷，不压实垫层的宽度仅需要 1 倍的管材外径或 1/3 管沟宽度，两者取较小的数据，其他位置的垫层需要按规范要求压实；垫层厚度至少 10cm，国内规范一般要求不小于 15cm。垫层可采用满足尺寸要求的砂砾，或中、粗砂。

d. 回填应采取中、粗砂填充压实，其压实系数应符合设计要求；沟槽回填时，不得回填淤泥、有机物或冻土，回填土中不应含有石块、砖及其他杂物。

e. 对于承插口连接位置，在管材敷设沟槽内应设置承口凹槽，避免承口位置受力，如图 6-14 所示。承口与凹槽底面之间的距离应大约为 3cm。典型来说，如果检查人员能够把手指头放在管材下面而没有接触到土壤，则认为间隙是可以的。如果管材承口放置在地基或垫层土上，则管材的重量，管材内流体的重量，及回填材料的重量都会在承口位置形成应力集中点，而管材承口的设计并没有考虑承受这些载荷。虽然承口凹槽在管材安装完成后应该会填上，但其回填土不需要压实。

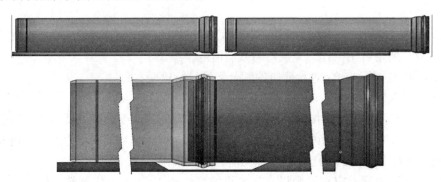

图6-14 承口凹槽示意图

（5）冬季施工注意事项

① 严格按要求运输、搬运或储存

a. 气温在5℃以下时，PVC管材的冲击强度会降低。冬季施工时如温度较低，不恰当的装卸、运输，可能会使管材产生裂缝、划痕及裂纹等现象，从而影响管材的正常使用。

b. 严格规范对产品的搬、装、运、卸等过程管理，不得出现抛、摔、滚、拖等现象。尤其在卸货过程中，一定要轻搬轻放，务必不能直接踩踏在管材上，尤其在装卸薄壁管（0.63MPa）时，因低温脆性问题踩踏可能会导致管材出现开裂内伤现象，从而影响产品的使用寿命。且产品运输至工地后要妥善保管，防止管材与尖锐物体摩擦接触，以避免管材划伤。

② 管沟开挖、管道连接及管沟回填应符合施工标准

a. 管沟挖掘应考虑当地冻土深度，管线必须埋在冻土层以下，且对于外露管材应采取相应的保温措施以防止管材冻裂。管线埋地深度一般在1.2～1.5m（严寒地区在2.5m）以下，沟底宽为管材外径增加300mm为宜。

b. 沟底应整理平整，不得有石块、砖块等杂物。如有坚硬物时，必须加挖10cm并填沙夯实，然后再进行管线安装施工。管线施工时，应正直平整，不得任意偏斜曲折。如管线必须弯曲时，其弯曲角度应按管材每一承口允许弯曲角度进行（一般为0.5°以内），不得出现管材硬性弯曲现象。

c. 下管前应检查管材是否有损伤，特别是承口与插口端，如有损伤及时更换。

d. 管材承插时，严格按照画线要求进行安装，承插深度须考虑管材冷伸缩量，插入深度不应过大。胶粘剂连接时，冬季施工注意事项详见本手册胶粘剂连接管材安装部分。

e. 施工过程中，如发现施工现场存在石块等坚硬物体应及时清理，以避免管道划伤影响施工进度。特别注意管沟两侧挖出的土方，防止挖出石块落入管沟冲击管材，且施工完一段后，应即刻回填。回填时，一定严格按照施工规范填沙、填土。回填土质须为没有坚硬物或冻土的良质土，管材两侧及上方回填良质土的厚度应为20～30cm以上。

（6）PVC管材连接分支方法

① 安装三通

管道内无水施工时，可直接采用PVC-UH管材用全塑三通（CJ/T 493—2016标准规

定的连接件）或钢制三通。

管道运行过程中，需要停水处理，下游放水后，安装两承一平全塑三通（$d_n \leqslant 400mm$可安装注塑三通）进行分支连接。

② 开孔分支安装

关于 PVC 管道开口接分支的问题，通常在线接分支的做法是采用 PVC 鞍型增接口管件，即将 PVC 鞍型增接口管件禁锢到 PVC 管道上，然后采用开口机钻孔即可。某些应用场合，PVC 鞍形管件可以和管道通过胶粘剂粘接的方式连接，然后用孔锯或专用开孔工具开孔。大口径厚壁的 PVC 管材也可以直接开孔，开孔的步骤和限制要求在美国 AWWA 手册 M23 和 AWWA C605 中有详细叙述。

AWWA M23 中表示，25mm 以内且口径 150～300mm 且压力满足规定的可直接开孔；开孔 50mm 以内的可采用鞍形分支开孔；开孔分支大于 50mm 的，采用分水鞍（套筒和开孔阀）开孔，一般大口径开孔采用这种方法。开孔分支需注意的是，鞍型开孔作业钻孔时，一般不应带压作业以避免压力作用下开口冲击出现爆管事故。

分水鞍：用于在已建 PVC 管道上开孔安装支管、户管的专用配件。需要配套阀门和开孔钻。可满足大中小各种口径的开孔接分支作业。

小口径可采用手动开孔，对于口径较大的也可以采用液压开孔。

分水鞍类型如图 6-15 所示。

图 6-15　常用分水鞍示意图

（7）PVC 管道的维修

① 一般规定

PVC-U，PVC-M 及 PVC-O 管材一般采用 R 口后置胶圈承口结构，安装前需确保胶圈安装到位，胶圈不能有扭曲、尺寸偏小松动等异常现象，且管道承插安装后需要确认胶圈无顶翻现象；PVC-UH 管材采用钢骨架一体成型的密封圈连接，一般施工便捷、安全可靠且无渗漏，可一次性安装合格。若管道在施工或运行过程中发生管壁漏水、管材破裂、接头渗漏等情况时，应根据管道损坏部位、损坏程度及损坏原因确定修补方法。

管道在施工过程中需进行维修时，可采用停水修补的方法；在运行过程中需维修时，可采用不停水维修的方法。停水维修时，更换损坏的管材或管件应按照施工敷设的要求执行。

管道破裂需要抢修时，用于抢修的管件主要有普通抢修节、活套式抢修节、多功能抢修节、套筒、法兰等。

②停水维修

管道管身破裂时，应切除全部损坏的管段，插入相同长度的直管段，插入管与管道两端可采用套筒式接头等管件与管道进行柔性连接。在连接前先将管件套在连接处的管端上，待新管道就位后，将连接管件平移到位。如在套筒连接操作难度较大的情况下，也可采用承口法兰管件进行连接。

管道上弯头、三通等管件被破坏时，应切除管件及其连接的直管段，且切除的直管段不宜小于0.5m。插入新管件时，应先与配套直管连接合格后再整装放入，在直管段之间可用套筒式接头或法兰等管件进行连接。

③不停水维修

管道接头渗水时，可采用二合包承口管箍（两个半圆组成的拼装式管箍）进行维修，并用螺栓拧紧密封。管道损伤出现管身小孔和环向、纵向裂缝时，可采用二合包管箍进行维修，并用螺栓拧紧密封，而且管箍长度应比破口长度长0.3m。管箍与管道之间的密封胶垫厚度可采用3mm。

④PVC管道试压

PVC管道试验压力不应小于工作压力的1.5倍，且不应小于0.8MPa。试压分段长度不宜大于1km，对中间设有附件的管道，试压分段长度不宜大于0.5km。管道系统采用两种或两种以上管材时，宜按不同管材分别进行试压，不具备分别试压条件的，应采用其中试压控制最严的管材标准进行试压。当试压环境温度低于5℃时，应采取防冻措施，试验完毕应及时防水降压。具体试压相关规定及要求参考相关标准规定执行。

6.2.10　PVC管材在管廊中的安装

根据《综合管廊给水、再生水管道安装》标准图集可知，管材采用承插柔性连接可满足设计要求。PVC给水排水管材采用密封圈承口结构，可以在管廊中进行设计使用，且PVC-UH给水管标准范围中也明确管材可以在管廊中使用。注意的是，PVC管材在管廊中使用需要重点解决管道固定与支撑。

PVC管材架空支撑间距具有理论计算依据和标准依据，可参考如下资料选取参考数据或根据公式计算所选规格管材的支撑间距：

《Handbook of PVC Pipe Design and Construction》中的设计理论值；

《Installation of PVC pipe systems》AS/NZS 2032：2006；

按照《Handbook of PVC Pipe Design and Construction》中公式计算。

PVC管材每个间距采用180°固定支墩进行支撑，安装示意图如图6-16所示。支墩通过螺栓和橡胶垫片进行固定，180°固定弧度可限制管材横向位移，具有很好的固定效果。轴向为可自由伸缩的承插连接管材，接口允许一定长度的轴向伸缩，可以适应管道的热胀冷缩，不需要设置温度补偿装置，PVC管材的线膨胀系数为0.07mm/m·℃，一般管廊内温度相对比较恒定，温差不大，若考虑极限情况下温差达到35℃，每根管材（一般6m/根）轴向伸缩膨胀量约14.7mm，PVC管材承插连接以后，插口端超过密封圈密封面一般在100mm以上，远远满足热胀冷缩引起的轴向伸缩，而实际管材内水流温度一般是恒定的冷水温度，管材温差不会太明显。所以，PVC 管材在管廊内安装使用在收缩和膨胀方面具有很好的安全可靠性。

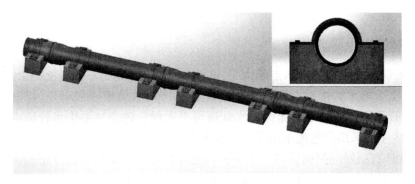

图 6-16 非埋地 PVC 管材安装示意图

180° 固定支撑结构和橡胶垫密封可避免管道震动。PVC 管材在应力作用下具有更大的应变，即管材轴向挠度性能好，而且接口为柔性接口，可消除或抵抗一定程度的震动外力。

对于考虑震动比较明显的情况，可在固定支墩下设置低刚度耗能器。

6.3 实壁聚乙烯（PE）管道

6.3.1 概述

塑料管材与传统的金属管、水泥管等管道相比，具有节能节材、环保、轻质高强、耐腐蚀、内壁光滑不结垢、施工和维修简便、使用寿命长等优点，受到管道工程界的青睐。塑料管能够稳定增长的基础是技术发展快，不断有新材料、新技术和新应用出现，近几年大口径 PE 管材的发展应用逐步提升，在很多重点工程领域应用广泛。高密度聚乙烯（HDPE）管材可广泛应用于国家大型水利工程、市政改造工程、建筑、工农业给水排水、农业节水灌溉、污水处理工程等领域，其优异的性能特点使其成为传统材质管道的最佳替代产品。

HDPE 管材既可以满足有压输水下的强度要求，又具有很好的韧性，并且施工方便，节省人力物力，节能环保，有利于在输水管道领域的应用推广。聚乙烯（PE）管材的主要性能特点如下：

（1）运用热熔熔接技术或合格管件做衔接，减少潜在的漏水可能性，达到零泄漏率。

（2）超强的防腐蚀和抗风化能力，使用寿命最少可达 100 年。

（3）低重量和灵活性使管道便于安装，不会因为安装布线方向的变化而需要很多配件，而且很适合在地震频发的地区使用。

（4）轻便的重量可以节省安装所需的人力。

（5）高性能的 PE100 树脂材料提高的额定工作压力使管道可以在满足特定的工作压力前提下，以最大的内径（更薄的管壁）进行工作。因此这种管道是比钢质管道和球墨铸铁管道更好的选择，尤其是大口径管道应用上尤为显著。

（6）可以现场使用电锯或普通手锯进行切割，无需使用昂贵或复杂的机械。

（7）其管材内壁能长期保持平滑，以极少的能量损耗节省送水的成本，并可减少管材原材料用量。

6.3.2 用途分类

实壁 PE 管道一般适用于水温不大于 40℃，最大工作压力不大于 2.0MPa 的压力输水管道，包含压力给水，排污，再生水及灌溉等领域。PE 管道一般可通过颜色区分用途，给水管道一般采用蓝色色条，压力污水管道可采用绿色色条，再生水管道可采用紫色色条，目前国内主要采用蓝色色条用于压力输水管道。

PE 管材具有很好的耐腐蚀性，抗磨损性能也很好，是金属管的 5 倍，并具有良好的耐慢速裂纹增长性能，也常用于泥沙输送等领域。PE 管道具有良好的可熔接性，也常用于跨海输水工程，以及河、桥等拉管穿越工程。

PE 管道因其良好的熔接性能及耐慢速裂纹开裂性能，也常用于非开挖拉管使用；大口径薄壁 PE 管材也可用于非开挖内衬管，在全球很多地区针对运行多年的地下管道进行修复，本文不进行具体展开介绍。

6.3.3 材料要求

（1）一般规定

① PE 给水工程管道应符合现行国家标准《生活饮用水输配水设备及防护材料的安全性评价标准》GB/T 17219—2001 或《生活饮用水输配水设备及防护材料的安全性评价规范》的有关规定。

② 聚乙烯（PE）给水管材应符合现行国家标准《给水用聚乙烯（PE）管道系统 第2部分：管材》GB/T 13663.2—2018 的有关规定，材料要求应符合《给水用聚乙烯（PE）管道系统 第1部分：总则》GB/T 13663.1—2017 的有关规定。

③ 生产管材、管件应使用聚乙烯混配料。

（2）混配料的分级和命名

聚乙烯混配料应按 GB/T 18475 中规定的最小要求强度（MRS）进行分级和命名，见表 6-12。混配料制造商应提供符合表 6-12 中分级和命名的级别证明。

聚乙烯混配料的分级和命名　　　　　　　　　　表 6-12

最小要求强度（MRS）	命名	σ_{LPL}（20℃，50年，97.5%）
8.0	PE80	$8.0 \leqslant \sigma_{LPL} < 10.0$
10.0	PE100	$10.0 \leqslant \sigma_{LPL} < 11.2$

GB/T 18475—2001 中材料的分级、命名和设计应力的计算方法是以 GB/T 18252—2008《塑料管道系统用外推法对热塑性塑料管材长期静液压强度的测定》（修改采用 ISO9080 国际标准）所得的管状试样的耐液压能力（20℃，50年）为基础的，根据 GB/T 321—2005 圆整规则圆整后得到材料的最小要求强度 MRS 值。

在美国标准体系，塑料管道是通过《获得热塑性塑料管材液体静压设计基础或热塑性塑料管产品的压力设计基础的标准试验方法》ASTM D2837 或 PPI-TR3 试验所得的数据进行原料的分级，采用参数 HDB（静液压设计基础）进行表征，参数意义与 MRS 类似。PE 原料应符合 ASTM D3350 标准的要求。

（3）管材的设计计算参数

① 埋地 PE 管材的弹性模量一般按照 PE80 按照 800MPa，PE100 按照 1000MPa 取值；

PE 管道系统在 20℃～40℃ 之间温度下连续工作时，PE80 和 PE100 可以使用表 6-13 给出的压力折减系数。

PE80 和 PE100 的压力折减系数 表 6-13

工作温度，℃	压力折减系数 f_T
20	1.00
25	0.92
30	0.85
35	0.79
40	0.73

注：1. 除非按 GB/T 18252—2008 分析表明可以使用较小的折减幅度，这种情况下，折减系数的值较大，从而管材应用的压力更高；

2. 在表中所列温度点之间工作时，允许使用线性内插值法；

3. 用于更高温度时，应咨询混配料制造商。

说明：上表中数据采用 GB/T 13663.1—2017 附录 C 取值，较 CJJ 101—2016 表 3.3.3-1 略有差异，若有需求情况，建议按上表数据执行。

② PE80 管材密度一般为 0.945kg/m³ 左右，PE100 管材密度一般为 0.958kg/m³ 左右，PE 管材线膨胀系数为 $18×10^{-5}$ m/m·℃。

③ HDPE 管材的水利摩擦损失同样可以采用海登－威廉（Hazen William）公式进行评估，系数 C 取值 150，内表面光滑的 PE 管道曼宁（Manning）n 值一般建议取 0.009，现场经验表明，PE 管道的流动性能随着时间的推移变化不大。

④ PE 实壁管道材料的其他设计计算参数参考《埋地塑料给水管道工程技术规程》CJJ 101—2016 取值。

6.3.4 主要技术参数

（1）尺寸范围

PE 实壁管材种类较简单，国内执行标准 GB/T 13663.2—2018，标准规定了外径尺寸 16～2500mm 规格尺寸，压力等级 PE80 包含 0.32～1.6MPa，PE100 包含 0.4～2.0MPa，不同口径压力等级尺寸要求参考标准执行，PE100 管材较 PE80 管材压力等级高一规格系列，目前国内一般给水管材均采用 PE100 原料生产，PE80 给水管材较少。目前高于 PE100 压力等级的原料暂时未有市场化产品，沙比克的 P6006AD 和暹罗 SCG 的 H112PC 原料的 MRS 可达到 11.2MPa，较 PE100 的 10MPa 略高，但目前在国内也主要是按照 PE100 原料进行设计使用，不作为高压力等级原料使用，在国外有部分客户作为 PE112 设计使用。

美国标准中 PE 管材尺寸分为 IPS 和 DIPS 两种外径系列，具体规格尺寸要求参考产品标准执行。

（2）允许内压和设计安全系数

PE 管材按照期望使用寿命 50 年设计，输送 20 摄氏度的水时，PE 给水管设计应力 σ_D 的最大值：PE80 为 6.3MPa；PE100 为 8.0MPa。设计应力 σ_D 由最小要求强度除以总体使用（设计）系数 C 得出，$C \geqslant 1.25$。

类似 PVC 管材，PE 管材的公称压力 PN 按照同样的方式计算，也为设计压力，是最大工作压力和额定工作压力，一般是正常工作压力的 1.5 倍。

在美国使用较多的 PE 原料等级为 PE4710，PE4710 原料在密度，熔体质量流动速率，拉伸强度、耐慢速裂纹增长（SCG），耐快速裂纹扩展（RCP）等性能指标上与 PE100 接近，很多厂家的原料在美国作为 PE4710 使用，在国内作为 PE100 使用，例如沙比克（Sabic）原料厂家的自然色 P6006N。但 PE4710 和 PE100 原料在美标体系及 ISO 标准体系中，对应的管材的设计压力等级有一定差异，表 6-14 数据显示了美国 PE4710 与国际和国内常用的 PE100 在给水管道中压力等级设计参数的比较。

<table>
<tr><td colspan="3">PE4710 与 PE100 在给水管道中压力等级设计参数比较</td><td>表 6-14</td></tr>
<tr><td>原料类型</td><td colspan="2">PE4710</td><td>PE100</td></tr>
<tr><td>HDB, psi</td><td colspan="2">1600</td><td>—</td></tr>
<tr><td>MRS, MPa</td><td colspan="2">—</td><td>10</td></tr>
<tr><td>设计安全系数（F）</td><td colspan="2">0.63</td><td>—</td></tr>
<tr><td>设计安全系数（C）</td><td colspan="2">—</td><td>1.25</td></tr>
<tr><td>最大工作压力（MOP）计算</td><td colspan="2">$MOP = \dfrac{2 \times HDB \times F}{(SDR - 1)}$</td><td>$MOP = \dfrac{2 \times MRS}{(SDR - 1) \times C}$</td></tr>
<tr><td>SDR11 管材的最大工作压力（MOP），MPa</td><td colspan="2">1.4</td><td>1.6</td></tr>
</table>

从上表数据可以看出，PE100 的设计压力等级较 PE4710 高约 15%。

（3）承受外载荷能力

PE 管道同样为柔性管道，其外载荷能力可参考 6.2.4 中（3）的描述，可通过管土共同作业实现较好的抗外压能力。具体管道承受外载荷能力可参考 CJJ 101—2016 第 4 章中 4.4 进行具体核算。在美国，马斯顿理论用于计算外部土荷载，马斯顿理论也考虑了管土共同作用的影响；AWWA 手册 M55 有关于外荷载设计推荐方法。

（4）标准生产长度

管材长度一般为 6m、9m、12m，也可由供需上方商定，在满足运输要求的情况下，大口径管材一般也可生产 13m 或 17m。盘管长度由供需双方商定，一般可 100m 或 200m，盘卷的最小内径应不小于 $18d_n$。管材长度不允许有负偏差。

（5）管材性能指标要求及试验方法

我国 PE 给水管标准执行 GB/T 13663.2—2018，是修改采用 ISO 国际标准编制，各项产品性能指标要求与 ISO 标准一致，试验方法采用对应的国内标准的试验方法执行。美国标准采用 ASTM F714 或 AWWA C906 标准，产品为英制系列，产品各项性能指标要求与国标 PE 给水管有一些差异，在实际执行中根据客户需求执行的标准产品进行产品的生产和检测。表 6-15 列出了国标 PE 给水管及美标 PE 给水管的性能指标要求。

国标及美标 PE 给水管材物理力学性能要求 表 6-15

序号	国标 PE 给水管性能指标（PE100 原料为例）（GB/T 13663.2—2018）		美标 PE 给水管性能指标（PE4710 原料为例）（AWWA C906—15）	
	项目	要求	项目	要求
1	1. 静液压强度 20℃ 100h PE100 12.0MPa 环应力 2. 静液压强度 80℃ 165h PE100 5.4MPa 环应力 3. 静液压强度 80℃ 1000h PE100 5.0MPa 环应力	无破裂 无渗漏	1. 静液压强度 80℃ 200h 环应力 5.17MPa 2. 静液压强度 80℃ 400h 环应力 5.02MPa 3. 静液压强度 80℃ 600h 环应力 4.87MPa 4. 静液压强度 80℃ 800h 环应力 4.715MPa 5. 静液压强度 80℃ 1000h 环应力 4.565MPa 6. 静液压强度 80℃ 1200h 环应力 4.415MPa	无破裂 无渗漏
2	—	—	快速爆破试验	爆破环应力 ≥ 20MPa
			或 23℃，5s，环应力 22.064MPa	无破裂 无渗漏
			或环向拉伸强度试验	强度 ≥ 20MPa
3	熔体质量流动速率（g/10min），（190℃，5kg）	加工前后 MFR 变化不大于 20%	熔融指数	由生产厂制定
4	氧化诱导时间，210℃	≥ 20min	热稳定性	诱导温度 ≥ 220℃
	—	—	密度	由生产厂制定
5	纵向回缩率，（110℃，200mm）	≤ 3%	—	—
6	炭黑含量（仅适用于黑色管材）	（2.0～2.5）%	炭黑含量	（2～3）%
7	炭黑分散/颜料分散（仅适用于蓝色管材）	≤ 3 级	—	—
8	灰分	≤ 0.1%	—	—
9	断裂伸长率	≥ 350%	弯曲回弹试验	管材无开裂
			或断裂伸长率	> 400%
10	耐慢速裂纹增长，en ≤ 5mm（锥体试验）	< 10mm/24h	—	—
11	耐慢速裂纹增长，en > 5mm（切口试验）80℃ 500h 水-水 PE80 SDR11 0.80MPa 试验压力 PE100 SDR11 0.92MPa 试验压力	无破裂 无渗漏	—	—

6.3.5 生产工艺

聚乙烯管材是以聚乙烯树脂为主要原料，经挤出机挤出成型的产品。生产流程图如图 6-17 所示。

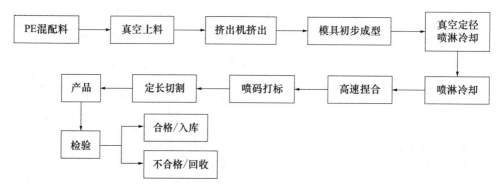

图 6-17 PE 管材生产流程图

PE 管材生产过程中，对于一些中口径常规规格，同口径不同壁厚的管材也可采用同一种芯模通过牵引机的不同拉伸速度调整生产，但芯模跨度不应太大，例如 SDR17 的芯模可以做 SDR21 或 SDR26 的同口径管材，但若生产 SDR33 或 SDR41 等薄壁管材跨度太大，拉伸比太大，管材外观及真空定径等方面都会受到影响，跨度太大的规格需要重新定做芯模及定径套，口径越小管材壁厚越小，或口径越大壁厚越大，跨度要求也越严格。另外，对于大口径厚壁管材，一般指公称壁厚超过 70mm 以上的管材，普通生产使用的原料一般很难满足标准壁厚偏差要求，需要采用抗熔垂效果比较好的原料生产，近几年各大生产厂家也在陆续开发抗熔垂效果较好的原材料，PE 树脂的分子量分布经过调整，可增加低剪切速率条件下的黏性，从而增加其在管材挤出加工过程中的抗熔垂性能。

6.3.6 内外防腐

聚乙烯（PE）管材是一种防腐材料，不需要内外防腐保护。聚乙烯管道中常用的添加剂成分为炭黑，炭黑是一种纳米材料，其原生粒径一般在 $10\sim100$nm 之间，是一种高效紫外线吸收剂和光屏蔽剂。炭黑通过吸收辐射／照并把它转换成热，以此来提供紫外线稳定性；作为自由基捕捉剂，来阻止产品进一步催化降解。炭黑分散在聚乙烯中炭黑可以屏蔽紫外光，提高了材料的抗老化性能。炭黑的粒径越小、炭黑含量越高，其表面积越大，耐光老化性能越佳。一般混配料或管道中炭黑含量为（$2\sim2.5$）%，炭黑具有很好的抗紫外线（UV）作用，可以使得管材在一定时间内裸露情况下不会引起管道材料退化，保持良好的使用性能。通过实际案例数据及老化样品检测数据可以，炭黑含量及炭黑分散满足要求的情况下，管道在露天情况下使用寿命至少可达 15 年。

6.3.7 接口形式

PE 管材与管材之间一般采用热熔对接，口径小于 90mm 的管材一般宜采用电熔承插管件连接。管材与管件可通过热熔对接，电熔连接，鞍形电熔连接；管材与管道附件或钢制管道可通过法兰连接，钢塑转换接头连接等方式连接。热熔对接是采用热熔焊机，通过一定的温度和压力作用，实现两个等口径等壁厚管材的对接熔接，熔接焊缝的强度一般等于或大于管材本身的强度，关于加热时间，温度及热熔压力，使用之前需咨询管道生产厂家和热熔设备厂家相关操作要求。

不同级别和熔体质量流动速率差值大于 0.5g/10min（190℃，5kg）的聚乙烯管材、管件和管道附件，以及 SDR 不同的聚乙烯管道系统连接时，应采用电熔连接。

聚乙烯混配料的熔接兼容性在 GB/T 13663.1—2017 的 4.6 章节中进行了详细描述。管材热熔对接接头按照 GB/T 19810 进行拉伸试验，韧性破坏通过，脆性破坏不通过。

热熔连接，电熔连接，法兰连接及钢塑转换接头连接等连接操作规定及质量检验规定详见 CJJ 101—2016 中 5.3 章节的规定。

6.3.8 管件类型及生产

（1）管件类型及执行标准

①管件执行标准

PE 给水管材配套管件一般中小口径采用注塑热熔及电熔管件，大口径采用热熔焊接管件。国内 PE 管件主要执行标准为 GB/T 13663.3—2018，标准适用于水温不大于 40℃，最大工作压力（MOP）不大于 2.0MPa，一般用途的压力输水和饮用水输配的聚乙烯管道系统及其组件，与 GB/T 13663.2—2018 管材标准为系列标准。

②管件类型

PE 热熔管件一般有 45°弯头、90°弯头、22.5°弯头、等径三通、异径三通、变径、端帽、法兰根等；PE 法兰根与钢法兰片配套使用，钢法兰片内径符合与 PE 法兰根配套，外径、壁厚及螺栓孔等尺寸符合 GB/T 9119—2010 或 HG/T 20592—2018 的相关要求等。

PE 电熔管件一般包括 45°电熔弯头、90°电熔弯头、电熔等径三通、电熔异径三通、电熔变径、电熔套筒、电熔鞍形直通、电熔鞍形旁通、电熔端帽、电熔鞍形管件等。

（2）管件生产工艺及连接形式

注塑管件

①热熔管件生产工艺

将烘干后的 PE100 混配料集中输送到各个注塑机料斗中，再经过一定的温度加热融化、进入注塑模腔、注塑成型、保压、冷却、抽芯等后续生产工序进行后续生产加工，经检验合格后，对产品进行清洁、贴标、包装、入库。

工艺流程图如图 6-18 所示。

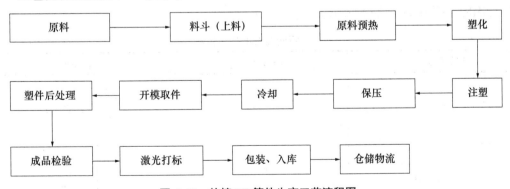

图 6-18　热熔 PE 管件生产工艺流程图

②电熔管件生产工艺

电熔管件采用裸线缠绕方式，其特点主要体现在管道焊接时连接件之间与导线直接接触，连接界面的热传导更均匀，焊接效果更佳，目前电熔管件系列产品很多厂家均已经实现自动化生产，一般电熔管件的生产工艺流程图如图 6-19 所示。

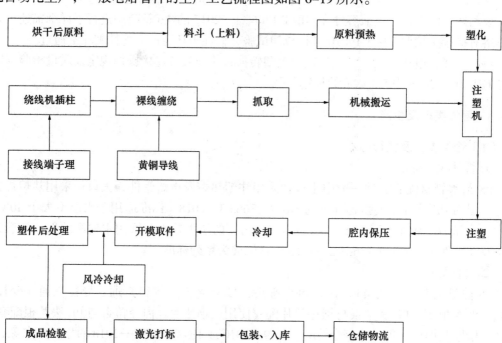

图 6-19 电熔 PE 管件生产工艺流程图

③ 焊制管件

焊制管件参考 GB/T 13663.3—2018 标准附录 C 的要求制作。焊制类管件可由注塑管件加工制成，或通过管段焊制成型。管段焊制弯头及焊制三通采用多角度焊机进行焊接，通过一定的折减系数实现管件的耐压要求，煨制弯头一般不做折减。管段焊制弯头按表 6-16 规定的折减系数进行压力折减，即管段焊制弯头的公称压力等于管段所用管材的公称压力乘以折减系数得到。例如，若焊制 1.0MPa 的 PE 管件，若切割角度小于等于 7.5°，可直接采用 1.0MPa 公称压力的管材切割管段进行焊制；若切割角度超过 7.5°，则需要采用 1.25MPa 公称压力的管材切割管段进行焊制。

管段焊制弯头的折减系数 表 6-16

切割角度[a]，β	折减系数，f_B	管段图示
$\beta \leqslant 7.5°$	1.0	
$7.5 < \beta \leqslant 15°$	0.8	

注：[a] 最大切割角度应不大于 15°。

β 为焊制角度。

d_n 为管段公称外径。

管段焊制三通的压力折减系数选取 0.5。因此，焊制三通对压力折减较大，一般高压力管件很难通过焊制的方式制备。加工条件满足的条件下，可通过外增强的方式提高焊制三通的耐压性能，但需要生产厂进行产品验证，目前暂无此方面的标准或规范要求。

④ 挤塑成型管件

对于大口径（一般为 $d_n \geqslant 630mm$）法兰、弯头、三通等管件无法通过注塑制备，通过管段焊制又存在压力折减，可通过挤塑成型再进行机加工的方式制备，一方面可以对管件应力集中位置加厚处理，另一方面实现了无压力折减大口径管件的制作，有利于大口径管道系统配套的规范化和标准化，实现 50 年以上，甚至是 100 年的长期运行安全寿命。挤塑大弯头和异径三通制作过程均无带切割角度的焊口，为均匀一体成型产品，仅端口采用管段直焊以满足熔接要求，此新型制作方式制备的管件均实现了无压力折减大口径管件的制作，对大型市政工程的安全运行具有巨大的贡献意义。

⑤ 管件的连接方式

PE 管件一般为热熔对接或电熔连接。热熔对接类似于管材端口的连接，采用热熔焊接按照相关操作要求进行熔接。电熔连接采用电熔焊接进行熔接。大口径电熔鞍形管件在工程管道施工领域应用便捷，典型安装示例如图 6-20 所示。

图 6-20　大口径鞍形管件图例

6.3.9　安装、试验和回填要求

管道安装前应按照设计要求核对管材、管件及管道附件，并应在施工现场进行外观质量检查。

（1）PE 管道的安装

① 施工准备

a. 应根据管道施工要求，选用合适的等径、异径，弯头和三通等配套管件。

b. 热熔焊接时，宜采用同种牌号、材质的管材、管件。若采用性能相似但不同牌号、材质的管材、管件进行焊接，焊接前应先进行试验。

② 焊接准备

a. 先检查现场环境是否符合热熔环境要求，若现场环境不能满足施工要求，应采取相应措施，使其满足热熔要求。

b.检查焊接机（热熔焊机）状况是否满足工作要求。检查步骤如下：

（a）检查机具各个部位的紧固件有无脱落或松动；

（b）检查液压箱内液压油是否充足；

（c）检查加热板是否符合要求，涂层有无损伤；

（d）检查（电）机电线路连接是否正确、可靠；

（e）检查铣刀、油泵开关是否正常；

（f）确认电源与机具输入要求是否相匹配（注：焊接设备使用的电源的电压波动范围不应大于额定电压的±15%）；

（g）接通焊机电源，打开加热板、铣刀和油泵开关，设备加热板温度，进行试运行；

（h）如使用发电机发电，则需要检查发电机燃油是否充足，避免熔接中途断电导致焊口作废。

③ 管材固定

a.管道连接前应按设计要求对管材、管件及管道附属设备进行核对，并在施工现场对管材、管件进行外观检查。要求管材表面伤痕深度应不超过管材壁厚的10%，符合要求才能进行安装。安装前，先用干净的布清除管材端部的污物，再将管材至于夹具内，使对接两端伸出的长度大致相等。

b.熔接管道时，需将管道按编号对接，对齐激光字码。组装夹具时，上下两侧螺栓需同时上紧（图6-21）。

图6-21 管材固定示意图

c.管材在机架以外的部分用管道支架托起，使管材轴线与机架中心线处于同一高度，然后用夹具紧固好并调整夹具底座与支架的位置，确保夹具底座与支架水平，并在同一管道中心线上。校直对应的待连接件，使其在同一轴线上，而且错边不应大于壁厚的10%。

d.检查管道的两个对接口，上、下、左、右是否对齐，如有不齐，需松开夹具，重新进行调整。若管径大于450mm，则需通过液压支架进行调整。

e.确定拖拉压力P1，压力值需根据管道长度及自重计算。

④ 铣削

a. 打开夹具底座至铣刀允许宽度，放置铣刀，然后缓慢合拢两管材焊接端，将铣刀固定（图 6-22）。

b. 打开铣刀开关，闭合夹具底座，将液压站压力调为拖拉压力 P1。

c. 当两侧均出现完整不间断的 PE 铣削带时，调节控制阀至空挡，持续铣削 10s 后停止铣削，确保铣削掉所焊管段端面的杂质和氧化层，保证两管对接端面平整、光洁（图6-23）。

d. 关闭铣刀开关，移开夹具底座，移除铣刀。

e. 闭合夹具底座，检查管口错口尺寸是否超过壁厚的 10%，若有超过，继续调整后再进行铣削（图 6-24）。

图 6-22 铣刀放置

图 6-24 检查管口尺寸

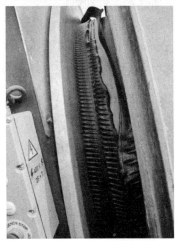

图 6-23 管材端面铣削

f. 从机架上取下铣刀时，应避免铣刀与端面相碰撞，如已发生碰撞，需重新铣削；铣削好的端面不要用手触摸，且防止端面被油污等物污染。

⑤ 熔接

a. 熔接参数计算

焊接参考标准（DVS 2207—1995）。由于采用的标准不同和材料的差异，热熔对接焊机在焊接的各个阶段需要的时间和压力也不同；具体采用的标准和焊接参数应符合有关国家规定或遵循管材、管件生产厂家的要求。电热板的温度为 210～230℃，管材壁厚薄的应采用上限温度，管材壁厚厚的应采用下限温度。

b.管道热熔或电熔连接的环境温度宜在 −5～45℃范围内，在温度低于 −5℃或风力大于 5 级的条件下进行热熔和电熔连接操作时，应采取保温、防风措施，并调整连接工艺。

c.检查加热板温度，用温度枪测试加热板至少 3 处温度，确保加热板整体温度在 210～230℃之间，具体温度根据不同的热熔机型号确定。

d.用专用擦机布和酒精擦拭管道接口及加热板（图 6-25）。

图 6-25 加热板及管道接口擦拭

e.将加热板放置在管口中间，将其固定并闭合防松螺栓。

f.闭合夹具底座，压力为：熔接压力 P2＋拖拉压力 P1，直到两边最小卷边达到规定宽度 4～5mm 时，开始计时，压力缓慢降为 0bar，持续加热时间约为壁厚 *11s，实际加热时间参照规范要求并根据环境温度确定（图 6-26）。

图 6-26 管道接口加热

g.吸热时间满足后，退开夹具，迅速取出加热板，然后合拢两管端。切换时间应尽可能短，不能超过规定值。取下加热板时，应避免与熔融的端面发生碰撞。若已发生，应在已融化的端面彻底冷却后，重新开始整个焊接过程，即对口、铣削、熔接全过程。

h.迅速闭合夹具，并在规定的时间内，匀速地将压力调节到熔接压力 P1+P2，缓慢闭合夹具底座。夹具闭合后升压时，应均匀升压，不能太快或太慢，应在规定的时间内完成，以免形成假焊、虚焊。熔接接点见图 6-27。

i.达到规范规定的热侵时间后，调节夹具底座控制阀到空挡，监控压力，如有下降，应调到原定压力值。判断冷却时间有以下两种方式：① 当熔接口的温度与其他管壁温度差值小于 5℃时，冷却过程结束；② 冷却时间约为壁厚 *70s，具体时间根据规范要求及气温可能会有所变动。

图 6-27 熔接接头

j.冷却到规定的时间后，卸压，松开夹具，取出连接完成的管材，准备下一接口的焊接。

⑥ 熔接质量评定

热熔对接头的质量检测可以分为非破坏性检验和破坏性检验两大类。非破坏性主要包括：外观检验，翻边尺寸检验，卷边切除的背弯试验和管线水压试验等，参考 CJJ 101—2016 中 5.3 章节的相关要求执行。破坏性主要包括按照 GB/T 19810 或 ISO 13953 标准进行的熔接对接接头拉伸强度和破坏形式的测定，韧性破坏为通过，脆性破坏为不通过。

（2）长管熔接方案及大口径 PE 管道施工方案

长管熔接方案

① 管道长度要求

固定管端长度可达 500m 以上，可移动管端长度应小于 400m。

② 管道支撑情况

可移动端管段有足够支架支撑，保证熔接机夹具可灵活拖动管段。

③ 理论依据

a.定性分析

长管熔接与单管熔接区别：A.长管熔接时，移动端拖动阻力 F1，且拖动到位后由于管道自身弹性仍存在一定回缩应力 F2，加上气温及日照变化引起管道热胀冷缩产生内力 F3。F1、F2、F3 综合作用力（记为 F 合）导致从油压表无法获得准确的实际对接压力 F；B.单管熔接时，可移动端拖动阻力很小，基本可以忽略，液压站显示的液压系统压强 P1× 油缸面积 A 即为熔接时管头的实际对接压力 F。

影响因素：活动端拖动阻力 F1，活动端管道回弹拉力 F2，长管温度变形内力 F3。

综上所述，长管熔接时需要测定与单管熔接相同的实际对接压力 F，液压系统的压强

P2，并计算差值，以此对铣削、加压加热、热侵、冷却阶段的系统压力做相应补偿。

b. 数据测定

由于管道温度变形内力随日照及气温变化，故长管熔接应选在温度变化较小，温度应力最小的时段（早晨或午后）。将活动端管段固定后，将夹具控制开关拨至关闭，然后调整调压阀使压力缓慢增加，待夹具可匀速缓慢拖动管道时，记录压力表数值 P3（系统拖动压力）。

测量系统压强 P2 有两种方法：a. 放好铣刀并打开开关，闭合夹具底座后从零缓慢调高调压阀压力，当明显感觉到铣刀转速下降时将压力缓慢调低，找到铣刀正常铣削运转时的系统压强 P21；b. 放好铣刀并打开开关，闭合夹具底座后从零缓慢调高调压阀压力，并用钳表测量铣刀线路电流，当电流数值 I2 等于短管铣削电流 I1 时（相同的实际对接压力下，铣刀铣削时阻力相同，铣刀线路电流相同），停止调压记录压力表数值 P22。P21 应约等于 P22 记为 P2（长管铣削时的系统压强）。

c. 压力补偿计算

$$F = P1 \times A$$

$$F = P2 \times A - F_{合}$$

$$F_{合} = P2 \times A - P1 \times A$$

$$F_{合}/A = P2 - P1$$

P2−P1 即为长管熔接时铣削、加压加热、热侵、对接冷却阶段相对于单管熔接的系统补偿压强。

d. 长管段与长管及弯头的沟槽熔接

由于各工段场地条件不一，根据现场的实际情况，可以采用两种方法进行弯头和直管的熔接施工。

（3）沟槽内熔接施工

① 由于槽底宽度较窄，施工前应首先对熔接弯头部位进行槽底加宽处理，并根据现场实际情况做适当调整。

② 用 HDPE 管材入沟方法，将弯头一侧的直管段推入沟槽中，此管段为管段 1。

③ 将熔接设备吊入沟槽，长管段作为固定端，弯头作为可移动端，利用汽车吊配合，进行弯头与单侧长管的熔接，此为接口 1。

④ 接口 1 熔接完成后，将设备挪至接口 2 处，将另一侧长管（管段 2）吊入沟槽并用夹具固定，作为固定端。

⑤ 将弯头端部用夹具固定，作为可移动端。用汽车吊将接口 1 处吊起悬空，在夹具油缸的推拉力下，可移动端可产生一定的横向位移 X（约 30cm），以满足铣削、加热时夹具的开合需要。

⑥ 测试铣刀的铣削压力，计算熔接时系统的补偿压力（具体测试及计算方法参考长管熔接方案）。

⑦ 进行弯头接口 2 的熔接，熔接完成后将熔接机等设备吊出，弯头与长管熔接完成。

（4）沟槽外熔接施工

① 沟槽外弯头熔接时应先在弯头两端各熔接约 50m 直管段。

②采用双机抬吊法将此管段整体吊入沟槽中。

③将两端直管端部吊出沟槽（作为固定端）与沟槽外其他长管进行熔接，具体操作方法参考长管熔接方案。

④将熔接完成的长管滑入沟槽，并进行回填。

⑤大口径PE管材下沟槽方法说明

由于大口径PE管道直径较大重量较重，宜采用人工配合吊车方法进行管道敷设。吊装时，需结合现场实际情况配备2台25T吊车。先用1台吊车将管道一端吊起，并用另1台吊车吊住管道中部防止整条管道因惯性滚入沟槽，同时配合人工防止管道扭转后，分段将管道放入沟槽。由于PE管道存在一定柔性，下沟时可以先将长管一端吊入或推入沟槽中。利用其自身重力及柔性辅以机械配合，将剩余管段滑入沟槽中。PE管道下管敷设时，应防止管材被划伤、扭曲或过大的拉伸和弯曲。

⑥大口径PE管道对口整圆

大口径PE管道管口多存在一些变形，铣削对口时如果局部管口错边量较大无法达到熔接规范要求，可按下图方法用千斤顶对局部管口进行整圆。错边量达到壁厚的10%以内时，方可进行熔接（图6-28）。

图6-28 大口径PE管道对口整圆

⑦大口径PE管道合拢连接

大口径PE管道合拢处应优先选择在阀件的法兰连接处，利用伸缩阀件的伸缩量进行死口合拢；也可设置在大角度弯头的两侧，利用一端管道的横向侧移量用作熔接操作量（图6-29）。

图6-29 大口径PE管道合拢连接

直管段的死口合拢也可使用大口径电熔套筒管件（图6-30）。

图 6-30　直管段的死口合拢也可使用大口径电熔套筒管件

（5）PE 管道试压

PE 管道试验压力不应小于工作压力的 1.5 倍，且不应小于 0.8MPa。试压分段长度不宜大于 1km，对中间设有附件的管道，试压分段长度不宜大于 0.5km。管道系统采用两种或两种以上管材时，宜按不同管材分别进行试压，不具备分别试压条件的，应采用其中试压控制最严的管材标准进行试压。当试压环境温度低于 5℃时，应采取防冻措施，试验完毕应及时防水降压。具体试压相关规定及要求参考《给水排水管道工程施工及验收规范》GB 50268—2008 或《埋地塑料给水管道工程技术规程》CJJ 101—2016 的相关规定执行。

6.4　聚氯乙烯（PVC）结构壁管

6.4.1　概述

塑料管作为一种新型管材，由于质量轻、耐腐蚀、施工便捷等优点，广泛用于城市排水领域。而在众多的塑料管材产品中，PVC 管的使用量占有绝对优势。1937 年，德国首先用 PVC 生产出塑料管材。在时代的发展过程中，虽然一直有其他的塑料管品种与之竞争，但是 PVC 管以其自身的优点，在城市和建筑排水供水中发挥着巨大的作用。据相关数据显示，PVC 管材占据了全球塑料管市场 60% 的份额，其中美国是 PVC 管材的头号消费大国，其次是欧洲、中国等国家和地区，由此可见，PVC 管材的强大市场竞争力。在我国，随着社会对环保的日益重视，PVC 管被认为是一种优质的埋地排水管材，其使用前景非常广阔。

PVC 结构壁管由于自身的优势和特点，主要应用在城市埋地管道排水系统中，其生产工艺有直接挤出成型和缠绕成型两大类，目前我国都已有标准化产品。

6.4.2　产品分类

PVC 结构壁管管壁利用特种增强结构在相同的承载能力下可以比普通的直壁管节省更多的材料，只要设计和施工得当，结构壁管能与周围土壤共同承受负载，在同等应用条件下较之其他管材质轻，便于运输，比水泥管、钢管的施工更为安全、方便、快捷，能明显降低费用。单位管长件重仅为铸铁管的 1/6、水泥管的 1/10，使施工作业更加安全，且能减轻工人的劳动强度。粗糙度系数小、输水量大。与同类型其他管材相比，可获得较大的设计流量。在同样的直径下，PVC 结构壁管可以减少坡度，能减少铺设工程量，结构壁管利用其自身结构优势以及耐腐蚀性被广泛用于城市承压排水管、淤水回收管和建筑用给水排水道，结构壁管材因其管材结构形式不同于实壁管材，挠曲度较实壁管会差一些，对不均匀地势或地震区域的承受能力偏弱。

按其结构类型分为以下几种结构壁管：PVC-U 双壁波纹管、PVC-M 双壁波纹管、PVC-U 加筋管、PVC-U 轴向中空壁管。

（1）双壁波纹管

PVC-U 双壁波纹管管壁截面中间是空芯的，在相同的承载能力下可以比普通的直壁管节省 50% 以上的材料，其优点在聚氯乙烯材料的刚性高，其材料的弹性模量 E 大于聚烯烃材料。因此达到同等的环刚度可以用较小的惯性矩 I。如果采用同样的波形设计可以用较小的壁厚。所以在一定范围内聚氯乙烯双壁波纹管在经济性上占优势。聚氯乙烯材料的流动性和热稳定性比较差，生产大直径双壁波纹管有困难。产品图示如图 6-31 所示。

PVC-M 双壁波纹管是一种新型的结构壁管材，具备色泽鲜艳、内外壁光滑、密度小、强度高、冲击性好、施工便捷、能有效承载外部载荷等优点，广泛应用于通信电力护套、市政排水、农田低压灌溉等工程领域。

图 6-31　PVC-U 双壁波纹管

（2）加筋管

PVC-U 加筋管是继 PVC-U 波纹管之后，经引进、消化、吸收国外技术，在国内发展较快的新品种，是经挤出成型硬管带有与管轴垂直的系列径向棱纹（即加强筋）的排污用管道。这种管道结构用料省，管侧向强度高，为敞开式加强压型壁。其局部性能甚至超过波纹管；PVC-U 加筋管管材既减薄了管壁厚度又增大了管材的刚度，提高了管材承受外荷载的力，可比普通直壁管节约 30% 以上的材料。超强筋管光滑的内壁表面提供了良好的流动性能，加之最新设计的弹性密封圈和极好的耐化学腐蚀特性，使超强筋管成为目前最先进的排污管系统。由于外壁采用了工字钢原理，PVC-U 加筋管具有了独特的性能优势，在排污系统中逐步取代了传统的水泥管，得到广泛应用。产品如图 6-32 所示。

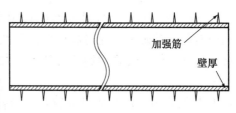

加强筋

壁厚

图 6-32　PVC-U 加筋管

（3）轴向中空壁管

PVC-U 轴向中空壁管，其孔洞有圆形、矩形、椭圆形三种形式，以独特截面结构建立了良好的承外力结构，实现了产品轻量化。就强度和刚度而言，表面看来 PVC-U 轴向中空壁管不如混凝土管，特别是钢筋混凝土管，但在实际应用中因为 PVC-U 轴向中空壁管管属于柔性管，只要设计和施工得当，它能与周围土壤共同承受负载，在同等应用条件下较之其他管材质轻，便于运输，比水泥管、钢管的施工更为安全、方便、快捷，能明显降低费用，使施工作业更加安全，且能减轻工人的劳动强度。粗糙度系数小、输水量大。与同类型其他管材相比，可获得较大的设计流量。在同样的直径下，采用 PVC-U 轴向中空壁管可以减少坡度，能减少铺设工程量。

PVC 轴向中空壁管材现执行标准 GB/T 18477.3—2009，产品标准源于国际标准 ISO 21138 结构壁管道系统。产品如图 6-33 所示。

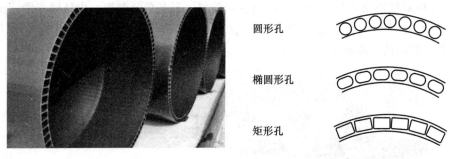

圆形孔

椭圆形孔

矩形孔

图 6-33 PVC-U 轴向中空壁管

6.4.3 材料要求

聚氯乙烯管材配方主要由聚氯乙烯树脂，稳定剂，润滑剂，填充剂，加工改性剂，着色剂等按一定比例组成混配料。各种原料的选取应根据聚氯乙烯管材类型及性能要求进行。PVC 混配料中任何添加剂的加入不应引起感官不良感觉，损害产品的加工和密封性能及影响产品的标准符合性。

PVC-U 双壁波纹管生产中具有机头模具流道长，双层流道，成型时存在吹塑，吸塑的工艺特性，故要求混合料不仅要有较好的稳定性，而且要求具有较好的加工流动性和熔体强度，以及双层壁的可焊接性等，在选择树脂时一方面应满足 PVC-U 双壁波纹管的强度要求，同时也应满足成型加工性，一般选用 PVC-SG4～PVC-SG6 型树脂均可生产，PVC-SG6 型易成型，但力学性能较差，故一般选用熔融流动性中等水平，聚合度 K 值为 1000（SG 5 型）的树脂。

PVC-M 双壁波纹管是通过对传统 PVC-M 双壁波纹管材进行改良而获得的一种抗冲型管材。在原有配方基础上，通过添加抗冲改性剂，在保持 PVC 材料原有强度的同时增加了其延展性，从而使波纹管的韧性得到了较大幅度的提高，故树脂主体与 PVC-U 双壁波纹管要求相同。

PVC-U 加筋管由于模具成型段较长，物料经充分取向，其韧性很好，对抗冲改性剂的要求不是太高，同时为减少对环刚度的影响，抗冲改性剂的用量尽量不要太大。PVC-U 加筋管中填充适量碳酸钙，不仅可以降低成本，且能部分提高管材的刚性，但填充过多则会导致成型困难，并会影响产品的性能。

PVC-U 双层轴向中空壁管产品以硬聚氯乙烯（PVC-U）树脂为主要原料，添加必要的加工助剂经挤出而成，在考虑材料本身脆性的问题，添加改性抗冲击来避免由于材料的脆性。产品用于埋地排水排污工程，PVC-U 轴向中空壁管在生产时应使用无毒 PVC 树脂及稳定剂满足卫生性能的要求，在使用过程中不会产生二次污染。

6.4.4 主要技术参数

（1）尺寸范围

表 6-17 列出了国内最常用几种 PVC 结构壁管材的标准尺寸及环刚度。

国内最常用几种 PVC 结构管材的标准尺寸和环刚度 表 6-17

类型	公称外径（mm）	环刚度（kN/m²）	执行标准
PVC-U 双壁波纹管	100 ～ 1000	SN2-SN16	GB/T 18477.1—2007
PVC-U 加筋管	150 ～ 1000	SN4-SN16	GB/T 18477.2—2011
PVC-U 双层轴向中空壁管	110 ～ 1200	SN4-SN16	GB/T 18477.3—2009
PVC-M 双壁波纹管	100 ～ 1000	SN4-SN16	T/CPPIA 3—2020

注：双壁波纹管材仅大于等于 500mm 的管材中允许有 SN 2 级产品。

（2）管材允许内压要求

PVC-U 结构壁管由于自身结构特点，主要为增加管材环刚度，基本不是为不承受压力，或者承受较低压力而设计，主要应用领域为排水管网。

PVC-U 双壁波纹管对内压无要求，其系统适应性是 0.05MPa，15min 无泄漏即为合格。

PVC-U 加强筋管只有在应用于低压灌溉管道时才进行耐内压试验，内压要求是 0.8MPa 无泄漏即为合格，其系统适应符合 GBT 18477.2—2011 中的规定。

PVC-U 轴向中空壁管与双壁波纹管一样，对内压要求无要求，其系统适应符合 GB/T 18477.3—2009 中的规定。

（3）承受外载荷能力

PVC 结构壁管材属于柔性管材，美国一般采用马斯顿理论计算外部土荷载，马斯顿理论考虑了柔性管上土拱的影响，外荷载承受能力取决于壁厚和结构形状，结构壁管通过管壁的几何形状使其强度增加。

各种管材可根据外压要求选择合适的环刚度，最大环刚度可达 16kN/m²。具体承受外压的能力还与土壤状况，回填材料，夯实情况等有关，需要结合使用地基情况进行环刚度的选取核算。一般采用 GB 50332—2002 进行管道承载能力的核算。

（4）标准生产长度

PVC-U 双壁波纹管材总长度一般为 6m。PVC-U 加筋管材的有效长度一般为 3m 或 6m。PVC-U 双层轴向中空壁管材的有效长度一般为 6m。长度可由供需双方协商确定。

PVC 结构壁管材一般以有效长度规定长度的要求，PVC 实壁管材目前国内一般以总长度进行规定。

6.4.5 生产工艺

（1）双壁波纹管生产工艺

双壁波纹管的生产线组成是：聚氯乙烯用单台双螺杆挤出机，双壁成型挤出机头，双壁波纹成型机，后联设备（包括冷却、开槽或开孔、锯断等）。其中关键的设备是双壁波纹成型机。过去双壁波纹管的直径比较小，双壁波纹成型机都采用'履带式设计'：把成对的成型模块一对接一对的固定在同步相对循环移动的两履带上（有的两履带水平配置，如 UNICOR；有的两履带上下配置，如 CORMA），形成一排移动中的成型模块，热熔态的外壁就在压力或/和真空的作用下形成波纹外管，波纹外管再和平直的内管熔接成双壁波纹管。近年新的技术发展是生产大直径双壁波纹管用成型机的'梭式设计'：成对的成型模块不再固定在履带上，而是沿矩形轨迹循环移动，在成型工作区，成对模块是慢速移动；在离开工作区后模块沿外侧轨道快速度返回。'梭式设计'的优点是只需要数量较少的模块，可以明显降低投资和能耗。双壁波纹成型机如图 6-34 所示。

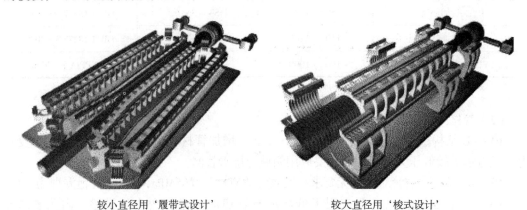

较小直径用'履带式设计'　　　　　较大直径用'梭式设计'

图 6-34　双壁波纹成型机示意图

PVC 双壁波纹管一般使用啮合异向双螺杆挤出机，其性能特点为：低剪切和强制输送。PVC 属热敏性材料，其降解过程不仅与温度有关，也与时间有关。

其工艺流程如图 6-35 所示。

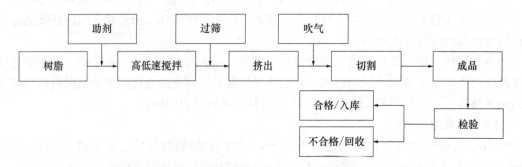

图 6-35　PVC 双壁波纹管工艺流程图

物料由玻璃态转化为熔融态，应通过一定的时间区间完成，时间既不能过短又不能过长。温度越低，发生降解时间越长；温度越高，发生降解的时间越短。主机的关键控制工艺有：机筒各区温度、螺杆转速、主机真空度。适当提高机身上的进料段温度或降低主机转速，延长物料在主机内的塑化时间，提高主机扭矩皆能提高物料的塑化程度。双螺杆加料量的多少，直接关系到螺杆运行时对物料的剪切力和挤压力，进料量的不均匀会造成塑化性能不一致，所以双螺杆挤出机对喂料的稳定性和可调性要求比较严格。主机真空度越高越好，一般至少应控制在 -0.08MPa 以上，混合料的水分，杂质、未分散的小晶点颗粒等都要依靠真空泵的负压抽出，否则，内外壁的凹槽、烂洞会较多，不利于合格率的提高。

物料挤出时受到挤出所产生的剪切力、摩擦力、分力外，还受到合流芯处挤出机与模具相连接的过渡套内径的大小、机头容积大小、机头压缩比及分流梭扩张角和芯模平直长度、口模等阻力的影响。双壁波纹管挤出机头模具主要起保温和分流作用，其结构较复杂，主要特点是在同一模具内成内外两层流道，内外流道夹层间需通压缩空气，使外层在成型机模块上形成外波纹，内壁贴合在内定径棒上成型。

国内目前还不能生产大直径的双壁波纹管。

（2）加筋管生产工艺

目前，国内 PVC-U 加筋管成型机按传动方式可分为两种，第一种成型机的模块是通过拉链牵引传动，其主要缺点是更换模具不方便，且生产大口径的管材困难；第二种是推进式定型机，其优点是可生产大口径管材，更换模具方便，但需经常加油。成型机按排列方式分为立式和卧式，PVC-U 加筋管工艺流程与波纹管相近。

其工艺流程如图 6-36 所示。

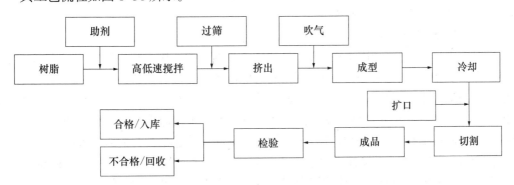

图 6-36　PVC-U 加筋管工艺流程图

尽管停机时加清洗料可免除撤模的麻烦，并能保持模具的精度，但对于大口径的模具，加热及保温时间较长，易产生焦料，故建议停机时尽量撤模。另外，对于不同口径的管材配方应做适当调整，具体工艺应根据产品规格、机台、原料、配方等因素的改变而有所不同。

一般来说. 小口径管材的加工温度较大口径的低，大型挤出机的加工温度要比小型挤出机的低。

（3）双层轴向中空壁管生产工艺

PVC-U 双层轴向中空管是以 PVC 树脂、热稳定剂、润滑剂、加工助剂、抗冲改性剂、填料、炭黑等组分经高速搅拌混合后再通过锥形双螺杆挤出机挤出制成的。在环刚度相同的情况下，生产模具如图 6-37 所示。

其生产工艺与 PVC 实壁管类似。可参考 6.2.5 的工艺流程。

双层轴向中空壁管机头模具　　　　　　　　双层轴向中空壁管机头模具局部

图 6-37　PVC-U 双层轴向中空管模具结构图

6.4.6　内外防腐

PVC 结构壁管材在生活排水和工业废水处理方面应用广泛，不会生锈、腐蚀和滋生细菌，管材内外不需要做任何防腐处理。

6.4.7　接口形式

一种塑料埋地排水管是否成功，连接是否方便、可靠和经济常是关键。常用几种 PVC 结构壁管材的连接方式如下介绍。

（1）PVC 双壁波纹管

PVC 双壁波纹管最常用的连接方法是弹性密封圈承插连接：利用双壁波纹管的端头做承口，在波纹槽内放入弹性密封圈，直接插入插口实现连接。插口可以是在管件上或在另一段管材的端头上。所以双壁波纹管管段和管段间的连接有两种方法，一种是管材两端都不做承口，用一管件—两端做成承口的连接套筒把管段连接起来；另一种方法是在每段管材的一端上做成承口，不需要管件就可以把管段承插连接起来。有的双壁波纹管生产线可以在生产双壁波纹管时直接在管材一端上做好承口。称为在线做承口（in-Line Belling）。有的企业是在双壁波纹管生产线后用专门设备加工出承口。PVC 双壁波纹管的承口结构及连接方式如图 6-38 所示。

（2）PVC-U 加筋管

PVC-U 加筋管带有与管轴垂直的系列径向棱纹（即加强筋），这种管道用料省，管侧向强度高，为敞开式加强压型壁。具有与实壁管同样简单而有效的连接方法，但密封圈位于插口端的两个加强筋之间，而不是在承口内，连接更方便可靠。

PVC-U 加筋管的切割能够自动确保精确平整；不需要坡口；橡胶圈的位置可靠；橡胶圈对称，在放置时无方向问题；在连接过程中，橡胶圈不会扭曲或移位；插口直接插入承口根部，不需要另做标记；加强筋对橡胶的约束可长期保持圈的内应力，确保密封可靠。PVC-U 加筋管的承口结构及连接方式如图 6-39 所示。

（3）PVC-U 轴向中空壁管

PVC-U 轴向中空壁管与 PVC 实壁管道类似，管道最常用的接口是胶粘剂粘接，胶圈密封承插和机械连接。因管材为中空壁管，胶粘剂粘接或胶圈密封承插连接方式的管材都应为双承口与直管连接的形式。管材的连接方式根据外径大小分为溶剂胶粘式，弹性密封圈式、哈夫节连接式。对于直径小于 315mm 的可采用胶粘或弹性密封圈连接，对于直径大于 315mm 的采用弹性密封圈连接，也可采用哈夫节连接式，具体连接方式如图 6-40 所示。

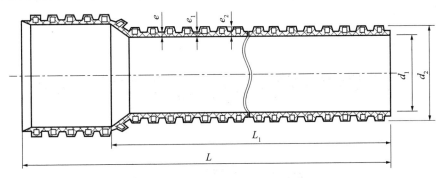

带扩口管材示意图

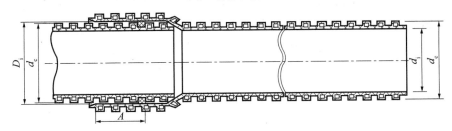

胶圈密封示意图

图 6-38 PVC 双壁波纹管连接方式

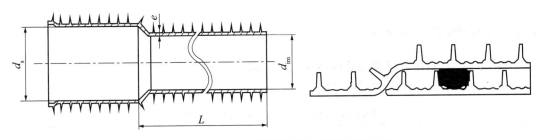

图 6-39 PVC-U 加筋管的承口结构及连接方式

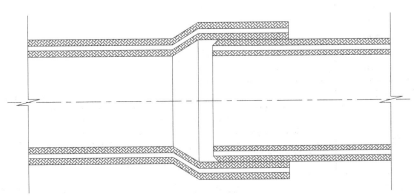

溶剂胶粘式

图 6-40 PVC-U 轴向中空壁管连接方式（一）

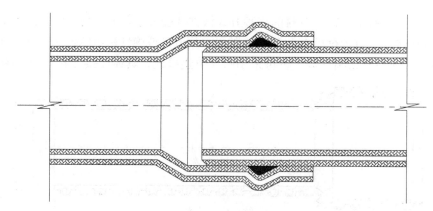

弹性密封圈连接

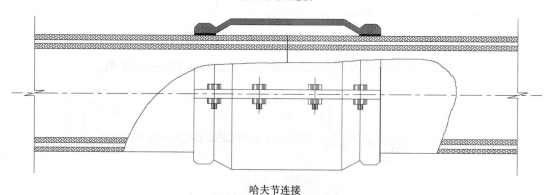

哈夫节连接

图 6-40 PVC-U 轴向中空壁管连接方式（二）

6.4.8 性能指标及试验方法

（1）PVC-U 双壁波纹管性能指标及试验方法

PVC-U 双壁波纹管性能指标及试验方法见表 6-18。

PVC-U 双壁波纹管性能指标及试验方法　　　　　　　　表 6-18

项目		要求		试验方法
环刚度 / （kN/m²）	SN2ª	≥ 2		GB/T 9647—2015
	SN4	≥ 4		
	SN8	≥ 8		
	（SN12.5）ᵇ	≥ 12.5		
	SN16	≥ 16		
冲击性能（TIR）%		≤ 10		GB/T 14152—2001
环柔性	试样圆滑、无破裂，两壁无脱开	$DN \leqslant 400$ 内壁无反向弯曲		GB/T 9647—2015
		$DN > 400$ 波峰处不得出现超过波峰高度 10% 的反向弯曲		
烘箱试验		无分层、无开裂		GB/T 19472.1（8.7）—2019
密度 /（kg/m²）		≤ 1550		GB/T 1033.1—2008

续表

项目	要求	试验方法
蠕变比率	≤ 2.5	GB/T 18042—2000

注：[a] 仅在 $d_n \geq 500mm$ 的管材中允许有 SN2 级。

　　[b] 括号内为非首选环刚度等级。

（2）PVC-U 加筋管性能指标及试验方法

PVC-U 加筋管性能指标及试验方法见表 6-19。

PVC-U 加筋管性能指标及试验方法　　　　表 6-19

项目		要求	试验方法
环刚度 / （kN/m²）	SN4	≥ 4	GB/T 9647—2015
	（SN6.3）[a]	≥ 6.3	
	SN8	≥ 8	
	（SN12.5）[a]	≥ 12.5	
	SN16	≥ 16	
冲击性能（TIR）%		≤ 10	GB/T 14152—2001
维卡软化温度 /℃		≥ 79	GB/T 8802—2001
静液压试验 [b]		试验压力为 0.8MPa，无破裂，无渗漏	GB/T 6111—2003
环柔性		试样圆滑、无破裂，两壁无脱开	ISO 13968：2008
烘箱试验		无分层、无开裂	GB/T 19472.1（8.7）—2019
密度 /（kg/m²）		1350 ~ 1550	GB/T 1033.1—2008
蠕变比率		≤ 2.5	GB/T 18042—2000

注：[a] 括号内为非首选环刚度。

　　[b] 当管材用于低压输水灌溉时应进行此项试验。

（3）PVC-U 双层轴向中空壁管性能指标及试验方法

PVC-U 双层轴向中空壁管性能指标及试验方法见表 6-20。

PVC-U 双层轴向中空壁管性能指标及试验方法　　　　表 6-20

项目		要求	试验方法
环刚度 / （kN/m²）	SN4	≥ 4	GB/T 9647—2015
	（SN6.3）[a]	≥ 6.3	
	SN8	≥ 8	
	（SN12.5）[a]	≥ 12.5	
	SN16	≥ 16	
冲击性能（TIR）%		≤ 10	GB/T 14152—2001
纵向回缩率 /%		5 ≥	GB/T 6671—2001
二氯甲烷浸渍试验		表面无变化	GB/T 13526—2007
环柔性		试样圆滑、无破裂，两壁无脱开	GB/T 9647—2003
烘箱试验		无分层、无开裂	GB/T 19472.1（8.7）—2019

续表

项目	要求	试验方法
密度 / （kg/m²）	≤ 1550	GB/T 1033.1—2008
蠕变比率	≤ 2.5	GB/T 18042—2000

注： ª 括号内为非首选环刚度。

6.4.9 搬运、安装、试验和回填要求

（1）管道安装

管道安装一般均采用人工安装，槽深大于3m或管径大于400mm的管材可用非金属绳索向槽内吊送管材。承插口管安装时应将插口顺水流方向，承口逆水流方向由下游向上游依次安装。管材的长短可用手锯切割，但应保持断面垂直平整不得损坏。小口径管的安装可用人力，在管端设木挡板用撬棍使被安装的管子对准轴线插入承口。直径大于400mm的管子可使手搬葫芦等工具，但不得用施工机械强行推顶管子就位。管道接口以橡胶圈接口居多，施工操作简便，但应注意橡胶圈的断面形式和密封效果。圆形胶圈的密封效果欠佳，而变形阻力小又能防止滚动的异形橡胶圈的密封效果则比较好。一般胶粘剂粘接管材口径在200mm以内。管道与检查井的连接宜采用柔性接口，如需要管件可采用承插管件连接，也可采用预制混凝土套环连接，将混凝土套环砌在检查井井壁内。套环内壁与管材之间用橡胶圈密封，形成柔性连接。水泥砂浆与PVC结构壁管的结合性能不好，不宜将管材或管件直接砌筑在检查井壁内。可采用中介层作法，即在PVC结构壁管管外表面均匀的涂一层塑料粘合剂，紧接着在上面撒一层干燥的粗砂，固化20min后即形成表面粗糙的中介层，砌入检查井内可保证与水泥砂浆的良好结合，防止渗漏。对在坑塘和软土地带，为减少管道与检查井的不均匀沉降，一种有效的办法是先用一根不大于2m的短管与检查井连接，下面再与整根长的管子连接，使检查井与管道的沉降差形成平缓过渡。

（2）管道回填

① 一般要求

铺设安装塑料埋地排水管的显然和铺设传统的混凝土埋地排水管要求不同。总体上塑料埋地排水管的铺设比较方便、省时、经济。但是有些技术要求必须注意，所以需要专门的施工规范和专门的技术培训。主要是塑料埋地排水管是柔性管，其承受负载是依靠管－土共同作用，所以对于铺设时回填材料的特性和夯实程度有一定的要求。必须认识到回填材料特性不同和夯实程度不同对于塑料埋地排水管（尤其是环刚度比较低的）的承负载能力有非常大的影响。

塑料埋地排水管的一个优点是如果设计和施工不当，后果能马上显露出来，埋地排水管出现过大的变形应该立即返工。如果铺设后不发生过大变形，塑料埋地排水管就可以保证长期安全使用。因为塑料是黏弹性材料，在应变稳定的情况下应力会下降，所以在埋地排水管铺设后，随着土层的稳定，塑料管内的应力是逐步降低的趋势。

管道的测量、降水、开槽等技术要求，应按《给水排水管道施工及验收规范》GB 50268—2008及各地区排水管道技术规程中有关规定执行。当管道在车行道下时，管顶覆

土厚度应大于70cm。管道应该直线敷设，遇到特殊情况需要转弯时，必须使用柔性接口，且相邻两节管道轴线的允许转角不得大于2°。地下水位高于开挖沟槽槽底高程的地区，地下水位应降至槽底最低点以下0.3~0.5m。道在安装、回填的全部过程中，槽底不得积水，必须在回填土回填到管道的抗浮稳定的高度后才可以停止降低地下水。

柔性管是按管土共同工作来承受荷载，沟槽回填材料和回填的密实程度对管道的变形和承载能力有很大影响。回填土的变形模量越大，压实程度越高，则管道的变形越小，承载能力越大，设计施工应根据具体条件慎重考虑。沟槽回填除应遵照管道工程的一般规定外，还必须根据PVC结构壁管的特点采取相应的必要的措施。管道安装完毕应立即回填，不宜久停再回填。从管底到管顶以上0.4m范围内的回填材料必须严格控制。可采用碎石屑、砂砾、中砂粗砂或开挖出的良质土。

管道位于车行道下，且铺设后即修筑路面时，应考虑沟槽回填沉降对路面结构的影响。管底至管顶0.4m范围内须用中、粗砂或石屑分层回填夯实。为保证管道安全，对管顶以上0.4m范围内不得用夯实机具夯实，回填的压实系数从管底到管顶范围应大于或等于95%；对管顶以上0.4m范围内应大于80%；其他部位应大于等于90%。

②冬、雨季施工注意事项

PVC的特点是抗冲击能力随着温度的下降而下降，因此当气温下降至0℃以下时作业要稍加注意，防止高处硬物坠下撞击。冬季室外堆放要注意防冻。结构壁管是轻质材料，因此当地下水位高于开挖沟槽槽底高程和雨季施工中应该注意管道的抗浮问题，防止出现管道漂流，造成返工延误工期、影响工程质量。雨季施工要加强对边坡和支撑的检查工作。沟槽内不得积水，在有地下水时，要采取必要的降水措施。降水设备必须保证将地下水降至槽底最低以下0.4~0.5m，管道敷设完毕后进行回填时，不得停止降水。管沟回填中，不得带水回填。雨季施工要经常检查土质的含水量，含水量大时应该晾晒，随填随压实，防止松土淋雨。

PVC结构壁管敷设时要求管沟不能超挖，不能扰动基底原状土层，若有超挖，应回填级配砂石并铺垫细砂找平，要求密实度不得小于95%。管敷设时应先用经纬仪找到管道的中心线，再用水准仪测出相应的高程。因其材质轻，下管后受到外力的作用容易产生位移，为保证其位置的准确性，必须对管道的水平位置和高程进行复核。管道基础一般采用砂砾垫层基础。一般土质，基础敷设一层厚度为0.1m的砂砾基础；软土地基，并且槽底处于地下水位以下时，基底砂砾垫层的厚度不小于0.2m。也可以分两层敷设，下层采用较大粒径的碎石，上层为厚度不小于0.5m的粗砂。管道两侧也应该回填细砂以保护管道。两侧回填应该同时进行，并且管道上部要施加足够的压力，以防管道被两侧回填物顶起，从而保证管道的设计高程不发生变化。沟槽回填时应该分层进行，并且要进行分层夯实，每层回填高度不得大于0.2m，在管顶以上0.4m的范围内不得使用机械夯实。

6.5 聚乙烯（PE）结构壁管

6.5.1 概述

高密度聚乙烯（HDPE）结构壁管材，是以高密度聚乙烯为原材料采用特殊挤出工艺加工而成，按生产工艺及结构类型区分主要有聚乙烯双壁波纹管材、聚乙烯缠绕结构壁管材、内肋增强聚乙烯螺旋波纹管三种管材。PE结构壁管20世纪80年代初在德国首先研制成功，经过十多年的发展和完善，已经由单一产品发展到完整的产品系列。目前在生产工艺和使用技术上已经十分成熟。由于其优异的性能和相对经济的造价，在欧美等发达国家已经得到了极大的推广和应用。在我国高密度聚乙烯结构壁管材的推广和应用正处在上升势态阶段，各项技术指标均达到使用标准。高密度聚乙烯结构壁管材颜色通常有黑色和黄色。

高密度聚乙烯结构壁管材有以下特点：

1. 原材料性能稳定：原材料HDPE是最惰性的塑料之一，具有优越的抗腐蚀性、抗磨损能力和抗冲击能力。

2. 工程造价低：在同等负荷的条件下，HDPE结构壁管只需要较薄的管壁就可以满足要求。因此，与同材质规格的实壁相管比，能节约一半左右的原材料，所以高密度聚乙烯结构壁管材造价较低。

3. 施工方便：由于HDPE双壁波纹管重量轻，搬运和连接都很方便，所以施工快捷、维护工作简单。在工期紧和施工条件差的情况况下，其优势更加明显。

4. 化学稳定性佳：由于HDPE分子没有极性，所以化学稳定性极好。除少数的强氧化剂外，大多数化学介质对其不起破坏作用。一般使用环境的土壤、电力、酸碱因素都不会使该管道破坏，不滋生细菌，不结垢，其流通面积不会随运行时间增加而减少。

5. 适当的挠曲度：一定长度的HDPE双壁波纹管轴向可轻微挠曲，其结构形式不同于实壁管材，挠曲度较实壁管会差一些，对不均匀地势或地震区域的承受能力偏弱。

6. 优异的耐磨性能：德国曾用试验证明，HDPE的耐磨性甚至比钢管还要高几倍。

7. 使用寿命长：在不受阳光紫外线条件下，HDPE的双壁波纹管的使用年限可达50年以上。

8. 在正常安装及回填的施工工艺下此产品的使用年限及性价比都超越传统的水泥管或铁管，是耐久、无泄漏、环保管材的首选。

HDPE双壁波纹管等结构壁管材在排水领域应用广泛，近几年因产品回收料的添加，不规范的生产的问题，引起很多产品使用质量问题和施工问题，不能保证排水管网的长期有效运行。因此，HDPE双壁波纹管等结构壁管材的市场优化及产品质量的提升十分关键。

6.5.2　产品分类

高密度聚乙烯结构壁管适用于长期输送介质在45℃以下的无压埋地城镇生活排水、工业排水、农田排水、矿井通风、低压电缆与通信电缆护套管、高速公路上的预埋管道等管材，以及用于上述排水的智能管网的管材。管道规格不同，管壁结构也有差别，根据管壁结构的不同，高密度聚乙烯结构壁管材目前主要分为聚乙烯双壁波纹管材、聚乙烯缠绕结构壁管材及内肋增强聚乙烯螺旋波纹管材三种类型。目前聚乙烯双壁波纹管材和聚乙烯缠绕增强管在生产工艺和使用技术上已经十分成熟，在欧美等发达国家已经得到了极大的推广和应用。内肋增强聚乙烯螺旋波纹管在国内已广泛认知，部分区域内已规范生产并形成成熟的产业链。

6.5.3 材料要求

（1）一般规定

管材：聚乙烯（PE）双壁波纹管材应符合现行国家标准《埋地用聚乙烯（PE）结构壁管道系统 第1部分：聚乙烯双壁波纹管材》GB/T 19472.1—2019的相关规定。聚乙烯（PE）缠绕结构壁管材应符合现行国家标准《埋地用聚乙烯（PE）结构壁管道系统 第2部分：聚乙烯缠绕结构壁管材》GB/T 19472.2—2017的相关规定。内肋增强聚乙烯（PE）螺旋波纹管材应符合现行广东省地方标准《内肋增强聚乙烯（PE）螺旋波纹管》DB44/T 1098—2012。

弹性密封件：聚乙烯双壁波纹管材及聚乙烯缠绕结构壁管材弹性密封件应符合《橡胶密封件给水排水管及污水管道用接口密封圈材料规范》GB/T 21873—2008的相关规定。内肋增强聚乙烯螺旋波纹管材的弹性密封件应符合《橡胶密封件 给水、排水管及污水管道用接口密封圈 材料规范》HG/T 3091的相关规定。

（2）材料要求

① 聚乙烯双壁波纹管材材料使用要求：

a.《埋地用聚乙烯（PE）结构壁管道系统 第1部分：聚乙烯双壁波纹管材》GB/T 19472.1—2019中规定生产管材用的材料应以聚乙烯树脂为主，可加入为提高管材加工性能或其他性能所需的材料，聚乙烯树脂含量（质量分数）至少应在80%以上。

b.聚乙烯树脂性能要求（表6-21）：

聚乙烯（PE）树脂的性能 表6-21

项目		要求	试验方法
耐内压	（80℃，环应力3.9MPa，165h）	无破裂，无渗漏	GB/T 6111—2018采用A型密封头
	（80℃，环应力2.8MPa，1000h）		
熔体质量流动速率（5kg，190℃）		≤ 1.6g/10 min	GB/T 3682.1—2018
氧化诱导时间（200℃）		≥ 20 min	GB/T 19466.6—2009
密度		≥ 930kg/m²	GB/T 1033.1—2008
弹性模量		≥ 800MPa	GB/T 9341—2008
拉伸强度		≥ 20.7MPa	GB/T 1040.2—2006

注：用相应的挤出料加工的实壁管进行试验。

c.回用料使用要求：

仅允许使用来自本厂生产的同种管材的清洁回用料。

② 聚乙烯缠绕结构壁管材：

a.《埋地用聚乙烯（PE）结构壁管道系统 第2部分：聚乙烯缠绕结构壁管材》GB/T 19472.2—2017中规定生产管材管件所用原料以聚乙烯（PE）树脂为主，其中仅可添加必要的添加剂。

b.聚乙烯树脂性能要求：

管材、管件原料性能 表 6–22

项目		要求	试验方法
耐内压	（80℃，环应力 4.0MPa，165h）	无破裂，无渗漏	GB/T 6111—2003 采用 A 型密封头
	（80℃，环应力 2.8MPa，1000h）		
熔体质量流动速率（5kg，190℃）		≤ 1.6g/10min	GB/T 3682.1—2018
氧化诱导时间（200℃，铝皿）		≥ 40min	GB/T 19466.6—2009
密度（基础树脂）		≥ 930kg/m²	GB/T 1033.1—2008

注：用该原料挤出的实壁管材进行试验。

c. 回用料使用要求：

允许少量使用来自本厂的生产同种产品的清洁回用料，所生产的管材、管件应符合本部分的要求，不应使用外部回用料。

③ 内肋增强聚乙烯螺旋波纹管材：

a.《内肋增强聚乙烯（PE）螺旋波纹管》DB44/T 1098—2012 中规定，生产管材所用原材料应以聚乙烯为主，其中仅可加入提高性能所必需的添加剂。

b. 聚乙烯树脂性能要求：

聚乙烯材料性能 表 6–23

序号	项目	要求	试验方法
1	熔体质量流动速率（5kg，190℃）	≤ 1.6g/10min	GB/T 3682.1—2018
2	氧化诱导时间（200℃）	≥ 20min	GB/T 19466.6—2009
3	密度	≥ 930kg/m²	GB/T 1033.1—2008
4	弹性模量	≥ 800MPa	GB/T 9341—2008
5	拉伸强度	≥ 21MPa	GB/T 1040.2—2006

c. 回用料使用要求：

允许使用来自本厂生产同种管材的清洁的符合本标准要求的回用料，可掺入不超过 10% 到新料中使用，所生产的管材应符合本标准的要求。

6.5.4 主要技术参数

（1）尺寸范围

表 6-24 列出了国内常用几种 PE 结构壁管材的尺寸要求及环刚度。

国内最常用几种聚乙烯（PE）结构壁管材的标准尺寸和公称环刚度范围 表 6-24

类型	公称内 / 外径（mm）	公称环刚度等级	执行标准
双壁波纹管	100 ~ 1200	SN4-SN16	GB/T 19472.1—2019
	110 ~ 1200		
聚乙烯缠绕结构壁管材	150 ~ 3500	SN2-SN16	GB/T 19472.2—2017
内肋增强聚乙烯（PE）螺旋波纹管	100 ~ 1200	SN6.3-SN16	DB44/T 1098—2012

（2）承受外载荷能力

PE 结构壁管同样为柔性管道，其外载荷能力可参考参考 6.2.4 中（3）的描述，可通过管土共同作业实现较好的抗外压能力。美国一般采用马斯顿理论计算外壁土荷载，马斯顿理论考虑了柔性管上土拱作用的影响，外载荷承受能力取决于壁厚和结构形状，结构壁管通过管壁的几何形状使其强度增加。

聚乙烯结构壁管材波纹结构合理，有利于扩大与土壤的接触面以及填入管道波谷内的回填土和管道本身共同承受周边土壤的压力，形成管土共同作用。以管壁为基础提高了波峰的稳定，有利于抗压、抗冲击。因结构壁管材存在薄壁的薄弱位置，相对于实壁管材，其轴向挠度及抵抗点冲击的能力降低。而且在目前国内实际使用中，结构壁管材原料选择很多无法严格按标准执行，回收料或不满足要求的回用料使用加多，造成管材质量参差不齐，影响产品的质量。目前结构壁管材很多厂家逐步开发钢带增强类结构壁管材，并优化连接方式，提升产品环刚度，改善外载荷承载能力，提升产品市场竞争力，例如新型钢带增强聚乙烯螺旋波纹管（G-MRP），主要采用专用连接预埋电熔丝承插连接或橡胶密封圈承插连接技术施工连接管道，这种新型的生产工艺也使传统的开放式端头钢带管接口变成封闭式管道接口。

（3）标准生产长度

聚乙烯双壁波纹管及聚乙烯缠绕结构壁管：管材有效长度 L 一般为 6m，其他长度由供需双方商定，管材的有效长度不应该有负偏差。

内肋增强聚乙烯螺旋波纹管：管材有效长度 L 一般为 6m 和 9m，其他长度由供需双方商定，管材的有效长度不应该有负偏差。

6.5.5 生产工艺

聚乙烯结构壁管材是以聚乙烯树脂为主要原料添加必要的辅料后，经挤出机挤出成型的产品。

（1）聚乙烯双壁波纹管生产工艺（图6-41）

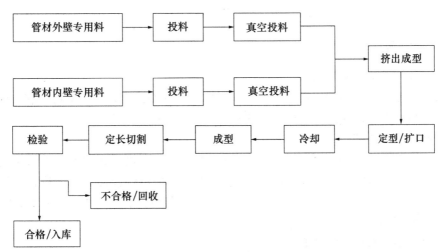

图6-41 聚乙烯双壁波纹管生产工艺

（2）聚乙烯缠绕结构壁管生产工艺（图6-42）

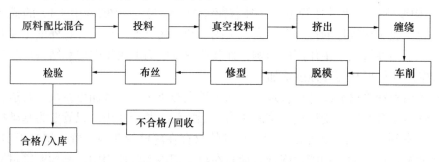

图6-42 聚乙烯缠绕结构壁管生产工艺

（3）聚乙烯内肋增强螺旋波纹管生产工艺（图6-43）

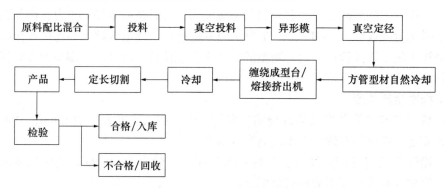

图6-43 聚乙烯内肋增强螺旋波纹管生产工艺

6.5.6 内外防腐

聚乙烯结构壁管材是一种防腐材料，其良好的抗化学腐蚀性能使得它成为生活污水和排水以及工业废水处理等方面较多选用的管材。管材不会生锈、腐烂和生长细菌，也不会发生电解和电化学腐蚀，管道内外不需要防腐保护。

6.5.7 接口形式

（1）双壁波纹管连接方式

管材可以用弹性密封圈连接方式，也可以使用其他连接方式。典型管材的弹性密封胶圈连接有管材间的承插连接和利用套筒式管件的承插连接（图6-44）。

（2）聚乙烯缠绕结构壁管连接方式

聚乙烯缠绕结构壁管材连接方式除承插口电熔焊接连接方式和弹性密封圈连接方式外，还包括双向承插弹性密封连接方式、密封件位于插口的连接方式、热熔对焊连接方式、热收缩套连接方式、电热熔带连接方式、法兰连接方式，具体可参考 GB/T 19472.2—2017 标准的相关规定。

（3）内肋增强螺旋波纹管连接方式

螺旋形端口管材连接方式有电热熔带焊接连接、热收缩管带连接、卡箍连接、玻璃钢哈夫件连接等。

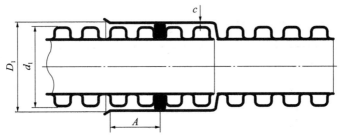

（a）承插式连接示意图

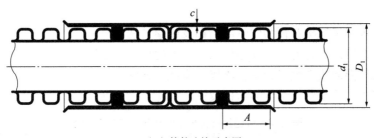

（b）管件连接示意图

说明：
A ——接合长度；
D_1——承口内径；
c ——承口壁厚。

图 6-44 双壁波纹管材连接示意图

平面形端口管材连接方式有锥形承插式电熔连接、承插式橡胶密封圈式连接、平面形端口法兰机械压紧连接、面形端口法兰端热熔对接连接等。详见广东省地标 DB44/T 1098—2012 附录 A 管材连接示意图。

6.5.8 性能指标及试验方法

（1）聚乙烯双壁波纹管性能指标及试验方法

聚乙烯双壁波纹管性能指标及试验方法见表 6-25。

聚乙烯双壁波纹管性能指标及试验方法　　　　　　　表 6-25

项目		要求	试验方法
环刚度 / （kN/m²）	SN4	≥ 4	GB/T 9647—2015
	SN6.3	≥ 6.3	
	SN8	≥ 8	
	SN10	≥ 10	
	SN12.5	≥ 12.5	
	SN16	≥ 16	
冲击性能（TIR）%		≤ 10	GB/T 14152—2001
环柔性		管材无破裂，两壁无脱开，内壁无反向弯曲	ISO 13968：2008
烘箱试验		无分层、无开裂	GB/T 19472.1（8.7）—2019
密度 / （kg/m²）		≤ 1180	GB/T 1033.1—2008

续表

项目	要求	试验方法
氧化诱导时间（200℃）/min	≥ 20	GB/T 19466.6—2009
蠕变比率	≤ 4	GB/T 18452—2000
弯曲模量 /MPa	> 1000	GB/T 9341—2008
拉伸屈服应力 /MPa	> 20	GB/T 1040.2—2006

注：SN6.3、SN10 为非首选等级。

（2）聚乙烯缠绕结构壁管力学性能指标及试验方法

聚乙烯缠绕结构壁管力学性能指标及试验方法见表6–26。

（3）内肋增强螺旋波纹管力学性能指标及试验方法

内肋增强螺旋波纹管力学性能指标及试验方法见表6–27。

聚乙烯缠绕结构壁管力学性能指标及试验方法 表 6-26

项目		要求	试验方法
环刚度 /（kN/m²）	SN4	≥ 4	GB/T 9647—2015
	SN6.3	≥ 6.3	
	SN8	≥ 8	
	SN10	≥ 10	
	SN12.5	≥ 12.5	
	SN16	≥ 16	
冲击性能（TIR）%		≤ 10	GB/T 14152—2001
环柔性		试样圆滑，无方向弯曲，无破裂，试样沿肋切割处开始的撕裂允许小于 0.075DN/ID 或 75mm（取最小值）	ISO 13968：2008
蠕变比率		≤ 4	GB/T 18452—2000
焊接处的拉伸力 /N	DN/ID ≤ 300	≥ 80	GB/T 8804.3—2003
	400 ≤ DN/ID ≤ 500	≥ 510	
	600 ≤ DN/ID ≤ 700	≥ 760	
	800 ≤ DN/ID ≤ 1700	≥ 1020	
	1800 ≤ DN/ID ≤ 2400	≥ 1428	
	DN/ID ≥ 2500	≥ 2040	
纵向回缩 a.c/110℃±2℃ /（e ≤ 8，30min，e > 8，60min）		≤ 3，管材无分层，无开裂	GB/T 6671—2001 试验方法 B 进行检验
烘箱试验 b.c/110℃±2℃ /（e ≤ 8，30min，e > 8，60min）		熔接层无分层、无开裂	GB/T 8803—2001
灰分 /%（850℃±50℃）		≤ 3	GB/T 9345.1—2008
氧化诱导时间（200℃）/min		≥ 30	GB/T 19466.6—2009
密度 /（kg/m²）（23℃±0.5）		≥ 930	GB/T 1033.1—2008

注：a 用于 A 型管材；b 用于 B、C 型管材；c 是管材测量的最大壁厚，不包括结构高度。

内肋增强螺旋波纹管力学性能指标及试验方法 表 6-27

项目		要求		试验方法
环刚度 /（kN/m²）	SN6.3	≥ 6.3		GB/T 9647—2015
	SN8	≥ 8		
	SN10	≥ 10		
	SN12.5	≥ 12.5		
	SN16	≥ 16		
冲击性能（TIR）%		≤ 10		GB/T 14152—2001
环柔性		试样圆滑，无方向弯曲，无破裂		ISO 13968：2008
烘箱试验		无分层、无开裂		GB/T 19472.1（8.7）—2019
蠕变比率		≤ 4		GB/T 18452—2000
缝的拉伸强度 /N	DN/ID ≤ 300	管材能承受的最小拉力	380	GB/T 8804.3—2016（按照 GB/T 19472.2—2004 附录 D 中 D.1 制样）
	400 ≤ DN/ID ≤ 500		510	
	600 ≤ DN/ID ≤ 700		760	
	DN/ID ≥ 800		1020	
拉伸屈服应力 /MPa		> 20		GB/T 1040.2—2006

6.5.9 搬运、安装、试验和回填要求

管道安装前应在施工现场进行外观质量检查。

（1）搬运要求

搬运到现场的波纹管要集中堆放整齐，不能在波纹管上踩踏。

运输、装卸过程中，不允许抛摔、撞击、重压、长时间曝晒或靠近热源。不允许与有毒有害物质混运。成盘状的多孔管不可平放运输。

（2）安装要求

承插口管安装应将插口顺水流方向，承口逆水流方向，由低点向高点依次安装。

管道安装可用人工安装。管道长短的调整，可用手锯切割，但断面应垂直平整。

下管时应先将承口（或插口）的内（或外）工作面清理干净，套上橡胶圈，检验胶圈是否配合完好，并涂上润滑剂，将插口端的中心对准承口的中心轴线就位。

（3）闭水、闭气试验要求

密封性检验应在管底与基础腋角部位用砂回填密实后进行。根据现场条件可分别选择闭水或闭气试验，闭气与闭水试验等效。

（4）回填要点

安装验收合格后应立即回填。沟槽回填，应从管线、检查井等构筑物两侧同时对称回填，采取必要的限位措施，确保管道及构筑物不产生位移。

从管底基础部位开始到管顶以上 0.4m，必须用人工回填。0.4m 以上部位，可采用机械从管道轴线两侧同时回填、夯实或碾压。

6.6　钢丝网骨架聚乙烯复合管

钢丝网骨架聚乙烯复合管道为三层一体结构，内层为高密度聚乙烯材料，中间层为钢丝网骨架与专用粘接树脂一体复合的承压层，外层为高密度聚乙烯保护层，内层、钢丝网增强层和外层采用马来酸酐接枝改性的高密度聚乙烯的粘接树脂一体熔合而成，简称 PSP 复合管或 SRTP 管，如图 6-45 所示。

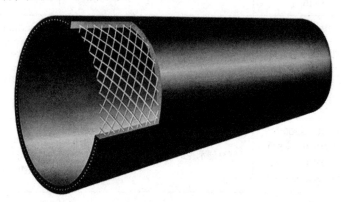

图 6-45　钢丝网骨架聚乙烯复合管道结构示意图

由于其内外层采用高密度聚乙烯材料，因此其具有和高密度聚乙烯管材一样的耐腐蚀和化学性、重量轻、柔性好等特点，而且其由于采用高强度钢丝网增强，耐压性能和耐快速裂纹扩展的能力较 HDPE 管道有明显的增强，例如 d_n250 以下的 PSP 复合管道最高压力可达到 3.5MPa，而且管材壁厚明显低于 HDPE 管。PSP 独特的结构不仅使它集钢管的高强度与塑料管的耐腐蚀性两种优点于一体，还克服了金属板骨架增强塑料复合管易脱层等缺陷。PSP 复合管生产效率较高，结构可设计性强，并且具有承载能力强、耐腐蚀性好、耐磨性优良、性价比高、质量轻和运输安装方便等优点，从 21 世纪初期问世至今，已在市政工程、建筑民用消防、油田水利输送、医疗化工、农业节水灌溉领域和煤矿矿山行业、浆体输送工程及海底输水工程等领域中广泛应用。

PSP 复合管是采用连续挤出法和钢丝连续缠绕复合工艺生产，一般由芯管挤出、钢丝缠绕复合、胶层挤出、外层复合、牵引和计长切割等工艺工序构成。PSP 的增强体为倾角错绕成型的高强度镀铜钢丝网，钢丝强度可达 2000MPa，倾角钢丝角度一般为54.7°～60°，钢丝层数量一般为偶数，钢丝缠绕方向为左旋和右旋，钢丝网之间无需焊接，从而大大提高了生产效率。由于钢丝网与高密度聚乙烯间没有亲和性，因此需要在聚乙烯与钢丝层间采用一种马来酸酐接枝改性高密度聚乙烯树脂实现多层黏合，从而达到较好的界面剥离强度效果。PSP 复合管通常使用电熔管件连接和金属法兰或沟槽管件扣压机械连接两种方式，一般 2.5MPa 以下多采用电熔连接，在高工压领域（2.5MPa 以上）一般采用金属管件扣压连接。

按照现有相关标准，PSP 复合管道及配件适用于介质温度≤60℃的管道系统，一般介质输送温度超过 20℃以上要进行相应的压力折减系数对其公称压力进行修正，在相应的产品标准中有详细描述，常用的给水用 PSP 复合管其温度压力折减系数如下：

表 6-28

温度 /℃	$T \leqslant 20$	$20 < T \leqslant 30$	$T > 40$
修正系数	1.0	0.87	0.74

6.6.1 尺寸范围

现有钢丝骨架聚乙烯复合管材公称外径尺寸为 $d_n 50 \sim d_n 800\text{mm}$，在这些尺寸范围内的管材和管件，其压力等级不同，根据不同的应用工作压力选择不同的壁厚尺寸。

6.6.2 标准生产长度

PSP 复合管道长度一般为 9m 和 12m，运输条件允许下也可做 15m，其他尺寸也可由供需双方协商确定。长度允许偏差为 +0.5%，不允许有负偏差。

6.6.3 允许压力和安全系数

PSP 复合管道的允许内压和产品的设计有关，安全系数一般采用 3.0；按照 GB/T 32439—2015 标准规定的其 20℃连续输送水的最大压力（PN）分为 0.8、1.0、1.6、2.0、2.5 和 3.5MPa 六个压力级别可选，在 CJ/T 189—2007 标准中规定了 1.25MPa，有些特殊领域可能需要 3.0MPa 的设计。

PSP 管道的静水压承压能力是通过爆破压力试验结合相应的失稳压力设计方法进行设计获得，根据该方法设计的 PSP 复合管不会发生由于钢丝断裂而引起的结构失效，也可采用 GB/T 32439—2015 标准种的要求进行最小钢丝数的设计验证。

管材的公称压力应以管材预测短时爆破压力 P_B 作为设计依据，考虑各种系数后得到。确定 PSP 管道公称压力设计的常用方法如下：

$$P_B = P_{B1} + P_{B2} \tag{6-4}$$

$$P_{B1} = 0.735 \times \frac{NFC}{D_1^2}$$

$$P_{B2} = \frac{2e\sigma}{D_2}$$

$$PN = \frac{P_B}{K}$$

式中：P_{B1}——只考虑钢丝时管材的短时爆破压力（MPa）；

P_{B2}——只考虑聚乙烯时管材的短时爆破压力（MPa）；

N——缠绕钢丝总根数；

D_1——计算直径，即钢丝缠绕层直径（mm）；

C——缠绕层数修正系数，0.8~0.9，取 0.9；

F——单根钢丝的强度，单位为牛；

D_2——高密度聚乙烯层中径（mm）；

e——高密度聚乙烯层计算厚度（mm）；

σ——管材级高密度聚乙烯的屈服强度，取 20MPa；

PN——管材公称压力（MPa）；

K——使用安全系数。输送介质为一般水时，使用安全系数 $K \geqslant 3.0$；输送介质为燃气时，使用安全系数 $K \geqslant 3.3 \times 1.6 = 5.28$。

按照相关 CJJ 101—2016 标准的相关规定，PSP 复合管的设计内水压力标准值宜按管道工作压力标准值加 0.5MPa 选取。管道公称压力等级的选取可按设计内水压力标准值的 1.2 倍以上选取。

6.6.4 承受外载荷能力

PSP 管道由于采用连续的钢丝网增强，其基体结构刚度较低，根据相关标准，PSP 管道结构刚度与管周土体刚度的比值＜1，应按照柔性管道进行设计，因此管道不应采用刚性管道基础，对设有混凝土保护外壳结构的 PSP 管道，混凝土保护结构应承担全部外荷载。

对于公称直径小于 630mm 以下的管道，管道截面积相对较小，土体本构关系容易形成，因此外压荷载效应较低，同时，钢丝网骨架聚乙烯复合管材的应力松弛效应特性，使得管道在长期管内压力与外土载荷共同作用下，管壁环向弯曲应力效应减弱，所以，管道弯曲荷载效应对管道安全不起控制作用，可不计入结构设计。

CJJ 101—2016 标准中详细介绍了有关管道外载荷作用的推荐计算和设计方法，包括管道在载荷作用下的管壁极限承载力强度、管壁在外荷载下的最大环向弯曲应力以及管道在土压力和地面荷载作用下产生的最大竖向允许变形（一般为 5%）等等。

6.6.5 管道制造材料

PSP 管道主要用材料为高强度钢丝、高密度聚乙烯、粘接树脂。钢丝作为 PSP 的增强材料其主要作用是构成 PSP 强度和刚度；高密度聚乙烯作为 PSP 的基体材料，除承担一部分压力载荷外，主要起到密封、连接和防腐的作用；粘接树脂通常为马来酸酐接枝改性的 HDPE 材料，它将 PSP 增强材料和基体材料紧密粘结在一起，使增强材料和基体材料能够协同承载。

高强度钢丝一般含碳量为 0.7% 左右，为了增强钢丝和粘接树脂的结合性能以及提供一定的防腐性能，其表面还涂有金属镀层，镀层材料一般为黄铜、锡青铜等。使用的标准一般为《胎圈用钢丝》GB/T 14450—2016。PSP 管道用钢丝的直径一般选择 0.5～2.1mm 不等，根据口径、压力设计以及缠绕工艺不同，选择适合的直径。

高密度聚乙烯目前一般选择 PE80 级别及以上的单峰或双峰高密度聚乙烯材料，材料的性能一般符合《给水用聚乙烯（PE）管道系统　第 1 部分：总则》GB/T 13663.1—2018 中的要求。

粘接树脂的材料性能对 PSP 复合管道的最终产品的质量有直接影响，如静液压稳定性、界面剥离强度等指标。高密度聚乙烯材料其本身没有极性，对钢丝的浸润和亲和力较弱，因此通过化学接枝改性的方法在聚乙烯的分子链上引入极性官能团，保存了聚乙烯分子链的规整，即保持了聚乙烯树脂的力学性能、热学性能、化学性能和加工性能，又赋予了其极强的极性和粘结性，为钢塑复合提供了极好的粘结性能，比如采用马来酸酐接枝改性的高密度聚乙烯材料，在 PSP 管道应用最广泛。粘接树脂的性能要求在现行国家标准 GB/T 32439—2015 中有明确表述，包括了密度、熔体质量流动速率、维卡软化点、氧化诱导时间、拉伸强度以及与钢丝复合后的剥离强度、剪切强度等性能要求。

6.6.6 内外防腐保护

PSP 复合管道其内外层均采用高密度聚乙烯，其本身即是一种有效的防腐材料，耐多种化学介质的腐蚀，因此无需内外防腐保护，但有一些非埋地领域应用需要进行抗紫外线、抗氧化配方设计，常用的抗紫外线稳定剂炭黑应用日趋成熟，一些非黑色管道的 UV 抗紫外线稳定剂也较普遍，1010 系列的抗氧剂应用也日趋广泛，可以根据具体的使用条件进行设计。

PSP 复合管道的钢丝增强特性，导致其生产切割后端面会有钢丝外漏，为防止钢丝端面串水腐蚀，一般应进行端面封口防腐，封口材料一般与内外层材料一致，选择高密度聚乙烯材料，通过专用热熔对接封口机进行封口，而且在施工应用中，管材切断后也需要立即进行封口防腐，施工现场的防腐封口有专用的挤出式封口焊枪，一般生产供应商处均有配备。

用于管端连接的钢制法兰或其他金属管件，需要进行必要的防腐措施，以保证长期使用寿命的协同。

6.6.7 接口

PSP 管道的接口连接方式，根据管件类型不同，分为电熔连接和机械连接两种方式。电熔连接根据管件类型不同，分为电熔套筒连接和电熔法兰连接，电熔套筒一般用于管与管的连接，电熔法兰连接一般用于管与阀门、钢管等其他管道和附属构筑物的连接。电熔连接在现今的给水用聚乙烯管道以及燃气聚乙烯管道都有大量的应用，相关连接工艺方法在 CJJ 101—2016 中有详细描述。

电熔连接可以运用于大部分 2.5MPa 及以下的 PSP 管道应用领域，由于 2.5MPa 以上目前电熔连接用的钢骨架管件的压力限制以及电熔接头长期接口强度的限制，还不能满足管道长期使用寿命的要求，因此在 2.5MPa 及以上压力，多选择机械连接方式。

机械连接根据接头类型不同，分为活套扣压法兰连接、扣压螺纹连接和扣压沟槽连接等方式，其采用的工艺是将预制的金属扣压件采用强制内外荷载扣压在管道两端，根据连接方式的需要，选择扣压活套法兰、扣压沟槽或扣压螺纹等类型。

PSP 管材的接口连接工艺在 CJJ 101—2016 标准中有相关描述，在一些特殊环境应用可能需要增设管端抱箍，以防止端口膨胀失效。

6.6.8 管件

与 PSP 复合管道连接的电熔套筒和电熔法兰，在 CJ/T 189—2007、CJ/T 124—2016 和 GB/T 32439—2015 以及一些相关的钢骨架管道标准中均有详细描述，标准所述管件包括电熔直接、电熔弯头、电熔三通、电熔变径、电熔法兰等，均采用一体注塑工艺成型，根据电热熔丝的布线和注塑工艺不同，分为漆包线式和嵌入式电熔管件，漆包线式电熔管件是在生产前，先在电阻丝上涂覆一层与管件主体树脂相同牌号的高密度聚乙烯材料，生产时可直接将涂覆后的电阻丝缠绕在型芯上，然后装入型腔在注塑机上一次成型。嵌入式电熔管件，即先制作注塑管件毛坯，再进行镗孔加工，然后采用特制布线刀具将电阻丝埋入管件内壁。前者效率较高，但精度差，后者效率低但精度高，根据应用领域不同选择不同的加工方式。

为提高电熔管件的强度，有时在管件中设置钢骨架或冲孔钢带，形成增强型电熔管件，一般低于1.6MPa及以下压力，选择未增强的电熔管件即可，高于1.6MPa会选择增强型电熔管件。相比较实壁管用电熔管件，PSP复合管用电熔管件其熔区长度要略大，主要是为了预防接口管端钢丝脱黏而导致的膨胀失效问题。

金属扣压管件一般有扣压活套法兰、扣压沟槽或扣压螺纹，其一般采用工厂预制的形式进行，到施工现场只是进行螺栓紧固或螺纹连接，因此其管件种类较少，多应用于 d_n315mm口径以下，但由于其连接方便，无需电力配备，可以即拆即用，在一些山区、丘陵、煤矿、矿山领域以及应急管道领域应用普遍。常见的扣压活套法兰和扣压沟槽管件结构示意图见图6-46。

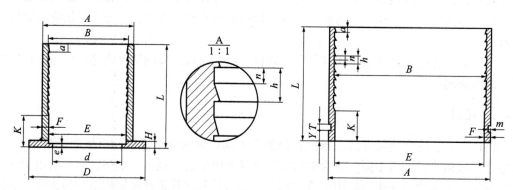

图6-46 扣压活套法兰管件（左）及扣压沟槽管件示意图（右）

6.6.9 开孔方法

由于PSP复合管道其采用连续钢丝网做增强体，开孔后容易发生钢丝裸露的锈蚀导致强度失效，影响长期使用寿命，因此在应用中一般不允许进行开孔作业，需要增接时，一般采用锯断封口后再进行相应三通熔接的方式进行支管增接。

6.6.10 水力计算

PSP复合管道由于其内外壁均为高密度聚乙烯材料，所以其沿程水力计算基本和HDPE实壁管道计算相同，当采用海曾－威廉（Hazen-Willicms）公式计算时，海曾－威廉系数 Ch 采用140，当按柯尔勃洛克－怀特（Colebrook-White）公式计算时，管道当量粗糙度取值为0.003~0.015mm。局部水头损失可按沿程水头损失的8%~12%的经验数据选取。相关的管道水力计算在CJJ 101—2016标准中有详细计算描述。

现场经验表面，PSP复合管道内表面光滑，其输送介质的流动性能随时间的推移变化不大。

6.6.11 波速（水力瞬变研究）

关于PSP复合管道在波速和水利瞬变方面，由于其基体和HDPE管道相近，因此其管道压力波速与压力瞬时变化的抵抗力和HDPE管道相近，或有可能更好，相关AWWA

M55 文献中介绍的水利力学相关的资料对于 PSP 来说也同样适用，相关的波速及水锤效应的临界压力计算，在 CECS 181—2021 和 CJJ 101—2016 中都有相应的介绍。通常 PSP 复合管道环向弹性模量可达 1517MPa，较实壁 HDPE 管道提升 50%。

6.6.12　允许泄漏量

对于管道的试压，PSP 管道一般采用允许压力降法和允许泄漏量法进行判定，前者其压力下降不应大于 20KPa；后者对于电熔连接的 PSP 复合管道来说，其允许泄漏量为零。对于金属扣压连接的 PSP 复合管道其允许泄漏量应根据 CJJ 101—2016 标准中的相关计算公式予以计算。为了谨慎起见，在管线试压过程中，其补水量和渗水量，应是预先根据管道口径和压力进行计算获得。

6.6.13　修补方法

由于 PSP 复合管道其采用连续钢丝网做增强体，因此其破损后的修复一般采用电熔套筒修复和电熔法兰修复两种，修复前均需要对切割端口进行封口密封；采用机械连接的管线，也可采用整管换管法，更换的整管是事先在工厂预制好的产品。

6.6.14　水中化合物允许含量

由于内外层均采用高密度聚乙烯材料，因此 PSP 不会与水及废水中的化合物发生腐蚀反应。

6.6.15　安装回填和保护的要求

PSP 复合管道的施工安装与回填在 CJJ 101—2016 中有明确表述，基本和 HDPE 管道敷设要求一致，对于一些非开挖施工，如穿越、水平定向钻等技术，应用前需要进行评估，计算其安全拖拽力，这些在生产供应商处可获得基础资料。

6.6.16　特殊考虑

由于 PSP 复合管道其基体材料为高密度聚乙烯，钢丝在整体管材重量中的占比在 30% 左右，复合后总体仍然比水轻，因此其在地下水位较高时敷设会浮起，因此在施工敷设时需要降水位，使之不会因浮起而发生应力集中。在一些江河或海底施工时，还要考虑配重抗浮的施工工艺。

PSP 复合管道由于其电熔管件或扣压管件的存在，其允许的弯曲半径一般不应小于 125 倍的管道公称直径。

管材吊装时，应采用帆布吊带进行，不允许采用钢丝绳直接接触管材吊装，采用人工卸车或装运时，不得抛摔，滚擦等，以免损伤外层，导致钢丝外漏腐蚀。

转运的车辆长度应合适，管材不允许长出车辆 1m 长运输，以免造成钢丝应力集中分层，转运时，小心轻放，排列整齐。

管材及管件不得受烈日照射、雨淋或浸泡，露天存放时应用篷布遮盖，堆放处应远离热源和火源，在环境温度低于 -20℃ 以下时，不宜露天存放；

PSP 管的线性膨胀系数一般为 $0.8 \times 10^{-4} \sim 1.5 \times 10^{-4} \mathrm{m/(m \cdot ℃)}$ 左右，在气温变化较

大的地区应用，应防止热胀冷缩导致的管材热膨胀和收缩，必要时宜采取收缩节及锚固措施。

钢丝网骨架聚乙烯管材为钢塑复合材料，其外层壁厚较薄约为 3～5mm，旨在保护承压层钢丝不受腐蚀，在任何时候，都应避免管材被划伤，因此在使用过程中，一旦发现有较深的划伤，或裸露的钢丝，应采用专用挤出焊枪修补好使用。

采用电熔焊接工艺的，任何情况下都应保证管内壁、连接面、管件内部的清洁，防止泥沙进入连接面造成假焊等现象。焊接及冷却时间结束前，不应移动、踩压、切割管道，防止管件移位。不允许隔夜焊接，即当天插入的管件当天焊接完毕，防止露水进入，影响焊接质量。如早晚温差较大，需进行破坏性验证焊接参数，环境温度低于 −5℃ 以下，应采取防风、保暖措施。

管道实际应用时，其最大允许使用压力应考虑温度的关系，一般采用温度折减系数进行压力换算。

PSP 管道穿过建筑物基础、楼板、屋面、墙体、设备基础时，要根据设计要求预留孔洞或埋设套管，管道埋在墙内时，要预留墙槽。管道安装应配合土建的施工进度按设计要求及时、准确地预留孔洞、墙槽或埋设套管，避免返工。

PSP 管道应用前，由产品供应商对施工方进行必要的培训是必不可少的，尤其是断管后的封口、电熔连接的步骤及检验规则等，都是应用工程质量的重要保障。

6.6.17 使用寿命

PSP 管道的使用寿命取决于多种因素，包括正确的应用设计、精心的施工安装、科学的管道压力设计及生产控制、正确的维护和使用环境条件等等，正常情况下，PSP 管道不受化学介质及水的腐蚀，而且埋地管道不受空气和紫外线的老化影响，目前还没有足够的使用应用案例能证明其使用寿命，但行业上有许多采用有限元分析及失效模式的研究等等相关文献，目前实际应用有超过 15 年的实际使用案例，没有出现大的问题，预计其设计使用寿命可达到 50 年以上。

第7章 玻璃钢管

玻璃纤维增强热固性塑料管（俗称玻璃钢管）是由玻璃纤维作为增强材料，热固性树脂作为基体制成的一种复合管道。这种复合管道根据工艺不同，组分中也可能含有颗粒材料、填料、颜料或染料等。通过选择不同的树脂、玻璃纤维、填料，经过不同的设计组合，可以创造出具有多个性能特点的产品。

多年来，由于用于制造玻璃纤维增强热固性塑料管的材料的多样性和通用性导致了玻璃纤维增强热固性塑料管的名称多样。其中就包括：纤维增强热固性树脂管（RTRP）、纤维增强聚合物砂浆管（RPMP）、玻璃纤维增强环氧树脂管（FRE）、玻璃纤维增强塑料管（GRP）、玻璃纤维增强塑料管（FRP）和玻璃纤维增强塑料夹砂管（FRPM）等。

7.1 玻璃钢管道发展历程

玻璃钢管诞生于 1948 年。1950 年，第一根聚酯玻璃钢管用于石油工业，并逐步用于化学工业和军用工业。1954 年，玻璃钢管实现了商品化生产，从此诞生了玻璃钢管道工业。

20 世纪 50 年代，玻璃钢管在不断地拓宽应用领域，化学、石油及各工业领域都在尝试应用玻璃钢管。应用的结果证明，玻璃钢管的耐腐蚀性比传统材料好，轻质高强、安装维修方便、使用寿命长，运行周期内的综合成本低，显现出一系列的突出优点，从而为玻璃钢管的发展打下了良好的基础。

20 世纪 70 年代，美国水工协会颁布了玻璃钢管标准 AWWA C950，从而玻璃钢管进入工业化大规模生产阶段，产业规模基本形成，其后该标准经过了多次修订和补充，被认为是世界上最权威的玻璃钢管标准。

20 世纪 80 年代，玻璃钢管已经是通用产品，其中以玻璃钢管为主的防腐市场仅次于汽车工业和建筑业，位列第三，玻璃钢管的生产和应用已经完全成熟。

玻璃钢夹砂管诞生于 20 世纪 70 年代，夹砂管的出现，是对玻璃钢管大规模推广应用的一大促进。纯玻璃钢管的优点是比重小、强度高、耐腐蚀性能优良。但其应用于实际工程中时，强度富余量大、刚度低、造价高，从而在很多领域的应用受到了限制。玻璃钢夹砂管是在纯玻璃钢管中添加一层或几层树脂砂浆层，使整个管壁成为夹层结构，在保留纯玻璃钢管优点的基础上，既提高了刚度，又降低了工程造价，充分体现了复合材料的可设计性的特点。因此在全世界范围内得到了迅速发展应用，目前在大口径玻璃钢管中，绝大多数管为该种结构形式。

1987 年，国内引进第一条定长缠绕生产线，生产纯玻璃钢管。1992 年，引进第一条定长缠绕夹砂管生产线，从此国内得到迅速发展，据不完全统计，目前国内大约有 800 条定长缠绕生产线。

20 世纪 60 年代末，丹麦研制出了第一台连续缠绕工艺设备，此后在国际上发展迅速，得到广泛应用。目前国际上几乎所有的大型玻璃钢管道公司均采用连续缠绕工艺制造玻璃钢夹砂管，如 AMIANTIT、FUTURE、FLOWTITE 等公司。由于受设备的价格、设备性能及定长缠绕工艺冲击的原因，连续缠绕工艺在国内发展相对缓慢。近几年随着国内产品质量意识的提高，连续缠绕逐渐得到发展和重视，目前国内大约有十几条连续缠绕生产线。

离心浇铸工艺诞生于 1956 年，1957 年生产出第一根离心浇铸管。国际上基本只有 HOBAS 和 C-TECH 在全世界授权生产。国内目前具备生产能力的生产线有两条。

7.2　分类和特点

7.2.1　分类

玻璃纤维增强热固性塑料管按生产工艺分类：一般分为纤维缠绕成型（定长缠绕工艺、连续缠绕工艺）或离心浇铸成型（离心浇铸工艺）。按选用的树脂类型分类：玻璃纤维增强环氧树脂管、玻璃纤维增强聚酯管或玻璃纤维增强乙烯基树脂管等。按是否添加石英砂等填料，分为纯玻璃钢管和玻璃纤维增强塑料夹砂管。无论对玻璃纤维增强热固性塑料管如何进行分类或分级，最通俗的说法就是"玻璃钢管"，这个名称几乎包含了所有的玻璃纤维增强热固性塑料管，一般把它作为一个独特的和一般的工程材料类别。

而所有的玻璃纤维增强热固性塑料管中，应用最为广泛的是玻璃纤维增强塑料夹砂管，玻璃纤维增强塑料夹砂管（俗称玻璃钢夹砂管，Glass fiber reinforced plastics mortar pipes，简称 FRPM 管）是以玻璃纤维及其制品为增强材料，以不饱和聚酯树脂等为基体材料，以石英砂及碳酸钙等无机非金属颗粒材料为填料，采用定长缠绕工艺、离心浇铸工艺、连续缠绕工艺方法制成的管道。

玻璃钢管具有一系列优良的特性，在欧美等发达国家是应用最为广泛的工业管材之一，并制定了完善的管道产品标准、工程设计标准、安装施工规范。70 年代中期问世的玻璃钢夹砂管，成功地解决了纯玻璃钢管壁结构的刚度和强度不匹配的问题，提高了管道刚度，有效地降低了制造成本，明显地提高了玻璃钢的竞争能力，给整个玻璃钢行业增添了新的增长点，迅速扩大了应用领域，尤其在市政给水排水、各类污水收集和输送管线、农田灌溉引水管线、发电厂冷却水给水排水系统、油气污水混输系统的应用越来越广泛，为用户创造了良好的经济效益和社会效益。70 多年工程实践考核证明，玻璃钢夹砂管性能优异、经济竞争能力强，是一种节能环保型产品，成为 21 世纪的主流管材。

7.2.2　特点

（1）耐腐蚀

玻璃钢管无需防腐处理，无需阴极保护，能抵抗酸、碱、盐、海水、污水、腐蚀性土壤及地下水和化学流体的侵蚀，具有良好的耐腐蚀性能。在运行周期内基本无运行维护费用，流量在运行周期内基本保持不变，长期效益好。同时玻璃管使用寿命长，使用年限可达 50 年（ISO 10639—2017 标准中规定为 100 年）。

（2）水力学性能优异

玻璃钢管内壁光滑，糙率和摩阻系数小。曼宁系数为 0.0084，玻璃钢管能显著减少沿程的流体水头损失，提高输送能力，可带来显著的经济效益。在输送能力相同时，可选用内径较小的玻璃钢管，降低一次性的工程投入。采用同等内径的管道，玻璃钢管比其他材质管道输送流量大、水头损失小，节省泵送费用，减少长期运行费用。

（3）轻质高强

玻璃钢管密度约为 $1.8 \times 10^3 \sim 2.0 \times 10^3 kg/m^3$，仅为钢管的 1/4，水泥管的 1/10。因此运输安装十分方便。环向拉伸强度 150～420MPa，轴向拉伸强度 50～150MPa，其比强度优于钢管、水泥管。

（4）抗变形能力强

玻璃钢管初始径向变形率可保持在 1%～3%，50 年后变形率不超过 3%～5%，产品标准中明确规定玻璃钢管的初始变形率要达到 20%（SN5000）而不破坏。

（5）防渗性好

玻璃钢管内衬层树脂含量高，管壁结构致密性好，具有外保护层，接头安全可靠，不会造成无内压介质外渗、外压介质内渗的现象。

（6）无二次污染、输水水质好

玻璃钢管使用寿命长，不腐蚀，不渗漏，不会对地下水源和土壤的产生二次污染。内衬层采用食品级树脂制造，可符合 GB 13115—1991 卫生标准，可应用于城市供水。

（7）安装维修方便

玻璃钢管的维修简单易行，一般情况下，只要修补工作面干燥就可进行施工，修补完的位置经 30min 固化后即可通水使用。对于外径一致的连续缠绕管和离心浇铸管可采用哈夫节快速抢修，恢复通水（图 7-1）。

图 7-1 哈夫节快速抢修

（8）耐磨性好

从图 7-2 可以看出：通过相同的 50000 次负荷循环，球墨铸铁 - 水泥内衬管磨损约为 8.4mm，石棉水泥管磨损约 5.5mm，混凝土管磨损约 2.6mm，陶土管磨损约 2.2mm，高密度聚乙烯管磨损约 0.9mm，而玻璃钢管磨损仅为 0.3mm。玻璃钢管表面磨损小，在正常的工况下下，介质对玻璃钢管内衬的磨损可忽略不计，所以玻璃钢管的长期糙率系数基本与新管相同。

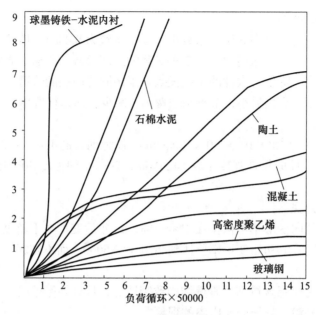

图 7-2　管道负荷循环磨损

（9）适应性强

玻璃钢管可通过改变树脂体系来适应输送不同介质的耐腐蚀需要，也可通过改变玻璃纤维缠绕角、缠绕层数和的厚度、夹砂的多少来调整管壁结构，以满足不同工况条件的需要。同时可根据工程需要的特点要求，如管径大小、流量与压力、机械性能、耐蚀耐热、抗冻以及真空等进行设计，灵活自如，适用范围广。

（10）回收不易

国内仅处于起步阶段，并未得到广泛应用。一般有三种办法：

① 化学回收（热解）

能将废弃物分解处理成原料再使用，处理较完善，是最具开发应用前景的回收技术。

② 物理回收（粉碎方法）

粉碎作为填料使用。

③ 能量回收（焚烧方法）

通过粉碎与燃烧综合的方法，将废弃物（纤维增强热固性树脂基复合材料）处理变成水泥原料。

7.3　原材料及管材性能

7.3.1　原材料性能

玻璃钢管的可选用的原材料种类很多，材料性能差异性很大，现主要对应用最为广泛的玻璃纤维增强塑料夹砂管（俗称玻璃钢夹砂管）的主要原材料性能进行列举，其他材料不再赘述。

玻璃钢夹砂管主要原材料包括：增强材料（一般指无碱无捻玻璃纤维）、树脂及颗粒材料（一般指石英砂和碳酸钙）。

不同工艺对某一相同的公称直径、压力等级和管刚度等级的玻璃钢管达到相同技术指标要求所需要玻璃纤维、树脂、石英砂等原材料的量也会不同，管壁厚度也不相同。所以在实际工程应用中，工艺定型后，应对主要原材料的品种、规格、技术指标作出规定，甚至双方可协定主要原材料的若干供应商，这样产品质量易于得到保证。

（1）增强材料性能要求

应采用无碱玻璃纤维及其制品制造玻璃纤维增强塑料夹砂管。所采用的无碱无捻玻璃纤维纱应符合 GB/T 18369—2017 的规定。无碱玻璃纤维制品应符合相应的国家标准或国家行业标准的规定。

在需要输送特定介质的场合，经供需双方商定后，可采用性能能满足要求的其他增强材料。

玻璃纤维常用规格有：300Tex、600Tex、1200Tex、2400Tex、4800Tex。一般情况下，不得有影响使用的污渍，其颜色应均匀，纱筒应紧密，规则地卷绕成圆筒状，以保证退绕方便，见表 7-1。

玻璃纤维纱指标值表 表 7-1

项目	指标	测试方法
线密度 /g/km	标称值 ±5%	GB/T 7690.1—2013
含水率 /%	≤ 0.20	GB/T 9914.1—2013
可燃物含量 /%	标称值 ±0.2	GB/T 9914.2—2013
断裂强度 /N/Tex	≥ 0.30	GB/T 7960.3—2013

（2）树脂性能要求

所采用的不饱和聚酯树脂应符合 GB/T 8237—2005 的规定。其他树脂应符合相应的国家标准或国家行业标准的规定。

内衬层树脂应采用间苯型不饱和聚酯树脂或乙烯基酯树脂或环氧树脂。

给水工程用玻璃纤维增强塑料夹砂管的内衬层树脂的卫生指标必须满足 GB 13115—1991 的规定。

（3）内衬层树脂

① 定长缠绕工艺和连续缠绕工艺内衬层树脂

对于定长缠绕工艺和连续缠绕工艺所采用的内衬层树脂应达到表 7-2 的要求。

定长缠绕工艺和连续缠绕工艺所采用的内衬层树脂的性能 表 7-2

项目	指标	测试方法
拉伸强度 /MPa	≥ 60	GB/T 2567—2021
拉伸弹性模量 /GPa	≥ 2.5	
断裂伸长率 /%	≥ 3.5	
* 弯曲强度 /MPa	≥ 120	
* 加速老化的弯曲强度保留率 /%	≥ 70	GB/T 21238—2016 附录 A.3

* 选用的是间苯型不饱和聚酯树脂时应控制的性能项目。

② 离心浇铸工艺内衬层树脂

对于离心浇铸工艺所采用的内衬层树脂应达到表 7-3 的要求。

离心浇铸工艺所采用的内衬层树脂的性能 表 7-3

项目	指标	测试方法
拉伸强度 /MPa	≥ 10	GB/T 2567—2021
断裂伸长率 /%	≥ 15	

（4）结构层树脂

对于结构层树脂应达到表 7-4 的要求。

结构层树脂的性能 表 7-4

项目	指标	测试方法
拉伸强度 /MPa	≥ 60	GB/T 2567—2021
拉伸弹性模量 /GPa	≥ 3.0	
断裂伸长率 /%	≥ 2.5	
弯曲强度 /MPa	≥ 110	
热变形温度 /℃	≥ 70	GB/T 1634.2—2004（A 法）
加速老化的弯曲强度保留率 /%	≥ 65	GB/T 21238—2016 附录 A.3

（5）颗粒材料性能

颗粒材料的最大粒径不得大于 2.5mm 和 1/5 管壁厚度之间的较小值。其中石英砂的 SiO_2 含量应大于 95%，含水量应不大于 0.2%；碳酸钙的 $CaCO_3$ 含量应大于 98%，含水量应不大于 0.2%。

但对于连续缠绕工艺，石英砂的最大粒径应不大于 0.8mm，其中粒径小于 0.1mm 的石英砂含量应不大于 1%。

（6）密封胶圈

连接用橡胶密封圈宜选用三元乙丙橡胶，应满足 GB/T 21873—2008 的要求，其主要性能指标见表 7-5、表 7-6。

定长缠绕、连续缠绕分体式接头、离心浇铸橡胶密封圈性能 表 7-5

检验项目	控制指标	测试方法
邵氏硬度 / 邵氏	50 ～ 60	GB/T 6031—2017
伸长率 /%	≥ 300	GB/T 528—2009
拉伸强度 /MPa	≥ 9	GB/T 528—2009

连续缠绕一体体式接头橡胶密封圈性能 表 7-6

检验项目	控制指标	测试方法
邵氏硬度 / 邵氏	70	GB/T 6031—2017
伸长率 /%	≥ 300	GB/T 528—2009
拉伸强度 /MPa	≥ 9	GB/T 528—2009

（7）其他材料

其他原材料还有：表面毡、短切毡、针织毡、固化剂、促进剂、单向布、兜砂布、网格布、聚酯网格布、聚酯薄膜等，这些材料在玻璃钢管中一般作为辅材，用量较小，但也应符合相应的国家标准或国家行业标准的规定。

7.3.2 管材性能

玻璃钢管，尤其是玻璃钢夹砂管，是目前国际上应用最为广泛的玻璃钢管，目前国内关于玻璃钢夹砂管其性能指标的规定，重要有两个标准：《玻璃纤维增强塑料夹砂管》GB/T 21238—2016 和《玻璃纤维增强塑料连续缠绕夹砂管》JC/T 2538—2019。

《玻璃纤维增强塑料夹砂管》GB/T 21238—2016 适用于定长缠绕、离心浇铸、连续缠绕工艺制成的玻璃钢管道。《玻璃纤维增强塑料连续缠绕夹砂管》JC/T 2538—2019 仅适用于连续缠绕工艺制成的玻璃钢管道。

玻璃钢管的一般检测指标包括：外观质量、尺寸、巴氏硬度、树脂不可溶分含量、直管段管壁组分含量、水压渗漏、初始环刚度、初始环向拉伸强力、初始轴向拉伸强力、初始挠曲性、初始环向弯曲强度等，这两个标准对此都分章节做了详细的检测方法和检测指标规定。由于这些章节内容在标准中展现的非常明确，所以在这里不展开赘述，具体内容可以参照标准。

现对两个标准中差异较大的指标进行一下说明，对比两个标准，其他性能指标差异性基本相同，但初始挠曲性（B 水平），初始轴向拉伸强力，初始环向弯曲强度这 3 个指标，《玻璃纤维增强塑料连续缠绕夹砂管》JC/T 2538—2019 标准中的规定比《玻璃纤维增强塑料夹砂管》GB/T 21238—2016 中由明显的提高，具体表现为初始挠曲性（B 水平）提高了 20%，初始轴向拉伸强力提高了 50%，初始环向弯曲强度提高了约 40%。

连续缠绕管性能的提升，是有具体原因的：（1）夹砂层中添加短切纤维，有效提高了夹砂层的性能；（2）设备自动化程度高，纤维排布和预加张力系统能最大限度地发挥玻璃纤维的拉伸强度；（3）固化体系相对稳定，也能最大限度地发挥复合材料的性能。

7.4 成型工艺

7.4.1 简介

玻璃钢管的成型工艺，一般分为纤维缠绕工艺和离心浇铸工艺，其中，纤维缠绕工艺又分为定长缠绕工艺和连续缠绕工艺。依据《玻璃纤维增强塑料夹砂管》GB/T 21238—2016 中的规定，定长缠绕工艺规定为 I 型，离心浇铸工艺规定为 II 型，连续缠绕工艺规定为 III 型。

7.4.2 成型工艺

（1）定长缠绕工艺

①工艺介绍

在长度一定的管模上，采用螺旋缠绕和／或环向缠绕工艺在管道模具长度内由内至外逐层制造管材的一种生产方法，石英砂被分散于内、外缠绕结构层中间。在这种缠绕工艺中，树脂槽沿旋转的芯模上往复运动，移动的行程要超过芯模长度。纤维相对于芯模轴线的铺设角度，树脂槽的水平方向速度与芯模旋转速度比值固定。缠绕完成后，管道通过远红外加热或自然固化成型，待固化完全后，对管道承插口进行修整（或脱模后修整），从管中脱出芯模，完成生产工序。具体见图 7-3。

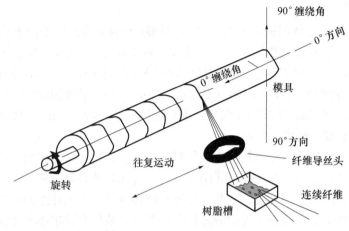

图 7-3　定长缠绕工艺图解

② 管壁结构

定长缠绕管道由内而外依次由内衬层、内结构层（内缠绕层）、夹砂层、外结构层（外缠绕层）、外保护层构成。

内衬层是由表面毡、针织毡和树脂（一般为间苯树脂）制作而成，主要作用是防渗漏，耐腐蚀，提供较好的水力特性。

内结构层和外结构层是由连续玻璃纤维和树脂（一般为邻苯树脂）制作而成，主要作用是提供管道抵抗内压的能力。

夹砂层是由石英砂和树脂（一般为邻苯树脂）构成，主要作用是增加管道壁厚，提高管道的刚度，增强管道抵抗外压的能力。

外保护层一般是一层富树脂层或树脂和表面毡的混合层，起到保护管道，防止外部渗入的作用。在一些特殊需要的工况，可通过添加其他的助剂制作，例如架空管道需要在管道外保护层加入抗紫外线剂，来提高管道抗老化能力（图 7-4）。

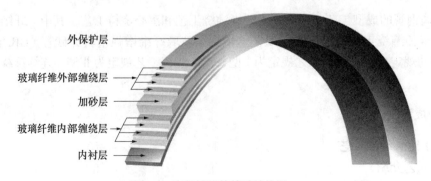

图 7-4　定长缠绕管管壁结构图

③管道特点

定长缠绕工艺可生产高、中、低压管道，所用玻璃纤维为连续纤维，可以根据工艺要求改变缠绕角度，可以得到较高的管材强度。设备拆卸组装方便，易搬运，可以把生产设备搬至施工现场附近进行生产，降低运输成本。生产过程中可配套穿插生产多种类型的管道，有较好的适用性。单根管道12m长，采用双O型密封圈密封，可做到边安装边试压，密封比较可靠。

定长缠绕工艺夹砂层中没有短切纤维，抗变形能力与石英砂级配有密切关系。设备自动化程度不高，产品质量稳定性与生产过程中人为因素较多，质量控制一直是生产企业的难点所在。同时劳动强度较高，开放性的生产工艺，环保难度较大。

目前，中国95%以上的玻璃纤维增强塑料夹砂管采用此种工艺生产（图7-5）。

图7-5　DN3700定长缠绕管

（2）连续缠绕工艺

①工艺介绍

连续缠绕主机通过铝梁旋转，使钢带沿着吕梁轴承纵向移动，整个芯模成螺旋状连续向设备尾端移动。当芯模移动时，聚酯薄膜、表面毡、树脂、连续纤维、短切纤维、石英砂依次被精密定量地分布在连续输出的芯模上，短切纤维按一定的比例无序的分布在夹砂层和内外结构层中，芯模上的各种原料经过远红外固化区，按一定的温度曲线固化成型。已成型的管被同步切割机切割成规定的长度。

②管壁结构

内衬层是由表面毡、短切纤维和树脂（一般为间苯树脂）制作而成，主要作用是防渗漏，耐腐蚀，提供较好的水力特性。

内结构层和外结构层是由连续玻璃纤维、短切纤维和树脂（一般为邻苯树脂）制作而成，主要作用是提供管道抵抗内压的能力。

夹砂层是由石英砂、短切纤维和树脂（一般为邻苯树脂）构成，主要作用是增加管道壁厚，提高管道的刚度，增强管道抵抗外压的能力。

外保护层一般是一层富树脂层和聚酯网格布或树脂和表面毡的混合层，起到保护管道，防止外部渗入的作用。在一些特殊需要的工况，可通过添加其他的助剂制作（图7-6、图7-7）。

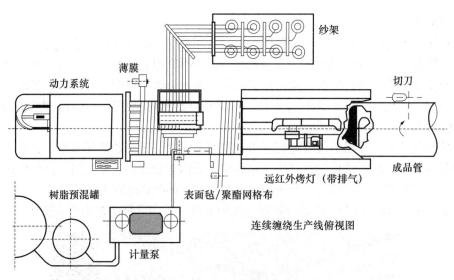

图 7-6　连续缠绕玻璃钢管工艺图

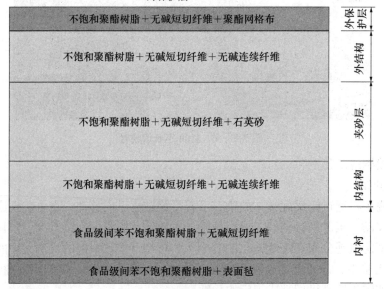

图 7-7　连续缠绕管管壁结构图

③ 管道特点

连续缠绕工艺中的夹砂层内有短切纤维，结构层内各个方向短切纤维和连续纤维分布均衡，一般情况，连续缠绕管内短切纤维含量不低于 9%，所以其各项力学性能指标更优。相比于定长缠绕管道，连续缠绕管道的环向弯曲强度指标高约 40%，轴向拉伸强度高 50%，管道挠曲性能高 20%。管道接头采用套筒式接头，内部平滑，水力学性能更好。管道外径一致，可带水采用哈夫节抢修，抢修周期短。管道任意切割管道制作短管，连接方便快捷。设备自动化程度高，人为因素少，生产实现闭环控制，工艺设计合理，质量可靠性很高。设备缠绕区自带环保设施且配备完善，符合国家安全环保政策（图 7-8）。

图 7-8　*DN*3000 连续缠绕管

（3）离心浇铸工艺

①工艺介绍

离心浇铸玻璃钢夹砂管通过计算机联控系统科学地将不饱和聚酯树脂、短切纤维和填料，根据不同的管道设计参数，按一定的配比，通过可以沿管道轴线方向往复运动的小车加料系统，输送到由离心机控制的高速旋转的管道模具内。离心机带动管道模具高速旋转，产生离心力，树脂、短切纤维和填料在离心力的作用下，均匀地分布在模具内壁上，直至物料挤压密实，固化成型。树脂完全固化后，进行管道脱模，然后进行导角的加工处理，成为内外壁光滑的玻璃钢管道（图 7-9）。

离心浇铸管道的制作是由外而内进行制作，先制作外保护层，最后制作内衬层。

管壁结构（图 7-10）：

离心浇铸玻璃钢夹砂管管壁结构相对复杂，共分为 11 个不同的结构层，这 11 个层由外至内分别是 e1～e11。

e1 为外保护层，其由石英砂和树脂构成，其作用是保护管道，防止外部渗入，抵抗冲击的作用。

e2 和 e3 为外增强层，e8 和 e9 为内增强层，一般情况下，e2 和 e8 由有序的短切纤维（环向纤维）和树脂构成，e3 和 e9 根据工艺设计，由无序短切纤维（或有序短切纤维）及树脂组合构成，起抵抗管道内压的作用。

e4 和 e7 为过渡层，由无序的短切纤维、石英砂、树脂构成，主要作用是把内、外结构与中心层（加砂层）有机地结合起来，增加层间结合。

e10 为隔离层，由无序短切纤维、结构树脂、内衬树脂构成，主要作用是把内衬层和结构层有效隔离，避免两种断裂伸长率差异很大的树脂混合，降低内衬的抗冲击性。

e11 为内衬层，由断裂伸长率超过 15% 内衬树脂构成，主要作用是防腐抗渗。

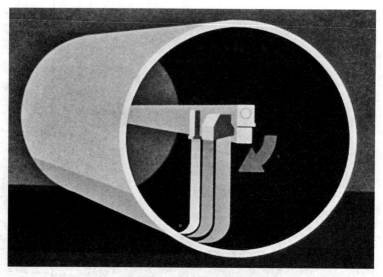

图 7-9　离心浇铸玻璃钢管道工艺图

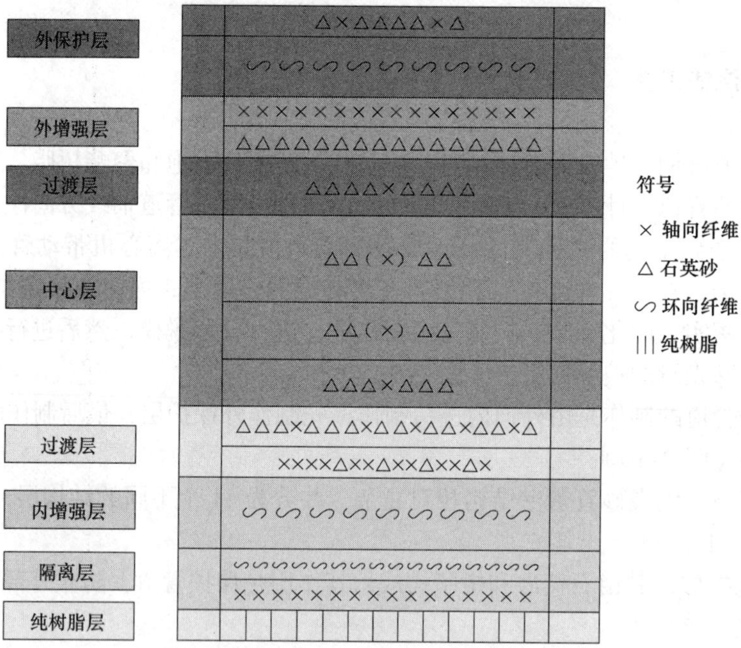

| 外保护层 |
| 外增强层 |
| 过渡层 |
| 中心层 |
| 过渡层 |
| 内增强层 |
| 隔离层 |
| 纯树脂层 |

符号

× 轴向纤维

△ 石英砂

∽ 环向纤维

‖ 纯树脂

图 7-10　离心浇铸管管壁结构图

② 管道特点

离心浇铸管道在 75 倍的离心力作用下高速旋转成型，管壁密实度好，有极强的抗渗透作用，适用于高刚度的各种中低压管。外保护层有石英砂层，抗外界冲击性能好。内壁光滑，水力学性能优异。设备自动化程度高，人为干扰因素少，产品质量稳定（图 7-11）。

离心浇铸管道增强材料为短切纤维，不适用于压力较高的管道，生产设备规模庞大，不宜随意搬迁。

图 7-11　*DN*2000 离心浇铸管

7.5　玻璃钢管安装

7.5.1　说明

玻璃纤维增强塑料夹砂管，具有一系列独特的优良性能，在欧美等发达国家，早已成为应用相当广泛的工程管材，并制定了完善的管材产品标准和工程设计、安装规范。国内外诸多工程实践充分验证：玻璃钢夹砂管具有较强的技术和经济综合竞争能力，其使用方便、运行可靠、安装迅捷、抗腐耐用等特性，不仅有着直接明显的经济效益，而且有着积极而广泛的社会效益。

随着玻璃钢管的应用，玻璃钢管的安装施工问题成了该种管材推广的首要问题。这不仅是由于玻璃钢管有别于传统管道的施工工艺，更重要的是玻璃钢管是一种柔性管道，从设计制造上对施工安装提出了相应的规范要求，正确的施工是玻璃钢管道安全运行的根本保证。

玻璃钢管道工程的施工及验收，应符合《埋地给水排水玻璃纤维增强热固性树脂夹砂管管道工程施工及验收规程》CECS 129—2001 与《给水排水管道工程施工及验收规范》GB 50268—2008 中的各项规定。

7.5.2　外观质量检查

施工现场管道的检查主要包括外观质量的检查、检查应在货到现场时进行，检查管道的内外表面、管端部、管接头、标识规定（公称直径、压力等级、刚度等级）是否符合要求，运输中是否有损伤。

第二次外观检查应在安装前进行，检查存放或吊装过程中管道内外表面、管端部、管接头是否有损伤，有质量问题应妥善处理，以确保工程质量。

7.5.3 管道装卸与存放

管道装卸工程中应轻装轻放，严禁摔跌或撞击，装卸或者移动时，应保持管道两端离地 300mm 以上。管道可采用一个支撑点或者两个支撑点应保证管道在空中的平衡，严禁用绳子在管道内贯穿装卸。管道可采用人工或者机械装卸，机械装卸时，其吊具应采用柔韧且较宽的吊索（橡胶带、帆布带、尼龙带）或直径大于 30mm 尼龙绳，禁止用钢丝绳或铁链吊装管道，以免管子滑动损坏管道或造成安全事故（图 7-12）。

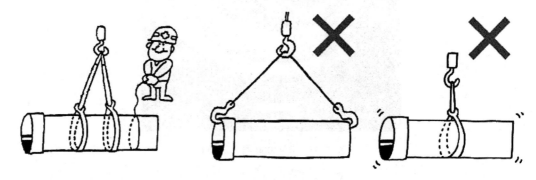

图 7-12 玻璃钢管吊装示意

长途运输管道时，为降低运费，可以将小管套装在大管内运输。套装管道在包装时有一定的安全运输要求，其包装和装卸应按照规定进行。拆除包装并将小口径管道从大口径管道中取出，需要铲车操作，工作时注意对管道的防护。

管道应按规格分类堆放，堆放时采用木头支撑，所有堆放的管道应加木楔防止滚动，严禁将管道存放在尖锐的硬物上，存放时应保护好管接头，防止其受损。如果管道在露天长时间堆放，管接头要用遮阳物盖起来，以防止橡胶圈和管道内壁受紫外线辐射而损坏（图 7-13）。

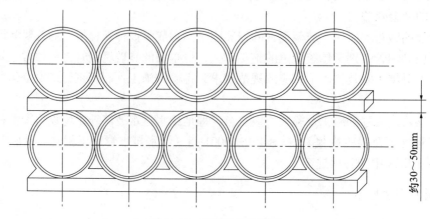

约30~50mm

图 7-13 管道堆放示意图

为了防止管道长期放置产生变形，对管道不同规格的堆放层数作如表7-7的规定。

管道堆放层数   表 7-7

DN	150	200	250	300	400	500	600~700	800~1200	1400~3000
层数	9	8	7	6	5	4	3	2	1

7.5.4 管道的运输

管材应平稳的安放在运输车辆上，装车时车底与玻璃钢管道间应有衬垫且不少于3道，衬垫物的高度必须保证承口不会直接接触到车底，宽度不小于250mm，在两根管接触部位垫上橡胶垫。货物装车后要用紧绳器将货物与车厢紧固好。车辆平稳行驶，避免急转弯和急刹车，遇到不平的路段，运输车辆应放慢速度，避免受到剧烈的撞击。车辆转弯时控制好转弯半径，避免货物与其他车辆或物体的碰撞（图7-14）。

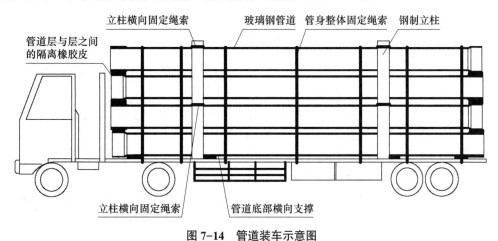

图 7-14　管道装车示意图

7.5.5 玻璃钢管的连接

（1）定长缠绕玻璃钢管的连接

① 定长缠绕玻璃钢管的连接准备

管沟验收合格后才能进行安装，在基础上对应承插口或接头圈的位置外安装凹槽，承插口或接头圈安装完成后，用砂填实。安装管道前先测量玻璃钢管道表面的直晒温度，根据实测温度确定插口插入位置和线膨胀冷缩范围。

② 定长缠绕玻璃钢管安装步骤

清洁接头工作部位，安装前应先将承口内部工作面和插口外部工作面的泥土及毛刺清理干净，彻底清理管身内的杂物和尘土。然后使用标识笔画安装线和试压孔定位线，清洁及安装胶圈，安装小压试验嘴。

润滑胶圈和管道承口工作面，检查O型密封圈后将两道密封圈套在管子的插口上。安装时应将管材的插口、承口以及橡胶圈刷食用植物油。

管道连接时采用合适的机械辅助设备，对于大口径管道，其插口端的管道必须要用吊力将其轻离地面，轻轻摆动管道，用吊链缓慢将管道的插口拉入承口。拉吊链时应仔细观察胶圈滑如情况，如发现不均匀停止进管，将胶圈调整均匀，再继续拉管，使胶圈送到承、插口预定位置（图 7-15～图 7-17）。

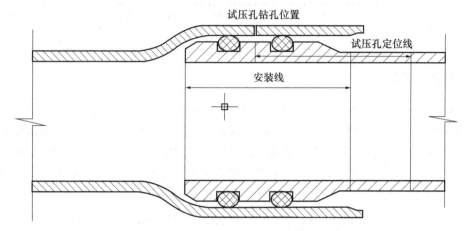

图 7-15　管道安装定位图

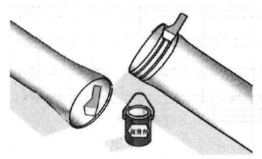

图 7-16　润滑脂涂刷示意图

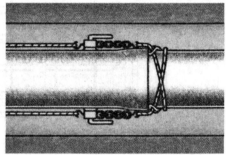

图 7-17　管道安装示意图

（2）套筒式玻璃钢管道安装

管道连接前，应彻底清洁管端、接头内表面、凹槽、止推圈和橡胶圈，确保无油污、灰尘。

连接时，插口端和管接头应再检查一次是否有机械损坏等质量问题，然后在插口端和管接头表面涂上润滑剂，不得使用石油制成的润滑剂。

为使管道能部分陷入基础中，增加管道与基础的接触面积，防止应力集中，管床上方要松散的铺垫 30～50mm 沙层，该砂层无需夯实处理，管床应处理的连续、平整，下管之前，在管接头连接处需留一个钟形孔，宽度约为 2 倍的管接头宽度，如图 7-18 所示。

图 7-18　管接头钟形孔示意图（一）

图 7-18 管接头钟形孔示意图（二）

管道连接时要采用合适的机械辅助设备，对接两条管道的轴线应尽量调整到一条直线上，用力均匀，使连接力均匀地分布在管端上，具体连接如图 7-19 所示。

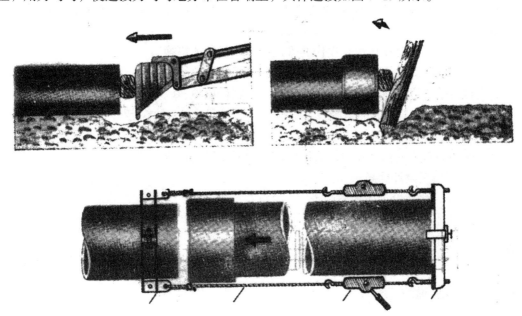

图 7-19 管的正确连接方式

（3）最大允许偏转角

管道连接时的最大允许转角不得超过表 7-8 中规定。

<table>
<tr><td colspan="2">管道连接允许最大转角　　　　　　　　　　　　　　表 7-8</td></tr>
<tr><td align="center">DN</td><td align="center">最大偏离角 α_{Max}</td></tr>
<tr><td align="center">DN ≤ 500</td><td align="center">3°</td></tr>
<tr><td align="center">600 < DN ≤ 900</td><td align="center">2°</td></tr>
<tr><td align="center">1000 < DN ≤ 1400</td><td align="center">1°</td></tr>
<tr><td align="center">1400 < DN</td><td align="center">0°</td></tr>
</table>

7.5.6 安装检查

（1）管道安装并埋设后，应在 24h 内测量检验管道的初始径向挠曲值。

（2）安装后的管道，初始和长期径向挠曲值不得超过表 7-9 的规定。

给水、排水管允许径向挠曲值　　　　　　表 7-9

原土级别		1	2	3	4	5
公称管径 $DN \geq 300$（mm）	平均初始值（%）	3.0	3.0	2.5	2.0	2.0
	平均长期值（%）	5.0	5.0	5.0	5.0	5.0

（3）安装后的管道，管壁不得出现隆起、扁平和其他突变现象。

（4）安装后管道的初始径向挠曲值大于表 7-9 的规定时，必须进行重新回填，使初始变形量在规定的数值范围内。纠正挠曲过大的管道，可按照下列程序进行：

① 当管道挠曲量超过表 7-9，但不超过 8% 时：

a. 把回填材料挖出直到露出管径的 85% 处。当挖到管顶面和管侧面时，应用手工工具挖掘；

b. 检查管道是否有损伤，有损伤的管道应进行修复或更换；

c. 在原土不被混入的条件下，重新夯实拱腰处的回填材料；

d. 用合适的回填材料分层对称回填管区，夯实每层填料，控制管道偏差；

e. 回填到设计标高并检查管道变形，验证是否满足表 5.9 的规定。

② 当管道变形超过 8% 时，应更换新管道。

（5）安装后管道的初始径向挠曲值可按下列程序进行检查：

① 完成回填至设计标高；

② 撤走临时性挡板（如果使用）；

③ 关闭排水装置（如果使用）；

④ 测量并记录管道的垂直方向内径；

⑤ 计算径向挠曲值（%）：径向挠曲值＝（实际内径－安装后垂直内径）/实际内径×100%。

7.5.7　玻璃钢管道的试压

（1）分段原则

根据不同管径、压力等级进行分段；分段长度一般不大于1000m 或按监理人批准的试压长度执行。

（2）取水方案

为节省水费和运输费，先从水源地开始施工、安装，这样可以用高压泵将水从水源地泵送到管道中，如果取水口离管道起始点较远，可以接临时管线。

中间试压段，可通过自然坡降或采用泵送将上游段的试压用水放到下游段重复使用，直至试压完毕，其中不足部分可采用拉水车从就近水源地拉水补充。

（3）试压方案

整个工程的打压由多个组分段同步进行，水从打压段低处注入，以便于排气和注水安装。

（4）试压前注意事项及要求

地下埋设管道必须在管道接口全部完成验收合格及管顶回填土不少于 300mm 之后，方可做水压试验。

水压试验一般在试验管道两端各预留一段沟槽不开挖，并做试压支撑，达到要求强度后方可进行水压试验。试验段与非试验段可采用盲板隔开。水压试验应以生活饮用清水为介质，缓慢充水，水流速度 < 0.3m/s，以免使管道发生水锤现象。

试验用的压力表应经过校验，精度不低于 1.5 级，表的量程为被测压力的 1.5～2 倍，压力表至少两块，分别安装在试压管段的两端和试验段的最低点，并以此表读数为准。

充水时，先打开管道各高处的排气阀，充分排除空气，充满水后，试压管道内应保证 0.2～0.3MPa 的水压，系统浸泡 24h，使管道达到机械、热力和化学平衡，再进行水压试验。

强度试验压力取 1.5 倍的工作压力，严密性试验压力取管道的工作压力。

强度试验压力以每分钟不大于 0.01MPa 的速度增压，达到工作压力后，停止加压后（保持压力）1h，然后以每分钟不大于 0.005MPa 的速度增压，管内水压达到试验压力，稳压时间 10min，压力下降值不超过 0.05MPa 为合格。然后压力降至工作压力进行严密性检查，稳压时间为 2h，渗水量应按式 7-1 计算：

$$q = W/(T_1 - T_2)/L \tag{7-1}$$

式中：q——管道渗水量，L/min；

W——每下降 0.1MPa 时流出的水量，L；

T_1——未放水时，试验压力下降 0.1MPa 所经过的时间，min；

T_2——放水时，试验压力下降 0.1MPa 所经过的时间，min；

L——试验管段的长度（m）。

允许渗水量按现行国家标准规定的钢管允许渗水量确定。系统渗漏超标时先排水，待排净后检查并修复，直到试压合格为止。

在管道分段水压试验合格的基础上，进行全系统水压试验，试验压力等于工作压力，全系统达到工作压力后，对所有的连接点进行检查，全系统试运行 72h 以上。

给水管道试压后，竣工验收前应冲洗消毒，冲洗消毒的有关具体要求应遵守《埋地给水排水玻璃纤维增强热固性树脂夹砂管管道工程施工及验收规程》CECS 129—2001 的规定。

管道试压过程中的注意保护措施：

① 管道水压试验用水应要用洁净水。

② 试压期间，后背支撑管端附近不得站人。

③ 试压期间，严禁对管道进行敲击、修补、螺栓紧固等操作，以防伤人。

④ 每段试压完成泄压后，不能污染管内积水，保持管腔内洁净。下段试压时打开过水阀门使上段的水流入至下段管内，达到同水位后，用水泵抽水直至下段管腔内注满水。

7.5.8 事故处理及修补

根据已有的玻璃钢管道的工程安装经验，管材出现局部问题主要表现在：安装不当造成胶圈挤伤、装卸管道时未按规范要求操作造成的管材内外部损伤、安装时的意外机械损伤等。

（1）管局部损伤的处理措施

对由于安装不当造成胶圈挤伤的情况，必须尽快退出该管道，将挤伤的胶圈更换后才可重新安装；对于装卸管道及安装时可能造成的损伤，必须经过人工修补后才能继续进行安装，对于损伤严重导致已无法使用的管道，必须进行更换。

（2）一般情况下的维修方案

管道由于外来撞击而造成破坏，可以根据管道损坏程度的大小选择不同的施工方法。

① 当管道仅伤及外表面，内衬结构没有受损，这时管道在短时间内不会漏水，但伤害降低了管道的强度，所以管道仍需要进行补强修补。

施工方法：先对管道碰伤处进行清洗打磨，选择与管道材质性能相同的材料，根据管材的使用压力，设计需要补强的厚度和面积，然后手糊补强到设计要求。待补强部位凝胶固化，管道可以投入正常使用。

② 当碰撞伤及管道内衬，管道已经泄漏，但碰伤的面积不大（受损面积小于 D/2×D/2），而修补时间充分时，可以采用开孔方法修补。

施工方法：首先管线停止输水，将碰伤处的水排除干净，切割受损部位，要求切割区域包含整个破坏区域，选用满足使用要求的原材料，制作与切割面积相同大小的衬板，将衬板固定于开孔处，作好接缝处的防渗包覆缠绕处理，外部整体包覆加强，补强厚度要达到可以承受相应的压力，做好外保护层，待固化后，管道可以投入正常使用，见图7-20。

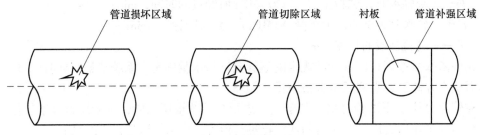

图 7-20　玻璃钢管修复示意图

（3）管道大面积受损情况下的维修

当管道大面积受损时，一般方法难以达到维修要求，可以采用换管的方法。即将受损部分的管道完全切除，从同规格的管道上截取同样长度的短管来替换受损管道，利用现场手糊对接把两个接口处糊上，见图7-21。

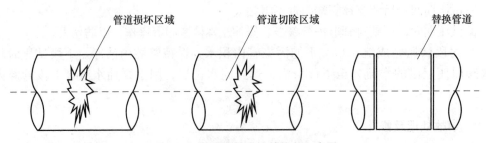

图 7-21　玻璃钢管道换管修复示意图

施工方法：将切割下来的受损管段移开，换上同规格的替换管段，在需糊口位置打磨。打磨后，管道的切割断面用两层表面毡封闭（用内衬树脂），然后按照现场接口的操作要求将管道粘结补强，粘结厚度和宽度由管线的使用压力确定，当接口处的玻璃钢完全固化后，管道可以通水运行，具体见图7-22。

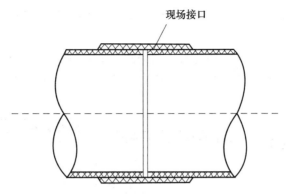

图 7-22　玻璃钢管现场对接示意图

7.6　连接形式

7.6.1　概述

管道接头分为柔性接头和刚性接头两种类型，在这两类接头中又可按能否承受端部载荷分为两种：一种能承受端部载荷，另一种不能承受端部载荷。

柔性接头是指在相连接的部件之间允许发生位移的接头。这类接头的形式有：

① 不承受端部载荷的柔性接头，如套筒式双承口接头，承插式接头等。

② 承受端部载荷的柔性接头，如锁件套筒式双承口接头，机械夹压型接头等。

刚性接头是指在相连接的部件之间不得发生位移的接头。这类接头的形式有：

③ 不承受端部载荷的刚性接头，如法兰型接头，粘接固定接头。

④ 承受端部载荷的刚性接头，如安装盲板等的法兰接头，安装盲板等的粘接固定接头。

7.6.2　接头分类

（1）不承受端部载荷的柔性接头

不承受端部载荷的柔性接头第一种是双 O 承插式接头（图 7-23），该接头一般用于定长缠绕工艺玻璃钢管，适用于各种压力和口径。

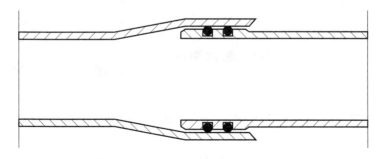

图 7-23　双 O 承插式接头

不承受端部载荷的柔性接头还有一种套筒式接头组成，其中套筒式接头按密封圈形式分为：整体橡胶密封圈套筒接头和分体橡胶密封圈套筒接头。

　　整体橡胶密封圈套筒接头，也称 FWC 接头，主要用于连续缠绕或者离心浇铸玻璃钢管，见图 7-24。

　　分体橡胶密封圈套筒接头，也称瑞卡接头圈，主要用于连续缠绕工艺，见图 7-25。

　　两种套筒式接头都适用于各种口径和压力，是一种安全可靠的连接方式。

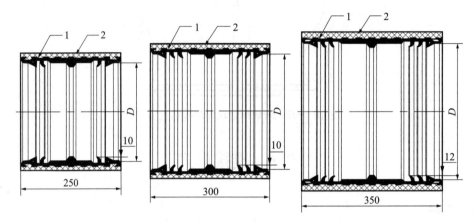

图 7-24　整体橡胶密封圈套筒接头（JC/T 2538—2019）

　　说明：1—密封圈；2—玻璃纤维增强塑料。

　　注：1. 250 型适用于 $DN \leqslant 800mm$ 的管材连接；300 型适用于 $800mm < DN \leqslant 1600mm$ 的管材连接；350 型适用于 $DN > 1600mm$ 的管材连接。

　　　　2. 套筒接头承口 D 与管连接口设计间隙：$DN \leqslant 1000$ 双面间隙为 2mm；$1000mm < DN \leqslant 1500mm$ 双面间隙为 2.5mm；$DN > 1500mm$ 双面间隙为 3mm。

　　　　3. 套筒接头的设计唇高 250 型和 300 型不小于 10mm，350 型不小于 12mm。

　　　　4. 橡胶密封圈的硬度等级宜为 70。

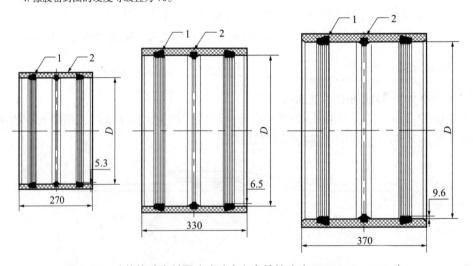

图 7-25　分体橡胶密封圈（或瑞卡）套筒接头（JC/T 2538—2019）

　　说明：1—密封圈；2—玻璃纤维增强塑料。

　　注：1. 270 型适用于 $DN \leqslant 500mm$ 的管材连接；330 型适用于 $500mm < DN \leqslant 2800mm$ 的管材连接；370 型适用于 $DN > 2800mm$ 的管材连接。

　　　　2. 套筒接头承口 D 与管连接口设计间隙：$DN < 3000$ 双面间隙为 2.5mm；$DN \geqslant 3000mm$ 双面间隙为 3.5mm。

　　　　3. 套筒接头的设计唇高 270 型不小于 5.3mm，330 型不小于 6.5mm，370 型不小于 9.6mm。

　　　　4. 橡胶密封圈的硬度等级宜为 55。

（2）不承受端部载荷的刚性接头

此类接头一般包括：对接糊制连接、承插胶接、法兰连接、带锁键双 O 圈承插连接、带锁键瑞卡套筒式连接等。

对接糊制连接形式（图 7-26）是一种永久性连接形式，适用于低、中、高压管线和管件与管道的连接，其耐压性能取决于糊制宽度和厚度，因对接糊制费用较高，一般主要用于管件与管道的连接，管道与管道的连接主要应用于化工管线。

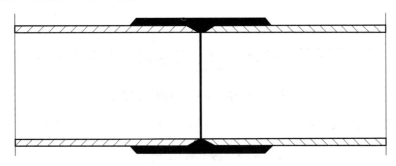

图 7-26 对接糊制连接

承插胶结（图 7-27）适用于高压及复杂荷载的管线，为一种永久性连接形式，密封效果比较好，适用管径范围 40～500mm，耐压能力可达 5MPa。

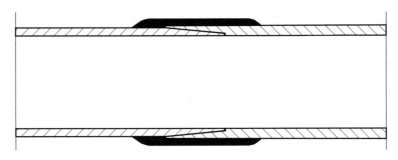

图 7-27 承插胶结

法兰连接（图 7-28）适用于管道与管道，管道与管配件，以及玻璃钢管道与钢管，玻璃钢配件与钢配件等的连接，具有使用范围广，安装操作方便等特点，耐压能力可达 2.5MPa。

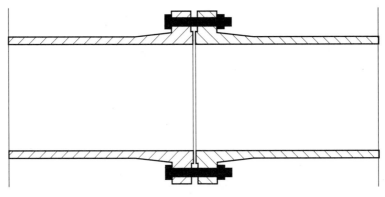

图 7-28 法兰连接

带锁键双密封圈承插连接（图 7-29）主要用于轴向力大的管道。

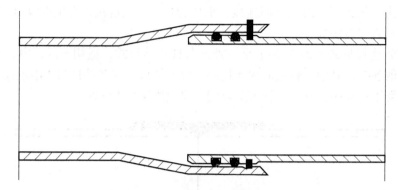

图 7-29　带锁键双密封圈承插连接

带锁键瑞卡套筒式连接（图 7-30）主要用于轴向力大、避免管道轴向位移的管道。

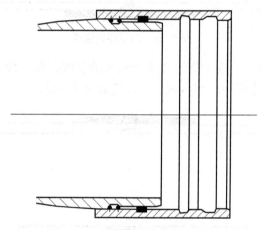

图 7-30　带锁键瑞卡套筒式连接

第8章 管道施工

随着现代社会的不断发展，管道的应用日益广泛，常用于城市给水、排水、供热、供煤气以及电力运输、信息网络线路等。大量的管道铺设，给人们的生活带来便利的同时，也为地下空间的开发持续发展带来挑战。所以，合理的管道施工方法能减小对周围环境和已铺设管道线路的影响。在城市规模的不断扩大和管道工程日益增多的要求下，管道工程施工方法也不断发展，种类也越来越多，包括：开槽埋管，顶管施工，拖拉管施工以及海底管道铺设等。

8.1 开槽埋管

开槽埋管是最早应用且最为传统的管道施工技术，其施工工艺比较简单，施工工期比较短，技术本身具备良好的效益，非常适合于城市给水排水管道铺设、更换及修理。我国早在古代就通过开槽埋管进行城市管道铺设。国外自现代社会发展以来，开槽埋管技术便是城市管网建设的重要手段。虽然随着非开挖技术的兴起，逐步替代埋管技术在城市管道建设的应用，但随着掘进设备、降水工艺、测量技术的不断升级发展，以及多类型管道接口工艺的改进优化，开槽埋管技术得到进一步更新与普及，对于埋深较浅的管道施工有着显著的工艺优势。

8.1.1 基本原理

利用井点降水的原理，先将地下水降至沟槽底以下，使开挖后的沟槽处于无水条件，再利用沟槽边坡支护的方法，防止边坡变形及地表沉降，确保四周建筑的安全。

沟槽采用机械开挖，按设计坡度分段进行。大管径管道采用吊杆起吊下管，小管径管道采用人员配合小型机具下管，人员安装接管，机械回填碾压（图8-1）。

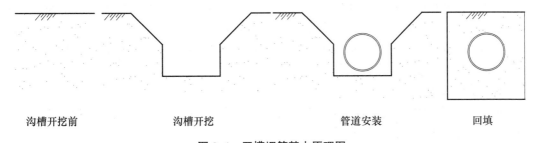

| 沟槽开挖前 | 沟槽开挖 | 管道安装 | 回填 |

图8-1 开槽埋管基本原理图

8.1.2 工艺特点

施工时可以开展多个工作面，能提高施工速度，压缩工期。与顶管施工相比，开槽埋管施工只要场地允许，可在沿线全面展开施工，施工不受工作面的限制，机械及人员可以大面积展开，机械利用率及施工效率高，可以有效地降低因工期压力而造成的各项费用的支出。尤其在业主要求工期非常紧的情况下，开槽埋管施工方法是一种既快速，又节约成本的施工方法，被广泛应用于城市管道施工中：

① 由于城市地形限制，沟槽开挖宽度小，坡度大，为防止边坡坍塌及地表变形，影响周围建筑物，沟槽边坡往往要进行支护。管道铺设好后，要及时进行管沟回填作业，确保沟槽受力平衡，防止因沟槽暴露时间过长而产生地表裂变形。

② 大多城市地下水丰富，在开挖前要进行井点降水。

③ 与其他地下管道施工相比，开槽埋管施工为开挖后明铺管道，可完全保证管道施工质量。开槽埋管施工中，由于管道沟槽采用明挖方法，管道基础、管道铺设及连接等工序均由人工施做，每道工序必须经过检查验收后才能进入下道工序，有效地防止了管道渗、漏、堵等缺陷及不良地质处管道下沉、断裂等现象，能很好的确保管道施工质量。

8.1.3　施工要点

（1）成品管验收

工程所用的管材、管道附件、构（配）件和主要原材料等产品进入施工现场时必须进行进场验收并妥善保管。进场验收时应检查每批产品的订购合同、质量合格证书、性能检验报告、使用说明书、进口产品的商检报告及证件等，并按国家有关标准规定进行复验。验收合格后方可使用。

（2）沟槽开挖

沟槽开挖应选取合适的断面，包括：槽底宽、槽深、分层开挖高度、各层边坡及层间留台宽度等。应方便管道结构施工，保证施工质量和安全，同时尽可能减少挖方和占地。

包含：沟槽底部开挖宽度、管道一侧的工作面宽度、深度在 5m 以内的沟槽边坡的最陡坡度等。

（3）安装

管道安装前要确保管道和管节的外观质量符合有关规定，处理好管道内、外表面及接口处的缺陷，对不同类型管道的接口采取不同的处理方式，确保管道能顺利安装。

（4）回填

管道沟槽回填时应保证沟槽内无砖、石、木块等杂物，沟槽内不得有积水。每层回填土的虚铺厚度应根据所采用的压实机具按相关规定进行选取，压实次数按照压实度要求、压实工具、虚铺厚度和含水量进行现场试验确定。对刚性管道和柔性管道的沟槽回填作业所采用的方式和要求也不一样。

（5）质量验收

对于开槽埋管的质量验收项目主要包括管道基础、各种管道接口质量、管道铺设、钢管内外防腐层和阴极保护工程质量。

8.1.4　关键施工技术

（1）沟槽开挖

① 沟槽底部的开挖深度，应符合设计要求；设计无要求时，可按照《给水排水管道

工程施工及验收规范》GB 50268—2008 中公式计算确定。

即：

$$B = D_0 + 2 (b_1 + b_2 + b_3) \qquad (8-1)$$

式中：B——管道沟槽底部的开挖宽度（mm）；

D_0——管外径（mm）；

b_1——管道一侧的工作面宽度（mm）；

b_2——有支撑要求时，管道一侧的支撑厚度，可取 150～200mm；

b_3——现场浇筑混凝土或钢筋混凝土管渠一侧模板的厚度（mm）。

② 管道一侧的工作面宽度（表 8-1）根据管道的外径、管道的类型和接口的性质进行选取。

管道一侧的工作面宽度   表 8-1

管道的外径 D_0（mm）	管道一侧的工作面宽度		
	混凝土类管道		金属类管道、化学建材管道
$D_0 \leqslant 500$	刚性接口	400	300
	柔性接口	300	
$500 < D_0 \leqslant 1000$	刚性接口	500	400
	柔性接口	400	
$1000 < D_0 \leqslant 1500$	刚性接口	600	500
	柔性接口	500	
$1500 < D_0 \leqslant 3000$	刚性接口	800 ～ 1000	700
	柔性接口	600	

③ 地质条件良好、土质均匀、地下水位低于沟槽地面高程，且开挖深度在 5m 以内、沟槽不设支撑时，沟槽边坡最陡坡度应符合要求。

④ 沟槽每侧临时堆土或施加其他荷载时，不得影响建构筑物、各种管线和其他设施的安全，堆土距沟槽边缘不小于 0.8m，且高度不应超过 1.5m。

⑤ 人工开挖沟槽的槽深超过 3m 时应分层开挖，每层深度不超过 2m，放坡开槽时层间留台宽度不应小于 0.8m，直槽时不应小于 0.5m，安装井点设备时不应小于 1.5m；机械挖槽时，分层深度按机械性能确定。

⑥ 沟槽开挖断面应符合施工组织设计（方案）的要求。槽底原状地基土不得扰动，机械开挖时槽底预留 200～300mm 土层由人工开挖至设计高程，整平。

⑦ 沟槽开挖要每个井段连续施工，不能开挖一段安排一段，如遇地下水过多，可在沟旁加设集水坑，沟槽若与原地下管线相交叉或在地上建筑物、电杆、测量标志等附近挖槽时，应采取加固措施。

⑧ 挖出的土方应根据施工环境、交通等条件，妥善安排堆存位置，搞好土方调配，余土方应及时外运。

（2）管道安装

① 钢管

钢管在安装前需要对首次采用的钢材、焊接材料、焊接方法或焊接工艺进行焊接试验，并应根据试验结果编制焊接工艺指导书。在确保管节表面无斑疤、裂纹、严重锈蚀等缺陷后才能进行管节焊接，其焊缝外观质量应符合规定，无损检验合格。

管道内防腐层可采用水泥砂浆和液体环氧涂料。水泥砂浆内防腐层可采用机械喷涂、人工抹压、拖筒或离心预制法施工；工厂预制时，在运输、安装、回填土过程中，不得损坏水泥砂浆内防腐层。液体环氧涂料内防腐层宜采用高压无气喷涂工艺，在工艺条件受限时，可采用空气喷涂或挤涂工艺。

管道外防腐层可采用石油沥青涂料、环氧煤沥青涂料和环氧树脂玻璃钢。沥青涂料应涂刷在洁净、干燥的底料上，常温下刷沥青涂料时，应在涂底料后 24h 之内实施；沥青涂料涂刷温度以 200～300℃为宜。环氧煤沥青底料应在表面除锈合格后尽快涂刷，空气湿度过大时，应立即涂刷，涂刷应均匀，不得漏涂；管两端 100～150mm 范围内不涂刷，或在涂底料之前，在该部位涂刷可焊涂料或硅酸锌涂料，干膜厚度不应小于 25μm。环氧树脂玻璃钢采用连续法作业，连续铺衬到设计要求的层数或厚度，并应自然养护 24h，然后进行面层树脂的施工。

② 球墨铸铁管

管材及管件表面不得有裂纹，不得有妨碍使用的凹凸不平的缺陷，采用橡胶圈柔性接口的球墨铸铁管，承口的内工作面和插口的外工作面应光滑、轮廓清晰，不得有影响接口密封性的缺陷。

沿直线安装管道时，宜选用管径公差组合最小的管节组对连接，确保接口的环向间隙应均匀。安装滑入式橡胶圈接口时，推入深度应达到标记环，并复查与其相邻已安好的第一至第二个接口推入深度。安装机械式柔性接口时，应使插口与承口法兰压盖的轴线相重合；螺栓安装方向应一致，用扭矩扳手均匀、对称地紧固。

③ 钢筋混凝土管

管节安装前应进行外观检查，发现裂缝、保护层脱落、空鼓、接口掉角等缺陷，应修补并经鉴定合格后方可使用。接口形式分为柔性接口和刚性接口。柔性接口的钢筋混凝土管、预（自）应力混凝土管安装前，承口内工作面、插口外工作面应清洗干净；套在插口上的橡胶圈应平直、无扭曲，应正确就位；橡胶圈表面和承口工作面应涂刷无腐蚀性的润滑剂；安装后放松外力，管节回弹不得大于 10mm，且橡胶圈应在承、插口工作面上。刚性接口的水泥砂浆填缝及抹带接口作业时落入管道内的接口材料应清除；管径大于或等于 700mm 时，应采用水泥砂浆将管道内接口部位抹平、压光；管径小于 700mm 时，填缝后应立即拖平。

④ 预应力钢筒混凝土管

接口安装时，将插口一次插入承口内，达到安装标记为止。安装过程中，应严格控制合拢处上、下游管道接装长度、中心位移偏差。

⑤ 玻璃钢管

玻璃钢管在安装过程中要注意保护好管节，避免内表层和外保护层剥落。

⑥ 聚乙烯管等

采用承插式（或套筒式）接口时，宜人工布管且在沟槽内连接；槽深大于 3m 或管外径大于 400mm 的管道，宜用非金属绳索兜住管节下管；严禁将管节翻滚抛入槽中。

（3）回填

国内的开槽埋管多采用土弧基础，一般是管槽基坑超挖后，用中粗砂垫层回填形成的土弧基础，各部位的回填土密实度要求详见图 8-2，对在管道腋角部位以下，刚性管和柔性管是相同的，管底基础层密实度要求比管底腋角部位小一些，是为了管道敷设后，可以压入基础层，形成要求的土弧基础支承角，图中为管道设计的土弧基础支承角，要求施工时比设计大 30°（即施工时的土弧基础支承角为），这是考虑管底腋角部位要求都回填到 95% 密实度有一定难度，施工中将支承角做大一些，可提高管道的支撑条件，增加管道结构的安全度。管道两侧的回填土密实度，对于刚性管和柔性管是有不同要求的，在一般情况下，刚性管管侧回填土的密实度要求为 90%，而柔性管管侧回填土的密实度要求为 95%。土弧基础的基础层及管底腋角部位必须用中粗砂层或级配砂石回填密实，所以国内也称砂石基础或砂基础。

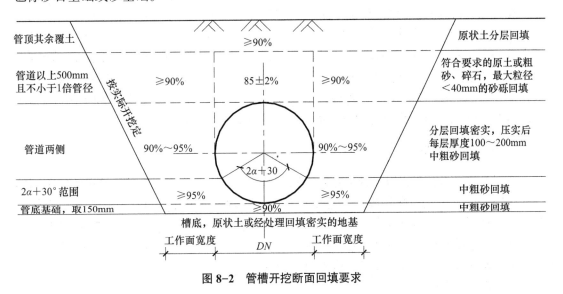

图 8-2　管槽开挖断面回填要求

（4）质量验收

对管道基础、管道接口连接、管道铺设、钢管内外防腐层、钢管阴极保护工程等项目进行验收，各项数据需要符合设计要求及相关规范。

8.2　顶　　管

顶管施工技术发展历史悠久。美国是最早采用顶管技术的国家，在 1922~1947 年间，采用顶管法累计完成铺管工程 830 项，铺管总长度 16800m。20 世纪 50 年代开始长距离顶管，70 年代出现了小口径顶管。日本首次引入顶管技术是用于铁路下铺设管道，之后顶管技术发展较快，主要体现在小口径（DN1200 以内）顶管技术上，至 20 世纪 90 年代日本开发了适于大、中口径 1600~3000mm 的长距离顶管施工法。日本还通过自行研制，开发了闭水性、耐酸性好的钢筋混凝土管、聚乙烯塑料管、铸铁管、增强塑料管等顶管专用规范管材。德国是大直径顶管最先进的国家，世界上顶管距离首次超过千米的也是在德国。1970 年的德国汉堡下水道顶管工程是世界上首次一次顶进超千米的混凝土顶管工程。在

20世纪60和70年代，顶管施工技术得到了较大的改进，奠定了现代顶管施工技术的基础，其中最重要的技术进步有以下三个方面：① 专门用于顶管施工的带橡胶密封圈的混凝土管道的出现；② 带有独立的千斤顶可以控制顶进方向的掘进机研制成功；③ 中继间的应用。

我国顶管施工技术初期发展较慢，近期发展速度很快。首次使用是1953年在北京西郊行政区污水管工程，开创了国内应用顶管技术的历史。1984年前后，我国的北京、上海、南京等地先后开始引进国外先进的机械式顶管设备，从而使我国的顶管技术上了一个新台阶。20世纪80年代到90年代，我国完成了6条千米以上的超长管道的顶进，这些超长距离顶管工程的出现，标志着我国在顶管技术的应用方面跨入世界领先国家行列。进入21世纪，随着顶管技术的不断发展与成熟，已经涌现了一大批超大口径、超长距离以及新型管材应用的顶管工程。上海市污水治理白龙港片区南线输送干管工程是国内最大直径（ϕ4640）且为同直径单次顶进（2040m）最长距离的钢筋混凝土顶管工程；广西北海铁山港区污水处理厂尾水排海管工程（海域段）单次顶进距离2180m是国内海域最长距离顶管施工工程；苏州阳澄湖引水工程3标顶管工程一次性完成2条全长2686m的隧道顶进施工，是国内外"单次顶进长度最长"的顶管施工；丹阳市长江黄岗取水工程是国内砂性土中最大埋深（53m）的顶管施工工程；上海黄浦江上游闵奉支线C2标是国内首例单次顶进（830m）最长距离的大口径预应力钢筒混凝土顶管施工工程。

8.2.1　施工原理及特点

顶管工艺是指隧道或地下管道穿越铁路、道路、河流或建筑物等各种障碍物时采用的一种暗挖式施工方法。具体施工工艺是在管线的一端做一个工作井，另一端做一个接收井；然后将顶管机安装在工作井内，借助工作井后座主顶油缸及管道间中继环等的推力，把顶管机及紧随其后的管道从工作井穿越土层一直推到接收井内，同时挖除并运走管正面的泥土，期间逐个管节做好接口，最终建成涵管。

顶管施工特点：

① 适用于软土或富水软土层；

② 无需明挖土方，对地面影响小；

③ 设备少、工序简单、工期短、造价低、速度快；

④ 一般适用于中型管道（1.5～2m）管道施工；对于大直径、超长顶进也可运用；

⑤ 可穿越公路、铁路、河流、地面建筑物进行地下管道施工；

⑥ 可以在较深的地下铺设管道。

顶管施工工艺流程如图8-3、图8-4所示：

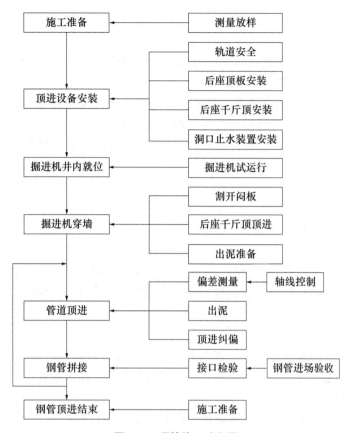

图 8-3　顶管施工流程图

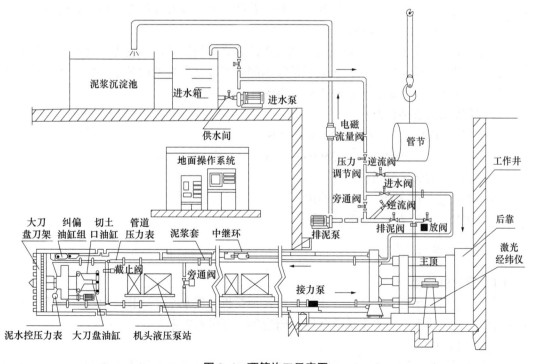

图 8-4　顶管施工示意图

8.2.2　适用范围

① 特别适用于在具有粘性土、粉性土和砂土的土层中施工，也适用于在具有卵石、碎石和风化残积土的土层中施工。

② 适用于城区水污染治理的截污管施工，适用于液化气与天然气输送管、油管的施工以及动力电缆、宽频网、光纤网等电缆工程的管道施工。

③ 适用于城市市政地下工程中穿越公路、铁路、建筑物下的综合通道及地铁人行通道施工。

8.2.3　顶管的分类

（1）按照顶管管材分类：

① 钢管顶管

由钢板卷制形成施工管节，管接口通过焊接技术进行拼接。钢管顶管可承受较高内水压力、适应变形能力强、抗震性能优越、现场拼装方便、维修方便快捷等优点，在工程中的应用尤为广泛。

② 钢筋混凝土管顶管

由钢筋混凝土浇筑形成的管材，其接口一般采用双道橡胶密封圈的钢承插接口形式。该类管材承压能力强，变形小，耐久性好。多应用于城市排污、水管道中。

③ 玻璃纤维增强塑料夹砂管顶管

玻璃纤维增强塑料夹砂管是一种新型柔性非金属复合材料管道。采用双插口或承插口接头形式。有重量轻、承压能力好、输送液体阻力小、能保证供水水质、抗化学和电腐蚀等特点，适用于城市给水、污水排放、工业水处理、工业输液等重力或压力输送系统。

④ 预应力钢筒混凝土管顶管

预应力钢筒混凝土管具有高强度、高抗渗性和高密封性等诸多优点，使其成为构筑地下管道的一种新型的结构形式，相较于传统钢制管道以其良好的内外承压性、密封性、耐久性与抗震性在大型引调水等市政工程中得到广泛应用。

（2）按照顶管直径分类：

① 小直径顶管：内径 600～1200mm 的顶管。

② 大直径顶管：内径不小于 3500mm 的顶管。

（3）按照顶进长度分类：

① 一次顶进长度 500～1000m 的顶管。

② 一次顶进长度大于 1000m 的顶管。

8.2.4　施工要点

（1）顶管机选型

顶管机包括：敞开式顶管机、土压平衡式顶管机、泥水平衡式顶管机等。顶管机的选型应根据工程地质条件、水文地质条件、周边环境等因素确定。

① 敞开式顶管机

敞开式顶管机（图 8-5）是采用人工、机械挖掘或网格支护的无刀盘掘进机。主要包括有手掘式、网格式、斗铲式、挤压式顶管掘进机。

图 8-5　敞开式顶管掘进机

手掘式顶管机即非机械的开放式顶管机，在施工时采用手工的方法来破碎工作面的土层，破碎辅助工具主要有镐、锹以及冲击锤等。破碎下来的泥土或岩石可以通过传送带、手推车或轨道式的运输矿车来输送。其适用管道内径 900～4200mm，适应地层为黏性、砂性或硬质泥岩土层，不适合在软塑和流塑黏土中使用，适用环境要求为允许管道周围和地面有较大变形，正常施工条件下变形量 10～20cm。手掘式顶管机工作坑占用场地小，但对不同地质条件有很大的局限性，顶进面土压不能形成平衡，容易塌方。当穿越地下水位以下铁路、高速公路、建（构）筑物及重要的地下管线时应严格限制使用。当采用其他施工工法无法实现管道敷设，宜采用带刃口的手掘式顶管机。

网格式顶管机（图 8-6）即工作面被网格分成几个部分，目的是减小土体的长度，亦即减小滑移基面的大小。根据顶管机直径的大小，网格可以作为工作人员的工作平台。工作面可以采用水力或机械的方式进行破碎。适用管道内径 1000～2400mm，适应地层为软塑和流塑性黏土层以及软塑和流塑的黏性土夹薄层粉砂中，适用环境要求为允许管道周围和地面有较大变形，精心施工条件下地面变形量可小于 15cm。

斗铲式顶管机其内部装备有挖掘机械，可以实现工作面的分段式挖掘。破碎下来的土石可以通过传送带或者螺旋输送装置输送至后续运输设备。适用管道内径 1800～2400mm，适应地层为地下水位以下的砂性土和黏性土，但黏性土的渗透系数应不大于 10^{-4}cm/s，适用环境要求为允许管道周围地层和地面有中等变形，精心施工条件下地面变形量可小于 10cm。

挤压式顶管机适用于软地层的一种特殊形式的顶管机。在施工中，进入喇叭口形破碎室的泥土，在安装于掘进机下部的螺旋输送装置的作用下通过压力墙，然后再通过砂石泵排石至地表。适用管道内径 900～4200mm，适应地层软塑和流塑性黏土层以及软塑和流塑的黏性土夹薄层粉砂中，适用环境要求为允许管道周围和地面有较大变形，正常施工条件下变形量 10～20cm。

图 8-6　网格式顶管掘进机

②土压平衡式顶管机

土压平衡式顶管机（图 8-7）是一种封闭式顶管机，在顶进过程中，顶管掘进机一方面与其所处土层的土压力和地下水压力处于平衡状态，另一方面，其排土量与掘进机切削刀盘破碎下来的土的体积处于一种平衡状态。主要通过采用动力刀盘切削土体，由螺旋机排渣并利用土仓内的压力平衡掘进面水土压力来进行掘进。普通土压平衡式最佳使用土层是淤泥和流塑性的黏性土，带加泥装置的可用于粉性土。土压平衡顶管机可由壳体、刀盘驱动总成、纠偏总成、螺旋输送机、刀盘总成、电器控制系统、开挖面加泥装置组成。根据掘进机分类主要有多刀盘土压平衡式、刀盘全断面切削土压平衡式、加泥式机械土压平衡式顶管机等。

图 8-7　土压平衡顶管掘进机

多刀盘土压平衡式顶管机适用管道内径 900～2400mm，适应地层为软塑和流塑性黏土及软塑与流塑黏性土夹薄粉砂，不适用于黏质粉土层。适用环境要求为允许管道周围和地面有中等变形，精心施工条件下变形量可小于 10cm。

刀盘全断面切削土压平衡式顶管机适用管道内径 900～2400mm，适应地层为软塑和流塑性黏土及软塑与流塑黏性土夹薄粉砂，不适用于黏质粉土层。适用环境要求为允许管道周围和地面有较小变形，精心施工条件下变形量可小于 5cm。

加泥式机械土压平衡式顶管机适用管道内径 600～4200mm，适应地层为地下水位以下的黏性土、砂质粉土、粉砂。在地下水压力大于 200kPa，渗透系数大于 10^{-3}cm/s 不宜使用。

③ 泥水平衡式顶管机

泥水平衡式顶管机（图 8-8）即用一层坚实的泥膜覆盖在挖掘面上，用一定压力和一定比重及一定黏度泥水来平衡地下水压力和土压力。它是把弃土搅成泥水后再用泵来输送的，有的泥水平衡顶管机具有破碎功能。泥水平衡顶管机系统主要由壳体、刀盘驱动总成、纠偏总成、刀盘总成、电器控制系统、机内泥水截止阀、旁通阀及启闭装置组成。适用管道内径 250～4200mm，适应地层为淤泥质黏土，淤泥质粉质黏土、粉质黏土，黏质粉土，砂质粉土。适用环境要求为允许管道周围地层和地面有很小变形，精心施工条件下地面变形量可小于 3cm。

图 8-8　泥水平衡顶管掘进机

④ 混合式顶管机

混合式顶管机是通过顶管机的重新设置，可以实现气水平衡、土压平衡、气压平衡和敞口式顶管机任意两者之间的相互组合，以适应不同的地质条件。

（2）顶力估算

总顶进力可按下式估算：

$$F = \pi D_1 L f_k + F_0 \tag{8-2}$$

式中：F——总顶进力（kN）；

　　　D_1——管道外径（m）；

　　　L——管道设计顶进长度（m）；

　　　f_k——管道外壁与土之间的平均摩阻力（kN/m²）；

　　　F_0——顶管机的迎面阻力（kN）。

（3）中继间

长距离顶管顶进时，由于管道较长，只靠顶进设备难以为继，此时需要设置中继间，用来进行管节间的接力顶进。

①中继间布置

中继间布置按下式计算确定。

$$S' = \frac{k(F_3 - F_2)}{\pi D f} \qquad (8\text{-}3)$$

式中：S'——中继间的间隔距离（m）；

　　　F_2——顶管机的迎面阻力（kN）；

　　　F_3——控制顶力（kN）；

　　　f——管道外壁与土的平均摩阻力（kPa），宜取 2～7kPa；

　　　D——管道外径（m）；

　　　k——顶力系数，宜取 0.5～0.6。

第一道中继间应根据顶管机迎面阻力及估算摩阻力确定，宜布置在顶管机后方 20～50m 的位置。

②中继间的设置原则

顶进过程中启动前一个中继间顶进后，主顶千斤顶推动的管段总顶力达到中继间总推力的 60%～80% 左右安置下一个中继间。顶进过程中，主顶千斤顶的总顶力达到主顶千斤顶额定推力 80% 时，应启动中继间接力顶进。

③中继间安装运行

中继间安装前应对各部件进行检查、调试，确认正常后方可安装，并通过试运转合格后方可使用。中继间的结构形状应符合相应管道接头的要求，中继间应带有木质的传压环和钢制的均压环，端面的尺寸必须同作用于其上的顶进力相适应。顶进过程中暂不启用的中继间应固定，并设置安全行程开关。

曲线顶管在曲线内启用中继间时，预先向曲线内弧侧调整合力中心，并在使用过程中调整。

顶进结束后应从顶管机向工作井方向逐环拆除中继间，拆除部位按设计要求进行处理，处理后的管道结构和防腐性能需符合设计要求。

④组合密封中继环

组合密封中继环主要特点是密封装置可调节、可组合、可在常压下对磨损的密封圈进行调换，从而攻克了在高水头、复杂地质砂土条件下由于中继环密封圈的磨损而造成中继环的磨损而造成中继环渗漏的技术难题，满足了各种复杂地质条件下特别是砂质土条件和高水头压力下的长距离顶管的工艺要求。

⑤中继联动工艺

中继环联动系统是对同时启用 3 个及以上中继环来说的，它可大大提高中继环的使用效率。工艺将同时多个中继环与后座联动方式，形成区间性的顶进，减小单区间顶进阻力，同时可灵活运用区间的联动大幅减少接力时间，提高工效。

中继环联动启用的设置依赖于现场的实际情况，在联动系统中，对已经启用的中继环参数设置更为复杂，涉及中继环允许进尺长度以及允许顶力。随着近些年设备控制工艺的提高，尤其是 PLC 控制系统在顶管设备控制方面的应用为中继环联动创造了一个极佳的平台。

中继环联动系统由两部分组成：PLC控制系统以及传感器。所有中继环都纳入到PLC控制系统管理之下。

传感器包括中继环油泵车的压力变送器以及位移传感器，主要用来检测中继环的工作油压，并对压力进行统计；位移传感器安装于中继环的左右以及上部，对中继环的行程进行测量。

（4）减阻措施

采用触变泥浆填充到管道外壁与土体之间的空隙以起到减阻作用。过程中根据工程实际情况合理配置泥浆参数，进行注浆量与注浆压力计算，目前多采用自动注浆系统进行注浆。

主要工艺流程：施工准备→拌浆送浆→同步注浆→跟踪补浆。顶管顶进结束后，对已形成的泥浆套的浆液进行置换。

①压浆配置

地面布置：每个工作井施工区域上布置1个泥浆房，以保证压浆材料、设备以及设备维修材料的存放空间。

管内布置：为提高压浆效率的同时，便于压浆控制，一般采用一路压浆管压浆、一路压浆管送浆模式，压浆管供应三个注浆孔。

长距离顶管顶进时根据同步压浆与补浆相结合的原则，工具管尾部的压浆孔要及时有效地进行同步注浆，确保及时填充工具管变径产生的间隙。后续跟踪注浆环按照顶进距离合理设置压浆站。

工具头尾部环向设压浆环，泥浆由此在管外壁形成泥浆套，在后面每5m设置一道泥浆环，采用3道同步注浆环。跟踪补浆孔环形布置，每15m设置一道注浆环，每环3个压浆孔，压浆孔按照60°和120°两种形式交替布置，每道补浆环有独立的阀门控制，能承受外水压，并浆液压力维持至它被水泥浆替换。

顶进过程中防止中继间伸缩过程中破坏泥浆套，在每个中继间位置后续管节布置一道压浆孔，中继间启用过程中采用先压后顶、随顶随压的工艺。

②泥浆材料的选择及配置

泥浆材料：润滑泥浆材料一般是由膨润土、纯碱、CMC按一定的比例配置而成。纯碱一般作为分散剂，CMC作为增粘剂。

触变泥浆性能指标　　　　　　　　　　　　　　　　表8-2

黏度	滤失量	比重
> 30s	< 25mL/30min	1.02 ~ 1.30

泥浆配制：泥浆用于施工前，需进行细度模数和黏度检测。采用剪切泵直接拌制泥浆。

拌制泥浆：新配置泥浆需要经过24h静置发酵后，才可供顶管注浆使用。新配置的泥浆会含有颗粒状物，应在压浆泵管道端部绑扎布料以及在泥浆箱上部覆盖细密地钢丝网，用来过滤泥浆中的颗粒物，防止颗粒物进入泥浆输送管，致使泥浆输送管堵塞。泥浆静置后，会出现沉淀现象，导致浆液浓度不均，故在压浆前，需对浆液进行搅拌，保证泥浆浓度的均匀。顶管在顶进过程中穿越不同土层时，根据实际情况和黏度要求，合理地选择配合比。

③ 注浆压力及注浆量

工具管刀盘直径一般大于钢管，穿越土体后产生的空隙需要触变泥浆来填充弥补，如果在这一环套和顶进管之间保持一个相当于土压力的触变泥浆压力，触变泥浆便承受着全部的土压力，致使土压力不再直接地，而是经触变泥浆间接地加荷于管壁。

泥浆压力设定按照下式控制：

$$P = k\gamma h \tag{8-4}$$

式中：P——注浆压力（kPa）；

k——经验系数，取 0.8～1.2；

γ——土的重度（kN/m³）；

h——注浆断面中心埋深（m）。

注浆量：采用重叠压浆机理来控制注浆量，即每个压浆环压出去的浆都和下个压浆环的压浆范围重叠，压浆量控制在 4 倍建筑空隙以内，加上重叠范围，总体上压浆量为 6 倍建筑空隙。

为确保能形成完整有效的泥浆环套，管道内的补压浆次数及压浆量应根据管壁泥浆反压、外壁摩阻力变化情况结合地面监测数据及时调整。

④ 注浆程序管理

确保穿墙管止水的有效性。穿墙管止水的失效将直接破坏泥浆套的水力平衡，从而严重破坏泥浆套的完整。在顶进过程中，若必须停止压浆泵则必须停止顶进，同样，若压浆泵故障，顶进系统必须响应中止顶进。

跟踪注浆应先压后顶，并从后向前压（相对于开顶面来讲）。若顶管先行开动，在抽吸的作用下将大范围的破坏泥浆套的完整；若开动中继环，则必须在中继环后的第一个压浆环先行压浆再开动，然后依次向前注浆。

跟踪注浆在遵循上述要求的基础上，补浆应按顺序依次进行，在定量的前提下，每顶进 10m 不少于 2 次循环；当顶进距离超过 1000m 后，可采用分区补浆的方式，减少完成 1 个循环补浆所需的时间。

（5）顶管测量

① 管道轴向测量

施工管道轴向测量采用高精度激光经纬仪进行测量，测量主要用导线测量法，测量平台设在顶管后座处。测量光靶安装在工具头尾部，测量时激光经纬仪直接测量机头尾部的测量光靶的位置，并根据机头内的倾斜仪计算机头实际状态。为了尽量减小系统误差的影响，采取分站测量、经纬仪、全站仪、连通管整合的测量方法控制工具头姿态。其中测量分站、经纬仪、全站仪负责工具头左右方向的监测；连通管负责工具头上下方向的监测。

工具头左右方向监测方法：当顶进长度达到一定距离（主测站已无法观测工具头目标靶），中间设置分测站。分测站配置全站仪，主测站（工作井内）配置经纬仪，分别有专业测量人员施测。由主测站强制对中，观测分测站，得到设计轴线于分测站间的角度 α（左正右负），再由分测站观测主测站得到距离 L，计算得到分测站距离设计轴线垂直面的距离 L_1，全站仪扭转角度 180°−α（此时全站仪视线与设计轴线垂直面平行），观测目标靶，经过计算得到工具头左右偏转数据。从而指导头部纠偏措施施工。

② 顶管水准测量

考虑水准仪测量精度由于顶进距离长而降低影响，采用硅油微压差计测量系统。在工作井地面设置硅油箱和标准压力传感器，根据测定硅油标准箱和工具头头部前端装置内的硅油压力差，通过数据电缆与中央控制室连接，计算出在水准方向上偏离顶进基线的偏差量。

为了确保机头准确到达设计位置，在顶进到最后 30～50m 时，用人工测量的方式，对管道进行全线复核。

③ 自动导向系统能够保证测量精度，大幅提升测量效率。

自动导向系统采用激光靶型导向系统和棱镜型导向系统；系统由软件系统和硬件系统组成，软件系统具备控制及测量数据处理功能，硬件系统包括编程电脑、测量仪器、自动整平基座、数据传输设备等；系统能在短时间内快速完成导向测量，并以图形、数字方式实时显示顶管机的当前里程、横向偏差和竖向偏差等信息。

顶管顶进前，将地下控制点三维坐标和顶管线路设计参数等数据输入自动导向系统。根据顶管线路合理布置管道内的测量中继站数量和位置。顶进前先进行软件预模拟，并做好中继站动态调整计划。测量中继站数量或位置调整时，顶管机应停止顶进。中继站调整前、后，测定的顶管机头里程和偏差等数据应小于 10mm。顶进过程中，顶管每顶进 300m 时，选用全站仪和水准仪对自动导向系统测量成果进行人工测量复核。

（6）管道拼装焊接

钢管焊接：采用钢管进行顶管施工，管节通过焊接工艺进行拼接。主要工艺为拼装、焊接、质量检验。

① 拼装

钢管拼装一般在顶管管道上进行，吊装时应调整钢管坡口方向，阳坡口中点向上，阴坡口中点向下，管口间应预留 200～300mm 间隙方便操作。

② 焊接

首先进行焊接试验确定坡口形式。采用单面焊双面成型焊接工艺，避免大量仰焊作业，节约焊接时间。降低电焊工的劳动强度。

管外焊接：管外焊接应从 3 点、9 点方向向上爬坡焊接，一般焊 6 层，层间焊渣清理选用角向磨光机、打磨清理。焊缝接头应层间相互交叉、错开。

管内焊接：为了防止杂物落入焊缝，应从底部开始打底焊接，同时向两边延伸，在 3 点、9 点方向与管外焊接接头处，必须采用碳弧气刨逐层清根，方可焊接。其他要求同管外焊接。

焊缝质量要求：不得有气孔、夹渣；不得有咬边、弧坑等现象；焊缝外观要宽窄均匀、中间凸出部位高度 2～3mm。

焊缝背面陶瓷衬垫拆除后检查应焊缝均匀、成直线，不得有气孔、夹渣、未熔透等现象。

焊接收尾待所有焊接完成后，应拆除导向板、搭马，清理陶瓷衬垫，自检、互检焊缝外观质量，磨除焊疤，最后申请质量检测。若检测不合格则让现场返工，直至检测合格。

③ 焊接质量检验

焊缝和热影响区表面不得有裂纹、气孔、断弧、弧坑和灰渣等缺陷；表面光滑、均匀、焊道与母体平缓过渡；

焊缝余高、咬边、相邻管节错位等偏差满足规范要求，不允许出现未焊满和未焊透现象；

无损检测要求：外观质量检测合格后，在重要焊缝附近打上焊工代号，再按100%（按焊缝长度计，每条焊缝分成4个不同部位，具体部位由监理决定）进行超声波检测。超声波检测由有资质的第三方根据GB/T 11345—2013中Ⅱ级标准进行检测，并且进行5%的X射线检测。

④ 混凝土管承接口连接

钢筋混凝土管的接口型式应该优先选用钢承口接口型式；当顶管需穿越砂层、卵石层等透水性强的地层，以及对沉降要求严格的建（构）筑物等情况时，宜采用双道橡胶密封圈的钢承口接口型式。管节承插前，应使用粘结剂将橡胶密封圈正确固定在槽内，并应涂抹对橡胶无腐蚀作用的润滑剂，承插时外力必须均匀，承插后橡胶密封圈不应移位且不应反转。

8.2.5 特种顶管技术

（1）曲线顶进

目前能够实现的曲线顶管曲率半径几百至几千均有成功工程实例，最小曲率半径可达200m。曲线顶管主要由中继环、转向节配合以曲线测量进行施工。

曲线顶管曲率半径按以下式计算：

$$R = \frac{L}{\tan\alpha} = \frac{lD}{x} \tag{8-5}$$

式中：R——曲率半径（m）；

$\quad\quad L$——管节或顶管机铰接前后的长度，取最大值（m）；

$\quad\quad \alpha$——相邻两管节之间的转角；曲线段相邻两管节之间的转角宜少于0.3°，否则采用长度较短的管节；

$\quad\quad x$——相邻两管节之间的最大缝隙（m）；

$\quad\quad D$——管外径（m），最小管径不宜小于$DN1650$。

曲线顶进施工前首先进行曲线段中继环布置。

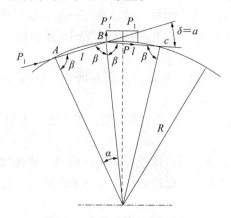

图8-9 曲线顶管受力示意图

图 8-9 中 α 为继环设计允许转角，安全使用转角小于 1.5°。根据中继环的间距可按旋长公式计算：

$$R_{\min} \times 2 \times \sin(\alpha/2) \geqslant L \qquad (8-6)$$

式中：$R_{\min}$——曲率半径（m）；

α——中间环的允许转角；

L——中间环间距（m）。

接着设计考虑转向节、中继间布置距离，布置原则：为保证曲率形成和灵活纠偏、转向，前段采取中继环加密，按照 1° 弦长布置，并采用转向节，可根据工程需要进行微调，适当在中继环之间增加活络铰接接头。同时在工具管后布置一个纠偏节，与工具管形成三段两铰，纠偏、转向更加灵活。应对活络转向节专门设计，使其能够适应一定的偏转角；转向节止水采用两道橡胶密封作为施工阶段的临时止水，接触面采用优质胶合板垫实，使其能均匀受力、压缩形成转角，曲线顶管完成后，对转向节、中继环进行加固焊接处理，以满足管道正常使用要求。

实际施工中，管道顶进时顶管机初始顶进速度宜控制在 10～20mm/min；正常顶进时，顶进速度宜控制在 20～30mm/min。顶管机土压力控制值根据选用的顶管机型确定，土压平衡式顶管机设定在静止水土压力值与被动土压力值之间，泥水平衡式顶管机设定在地下水压力值增加 0.02MPa。

管道顶进中为防止发生机头下沉、机尾上翘的现象，可采取以下措施：

① 调整后座主推千斤顶的合力中心，用后座千斤顶进行纠偏。

② 宜将管道前 3～5 节用拉杆相连。

③ 对洞口土体进行加固处理。

④ 加强洞口密封可靠性，防止或及时封堵顶管始发和接收时的水土流失。

管道顶进时发生扭转现象，可采取以下措施：

① 顶管机宜设置限扭装置。

② 在顶管机及每个中继间设管道扭转指示针，管道扭转时采用单侧压重，或改变切削刀盘的转动方向进行纠正。

管道顶进控制和减少沉降，可采取以下措施：

严格控制各项施工参数：

① 及时在顶管机尾部后方进行同步压浆，确保能形成完整的泥浆套；同步注浆原则为先压后顶、边压边顶，管道内沿线及时补浆，控制注浆量与注浆压力。

② 进行实时施工监测和信息化施工，监测数据及时报告，并根据监测数据调整施工参数。

③ 顶进过程中出现管节渗漏时立即堵漏。

④ 顶管结束后采用水泥浆对泥浆套进行固化。

顶进始发段在不少于 20m 的直线段后逐渐过渡到曲线段，且曲线段宜靠近到达井。

曲线段的顶力估算，宜按曲线弧长折算成直线计算顶力，相应增加顶力的附力值 K，K 值取值范围按下选取：

曲率半径较小时，宜缩短顶管机前后段的长度，并在顶管机后增设 2～3 节纠偏段。

K 值取值范围　　　　　　　　　　　　　　　　　　　　　　　表 8-3

曲率半径 R	300D	250D	200D	150D	100D
K 值	1.10	1.15	1.20	1.25	1.30

曲线顶管施工所需的管节承插口止水采用双橡胶密封止水，承插口木垫板宜采用无节疤松木板，厚度根据曲线段的曲率半径确定，不少于 20mm。

曲线段的每环触变泥浆管的每个注浆点应独立安装球阀，顶进时应重点对曲线段外侧注浆，内侧间断补浆。软弱地层的曲线顶管必要时对软土进行加固处理。硬土地层和岩层的曲线顶管，应保证开挖直径。

在曲线顶管中，顶管纠偏应遵循"勤测勤纠、预纠缓纠"的原则：① 勤测勤纠：在正常推进的情况下，顶管实际轴线偏差较小，顶管每推进一个冲程应测量 2 次（即每顶进 90cm 左右应测量 2 次），并结合顶管机的前进趋势情况，及时进行有效的纠偏，使顶管机不致出现较大偏差。每次纠偏角度要小，每次纠偏角度变化值一般的都不大于 0.5°，当累计纠偏角度过大时应特别慎重。② 预纠缓纠：如果顶管实际轴线偏差较大，根据顶管机前进偏离趋势的加大、平稳、减小等工况，调整工具管、转向角纠偏角度，及时进行有效的纠偏。但每次纠偏角度要小，不能大起大落，要保持管道轴线以适当的曲率半径逐步、缓和地返回到轴线上来，避免相邻两段间形成的夹角过大。

加强对轴线的复核，特别是曲线段的轴线复核，初步考虑每顶进 50m 进行一次轴线复核，如顶进中偏差变化较大时，应加大复核频率，同时加大测量频率。

在曲线段顶进时，距离村民房屋近，应加强监测频率，在设定位置进行转角，并对转角张缝进行实时监控、测量，根据测量数据提前对顶管姿态进行调整，通过相邻中继环、转向节调整合力方向，使其张缝角不至过大，避免拉裂中继环、转向节，同时避免大幅度纠偏增加对土体的扰动。转向节、中继环派专人测量、记录，张缝严禁超过允许值，张缝过大或变化速率过快时，调整合力方向，将应力、张缝值分散至相邻中继环、转向接头。

（2）超长距离顶管技术

目前国内已有多项工程实现完成单次顶进超 2000m 的超长距离顶管施工。超长距离顶管施工技术正向着自动化、系统化方向发展。

超长距离顶管要对后靠背土体强度、变形进行复核验算，并确定加固范围及形式，且洞口止水措施应加强，相应的顶管机应满足使用寿命。

轴线控制是超长距离顶管的关键技术之一。顶管要按设计要求的轴线进行，主要依靠工具头头部测量与纠偏的相互配合，在实际推进过程中，顶管实际轴线和设计轴线总是存在一定的偏差，为减小顶管实际轴线和设计轴线间的偏差，使之尽可能趋于一致，主要依靠工具管纠偏完成。工具管内部应采取吊盘球观测工具管姿态，控制工具管扭转及坡度。在施工中加强测量频率，在上述"勤测勤纠、预纠缓纠"测量原则基础上，若顶管实际轴线偏差很大，且工具管前进偏离趋势加大，在常规纠偏方法失效时，应采取预纠强纠措施：即通过调节中继间上下左右行程差，使工具管后部管道整体保持反向趋势，进行预纠偏；当顶管轴线偏差减小时，应根据工具管的趋势，及时调整中继间的行程差，避免纠偏过头。管内应设置中转测站。

在遇到地质复杂情况，左右土质硬度不一容易导致姿态偏离，采用管道左右不对称加固方法，或采用管内开孔纠偏或采用管外减阻、加固联合措施，进行姿态调整。纠偏作业应以小角度逐步增加纠偏量进行。

顶力控制技术是超长距离顶管又一关键技术。主要通过触变泥浆减阻及中继接力来保证超长距离顶进。触变泥浆减阻技术先根据实际地层情况进行减阻泥浆配比。泥浆配比试验主要是采用膨润土、纯碱和 CMC 加水以不同的配合比配制泥浆，进行各种指标的测定，通过试验来寻找性能指标良好的泥浆材料配比，充分掌握泥浆材料性能以适应工程需求。制浆工艺采用剪切泵来拌制泥浆，通过泥浆不断地在这个系统中的循环运动来实现泥浆的拌制，能够快速配置和处理泥浆的固控设备，能满足配置高性能泥浆、超长距离供浆的要求。注浆工艺采用同步注浆、跟踪注浆、自动注浆联合注浆法，结合 PLC 控制平台，对整个管道实现同步与自动注浆，单个阻力大的区域跟踪注浆，有效保证泥浆套支撑与减阻功能的发挥。

中继接力采用联动工艺，在增加总顶力基础上，保证顶力分布更为平均，有利于长距离顶管施工。中继环联动施工技术对同时启用 3 个及以上中继环来说的，它可大大提高中继环的使用效率。其本质就是"多点同时顶进"，即在顶进过程中，能够实现多个中继环同时工作。中继环联动系统由两部分组成：PLC 控制系统以及传感器。所有中继环都纳入到了 PLC 控制系统管理之下。传感器包括中继环油泵车的压力变送器以及位移传感器，主要用来检测中继环的工作油压，并对压力进行统计；位移传感器安装于中继环的左右以及上部，对中继环的行程进行测量。

（3）非开挖顶管对接技术

顶管对接技术包括地下水平对接及水平顶管与竖管垂直对接技术。在顶管顶进过程中由于土质坚硬原因导致无法正常推进时，采用基于临时套筒的顶管水平对接工艺。采用在顶管掘进机头部位置打设钢套管，完成清孔、封底及注浆加固后形成临时工作井，并通过测量定位进行洞门开孔，然后将正向顶管掘进机施工进洞，同时从管道设计线路终端反向进行顶管施工，直至顶进钢套管，与正向顶进管道对接，完成整体管道建设。工艺能够快速解决顶管施工中遇阻导致刀盘损坏无法顶进的难题，工程风险低，尤其适用于在突遇坚硬土质无法顶进或是设备突发故障的施工状况。

竖管与水平顶管套筒对接是打设钢套筒后，进行竖管与水平顶管对接施工工艺。前期通过测量精确定位，管道周围进行加固并浇筑混凝土施工平台。将钢套筒底制成 U 型钢靴，利用搓管施工技术沉放，下放过程中控制好管道的轴线位置，保证管道的垂直度，防止管道扭转。控制好标高，最后 2m 下放时，应缓慢，进行对中处理，发现有偏差应及时纠正；最后 1m 下放时，进一步放慢速度，避免碰撞水平管道，并保证止水橡胶圈与水平管道间的贴合。管道下放到位，进行检查复核，准确无误后与水平管道固定牢固。水平管与竖管连接采用混凝土在水下封底，在混凝土养护强度达到强度后，排除管道内积水，然后进行开孔、焊接、防腐施工，在顶管上开孔，直径稍小于套筒管道。待管道焊接处理后，对水平管道进行处理，端头采用钢板进行封堵。封堵板背面采用钢板进行加固、支撑，并加三角筋板进行加固。将机头后连续 6 节顶管钢管均采用环向钢板进行连接，保证管道的整体性。

（4）垂直顶管

垂直顶升的最大顶力估算可按下式计算。

$$P = P1 + P2 + P3 + P4 \qquad (8-7)$$

式中：P——最大顶力（kN）；

　　$P1$——顶盖处水压力值，等于顶盖处水压力乘以压力面积（kN）；

　　$P2$——顶盖处土的破土力值（kN），根据顶盖的面积取值，在黏性土中可取 $500kN/m^2$，砂性土可取 $800kN/m^2$；

　　$P3$——顶升管壁与土的摩阻力值，取整根竖管的外壁摩阻力（kN）；

　　$P4$——管节重量，取整根竖管重量（kN）。

顶升架管段下部的土体允许承载力应验算，并应根据土体允许承载力确定顶升架尺寸。

顶升帽应设置与外部相通的闸阀和气孔，在顶升前应先安装止水装置，顶升垂直度采用铅锤方式测量。在安装管节或加垫块时应有保险装置锁住顶升管节，结束后及时与管道连接保证稳定。

立管管节就位时应位置准确，并应平稳顶升，各千斤顶行程应同步、匀速，避免偏心受力；初顶阶段应加强监测，并应采取措施控制竖管的垂直度；顶升施工时应有防止垂直立管后退和管节下滑的措施。

8.3　拖　拉　管

非开挖拖拉管施工技术是把定向钻探技术与传统铺管技术结合起来，利用该技术进行地下管线铺设已有百余年发展历史，大规模应用于工程也已有四十多年。美国使用最早和最广泛的非开挖管道施工方法是水平螺旋钻铺管法。气动矛在 20 世纪 60 年代引入美国，在小直径管线施工中得到应用，70 年代初水平定向钻进铺管技术在美国开发出来。80 年代中期在美国研制成功导向钻进系统。1988 年，地面无线跟踪导航监测系统的开发利用，使导向铺管施工质量进一步提高，标志着拖拉管技术进入了一个崭新的发展阶段。我国的拖拉管施工技术发展起步相对较缓，1978 年首次引进水平螺旋钻，1985 年引进了首台 HDD 钻机及气动矛、夯管锤；自 1990 年以后，我国在引进国外先进技术的基础上，开始自主研发 HDD 钻机及气动矛、夯管锤，并在市政工程中大力推广应用。近年来，随着导航定位精度的不断提高，施工设备能力的逐渐增强，以及管材业的高速发展，拖拉管技术的应用也越来越广泛，铺管能力已由初期的单孔单管线、短距离小口径管道、单一钢管铺设发展到单孔多管线、长距离大口径管线、各种材质管道的铺设。

8.3.1　施工原理和特点

传统的地下管线施工一般采用开槽埋管法，被人们戏称为"开膛破肚"或"拉锁式"，对周围环境及交通影响较大。拖拉管一般叫作牵引拖拉管，是一种非开挖地面就可以在地下快速敷装管道的方法。拖拉管一般是小直径管道施工，施工管道直径小，风险较低，管道布置为抛物线形如图 8-10 所示。避免了道路的开挖和对其他地下管线的损坏，同时降低了地下管线对交通、环境的影响。与顶管施工工艺相比，不需要做要求较高的工作井或接收井，且拖拉管可以穿越河道。

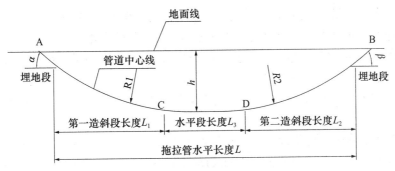

图 8-10　拖拉管穿越曲线示意图

拖拉法一般应用于穿越公路、铁路、建筑物、河流及在闹市区、古迹保护区等不允许或不能开挖的地方，比如煤气、供水、电力、通信、石油、天然气、热力、排水管道的铺设。

主要工艺流程为：施工准备→导向孔施工→反拉扩孔、成孔→牵引管道→基坑开挖→砌检查井→回填→清场。其主要工序为钻进导向孔、钻进回扩、管线拖拉三个步骤。施工流程如图 8-11 所示。

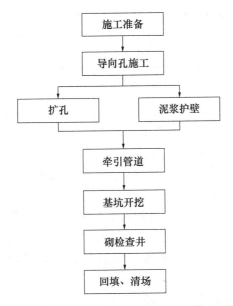

图 8-11　拖拉管施工工艺流程图

8.3.2　穿越曲线

（1）穿越曲线的设计

① 通过对管道的技术、经济比较与论证，并对工程特点进行分析，选择最为适宜的管材。

② 根据流量及试验压力确定管道的壁厚和管道外径 D（m）。

③ 确定拖拉管水平段的埋深 h（m）及长度 L（m）。L 一般是穿越障碍物的实际需要长度。拖拉管的最小覆土需满足以下要求：

a. 穿越公路、铁路、河流时，其覆土厚度满足有关部门专业规范的要求，当无特别要求时，应符合表8-4要求，以及有关专业规范和主管部门的要求；

b. 敷设在建筑物基础一侧时，管道与建筑物基础的水平净距必须在持力层扩散角范围以外，尚应考虑土层扰动后的变化，扩散角不得小于45°；

c. 敷设在建筑物基础以下时，必须经过验算对建筑物基础不会产生影响后方可确定埋深；

d. 与现有地下管线平行敷设时，扩孔与地下管线水平净距不得小于0.6m；

e. 与现有地下管线交叉敷设时，扩孔与地下管线垂直净距在黏性土中不得小于0.5m，在砂性土不得小于1.0m；

f. 遇可燃性管道、特种管线，应考虑加大水平净距和垂直净距。当达不到上述距离要求时，应增设有效的技术安全防护措施。

拖拉管敷设最小覆土厚度

表8-4

穿越对象	最小覆土厚度
城市道路	与路面垂直净距1.5m
公路	与路面垂直净距1.8m；路基坡脚地面下1.2m
高速公路	与路面垂直净距2.5m；路基坡脚地面下1.5m
铁路	路基坡脚处地表下5m；路堑地形轨顶下3m；凸起地形轨顶下6m
河流	一级主河道规划河底标高以下3m；二级河道规划河底标高以下1.5m

（2）拖拉管的曲率半径

拖拉管的曲率半径包括第一造斜段（钻杆进入敷管位置的过渡段）曲率半径 $R1$ 及第二造斜段（钻杆钻出地表的过渡段）曲率半径 $R2$。拖拉管的曲率半径 R 通常是由钻杆的曲率半径与管材的曲率半径共同确定的。钻杆的曲率半径 Rz 由钻杆的弯曲强度所确定，因钻杆制造厂家不同也有差异，通常根据经验取 $Rz \geq 1200Dz$（Dz 为钻杆外径），这是保证钻杆不至于过载的最小转弯限制。

造斜段水平长度 $L1$ 与 $L2$ 的确定。造斜段水平长度是由水平段管道埋深 h 与 R 确定的。造斜段水平长度值太大则导致拖拉管总长度增加，进而增加总投资；太小则导致难以达到要求的施工精度，且施工难度、风险增加。根据国内经验，造斜段水平长度值一般为 h 的 $8\sim10$ 倍，国外则高达11倍以上。

入土角 α 与出土角 β 的确定。入土角 α 不宜超过15°，出土角 β 由导向钻杆及拖拉管材允许曲率半径较大者确定，一般不宜超过20°。

确定入土点 A 与出土点 B。根据水平段埋深 h、曲率半径 R 及入土角 α 与出土角 β 等参数可确定距障碍物最近的可能入土点与出土点，得到拖拉管总水平长度 L（m），进而得到拖拉管穿越曲线的实际长度 L'（m）。L' 可以根据穿越曲线计算，也可以采用经验值 $L' = (1.02\sim1.04)L$。

（3）拖拉管段回拉力 P_t 的计算

根据拖拉管的回拉力复核管道壁厚是否满足拖拉要求。拖拉管段的回拉力 P_t 为：

$$P_t = P_y + P_f \quad (2) \quad P_y = \pi D2kRa \tag{8-8}$$

$$P_f = \pi DL'f \tag{8-9}$$

式中：P_t——拖拉管段的回拉力，kN；

P_y——扩孔钻头迎面阻力，kN；

Dk——扩孔钻头外径，m，一般为管道外径的 1.1～1.4 倍；

Ra——迎面土积压力，kPa，根据各地土质状况取值不同，如上海地区在护孔泥浆中黏性土 Ra 取 50～60kPa，砂性土 Ra 取 80～100kPa；

P_f——管周摩阻力，kN；

f——管周与土的单位侧壁摩擦力，kPa，根据各地土质状况取值不同，如上海地区黏性土 f 取 0.3～0.4kPa，砂性土 f 取 0.5～0.7kPa。

拖拉管应进行必要的压力试验，通常包括拖拉管材连接完成后的压力试验以及拖拉管施工完毕后的压力试验，这是确保拖拉管施工质量的重要手段。

8.3.3 钻机选择

（1）钻机型号选择

应根据回拖管道所需拉力选择，回拖力估算公式为：

$$F_h = (F_f - W) L \tag{8-10}$$

$$F_f = \pi 4 D 2 \rho_n g \tag{8-11}$$

$$W = \pi D \delta \rho_g g \tag{8-12}$$

式中：F_h——回拖力，N；

F_f——单位长度管道悬浮在泥浆中产生的浮力，N/m；

W——单位长度管道的重量，N/m；

L——管道长度，m；

f——管线与孔壁之间的摩擦系数，可取 1.0；

D——管道外径，m；

ρ_n——泥浆密度，kg/m³；

δ——管道壁厚，m；

ρ_g——钢管材的密度，kg/m³。

（2）钻机基本结构

无论是大型还是中小型钻机（图8-12），其基本结构包括主机、钻具、导向系统、泥浆系统以及智能辅助系统。

图8-12　拖拉管钻机

① 主机

主机的动力系统一般为柴油发动机。柴油机作为动力源，其功率是衡量钻机施工能力的指标之一。但在钻机钻进回拖过程往往需要钻机以恒定的荷载运行，因此发动机的连续功率显得更重要。为了降低劳动强度，提高劳动效率，主机一般装备了钻杆自动装卸装置。钻进时，钻机自动从钻杆箱中移取钻杆，旋转加接到钻杆柱上。回拖时，正好相反。有的还装备了润滑油自动涂抹装置，对钻杆连接头螺纹的润滑有助于延长钻杆的寿命。钻机在工作中应完全固定。如果在钻进拖拉过程中发生移动，一方面有可能造成发动机损坏，另一方面会降低推拉力，造成孔内功率损失。目前最新钻机都有自动液压锚固系统，靠自身功率把锚杆钻入土层，在干燥土层一般用直锚杆，在潮湿土层用螺旋锚杆。

② 钻具

定向钻钻具包含钻杆、钻头和扩孔器（图8-13～图8-15），钻杆应有足够的强度，以免扭折、拉断，又要有足够的柔性，才能钻出弯曲的孔道。在长距离穿越中，钻杆的长度直接影响钻进效率，特别是采用有线导向时，长钻杆使钻杆连接次数减少，将明显节约连接时间。钻孔方向的改变是通过控制钻头的方向实现的。钻头一般为楔形，在前进过程中，若钻头不断旋转，则钻进轨迹为直线。当钻头想绕过障碍物或以一定曲率半径前进时，钻头停止转动，使楔面停留在某一角度再推进。这样，钻头就以与楔面相背的方向前进。钻头斜板通常有喷嘴，高速泥浆从喷嘴喷出，对土层进行冲刷。对不同土层，应选用不同的钻头。如在较软的黏土中，一般选用较大尺寸的钻头，便于在推进过程改变方向。在较硬的钙质层中，选用较小的钻头。而在硬岩钻进则要选用特殊的钻头，如镶焊小尺寸硬质合金钻头。扩孔器种类繁多，不同的扩孔器适用不同土层。如凹槽状扩孔器适用于沙地和含有岩石的紧密沙地，而在黏性高的黏土中运行容易变成球状；杆状切割器适用于硬土层、黏土层，但无法在岩石地或卵石地有效运行。

图8-13 挤扩式扩孔器

图8-14 流道式扩孔器

③ 导向系统

导向系统包括无线导向系统和有线导向系统。无线导向系统由手持式地表探测器和装在钻头里的发射器组成。探测器通过接收钻头发射的电磁波信号判断钻头的深度、楔面倾角等参数，并同步将信号发射到钻机的操作台显示器上，以便操作人员及时调整钻进参数以控制钻进方向。方向在穿越河流、湖泊时，由于地面行走困难或钻孔深度太深，电磁波信号难以接收，就必须使用有线导向系统。发射器通过钻杆后接电缆把信号传给操作台，由于电缆必须由人工通过钻杆一根根搭接起来，因此有线导向仪的使用将相当耗费时间。

图 8-15　切削式扩孔器

④ 泥浆系统

泥浆系统是保证扩孔以及管道回拖顺利进行的重要设备。膨润土、水以及添加剂等在泥浆罐里充分搅拌混合后，通过泥浆泵加压，经过钻杆从钻具喷嘴喷出，冲刷土层并把钻屑带走，起到辅助钻进的作用。钻进泥浆可冷却孔底钻具，以免钻具过热而磨损。钻进泥浆的另一重要作用是在回拖管道时降低管壁与孔壁之间的摩擦力。在理想状态时，管道是悬浮在泥浆中被拉出，因此在实际工程中，若钻孔成型好时，管道所需的拉力往往比预料的要小得多。水平定向钻管孔直径一般比较大，孔壁稳定性差，而钻进泥浆凝固后，可以起到稳定孔壁的作用。

⑤ 智能辅助系统

钻机的智能辅助系统近几年发展很快。在预先输入地下管线及障碍物位置、钻杆类型、钻进深度、进出口位置、管道允许弯曲半径等参数后，钻进规划软件可以自动设计出一条最理想的路径，包括入土角、出土角、每根钻杆的具体位置等，在实际工程中可以根据实际情况的调整。

（3）施工机械的安装调试

定向钻机安装应符合下列要求：

① 钻机应安装在管道中心线延伸的起始位置；

② 调整机架方位应符合设计的钻孔轴线；

③ 按钻机倾角指示装置调整机架，应符合轨迹设计规定的入土角，施工前应用雷达探测仪复查或采用测量计算的方法复核；

④ 钻机安装后，起钻前应用锚杆锚固，满足钻机回拉力支撑要求。土层坚硬和含水率低时，宜用直锚杆；土层较软时，宜采用螺旋锚杆。

雷达探测仪的配置应根据机型、穿越障碍物类型、探测深度和现场测量条件及定向钻机类型选用，使用前应符合以下要求：

① 操作人员必须经过培训并具有掌握仪器原理、性能、适用范围、操作方法的知识和技能；

② 雷达探测仪在施工前应进行校准，合格后方可使用。

8.3.4　施工设备与材料

（1）施工所需设备

施工所需设备如表 8-5 所示：

所需设备一览表　　　　　　　　　表 8-5

序号	设备名称
1	钻机平台
2	导航探测仪器
3	全液压水平钻机
4	潜水污水泵
5	污水泵
6	变量泥浆泵
7	液压高压泵
8	液压千斤顶
9	吊车
10	手动滑轮（葫芦）
11	卷扬机

（2）拖拉管材的选用

拖拉管管材（图 8-16）根据设计要求选用满足环钢度和拉伸强度的材料，且钢管内外均进行防腐处理。

图 8-16　拖拉管管材

8.3.5　施工要点

（1）施工准备

① 施工场地及布置

水平定向钻进管线铺设工程需要两个分离的工作场地：设备场地（钻机的工作区）和管线场地（与设备场地相对的钻孔出土点工作区）。

② 现场勘查

在钻进轨迹设计和施工前，应对工作区及管线经过区域进行地面和地下的勘察。地面勘察包括对地形地貌的测量，确定施工区域是否有足够的场地保证设备的安放和正常施工。地下勘察包括地质条件的勘探和地下管线及设施的探测。地质条件从根本上决定施工难易程度。土质分析判断可以通过沿设计轨迹钻勘探孔取样。在穿越城市道路时，地下管线的情况往往是错综复杂的，既有污水管、给水管、煤气管，还有高压电缆、通信电缆。在实际情况中，往往档案资料不全，原参照标志不清。在这种情况下，地下管线的探测任务尤为重要。对于金属管道和电缆，通常用电磁感应法探测，如地下管线探测仪，它是通过接收地下管线的电磁信号判断管线位置。对于非金属管线只能采用电磁波法，如 IDS 探地雷达，它是通过分析管线反射回来的电磁波判断管位。

③ 导向孔轨迹的设计

设计钻进轨迹时要考虑设计平面位置、埋深的要求，地下公用管线的影响，钻杆和管材的弯曲半径等多方面因素，最后设计出最佳的轨迹曲线，有条件的还可利用现有的设计规划软件进行优化设计，如"非开挖设计施工专业软件 DrillSmart 4.0"等。根据设计文件和地下管线探测结果，结合现场踏勘，设计导向孔轨迹。

（2）钻机试钻

开钻前做好钻机的安装和调试等一切准备工作，确定系统运转正常、钻杆和钻头清扫完毕，严格按照设计图纸和施工验收规范进行试钻，钻进一两根钻杆后检查各部位运行情况，各种参数正常后按次序钻进。

（3）导向孔施工

导向孔施工是成孔的关键，根据已设计的轨迹线入土、出土位置固定钻机，调整导向钻头的入射角度，使其与轨迹设计角度一致，钻孔前先校正步履跟踪导向仪，该仪器是用来确定锚头位置及钻孔中的各项数据。可使用英国雷迪（RD）和美国天时（ECLIPSE）两种精度较高的仪器。

钻孔过程中以仪器控制与地面辅助相结合控制穿越轴线，钻孔基本与设计轨迹一致。导向孔钻进过程中，密切注意井眼的返浆情况，并做好记录以便准确判断钻进过程中的地质情况，为预扩孔提供可靠记录。导向孔施工中，曲线偏移不能超越规定要求，每根钻杆间角度变化要严格控制，确保导向孔高质量完成。

钻机运到现场后须先锚固稳定，并根据预先设计的钻机倾斜角进行调整，依靠钻机动力将锚杆打入土中，使后支承和前底座锚与地层固结稳定。钻杆轨迹的第一段是造斜段，控制钻杆的入射角度和钻头斜面的方向，缓慢给进而不旋转钻头，使钻头按设计的造斜段钻进。钻头到达造斜段完成处后便进行排水管流水段的钻进：旋转钻头并提供给进力，钻头沿水平直线钻进。钻头上装有带信号发射功能的探测仪器，在钻进过程中通过地面接收仪器接收探头发出的信号，经译码后便可获知钻头深度、顶角、工具面向角、探头温度等参数，根据所接收的数据调整钻头操作参数，使钻进按照设计曲线前进，到达出土端后，完成钻孔工序。

① 钻头位置监测：

钻机配有一手持步履跟踪式导向仪，用以确定钻头位置及各项数据，监测钻头是否偏离设计轨迹。在造斜段钻头每钻进 10cm 就测一次钻头的位置，在平敷段则每隔 20cm 监测一次。如果发现偏离轨道，就通过调整钻头斜面的方向进行纠偏，但纠偏不能太急，应在几根钻杆长度内完成纠偏，不要过度。

导向钻进施工过程中的纠偏：

a. 水平方向的纠偏：施工过程中不可避免会出现水平方向偏扁移，对于这几个偏移量不能急于纠偏，一般采取退杆重钻方法，如果仍然不能保持沿设计轨迹钻进就采取缓慢的"钻进趋势"纠偏的方法，形成大弧度的轨迹。急于纠偏往往出现波浪形轨迹，这将加大拉管阻力。

b. 竖向纠偏：对于竖向纠偏主要是依靠钻进趋势原理，在控制深度的同时，注意钻头倾角的变化。控制深度就是通过竖向造斜方法，使深度差缩小，这可以由导向仪上显示数据求得，另外还要结合钻头倾角的变化来进行竖向纠偏。当导向孔轨迹满足要求时，得到现场监理确认签证后，取下钻头进行下道工序的施工。

② 泥浆配制：

泥浆是定向穿越中的关键因素，按泥浆工艺要求及地质情况编写配制方案，确定正确的混合次序，针对不同的地质层配制出符合要求的泥浆（图 8-17）。

图 8-17　泥浆制备

泥浆在各个阶段所起的作用：钻导向孔阶段要求尽可能将孔内的泥沙携带出孔外，同时维持孔壁的稳定，减少推进阻力；预扩孔阶段要求泥浆有很好的护壁效果，防止地层坍塌，提高泥浆携带能力；扩孔回拖阶段要求泥浆具有很好的护壁、携砂能力；同时还有很好的润滑能力，减少摩阻和扭矩。

粉砂土层成孔性差，可采取的措施是：在泥浆中加入正电胶，形成"液体套管"，在提高黏度的同时加入定量的改性淀粉来控制失水，以便在孔道四周形成泥皮，稳定孔道。

（4）回拉扩孔

钻头到达出土口后钻进工作完成，但是孔径还没有达到敷设要求，因此需要采取多次扩径，直至扩孔到预定孔径。具体操作为卸下钻头，在钻杆尾端连接回扩头，开动钻机旋转、回拉扩头进行扩孔。回拉过程中须不断加接钻杆，始终保持钻杆不能没入孔洞中，扩头回拉到达接驳坑后卸下回扩头，再在出口工作坑的钻杆尾端接上大一号的回扩头，如此扩孔到预定孔径。在钻杆回拉扩孔过程中，需通过钻杆注入膨润土浆，以减少摩擦，降低回转扭矩和回拉阻力，同时膨润土浆还有固壁、防止孔洞塌方和冷却钻头的作用。旋转回扩头切削下来的泥土与膨润土浆混合形成泥浆后流到出口工作坑的集浆坑里，实现了将土排出的目的。集浆坑里设泥浆泵，用以把泥浆抽到泥浆池。

（5）回拉敷设管道

当扩孔到预定孔径后便可回拉敷设管道，将连接好的管道与扩孔器相连，经回拉将管道牵引进孔洞内（图8-18）。当钻孔成孔结束后方可进行回拖管施工。回拖前必须进行管材复检，包括管材焊接是否符合要求、管头固定应结实、分动器连接完好，检验完毕后方能铺设。回拖时应仔细观察机器仪表的变化，主要观察扭矩和回拖力变化，一般情况下，扭矩应在5～8MPa，回拖力不能太大，以防损伤管材，并控制好速度，注意两回浆情况确保拖管成功。

图8-18　管线入洞

（6）管道外防腐

管道铺设一般深度较深，铺设后外防腐很难检测。即使发生泄漏，也不可能进行开挖抢修，因此对钢管的防腐涂层提出了更高要求。除了要有良好的电绝缘性，能耐腐蚀、抗菌外，还要有足够的机械强度，有较好的耐磨性，以防止与土壤摩擦而损伤；有良好的抗弯曲性，以确保防腐层在一定曲率半径下不致损坏。另外，若钢管采用阴极保护，就要求防腐蚀层应具有一定耐阴极剥离强度的能力。环氧粉末由于具有优良附着力、柔韧性、耐化学腐蚀性强、电绝缘性好等的优点，在穿越钢管上有广泛应用。

（7）闭水试验

管道回拖前应进行强度试验和严密性试验，管道回拖结束应当再进行严密性试验。

（8）检查井、砌筑及回填

管道拖拉就位后，清理控制井，砌筑检查井窨井。管道与检查井墙接头处应安放遇水膨胀橡胶止水圈等止水材料。控制井外侧回填时，先回填中粗砂至管顶以上 0.5m，分层浇水密实。造斜段以及管道外壁必须注浆充填密实。

（9）施工现场的清理、恢复

拉管和其后的测试试验等工作完成后，应清理现场并撤出所用施工设备，恢复场地的地形地貌。这项工作包括排除入口坑和出口坑中的钻进液，并回填这些工作坑。

8.3.6　安全管理措施

（1）为切实保证施工人员安全，树立"安全第一，预防为主"的思想。

（2）建立安全保证体系，除企业已有的机构外，工地设立安全管理机构，工程项目设立安全小组、班组设安全员，形成一个健全的安全保证体系，工地的安全管理机构负责工地日常的安全工作，定期组织安全检查，对不符合要求的要及时发出整改通知，指导工程项目部和班组安全员的工作，对违章作业者进行批评教育和处罚。

（3）优化安全技术组织措施，包括以改善施工劳动条件，防止伤亡事故和职业病为目的的一切技术措施，如积极改进施工工艺和操作方法，改善劳动条件，减轻劳动强度，消除危险因素，机械设备应设有安全装置。

（4）切实保证施工人员安全，树立"安全第一，预防为主"的思想，根据国家住房和城乡建设部颁发的安全检查评分标准制订具体措施。

（5）机械操作人员必须持证上岗，各种作业人员应配带相应的安全防护用具及劳保用品，严禁操作人员违章作业，管理人员违章指挥。

（6）施工中所有机械、电器设备必须达到国家安全防护标准，自制设备、设施应通过安全检验，一切设备应经过工前性能检验合格后方可使用，并由专人负责，严格执行交接班制度，并按规定定期检查保养。

（7）凡进入现场的一切人员，均要戴安全帽。在主要入口处挂醒目的安全防火宣传语牌。

（8）加强安全教育和监督，坚持经常性的安全交底制度，提高施工人员的安全生产意识，及时消除事故隐患。

8.4　海底铺设

海底管道铺设施工是海上油气田开发、油、气外输管道建设的主要手段。从 1954 年 BroWn&Root 海洋工程公司在美国墨西哥湾铺设了第一条海底管道以来，半个多世纪里，世界各国铺设的海底管道总长度已达几十万千米。海底管道的铺设技术，国内外主要有铺管船法和拖管法。1996~2006 年间，墨西哥湾内铺设了多条管道，水深达 900m 以上的就有 47 条。随着全球经济的增长，数量有限的专用铺管船已无法满足全球范围内日益增长的管道铺设需求，独具优势的拖管法也因此经历了快速发展。1973 年，我国东营黄岛输油管道采用浮拖法铺设成功，是浮拖法在我国的首次成功应用；2004 年，利比亚的水利项目 Zuara desalination project 采用离底拖法铺设了直径 1.6m、长 1200m 的大型管道。

随着技术的发展，可开发利用区域增加，对海底管道的需求也大大增加。我国也开发建成了一艘先进的深海铺管船，最大铺设（管道）直径可达 1000mm 及以上；近年来我国相继研发了水下超短基线定位系统（USBL）、拖曳式潜水器综合监控导航系统、水下电测系统及管线张力分析软件等。施工完成浙江舟山大陆引水二期工程施工 II 期海底钢管施工，总长度为 66km，铺设钢管外径 1220mm；洞头（温州）陆域引（供）水（一期）工程海上段工程，总长度为 38.6km，铺设钢管外径 1020mm；东吴浆纸基地尾水排海工程（海域段），单根排海管全长约 11.1km，铺设钢管外径 1420mm。

8.4.1 施工原理

海底管道铺设主要有两种方法：拖管法与铺管船法。拖管法一般适应海管登陆或下海段、滩海及极浅海域或短距离的海管海上铺设。铺管船法是采用专用的铺管作业船，且需要有一整套施 T 机具和船舶与之相配合，一般适用于长距离水深能满足铺管船吃水要求的海管海上铺设。

8.4.2 施工特点

海洋管道工程施工主要特点：

（1）施工投资大。在一般海域中铺设一条中等口径的海洋管道需要一支由铺管船、开沟船和 10 余只辅助作业的拖船组成庞大的专业船队。此外，还需要供应材料、设备和燃料的船只等。租用专业船队的费用是海洋管道施工中的主要费用，由于这一费用较高，致使海洋管道施工费用比陆上同类管道要高 1～2 倍。

（2）施工质量要求高。不论是在施工期间或投产以后，海洋管道若发生事故，其维修比陆上管道维修困难得多，因此，海洋管道施工要确保质量。

（3）施工环境多变。海况变化剧烈而迅速，如风浪过大，施工船队难以保持稳定。在这种情况下，往往须将施工的管道下放到海底，待风浪过后再恢复施工。

（4）综合性强。海洋管道工程施工应用多种现代科学技术的综合性工程，既包括大量的一般性建筑和安装工程，也包括一些具有专业性的工程建筑、专业设备和施工技术。海洋管道施工中，管道的预制，船队的配件、燃料和淡水的供应等，都需要依靠岸上的基地；船队位置和移动方向的确定，也是依靠岸上基地的电台给予紧密配合。因此海洋管道施工具有海陆联合组织施工的特点。

8.4.3 施工方法

从 1954 年 BroWn&Root 海洋工程公司在美国墨西哥湾铺设了第一条海底管道以来，人们在世界各地已经成功铺设了无数条各种类型、各种管径的海底管道，总长度已达几万千米。海底管道铺设技术历来受到重视，目前，海底管道的铺设方法主要有拖管法、S 型铺管法、J 型铺管法和卷管式铺管法等 4 种。

（1）拖管法

在近海浅水区铺设海底管道时，通常采用拖管法。拖管法中的管道一般在陆上组装场地或在浅水避风水域中的铺管船上组装成规定的长度，然后用起吊装置将管道吊到发送轨道上，再绑上浮筒和拖管头，用拖船将管道拖下水，按预定航线将管道就位、下沉，最后将各段管道对接，完成管道铺设全过程。目前，拖管法已经发展为 4 种方式：浮拖、水面下拖行、离底拖和底拖。

① 浮拖

浮拖是利用浮筒调节管道浮力使其漂浮在水面上，然后用大马力主拖轮牵引管道首端沿既定路线航行，尾拖轮牵引管道尾端控制其横向漂移以保证管道安全。浮拖法主要应用于海面风浪较小的海域，受管道尺寸、海水流速、拖轮大小等因素限制，每次浮拖的管道长度从几百米到几千米不等。

② 水面下拖行

水面下拖行与浮拖法相似，只是将管道位置调整到水面下一定深度进行拖行。与浮拖法相比，水面下拖行的管道受风、波浪等环境荷载的直接作用较小，管道更安全。

③ 离底拖

离底拖是利用浮筒和拖链将管道悬浮在海床以上一定高度，再由水面拖轮牵引前进，既减小了海面风浪的影响，又避开了海底障碍和地形起伏，因而适用范围较广。离底拖法中需要根据管道尺寸、允许应力及海流等环境条件计算浮筒、拖链的个数和间距，施工工艺比较复杂。

④ 底拖

在底拖中，管道直接放置在海底由水面拖轮牵引至安放场地。这种方法施工简单，但是受海底地形起伏和海床土壤类型等影响较大，需要马力较大的拖轮，一般只适用于海底平坦的海域，管道长度和拖航距离也较短。

（2）S 型铺管法

S 型铺管依托铺管船，在铺管船的尾部布置可调节旋转角度的托管架。依据铺设能力的不同，托管架的长度也不同。在船中和船尾之间布置张紧器。在管道铺设过程中，张紧器紧紧抓住管道一端，沿着托管架下放管道。通常说来，张紧器张力越大，托管架的尺度越长，则相应的铺管能力越强。

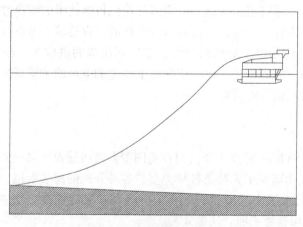

图 8-19　S 型铺管示意图

在铺管船的尾部以及托管架上，布置可调节高度的滚轮，用来支撑铺设中的管道。通过调整滚轮的高度，可以调节铺设过程中整个管道系统的受力情况。在自身重力和托管架支撑力的作用下，铺设中的管道自然弯曲成"S"形状如图 8-19 所示。在铺设过程中，整个管道系统可分为上弯段和下弯段，在上弯段和下弯段之间的部分通常称为中间段。在管道安装设计时，为提高整个铺管系统的安全性，应尽量将铺设中产生的应力载荷集中在管道的上弯段。

目前，S型铺管法是技术最成熟、应用最广泛的深水铺管法。

（3）J型铺管法

J型铺管法是目前最适于进行深水和超深水的管道铺设方法，它是从20世纪80年代以来为了适应铺管水深的不断增加而发展起来的一种铺管船法。这种铺管法实质上是张力铺管法中的一种，在铺设过程中借助于调节托管架的倾角和管道承受的张力来改善管道的受力状态，达到安全作业的目的。到目前为止，J型铺管法主要有两种形式，一种是钻井船型铺设法，还有一种是带斜型滑道的J型铺设法。J型铺设法主要应用于深海区域的管道铺设，目前已经得到了广泛的应用，图8-20为J型铺管法示意图。

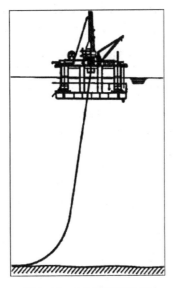

图8-20　J型铺管示意图

一般来说，J型铺管船的造价成本会比其他类型的铺管船要高，而且铺设时也比其他方法要慢，但在涉及深海时，在某些特定情况下，这是唯一可行的方法。J型铺管法有以下优点：管道与海床的接触点和铺管船的距离更短，因而便利了铺管船的动力定位对铺管船发动机提供的水平动力需求，大幅降低由于没有了S型铺管法中的拱弯段从而消除了管道的残余应力并降低了水平拉力，同时还消除了S型铺管法特有的长而脆弱的托管架管道铺设完成后其应力也比S型铺设的更小。

（4）卷管式铺管法

卷管式铺管法是20世纪末开始发展起来的一种新型铺管方法，这种铺管方法是将管道在陆地预制场地上接长，然后卷在专用滚筒上，送到海上进行铺设施工的方法。管道的陆地预制场地通常设在码头后沿，一次可以接长若干根500～1000m的长管段。将这些管段再进行对接并通过管道矫直器进行造弯后，直接卷到专用滚筒上。焊接、检验、保温和防腐等工作均在陆地完成。这个过程也可以直接在停泊的铺管船上进行，因为一旦滚筒卷满了管道之后，可能重达400～600t，如果缺少相应的起重设备会给滚筒的搬运带来一定的困难。该方法的优点是 99.5% 的焊接工作可以在陆地完成，海上铺设时间短，成本低，作业风险小。每个专用的卷管滚筒都和特定的铺管船一起搭配使用，普通卷管的管径可以从 2 英寸到 12 英寸不等，单层管的最大铺设管径可以达到 18 英寸，最大作业深度可以达到 1800m。这种铺管法需要的主要设备包括陆地接长预制场地、卷管滚筒、卷绕设备、矫直器等。

由于每个滚筒上的管道可以连续地进行铺设，卷管式铺管法一次可以铺设几公里甚至数十公里的管道，有效地提高了铺管效率。另外，由于铺管所需的工作人员大量减少，同时铺管时发生意外的可能性也大大降低，使得铺管的费用也成倍降低。

（5）不同铺管方法比较

不同的铺管方法都有其一定的特征和适用性。比如：拖曳法主要应用于近海滩涂铺设或者铺设距离较小的工程中；卷管法由于存在较大塑性变形，其可铺设的管径一般小于 16 英寸；深海铺设时一般选用 J 型铺设或者 S 型铺设。通过对以上四种铺管法进行系统的归纳和总结，表 8-6 中所列出了各种不同铺设方法的优缺点及特征。

不同铺管法的比较 表 8-6

安装方法		特征
拖管法	优点	管道或立管束在岸上制造，在车间里获得很好的焊接质量； 可以使用非常廉价的拖船； 可以使用各种各样的拖拽方法
	缺点	安装长度有限； 对海床的状况要求比较高； 目前只在浅水区域采用该方法
S 型铺管法	优点	管道在水平方向采用单或双接头进行装配，效率高； 铺设速率高，典型铺设速率为 3.5km/d； 对海况适应能力和持续作业能力较其他铺设方法强
	缺点	必须处理非常大的张力； 更大水深＝更长的托管架＝稳定性丧失； 更大水深＝更大的张力＝更大的风险
J 型铺管法	优点	不需要船尾托管架； 管道脱离角度非常接近垂直，所以张力较小
	缺点	由于只有一个焊接站，所以速度慢，效率低； 所有操作都在垂直方向上完成，所以稳定性是个难题； 铺设速度慢，典型铺设速度为 1 ～ 1.5km/d
卷管式铺管法	优点	99.5% 的焊接工作在陆地可控环境中完成； 张力相对减小，效率和成本相对较低； 管道可连续铺设，作业风险小
	缺点	需要岸上基地的支持； 对钢材的塑性性质要求较高，管径相对较小； 典型铺设速度为每小时 600m

8.4.4 施工流程

（1）施工准备

① 受施工海域自然条件制约，以及铺管船及其设施能力的限制，因此，在投入铺管

施工之前，对施工区域现场进行详细踏勘，调查施工区域的海洋水文、地质地貌情况，调查各个区段每个登陆点、不利地段的施工条件，调查受养殖网和渔网影响的海域段，掌握第一手现场资料。充分了解和掌握钢管的性能参数和使用特点，尤其是力学性能参数，并根据这些参数，进行管道敷设模型计算，确定敷设系统的曲率变化、管道张力控制，并确定敷设和锚泊系统的配件控制，合理设置监测系统参数。针对上述因素的制约和限制，制定一系列可靠的措施和解决问题的方法。

② 铺管施工技术准备：管道铺设时各种工况的应力分析和计算；铺管船在各种工况下的锚泊分析和计算；不可预见情况的分析和对策的制定。

③ DGPS基准台站设立；施工水域航行通告手续和渔政手续办理；单边带、甚高频电话、对讲机通讯网站设立和调试；气象服务、潮汐表收集。

④ 铺管船编组预演：铺管船连同托管架锚泊施工海域，模拟铺管工况进行移船、抛锚、起锚的演习，拖轮和锚艇亦根据施工要求进行配合。

⑤ 施工前，完成设备调试及测量复核（图8-21），并完成测量系统的设定。要及时在现场放样，放样过程中，请监理一同旁站监督，确保放样精确无误。

图8-21　管道测量复核

（2）海上定位

海上定位的方法是在岸上设置两座以上已知其经纬度的定向电台，定向电台发射微波定向信号。作业船上安装有无线电定向仪，可以精确地测定船与岸上各电台间的夹角，从而准确地测出船所在的位置。在近海作业时可以用微波发射信号；在远海作业时一般用200m的无线电长波发射信号。这两种方法均能达到铺管作业定位所需要的精度。

（3）铺管作业

船上的管道焊接如图8-22所示，防腐和牺牲阳极安装、检验完毕，铺管船开始绞锚缆移船。铺管配有移船绞车，其中有用于提供前进方向的动力和为管子提供张力之用，也有用于移船和系泊时稳定船位而用。移船铺管宜在水流速度小于1.5m/s的期间进行。

铺管时的船位测量，用二台DGPS差分定位系统，一台设在发射架顶端，一台设在船尾的焊接站内，在船舶移动铺管和锚泊期间连续不断地观测船位和方向，DGPS操作人员及时将船位报告给指挥长和值班人员，进行纠偏或调整。

325

图8-22　管道焊接

　　铺管期间，铺管系统始终有人员监护管子下水如图8-23所示，观察管子在通过发射架、焊接站、托管架的情况，检查和修补管体的外防腐。

图8-23　管道铺设

　　铺管船和基地、海监局及过往船只的联系用甚高频电话，铺管船内部之间、拖轮、锚艇之间用对讲机联络。

（4）弃管作业

　　当铺管作业期间的自然条件不能满足施工要求，则进行弃管作业。弃管作业后的铺管船将有如下几种情况：

　　弃管后，铺管船原地锚泊，系船锚维持原状，待海况好转后，进行回收作业继续铺管。

　　弃管后，铺管船解掉铺管作业时的系船锚缆，在附近海域抛设单锚锚泊。

　　弃管后，铺管船由拖轮拖回港内。

　　具体采取何种情况，视未来几天的天气和海况条件决定。

　　弃管前的管头处理：被弃的管子焊上牵引头，牵引头为钢板焊制而成的锥体，一端和管子焊接，另一端和钢绳连接，绕在卷扬机上。牵引头上方焊有耳环，一根用于起重的钢绳和浮筒与耳攀连接在一起。

　　移船：铺管船绞锚移船前进，被弃管道沿着托管架进入水中，被弃管道上的起重钢绳和浮筒抛于水中。此时"DGPS"应不断测量和记录船位。

　　起重船或锚艇辅助：当被弃管道离托管架末端10m时，辅助船舶将管头吊住，铺管船继续移船使管头离开托管架，视情况调节托管架浮力，然后辅助船将管子连同钢绳和浮筒松入海底。

（5）开沟作业

为了准确地将管沟开在管子所在位置上和尽可能减少开挖的土方量，一般都采取先铺管后开沟的办法。在海底开一条沟，将管道埋入沟内，这是对不宜裸露铺设的管道的一项重要安全措施。

8.4.5 质量保证措施

根据质量管理的有关要求，制定质量管理网络，明确各质量岗位分工和职责，对铺管作业中的重点和关键问题，制定具体的要求和措施。

（1）确保管子受力安全：根据工程设计中对管子的应力要求，计算管子的最小弯曲半径和张力等——由此设计托管架的长度、浮力分配和调节托轮高度而成的弯曲半径；控制托管架末端的管子离开海底的高度和长度；提高铺管船锚泊和移船时的可靠和稳定性，采取拖轮护航辅助的方法，确保意外情况发生时，铺管船不会位移。

（2）内外防腐和牺牲阳极不发生破坏：管体在各种工况的吊装和起重时，钢绳和管体的接触部位均应垫上衬垫或钢绳套上护套，管子在铺管船上横向滚动，下部必须垫以表面光洁的枕木，纵向拖动时，管子应搁在橡胶托轮上；管子从发射架下水至托管架的地方，均应设有 V 形托轮，托轮二侧须留有足够的间距，防止管子下水期间转动，造成牺牲阳极位移，无法通过托轮；牺牲阳极的焊接在船尾的托管架上进行；铺管中如发现管子的防腐有破坏，应有专人负责修理。

（3）控制铺管路由的偏差：铺管期间，DGPS 连续 24h 观察和记录船位，移船时，测量人员应及时将船位报给指挥，随时采取措施纠偏，防止一次纠偏量过大；非紧急状态，一般不使用拖轮纠偏；锚艇必须按施工设计要求，正确地抛设系船锚。

（4）原始施工记录齐全：铺管施工时的船位、路由偏差由 DGPS 显示和记录，另有专人负责收集和记录运管船运给铺管船管子的编号以及管子的内外防腐情况，铺管时同步记录日期、管号、铺设位置及坐标、累积距离、水深等其他施工参数。

8.4.6 安全措施

（1）登船人员必须得到船上安全员对船舶系泊、跳板、安全网等安全设施的确认后，方可在船上安全员的指挥安排下登船。严禁超载，登船期间必须穿好救生衣，不得随意走动。

（2）施工船舶动用明火，必须办理"船舶动用明火审批"手续，经审核批准后，方可动火。动火时，应有专人看护火源，配备相应的灭火器，当发现有火灾苗子时，在第一时间采取灭火措施。施工船上油舱、机舱等危险部位，严禁动用一切明火。

（3）施工期间若遇突发的灾害性天气如台风、冷空气，而且海况极端恶劣，天气难以及时好转，则采取及时撤离施工现场躲避风浪的措施。

（4）管段吊装时，应用牵引绳控制管材的摆动，防止碰撞伤害，牵引绳应该足够长以保证人员安全；每天都要对吊装用的钢丝绳、吊带、吊钩进行检查，及时修理或更换。

（5）在运管船进入或离开施工作业带时，应悬挂相应信号旗，装船时管材下应放软垫，以保护管段并防止管子滑动。

（6）管段接头焊接作业要严格遵守电气安全技术规程，移动焊接机必须先切断电源；管道焊接工必须佩带齐安全防护用品，手持砂轮机作业时要佩戴护目镜。

（7）气象保障体系应由项目主管生产的经理负责，由专人负责通过上网、电话等手段查询沿海海面天气预报，并由值班人员及时向指挥船及其他施工船只汇报。

第9章　管道检测

管道检测是管道运营维护的重要措施，可以有效确保市政给水排水管道运行安全和环境的保护。管道的主要安全隐患是渗漏水，管网漏水不仅浪费宝贵的水资源，而且导致管网压力降低，影响到供水服务。漏水还会淘空基础，造成道路坍塌及建筑物破坏。

由于市政给水排水管道埋置深、里程长，受到运行工况条件限制，维护检测比较困难，导致长期运行的管道产生不易察觉的安全隐患，基本都到了发生事故才开始维修。近年来，随着科技的发展，检测技术的不断完善，出现许多先进的管道检测设备和技术，应用也越来越广泛。通常管道检测可分为三类：

第一类是漏水检测，采用各种检漏手段检测管道上的明漏及暗漏。

第二类是管道内部状况检测，采用管道内窥技术检测管道内部缺陷，内部缺陷包括影响到管道强度、刚度和使用寿命的结构性缺陷和影响到管道畅通性能的功能性缺陷。

第三类是管壁质量检测，某些管材的管壁质量直接关系到管道的安全性，比如 PCCP 管道的钢丝完整性，金属管道的腐蚀等。

9.1　漏水检测

9.1.1　漏水检测方法分类

漏水检测方法有很多种，《城镇供水管网漏水探测技术规程》CJJ 159—2011 列出了流量法、压力法、噪声法、听音法、相关分析法和其他方法（探地雷达法、地表温度测量法、气体示踪法）共计 8 类方法。除规范列出的方法外，还有自由行进式内检测方法和系缆式内检测方法以及低压电导率方法。

漏水检测方法分类有两种：一种是依据传感器置于管道外还是管道内分类；另一种是依据检测的是漏水声音还是其他间接指标分类。

（1）按在管道外还是管道内检测分类

通过置于管道外部的传感器检测漏水的方法称为外检测法，听音法、相关分析法、噪声法、流量法、压力法、探地雷达法、地表温度测量法和气体示踪法都属于外检测法。内检测法是将传感器深入到管道内部检测，传感器可以抵近漏点位置，主要有自由行进式内检测法、系缆式内检测法和低压电导率法。

外检测法和内检测法各有优势，适用条件也有所不同。

① 适用条件

对同样基于听音的外检测及内检测技术做一比较。由于听音点不可能正对漏点，外检测传感器接收到的漏水声都是通过管壁、土壤传播到听音点，因此不可避免地会受到管材、管径、埋深、覆土情况等的影响。漏水声在传播过程中会与流水声音以及外界的一些噪声叠加，设备接收到的声音并非纯漏水声音。正是因为这些原因，基于听音的外检测方法只适合小口径、埋设较浅的管道检测；而内检测方法因置于管道内传感器尺寸的问题只适合 DN300 及以上的大口径的管道检测，小于 DN300 的管道不适用。

② 漏点检出率

内检测技术将传感器置于运行中的管道，水流推动传感器在管道中边行进边采集声音。内检测技术的传感器会经过漏点，接收到的是纯漏水声音，与漏点的距离不超过 1 倍管径，所以能检测出微小漏点，漏点检出率高。外检测的传感器有可能与漏点相隔较远，接收不到漏点声音，或者接收到一些漏点相似声，会出现漏判或者错判漏点的现象。

③ 漏点定位精度

外检测技术通过分析从较远处传来的漏水声后定位漏点，受到较多因素的影响，漏点定位精度较低；而内检测技术经过漏点，有些技术还可以在漏点处停留并定位，因此漏点定位精度高。

④ 成本

外检测设备较内检测设备便宜；外检测技术在实施时一般不需要额外配合工作，但是内检测技术需具备传感器进入管道的通孔，如果待检测管线上无可以利用的通孔，则需要带压开孔，因而会产生一些额外配合费用。

城镇管网的漏水检测，可以将外检测方法和内检测方法结合起来，发挥各自的优势，小口径管道可以使用外检测方法，大口径管道可以采用内检测方法，这样就可以覆盖所有管网。外检测方法可以作为普查手段，大致框定漏水范围，再使用具备漏点定位功能的外检测方法或者内检测方法精确定位漏点位置。

（2）按检测漏水声音还是其他指标分类

直接检测漏水发出的声音的方法包括听音法、相关分析法、噪声法、自由行进式内检测法、系缆式内检测法。

检测其他间接指标的方法包括流量法、压力法、探地雷达法、地表温度测量法、气体示踪法和低压电导率法。流量法在管道上安装流量计检测流量变化；压力法在管道上安装压力表测量压力变化；探地雷达法在管道上方地面测量电性变化；地表温度测量法测量管道上方土壤内温度变化；气体示踪法在管道上方土壤里或者地面上测量示踪气体的浓度；低压电导率法测量电流大小。

9.1.2　外检测方法及实施

（1）听音法

① 漏水声形成机理及听音法影响因素

压力管道发生漏水时，水从漏水口喷出，发出具有一定频率的漏水噪声。漏水声分为三种：a. 漏水口摩擦声。喷出管道的水与漏水口摩擦产生的声音，其频率通常在 100～2500Hz 之间。摩擦声沿管道向上、下游传播，在距离较近的阀门、消防栓等管道暴露点可听到该声音。b. 冲击声。喷出管道的水与周围介质撞击产生的声音，其频率通常在 100～800Hz 之间。该声音通过土壤向地面传播，在地面用仪器能听到。c. 介质碰撞声。喷出管道的水带动周围介质相互碰撞摩擦产生的声音，其频率 50～250Hz 之间。一般需要在地面钻孔，将听音杆插入到漏水口附近才能听到。

管道发生漏水时，漏水点就是声源，该声源以漏水点为中心，通过管道传播至其附属设施，或者通过漏水点周围介质传播到地面。声音传播受管线状态影响，影响因素包括管材、管径、埋深、覆土情况、水压及漏水量等。

a. 管材

输水管道的管材分为金属管材和非金属管材，金属管材包括钢管、铸铁管，非金属管道包括水泥管、塑料管及复合管等。金属管材声阻抗小，漏水声音在金属管道中传播衰减小，非金属管材声阻抗大，漏水声音衰减也大。同样条件下，金属管道检漏效果较非金属管道好。

管材的连接形式也影响到漏水声音的衰减。钢管接口形式为焊接，焊缝与管道本体差异较小，声音衰减很小。铸铁管以及水泥管采用承插式连接，接头处介质不连续，还存在间隙，漏水声音通过接头时衰减大。

b. 管径

漏水声音的衰减与管径成正比，大口径管道不易引起振动，漏水声衰减大，超过 $DN1000$ 以上的大口径管道衰减剧烈。

c. 埋深

由于漏水声音通过周围介质传播到地面，声音在介质中传播会发生衰减，埋设越深，衰减越大。

d. 覆土情况

漏水声音衰减与覆土密实程度、土壤分层有关系。声音在密实度好的黏土中传播比在砂土中传播衰减要小。土壤一致性好则衰减小，土壤分层越多衰减越大，地面硬化层由于与下面的土层声阻抗相差较大，漏水声音穿过这种界面时衰减大。

e. 水压

水压越高漏水声音越大，越容易检测到漏点。水压小于 0.1MPa，检漏将变得很困难。

f. 漏水量

太小的漏水量声音也小，不易捕捉，但是漏水越大并不意味着声音越大。如果漏水将管道全部淹没，则声音反而变得较小。

漏水检测通过监听漏水声音查找漏点，但是检测环境中会有一些杂音及噪声与漏水声音相似，称为漏水相似声，这些声音可能来自管道内的过水声、高峰时段的大量用水声音、相邻管道声音、下水道由于高度落差产生的流水声音、汽车行驶声、都市噪音、风声等。因此在检漏的时候要尽量选择夜晚或安静时段，避开漏水相似声。

② 听音法原理及实施方法

听音法是根据声学原理，使用听音设备（听音杆、电子听漏仪等）捕捉漏水声音，并确定漏点位置的方法。使用听音法要求管道供水压力不小于 0.15MPa，环境噪声不大于 30dB。听音法是目前检漏中最常用、最便捷的方法，但受外界环境的噪声影响较大，且只适用于中、小口径管道。听音法主要依靠人工听漏，工作量大，工作效率低，对人工经验依赖性强，如果管网压力较小，埋设过深，管径较大时，听音法实施难度较大。

听音法包括阀栓听音、地面听音及钻孔听音。

a. 阀栓听音法

阀栓听音是检漏人员利用听音杆或电子听漏仪等听音设备在管道暴露点（例如阀门、

消防栓、水表）捕捉从管道上传播来的漏水异常音。该法可用于供水管道漏水普查，探测漏水异常的区域和范围，并对漏水点进行预定位。

阀栓听音可采用机械式听音杆或者电子听音杆。机械式听音杆由金属杆和内有金属薄膜的共振腔组成。当金属杆将管道上的声音传至共振腔使金属薄膜振动，人耳便能在共振腔处听到。机械式听音杆难以捕捉到微弱的异常声音，有些厂家通过改变共振腔的结构来提高听音效果。例如，日本富士的 LXP1500mm 采用了新型的音叉式结构，采用不锈钢 U 形盘，并加上支臂形成四个十字状、音叉式振动板，见图 9-1。拾音时，音叉式振动盘会将振动信号传递至支臂四端的 U 形片上形成共振。U 形盘通过在特定频率下重复振动来反复放大漏水声。电子听音杆通过增加电子放大线路，将从管道上捕捉到的异常音放大，达到检测微弱漏水声的目的，但存在电子线路放大易使声音失真的问题。

图 9-1　采用音叉式结构的机械式听音杆

采用阀栓听音时，听音杆或传感器直接接触地下管道或管道的附属设施。根据听测到的漏水声音，确认漏水异常管段，缩小漏水点的范围，然后根据漏水声音的强弱和特征，并结合已有资料，推断漏水异常点。

b. 地面听音法

地面听音是检漏人员利用检漏设备直接在管道正上方的地面寻找漏水声，该法可用于供水管道漏水普查和漏水异常点的精确定位。

地面听音法采用电子听漏仪，主要由主机、拾音器及耳机组成。拾音器拾取地面的声音并转换成电信号，主机对电信号进行放大、滤波等一系列处理，最后由耳机输出，见图 9-2。电子听漏仪主要有日本富士的 HG-10AII、DNR-18，德国 SebaKMT 的 HL 系列，英国雷迪的 RD 系列，国内有扬州捷通的 JT 系列等。

电子听漏仪采用压电式加速度传感器作为路面拾音器，其电压灵敏度要求优于 0.1V/g，但是灵敏度越高，传感器的抗冲击力和使用寿命会下降，因此最好的压电传感器灵敏度也只能达到 0.7～0.8V/g。一种解决办法是采用数字增幅技术，例如日本富士的 DNR-18 听漏仪（图 9-3）在采用数字增幅技术后综合灵敏度可达 900V/g，大大提高了捕捉微小漏水声的能力，从而可以探测到埋得更深、更小的漏水点。同时，有了足够强度的高质量的音频信号从传感器输出，就减轻了听漏仪主机对于信号放大的压力，避免了主机高倍数放大信号引起的信号失真，使听漏人员可以听到更加清晰和真实的漏水声。

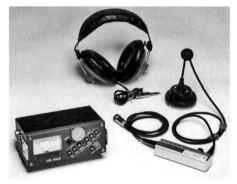

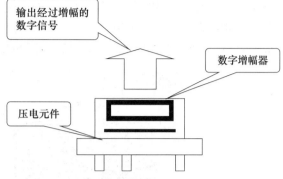

图 9-2　电子听漏仪　　　　　图 9-3　采用数字增幅技术的电子听漏仪原理图

c. 钻孔听音法

当采用其他听音方法已经大致圈定漏水位置但尚无法准确定位漏点时，可以采用钻孔听音法确定漏点位置。具体是在怀疑漏水的地方，用管线仪找出管道位置，将路面打穿，将听音杆插到管道上方，最好直接与管道接触，以此确定漏点位置。

钻孔听音法在供水管道漏水普查发现漏水异常后进行。钻孔前需准确掌握漏水异常点附近其他管线的资料。采用钻孔听音法探测时，每个漏水异常处的钻孔数量不宜少于 2 个，两钻孔间距不宜大于 50cm。

（2）相关分析法

相关分析法采用漏水相关技术原理，通过放置在漏水点两侧阀门或消防栓上的传感器拾取漏水异常音并发出信号，由主机接收信号并进行相关分析从而确定漏水点位置。当通过其他手段了解到某一管段发生泄漏，但无法确定漏点位置的时候，采用相关仪可较准确地定位漏点。

如图 9-4 所示，在怀疑漏水的管段安装 A、B 两个传感器，假设漏点离 B 传感器更近，距离为 L。当漏水声音往右侧传播到 B 传感器时，也同时往左侧传播到与漏点相距 L 的点，之后继续往左传播到达 A 传感器，漏水声音到达两个传感器的时间差为 Δt。设两个传感器之间的距离为 S，声音传播速度为 v，则漏点到 B 传感器的距离 L 为：

$$L = (S - v\Delta t)/2 \tag{9-1}$$

式（9-1）中的 S 为两个传感器之间的距离，需要在现场准确测定；声音传播速度与管材、管径、接口等因素有关，由设备自动给出或者在现场测得；Δt 由相关仪测出。

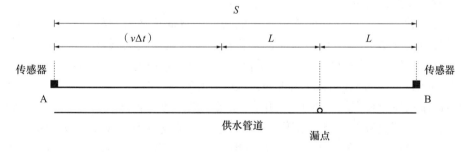

图 9-4　相关仪工作原理

相关仪应具备滤波、频率分析、声速测量等功能，由于相关仪内存储的理论声速与实际声速存在偏差，必要时在现场实测管道的声速，从而可以提高漏点定位精度。相关仪传感器频率响应范围宜为 0～5000Hz，电压灵敏度应大于 $100mV/m \cdot s^{-2}$。相关仪主要有日本富士的 LC 系列，英国雷迪 RD 系列，德国 Seba Dynacorr 等，见图 9-5。

图 9-5 相关仪

相关分析法用于管径不大于 300mm 的管道检漏时，两个传感器的最大布设间距不大于 200m，金属管道的传感器最大布设间距可大一些，非金属管道应小一些。传感器布设间距随管径的增大而相应地减少，随水压的增减而增减。传感器要竖直放置于管道上，并与管道接触良好，没有条件的情况下可放置在阀门或消防栓等附属设施上。检测前准确测定两个传感器之间的管段长度，输入管长、管材和管径等信息，并根据管道声波传播速度进行相关分析，确认漏水异常点。根据管道材质、管径设置相应的滤波器频率范围，金属管道设置的最低频率不宜小于 200Hz，非金属管道设置的最高频率不宜大于 1000Hz。

采用相关分析法检测时，管道水压不应小于 0.15MPa。相关分析法也是基于听声的原理，因此受到管材、管径、埋深等因素的影响，一般定位精度能达到 1.5m。相关法检测必须有两个金属暴露点（阀门、消防栓、水表等）以便布设探头，对于小口径管道，暴露点在百米以内时效果较好，超过此距离探头可能很难拾取漏水声音，也就无法定位漏点。对于大口径管线，金属暴露点的位置一般较远，在 500m 甚至 1000m 以上，所以相关法不太适用此类大口径管线。

（3）噪声法

噪声法通过噪声记录仪记录供水管道的噪声并分析其强度和频率，用以监测供水管道漏水以及漏水点的预定位。

噪声记录仪具备收集并存储管道噪声的功能，数据传输有两种方式：一种是车载巡检，将数据通过无线发送给移动的巡检车辆；另一种是通过无线网络，每隔一段时间自动将数据直接传输到监测中心。噪声记录仪主要有英国豪迈的 Permalog+，美国 Xylem Inc. 旗下的 Visenti，英国的 Syrinix technology，国内有和达科技等。

噪声记录仪应布置在供水管道、阀门、水表、消防栓等管件的金属部分。布设间距主要取决于管材，还应考虑管径、水压、管件、接口、分支管道、埋设环境等因素，一般不大于 300m。金属管道的布设间距可以大一些，非金属管道布设间距应小一些。管径越大布设间距应越小，水压越低布设间距应越小，管件越多布设间距应越小。为提高传感器接收噪声的效果，通过消火栓或者球阀将接收噪声的水听器插入到水体中，采用这种方式后，水听器的布设间距可以增大到750m，因而可用于较大口径的管道漏水监测。

（4）流量法

流量法通过在探测区域安装流量仪表检测流量的变化，判断该区域是否发生漏水。流量法仅需要流量仪表，可使用机械式水表、电磁流量计、超声流量计或插入式涡轮流量计等。流量法可根据需要选择区域装表法或区域测流法。

区域装表法利用总进水量与用水总量差判断漏水。探测时在同一时间段抄该区域全部用户水表和主要进水管水表，分别计算其流量总和。当二者差小于5%时，可不再探测漏水；当超过5%时，可判断为有漏水异常。该方法操作简单，只要抄录进水表和用户水表即可判断区域内是否存在漏水，但只能判断检漏区域内有无漏水，无法找出漏水点，甚至无法判断漏水管段，另外该法还受水表本身计量误差及抄表时间同步的影响。

区域测流法利用测定检漏区域的深夜瞬时最小进水量判断漏水。每个探测区域管道长度为2～3km管长或居民为2000～5000户。区域测流法一般选择在0：00～4：00工作，除保留一条管径不小于50mm的管道进水外，关闭其他所有进入探测区域管道上的阀门。在进水管道上安装可连续测量的流量仪，当单位管长流量大于$1.0m^3$（km·h）时，可判断有漏水异常。接着选择关闭区域内相应阀门，再观测进水管道流量，根据关闭不同阀门前后的流量对比确定漏水管段。该法要求流量计能连续计量而且精度高，以满足小流量时的计量要求，另外须选择深夜检测，检测时最好无用户用水。使用区域测流法一般能取得较好的漏损控制效果且经济实用，但该法只能判断区域内是否漏水，通过关闭区域内相应阀门可进一步确定漏水管段，但仍无法确定漏点位置。

（5）压力法

压力法通过测量管道供水压力值，获取该管段的实测压力坡降曲线，并与理论压力坡降曲线比较，以此判断是否发生漏水以及漏水范围。

压力法使用的压力仪表计量精度应优于1.5级。

根据供水管道条件布设压力测试点。采用压力法探测时，应避开用水高峰期，选择管道供水压力相对稳定的时段观测记录各测试点管道供水压力值。将各测试点实测的管道供水压力值换算成绝对压力值，或者换算成同一基准高程的可比压力值，绘制该管段的实测压力坡降曲线。当某测试点的实测压力值突变，且压力低于理论压力值时，可判定该测试点附近为漏水异常区域。

（6）探地雷达法

探地雷达通过发射天线向地下传播高频电磁波（1～1000MHz），由接收天线接收反射回地面的电磁波，当电磁波在地下介质中传播，遇到存在介电常数有明显差异的界面时发生反射，根据接收到的电磁波波形、振幅强度和时间变化的特征等参数，推断地下异常体的空间位置及埋深等信息。由于路面、路基、地下管道、漏水区域内的介电常数差异明显，所以能用于探测漏水情况。探地雷达法通过探测管道漏水后管周填土出现的浸润区域或者脱空区域判断漏水点。只有当漏水形成的浸润区域或者脱空区域与周围介质有明显的电性差异时，探地雷达法才能找到漏点。

可采用物探部门使用的探地雷达，根据管道埋深选择天线频率，一般采用中频（400MHz）天线。

探测前应在探测区或邻近的已知漏水点上进行方法试验，确定探地雷达法是否适用并设置设备的工作参数，例如工作频率、介电常数、时窗、采样间距等。

探地雷达能找到一些压力较小的管道的渗漏水，对大口径管道的探测有一定优势。但应用探地雷达探测漏水也有不少限制条件：首先是地下介质对电磁波的衰减会制约探地雷达的适用范围，当供水管道位于地下水位以下或地下介质严重不均匀时，探地雷达无法使用；其次是探地雷达图像解析具有多解性，需要专业人士解析图像；三是探地雷达的探测深度和分辨率是一对矛盾，无法同时得到满足；四是探地雷达操作复杂，漏水探测效率低。因此，使用探地雷达探测漏水，性价比不高，只能作为补充手段。

（7）气体示踪法

气体示踪法使用气体探测装置，通过在地面发现注入管道的示踪气体判断漏水位置。

气体示踪法仪器传感器灵敏度应优于 1mg/L。选择示踪气体的原则是无毒无害，不溶于水，比空气轻，易被检出，易获取，成本低，安全性高，目前较常采用 5% 氢气和 95% 氮气的混合气体作为示踪气体。

往待测管道内注入示踪气体前，须关闭其与管网和用户的联系阀门，并确保阀体及阀门螺杆和相关接口密封无泄漏。示踪气体进入管道达到一定浓度后，将在漏点处逸出，穿透土壤和路面，一般来说会在漏点正上方冒出地面。采用专用的气体探测装置，沿管道走向在地面按一定间距采样，根据其浓度变化曲线确定漏点。气体示踪法对检测天气及检测时段有要求，不适宜在风雨天气时检测，需要根据管道埋深、管道周围介质类型、路面性质、示踪气体从漏点逸出至地表时间等因素确定最佳探测时段。

气体示踪法一般用于 $DN75 \sim DN1000$ 的各种管材漏水检测，用于更大直径的管道时需要更多气体，成本会大幅增加。该法用于检测供水管道小漏点或造成管网失压的大漏点时有优势，缺点是须停水作业，操作复杂，成本较高。

（8）地表温度测量法

地表温度测量法通过测量疑似漏水区域的介质与周围介质的温差判断是否有漏水。测量仪器采用精密温度计或红外测温仪。

该法要求疑似漏水区域的介质与周围介质温度有明显差异，当管道内水温与管周土内温度相差不大，或者当管道埋设深度超过 1.5m 时，该法难以判断漏点，因此地表温度测量法适用范围较窄。

9.1.3　内检测方法及实施

根据传感器在管道内的行进方式及检测参数的不同，泄漏内检测技术可分为自由行进式、系缆式和低压电导率三种。

（1）自由行进式内检测技术

自由行进式内检测技术通过将传感器投入带压运行的管道中，传感器在水流的推动下在管道内浮游或在管底滚动，沿途采集漏水声音。所采用的传感器不带线缆，一旦投放到管道内就无法操控，传感器将在水流作用下自由行进。

① 技术及设备简介

美国 Xylem Inc. 旗下 Pure Technologies 公司的 Smart Ball 技术（中文名为智能球）检漏系统包括主机、智能球、声接收器（SBR）及 GPS 接收器（图 9-6）。智能球为该检漏系统的核心，内部元器件包括微处理器、声传感器、旋转传感器、温度传感器、声脉冲发射器及存储器和电池组等。铝合金球装在泡沫球内，泡沫球起到增大智能球表面积，降低总体密度以及减少球体与管道碰撞产生的低频噪声的作用。声接收器与粘贴在附属设施（如排气井、检修井等）处金属管道上的传感器相连，跟踪智能球在管道内的位置。

图 9-6　智能球检测系统

智能球可由管道上闸阀或者球阀（要求不小于 89mm 通径）投放及取出，采用专用收球网回收。智能球放入管道后，在水流推动作用下向管道下游滚动。在此过程中，智能球内的声传感器收集管道内所有的声音信息，包括漏点、气囊等管道内的异常声音。导出智能球内的数据，使用专门的软件进行分析，即可判断是否有漏水以及漏点位置。

智能球适应性强，可在管道中自由行进，不受地表结构物及管道埋深的影响，适用于 DN300 及以上的各种管材。智能球在管道中可连续 20h 采集数据，一次投放智能球可穿行数十千米，特别适合长距离输水管道的检测。智能球检测要求水流速度为 0.15~1.8m/s，最佳流速为 0.6~1.2m/s。智能球适合 0.1MPa 至 3.4MPa 之间的压力管道检测。

西班牙 agnova 公司的 Nautilus Ball 也是一种自由行进的泄漏内检测技术。与 Xylem 智能球不同的是，Nautilus Ball 是在水中浮游前进，通过在特征物上安装跟踪器（称为定标点）追踪球在管道内的位置。若 Nautilus Ball 发现漏点，则根据球体离开定标点的时间与管道流速计算漏点位置。由于管道内的流速不恒定，定位漏点的误差较大。另外由于 Nautilus Ball 是在管道内浮游，遇到障碍物的时候会出现暂时停顿，会影响漏点定位。

还有一些自由行进的设备，例如澳大利亚的 Pipe Inspector、加拿大 INGU Solutions 的 Pipers，因为将传感器投放到管道里时需要停水，或者因为设备尺寸较大投放到管道中需要 300mm 及以上的通孔，使用受到限制而难以推广。

② 实施方法

a. 图纸资料收集

收集待测管线的平面图和纵剖面图，获取管线走向、桩号、管径、管线埋深、坡度变化、沿途管道附属构筑物位置（如支管、排气阀、排空阀、消防栓、蝶阀、弯管）等信息。检测期间需要关闭口径较大的支管阀门，以防传感器进入支管，传感器有可能掉入位于管道底部的排空阀，这一点需要事先论证。

b. 投球及收球

为不影响管道运行，投球和收球都需在管道不停运的情况下完成。投球和收球可利用管道上已有的闸阀或者球阀，若待测管线起点和终点没有现成可用的阀门，则需要带压开孔并安装闸阀。以智能球为例，可通过 DN100 及以上闸阀投球和收球，闸阀下方的立管内径及管道上开孔均不小于 89mm。

c. 追踪传感器

为了实时跟踪传感器在管线中的进度以及在分析数据时对漏点位置进行准确定位，需要实时追踪管道内的传感器。当智能球遇到未知障碍物而卡阻时，声接收器（SBR）可以帮助确定卡阻位置。

以 Xylem 公司的智能球检测为例，需要在管件上安装声接收器，主要包括接收装置、声波传感器、GPS 以及电脑。检测过程中智能球发出声波信号并被声接收器所接收，在连接声波传感器的电脑上可以看到智能球与声接收器的距离。

图 9-7 为检测过程中某一声接收器所显示的智能球轨迹，最低点代表球体到达该点，之后随着距离变大，表示球体远离该点继续向下游行进。

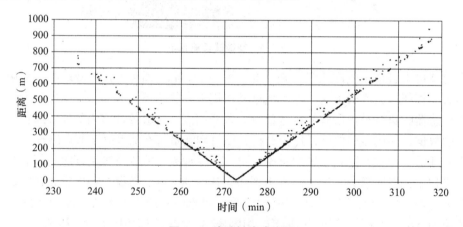

图 9-7　追踪智能球位置

检测时通过声接收器接收来自智能球的信号，以此确定智能球位置；另一方面，智能球会记录经过每个声接收器的时间，从而将待检的整条管线划分成多段，分析时有助于提高漏水及气囊定位精度。

d. 漏点、气囊识别及定位

当传感器逐步靠近漏点时其检测到的声波强度（蓝色曲线）会逐步增大而且不同频率的声波强度也同时增大，图 9-8 为智能球检测到的漏点频谱图，图中背景越亮表示该频率的声波信号强度越大。当传感器经过漏点时声波会形成一个强度最大的尖峰，随着传感器逐渐远离漏点，其记录下的声波强度和声波频率也随之逐渐降低。

漏点往往具有以下典型特征：

（a）当传感器接近漏点时频率范围会增大；

（b）当传感器接近漏点时，先出现频率上的变化，强度也快速增加；

（c）当传感器靠近漏点时，漏点处信号的频率与强度变化具有一致性。

漏点定位一般以最近的 SBR 为基准点，给出漏点与该 SBR 点的距离。目前智能球的漏点及气囊定位精度为两个传感器间距的 0.5%。如果管线走向不明、图纸缺失或漏点不在 SBR 传感器信号接收范围内，误差会更大一些。当智能球在管道底部滚动时，漏点与

SBR 之间的距离为智能球在管线中实际行进路线的长度，与地面测量往往有较大差异，这一点在验证漏点位置时需注意。

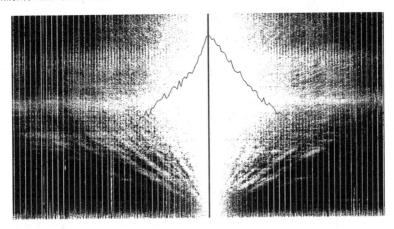

图 9-8 典型漏点频谱图

管道中如有气囊，传感器采集到的气囊处声音信号与背景噪音有明显差别，据此可给出气囊的位置及长度。

e. 漏水量估计

客户除了关心管道上是否有漏点外，还关心漏量的大小。漏点越大，风险越大，客户会尽早安排维修。外部检漏方法由于接收到的漏水声信号有可能来自临近位置，也有可能来自较远位置（这时接收的信号已叠加很多噪音并出现较严重衰减），因此无法通过接收到的漏水声信号判断漏点大小。而内检测技术的传感器直接从漏点旁边经过，采集到的是真正的漏水声信号，因此用于估算漏量精度较高。

内检测方法估算漏量需要先建立标定曲线。完成检测后，当传感器还在回收网中时，通过调节安装在回收筒上的球阀人为模拟程度不同的泄漏。打开阀门，用量筒将水收集起来，除以收集水的时间，即可算出泄漏的漏量。根据漏水量与所记录的声信号强度建立标定曲线。当检测发现漏点后，将漏点处声信号强度在标定曲线上画出，横坐标即为估计的漏量大小。

（2）系缆式内检测技术

系缆式内检测技术的传感器与线缆连接，传感器插入管道后在水流的推动下在管道内前行，沿途采集漏水声音。通过线缆可以控制传感器的前进、停止及后退。

① 技术及设备简介

系缆式内检测技术主要有 Pure Technologies 公司的 Sahara 设备以及 JD7 公司的 LDS 1000 设备，两种设备都有检漏及内部视频检查功能。

检测系统能够检测泄漏、滞留气囊，并能通过内部摄像检查管道内部情况。该系统包含串式传感器、传感器定位仪、插入组件、光缆卷筒、控制台（用于处理声学和可视化数据）。图 9-9 为典型的检测系统配置图。

串式传感器由多个模块组成，模块间采用柔性连接，以方便插入管道及通过弯管。最前端为摄像头，摄像头后面的牵引伞经特殊设计，为串式传感器及光缆在管道中前行提供动力。牵引伞的尺寸根据管径及流速选择。

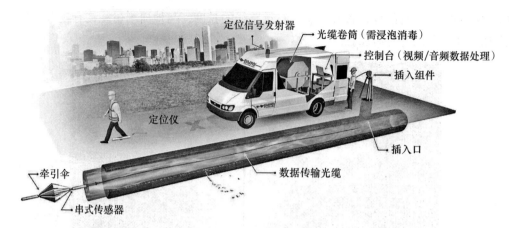

图 9-9　检测系统配置图

设备不受地表结构物及管道埋深的影响，适合 DN300 及以上的各种材质管道的检测。能探测出低至 1L/h 小漏点，异常点定位误差可控制在 ±0.5m，且可以通过视频检查管道内部情况。可实时提供检测结果，当发现有漏点、气囊及可见异常时，可以立即通过定位仪定位这些异常的位置。可使用定位仪的精确定位功能绘制管线图，核对管线 GIS 图中管件信息是否有误，有无缺失。在流速较大且没有弯管的情况下，单次插入在管道中前行的最大距离可达 1.5km。检测要求的最小水流速度为 0.3m/s，最佳流速为 0.6～1.2m/s，适合 0.1～1.7MPa 之间的压力管道检测。不能穿越蝶阀，因为回收光缆时很容易缠绕在阀板上。当传感器经过支管时需要短暂关闭支管阀门。

② 实施方法

a. 图纸资料收集

系缆式内检测技术对图纸资料的要求比自由行进式内检测技术略低一些。由于传感器后面连着线缆，当遇到未知支管以及影响通行的障碍物时，可以停止传感器前行。

b. 插入装置

在管道不停运的情况下，通过 DN100 闸阀（要求开孔内径不小于 89mm）安装插入装置插入传感器。检测起点处插入孔闸阀口应竖直向上。如现场没有符合条件的闸阀时，需提前带压开孔并安装闸阀。

带压条件下插入传感器的装置有一定高度，如进人孔正对闸阀，打开进人孔井盖就能满足安装要求；如进人孔不正对闸阀，则闸阀上方应保证有足够的净空高度；当阀净空要求不满足时，应考虑吊开阀井盖，或在闸阀正上方的阀井盖上开孔。

c. 传感器定位

由于系缆式设备的传感器在管道中随水流前行，为地面定位带来了便利。当遇到漏点、气囊及其他异常情况时，可在地面进行定位。对于系缆式内检测技术而言，能否在地面定位是评价设备优劣的重要因素。

由人工携带定位仪在管道上方定位管道内的传感器。当发现异常时，将传感器固定在管道内不动，在地面上将定位仪移动到管内传感器的上方，传感器捕捉极低频信号并将信号经光缆传输到地面操作员，同时将信号返回到定位仪操作员，以此精确定位异常位置。定位仪发出的极低频率信号可以保证管内外的精确通信，当管材为金属时，信号可抵达埋深达 9m 的管道。地面定位的精度可达 ±0.5m。

d. 漏点、气囊识别及定位

系缆式设备检测过程中，工作人员时刻监视控制台屏幕。遇到漏点时，屏幕显示的时频信号高亮呈现，传感器越靠近漏点，工作人员监听到的漏水声越强，传感器越远离漏点，漏水声越弱。根据这一特性，地面人员借助定位仪能准确定位漏点。

传感器到达气囊位置，时频信号高亮呈现，同时可监听到异常的声音。通过找出信号及声音发生变化的分界点，可以确定气囊的位置及长度。

e. 管线绘图

利用系缆式技术可以在地面准确定位管道内传感器的这一特性，可以完成管线精确绘图。可帮助水司对一些建成年代久远，没有图纸资料的管线定位。

（3）低压电导率检测技术

美国 Electro Scan Inc. 公司开发的基于低压电导率技术的检测设备，测量通过管壁传导的电流判断管道是否有漏水。图 9-10 为低压电导率设备，设备产生的电位在 9～11V 之间，一只电极设置在传感器中，另一只电极插入管道上方的土中。

图 9-10 低压电导率检测设备

低压电导率的实施与上一节类似，通过消防栓、闸阀等将传感器插入运行中的管道内，传感器随水流前行。与传感器相连的线缆一头与传感器连接，另一头与插入土中的电极连接，若管道没有漏水，则接收到的电流很小，若管道出现漏水，则管道内外因为漏水而连通，导致电流突增。

低压电导率技术适用于不导电的管材例如 PVC、PE、玻璃钢管，检测水泥管、钢筋混凝土管、PCCP 管时会有一些问题，不适用于金属管道检测。该法适用于 $DN150～DN750$ 的管道，受牵引技术及弯管影响，单次插入的检测长度约 300m，可以检测出较小的漏点。

（4）两种内检测方法比较

由以上介绍可知，自由行进式技术和系缆式技术各有特点及适用条件，两种技术的比较见表 9-1。

自由行进式技术和系缆式技术比较 表 9-1

比较项	自由行进式设备	系缆式设备
检测微小漏点的能力	高	高
气囊检测	可以	可以
漏点定位	较高	高
实时性	事后分析异常点	反复校核，当场确定异常点
管线绘图	精度较低	精度高
内部检查	无	提供内部视频
过蝶阀	能穿越不小于 $DN500$ 管道上完全打开的蝶阀	无法通过蝶阀
弯管	影响较小	金属管道累计弯角不超过 270°
对图纸资料的要求	更高，特别是支管及排水孔	低一些
插入点/回收点	一个插入点、一个回收点	只需一个插入点，场地要求较高
检测效率	一次投放可检测数十公里	受蝶阀及弯管影响，一次插入只能检测 1km 左右

由于不受管材影响，自由行进式设备和系缆式设备应用较广。自由行进式设备适合支管较少的输水管道，一次投放可检测较长距离，可充分发挥其检测效率；系缆式设备适合市区管网检测，特别当需要了解管道内部状态时采用系缆式设备检测。两者可以结合起来使用，自由行进式内检测技术用于普查，系缆式内检测技术用于重要管道。

9.2 管道内窥检测

管道内窥检测法通过进入管道内部的摄像头检查管道内部缺陷。管道内窥检测设备有 CCTV 管道检测系统、管道内窥镜以及管道不停运条件下内窥检测设备。

9.2.1 CCTV 管道检测系统

闭路电视（Closed-Circuit Television，简称 CCTV）管道检测系统，是利用闭路电视对管道内部进行摄像检测的方法。这种检测方法可观察和确认管道内部缺陷。

CCTV 管道检测系统的研发始于 20 世纪 60 年代至 80 年代已基本成熟。国外生产制造 CCTV 管道检测系统的厂商有 IBAK、Telespec、Perapoint、TARIS、雷迪公司等。我国从 21 世纪初开始 CCTV 管道检测系统研究，目前已有多家单位研发成功，例如，武汉中仪、清华大学、哈尔滨工业大学、上海交通大学等，并已用于排水管道、供水管道及燃气管道内部检查。

CCTV 管道检测系统一般包括摄像系统、照明系统、管道机器人（爬行器）、电缆及电缆盘、录像及显示系统、控制系统等。管道机器人按照行走方式分为车轮式、履带式和蠕动式：

车轮式管道机器人（图 9-11）结构简单、行走连续稳定、速度快、可靠性高，缺点是管道与车轮间的摩擦力小时易产生打滑现象，跨越管道内积淤的能力较差。履带式管道机器人附着于管壁的性能好，能在管道内不平、存在泥水及一定的障碍物下行走，越障能力强，结构要比车轮式管道机器人复杂。蠕动式管道机器人的优点是所有动作都是直线运动，易于实现密封，机器人的横截面积小，缺点是行走速度慢。

图 9-11　车轮式管道机器人

现场检测时，检测人员通过控制终端遥控机器人在管道内行进的方向和速度；通过调整摄像头的旋转和变焦，实现不同方向的清晰成像；通过控制升降架的高度，适应不同管径的管道检测；通过照明灯的照明提高管道内部亮度，使管道内部情况清晰可见，并通过摄像头将图像传输至控制终端的显示屏上，利用录像功能储存实时影像资料；通过长度传感器确定检测的长度，以及检测中所发现的异常的位置，为后续开挖修复提供参考。

CCTV 管道检测技术可用于管道详查、普查、验收及修复等管道工程中。CCTV 管道检测系统使用摄像头对管道内部进行全程检测，通过人眼观察和软件分析，对管道内的锈蚀、淤积、管道接头错位等情况进行判断，确认缺陷类型、位置和严重程度等信息，为管道后期维护、验收工作提供依据。图 9-12 为采用 CCTV 管道检测系统发现的管道缺陷。

（a）管壁锈蚀　　　　　　　（b）管道接头错位　　　　　　　（c）管道淤积

图 9-12　CCTV 管道检测系统发现的管道缺陷

CCTV 管道检测系统适用于 $DN150\sim DN2000$ 各种材质的管道。检测时要求管道排空，如无法完全排空，则管内水位应控制在管径 20% 以内，不应淹没摄像头。无法检测被淤泥覆盖的部分，在有较多淤泥的情况下需要清淤后检测。管道内部雾气可能会对系统成像质量造成影响，使用前需排除管内雾气。

由于排水管道运行情况较为复杂，且管道内可能含有多种有毒、有害气体，为作业人员的安全带来了一定的影响。CCTV 管道检测技术可以减少人员下井检测作业，保障管道检测工作的安全实施。该系统广泛用于排水管道的一个原因是排水管道有很多进人孔，进人孔间的距离不大，且排水管道大都具备排空条件，而供水管道的进人孔较少，为保证供水服务，一般不会停水后排水检测，因此 CCTV 管道检测系统在供水管道中应用相对少一些。

9.2.2　管道内窥镜

管道内窥镜也称作管道潜望镜或者推杆式管道机器人，由一体化主控制器、推杆及电缆盘、高精度摄像头三部分组成，使用金属材料制成的多级伸缩杆或者柔性推杆电缆将位于其前端摄像头推送入管道内部，对管道内部影像预览和录制，从而达到检测目的。图 9-13 为管道内窥镜。

使用管道内窥镜检测时，要求管内水位不大于管径的 1/2，推杆可以伸入管段内探测的距离一般在 150m 之内，适用于 $DN150 \sim DN1500$ 的管道检测。

图 9-13　管道内窥镜

9.2.3　管道不停运条件下内窥检测设备

9.1.3 节介绍的系缆式内检测设备不仅可以在管道不停运的条件下检测漏水，还可以利用安装在传感器前端的摄像头检测管道内部状况，可以了解阀门状态、支管、非法接头、冗余接头、衬层质量、管瘤、堆积物及局部淤塞等信息，为管道状态评估提供依据。

管道不停运条件下内窥检测设备的介绍及实施方法见 9.1.3 节。

某管线输水量达不到设计要求，采用系缆式技术发现一处蝶阀呈半开状态，见图9-14a。视频检查可以发现管道上的支管、非法接头和冗余接头。很多水司目前都有 GIS 图，支管位置都在图上标注。系缆式设备可以逐一校核 GIS 图中标注的支管，图 9-14b 为检测发现的未标注支管。某管线流量较之前减少，水质下降，采用系缆式设备发现管道内部管瘤严重，内径 700mm 的管道，最严重管瘤处的实际内径只有 450mm，见图 9-14c。视频检查在管道中还发现过建筑垃圾（图 9-14d）、未割除的钢支撑、施工期间留下的平台。

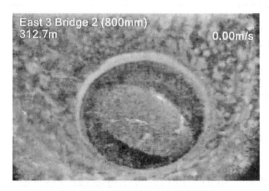

（a）视频检查发现的未全开的蝶阀

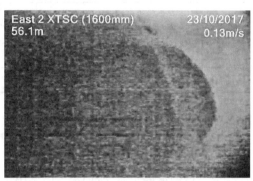

（b）视频检查发现未标注的支管

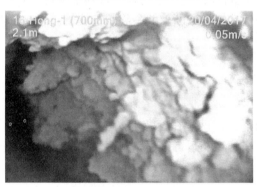

（c）视频检查发现的管瘤

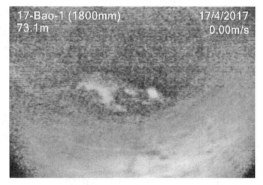

（d）视频检查发现的建筑垃圾

图 9-14　管道不停运条件下内窥检测设备发现的管道问题

不停运条件下内窥检测所采用的系缆式设备为保证传感器在水流推动下前行，传感器前端的摄像头尺寸较小，且地面人员无法控制摄像头的旋转及变焦。由于摄像头一般位于管道中央，且处于动水流中，因而摄像效果不如 CCTV 管道检测系统，难以检测到管壁的小缺陷。对于大于 DN2000 的管道或者在较浑浊的原水管道中，摄像效果会下降。这种设备适合于 DN300～DN2000 的自来水管道或者原水管道内窥检查，不适合排水管道的内窥检查。

9.2.4　管道内窥检测方法比较

从工作条件、可检测口径、单次检测长度、摄像效果、异常点定位和适用条件 6 个方面，对 CCTV 管道检测系统、管道内窥镜、管道不停运条件下内窥检测设备进行比较，见表 9-2。

三种管道内窥检测方法比较 表9-2

比较项	CCTV管道检测系统	管道内窥镜	管道不停运条件下内窥检测设备
工作条件	需排水，积水深度不能超过20%管径	需排水	不需停运
可检测口径	$DN150 \sim DN2000$	$DN150 \sim DN1500$	$DN300 \sim DN2000$
单次检测长度	一般不超过500m	一般不超过150m	一般不超过1000m
摄像效果	摄像头可旋转，可变焦，效果好	摄像头可调节，效果较好	摄像头无法调节，动水中视频抖动
异常点定位	线缆定位	推杆定位	线缆定位及地面定位
适用条件	主要为排水管道	主要为排水管道	主要为供水管道

9.3 PCCP管断丝检测

预应力钢筒混凝土管（PCCP）广泛用于水利、电力、给水、排水等领域。PCCP在施工及运行过程中，有多种原因会造成钢丝损伤或腐蚀，包括原材料（特别是钢丝）质量，管道制造、运输及安装不当，管周土壤的腐蚀性等，导致断丝并最终引起爆管。因此，很有必要通过检测手段了解PCCP是否出现断丝。

9.3.1 PCCP断丝检测技术概述

（1）PCCP断丝检测的必要性

PCCP的强度取决于缠绕在管芯上的高强钢丝，钢丝在管芯上产生均匀的压预应力，能够抵偿由内压和外荷载产生的拉应力。但是在施工及运行过程，有多种原因会造成钢丝损伤或腐蚀：

① 钢丝质量差，出现氢脆现象；

② 制造缺陷，特别是砂浆保护层质量差；

③ PCCP安装不当，砂浆保护层出现裂缝；

④ PCCP处于腐蚀性土壤中，氯化物、硫酸盐及其他诱发腐蚀的化合物侵入砂浆层；

⑤ 操作原因，包括非正常启动阀及泵引起的瞬时压力波。

钢丝腐蚀到一定程度后出现断裂，所在部位管道强度下降。如果腐蚀进一步发展，同一部位将出现更多断丝，管道强度显著降低，最终导致爆管。国外对PCCP爆管事故的统计表明，钢丝断裂是引起爆管的主要原因。PCCP爆管具有突发性、灾难性，事先没有征兆。爆管发生后，并不仅仅限于管道供水中断，还会引起交通、环境、卫生等公共安全事故。

PCCP中的高强预应力钢丝是受力构件，关系到PCCP结构安全，准确掌握断丝的发生及发展极为重要。PCCP一旦出现断丝，则断丝会加速发展，需要定期检测，通过对比了解断丝的发展规律。通过检测掌握了PCCP钢丝断裂情况后，管理单位根据检测结果，可以有针对性地选择维修、修复或者更换措施。

（2）PCCP 断丝检测技术

① 目视检查及回声检测

PCCP 管线排水检修的时候，由检测人员进入 PCCP 管道，沿着管线行走，进行目视检查，敲击管道内表面以识别由空鼓引起的回声。

目视检查内容包括管道内壁裂缝、接头状况以及其他异常情况。目视检查过程中测量并记录裂缝的长度及宽度，必要时测量裂缝深度。裂缝分为纵向裂缝和环向裂缝，一般来说，环向裂缝的危害要小一些。如果管道出现多条通长的纵向裂缝，则有可能是断丝较多导致的结构性裂缝。接头检查内容包括是否发生轻微移动或受到侵蚀，接头处的砂浆有无破损等。

回声法使用锤子或金属棒敲击管道内壁判断空鼓区的范围。如果时间允许或者便于敲击，则环绕整个管壁敲击听回声，如不具备条件，则可以仅敲击管腰及其附近部位。

在以往同时开展过目视检查及回声检测以及电磁法断丝检测的工程中，我们发现 PCCP 管道出现少量断丝时，管道内壁不会出现纵向裂缝，敲击时也无明显的空鼓声，因为少量断丝不足以导致混凝土管芯开裂，或与钢筒分离，只有当出现大量断丝，敲击时才能听到空鼓声，但也并非一定出现纵向裂缝。

该法检测效率低、精度差，依赖于检测人员的经验，无法了解管道断丝数量，只能识别处于临界破坏状态的管道。

② 声波法

美国 WSSC 的 Woodcock 等提出采用声波的方法对 PCCP 管检测，该法是基于预应力钢丝破坏后引起混凝土剥落破坏后，检测的横波波幅减小，并出现反射波。

声波法可识别 PCCP 中的缺陷，例如内层管芯裂纹，钢筒与内层管芯或者外层管芯是否脱开，壁厚变薄等。采用电磁法检测 PCCP 断丝，管道接头附近的断丝判断精度较中部低，声波法可以评估因预应力钢丝断裂，或因缺少足够的预应力钢丝而导致的端部混凝土受损，对了解管道端部钢丝情况有帮助。

只有当 PCCP 出现大量断丝造成混凝土内层管芯与钢筒脱开才能接收到明显变化的声波，但此时已接近爆管，因此声波法检测 PCCP 断丝的工程意义不大。

③ 电磁法

电磁法 PCCP 检测技术是一种无损检测手段，用于评估 PCCP 管道中预应力钢丝的完整性。该法基于远场涡流技术，由发射线圈发射磁场，接收线圈接收预应力钢丝中涡流产生的磁场信号。采集每个管节的磁场信号，识别因钢丝断裂引起的异常信号，通过分析异常信号的各种参数如波长、振幅和相位偏移等，识别出现断丝的管道，定位断丝位置并估计断丝数量。

电磁法检测结果可以作为 PCCP 状态评估的基准数据。国外对运行多年的 PCCP 管道检测表明，绝大部分的埋地管道都处于良好的状态，只有不到 1% 的管道需要维修。采取电磁法检测技术，可以筛查出每节管道断丝情况，事先找出需要维修的区域，有针对性地维修问题管道，一般花费只是更换整条管线成本的 3%～5%，却能有效延长管道使用寿命，保障管线安全运行。

加拿大皇后大学（Queen's University）的大卫·阿瑟顿（David Atherton）教授于 20 世纪 90 年代，在加拿大自然科学和工程研究委员会资助下，开发了电磁法检测 PCCP 断丝技术，并申请了专利。1997 年该技术由加拿大 Pressure Pipe Inspection Company（PPIC）商业化。加拿大 Pure Technologies Limited（Pure）公司于 20 世纪 90 年代研发了电磁法检测 PCCP 断丝技术 P-Wave，并申请了专利。由于很多客户的管道没有备用管线，无法停水，另外管径小于 $DN1200$ 的管道，不适合人工进入检测。为此，PPIC 公司于 2007 年开发了自由浮游电磁法检测设备。

9.3.2　电磁法 PCCP 检测设备及实施

根据管线直径和使用条件的不同，电磁法检测技术可以搭载在不同的检测平台上，以满足不同条件下的检测需求：管内检测车平台、机器人检测平台和自由浮游式检测平台。

电磁法检测设备的基本部件包括：发射线圈、接收线圈和数据采集系统、电源以及机械固定装置。自由浮游的电磁法设备还配置可移动传感器，用于追踪设备在管道中的位置。

使用电磁法检测 PCCP 断丝须提前收集管道信息，用于管道标定及后续的检测数据分析。应收集 3 个方面的信息：

① 管线铺设信息，至少应包括：管道纵剖面图、管道平面图、管道安装表、管线上的附属设施，以及进出管道的通道。如果采用自由浮游设备检测，还应了解管道内蝶阀位置及结构形式，了解支管、弯管和陡坡信息，必要时通过模拟计算确认自由浮游设备是否具备通过上述结构的能力。

② PCCP 管道结构信息，至少应包括：管道等级、管节长度、管径、钢丝直径、钢丝螺距、缠丝层数、钢筒壁厚、混凝土管芯厚度、砂浆层厚度、防腐保护情况以及是否有短接钢带。

③ 管道维修情况。PCCP 的维修方法有多种，外部预应力钢丝维修和内部钢滑衬维修会影响检测，因此检测前应了解是否采用这两种方法维修。另外，还应了解管道是否进行过更换，如有，是换成了钢管还是新的 PCCP 管。

（1）不带压条件下检测设备

不带压条件是指实施检测时需要将 PCCP 管道排空，操作人员进入管道内部检测，或者管道可以开挖露出管顶部，操作人员在管顶实施检测，或者管道降压后由机器人进入管内检测。

① 管内检测车平台

由人工推行检测车进行检测，设备在管道内或者沿管道外壁推行，数据采集系统记录检测数据。适用于 $DN900 \sim DN6000$ 的 PCCP 管道断丝检测，检测时需要将管道排空，一般要求管道内的积水不超过 30cm，管道内的淤泥不超过 10cm；人员和设备进出管道的入孔直径一般不小于 40cm。管道的坡度对检测无影响，考虑到操作的安全性，坡度大于 20% 时需要绳索支持。根据检测环境的差异，单日可检测距离为 1.5～5km。检测时，设备行进的最佳速度为 0.5m/s。

检测车平台分为两种：检测车和简化的检测车，见图 9-15 和图 9-16。检测车的电磁线圈、数据采集系统及电池置于安装有车轮的车架上，车架垂直于管道轴线的方向并能够调整，以适应不同管径的管道。发射线圈、接收线圈固定在检测车上垂直于管道轴线的两侧，距离管道内壁的距离为 5～10cm。该设备可在 $DN1200 \sim DN4000$ 的管道中推行，经改造最大可以在 $DN6000$ 的管道中运用。简化的检测车可在 $DN900 \sim DN3000$ 的管道中推行。如果管道开挖露出管顶，简化的检测车还可用于管顶检测。由于在管顶检测时电磁波不需要穿透钢筒，可以选择频率较高的电磁波，则检测精度更高。

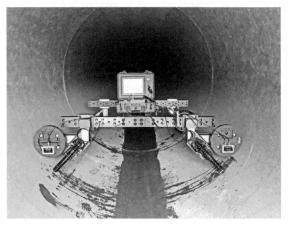

图 9-15　检测车　　　　　　　　　　图 9-16　简化的检测车

② 机器人检测平台

该设备将机器人技术与电磁法检测技术结合，可以替代检测人员在一些人工无法进入的管道或危险性高的污水管内实施电磁法检测。该检测系统由一根高强光缆牵引，由可远程操作的模块化履带式小车及其搭载的多种传感器组成，见图 9-17。经配置后可以检测直径 $DN300$ 及以上的管道，单次检测长度（双向）可达 5.6km。

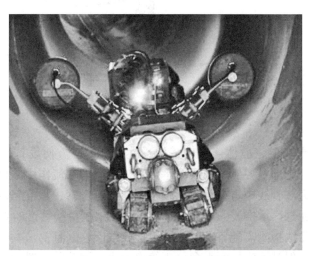

图 9-17　机器人平台

利用三脚架与绞盘或吊车将机器人平台通过提前准备好的开口放入管道。操作人员通过连接设备的光缆在地面控制其前进或后退、摄像头的方向和变焦等，并实时监测和观察管道内传感器所采集的数据和高清视频。机器人设备检测时可以不排空管道，但需要减压。

（2）自由浮游的电磁法设备

很多重要的输水或调水工程管线采用 PCCP 管道，这些管线只有一条，没有冗余，沿途也无调节水库，一旦投运后就不允许中断运营。有些管线虽然可以停运并排水，但由于排水点少，或者管线建成后地貌改变而难以排水。另外小于 900mm 的管道人员不适合人员进入。上述三类管线，都无法使用检测车人工进入检测，为解决这一问题，Xylem Inc 开发了自由浮游的电磁法设备 PipeDiver，下面简要介绍该设备及实施条件。

① 设备简介

自由浮游设备主要由不同的分隔舱、舱体连接件及承推瓣组成，搭载在平台上的自由浮游电磁法设备主要包括数据采集系统、线圈、声波接收器、电池等，见图 9-18。对搭载检测设备的平台进行配重试验，使其比重略轻于水的比重，从而能够随水流自由浮游。

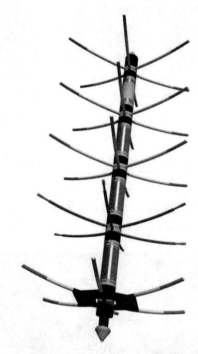

图 9-18　自由浮游电磁法设备

分隔舱为圆柱形空腔，舱体连接件采用柔性设计，以方便设备进出管道，穿过弯管等。在设备的头部、尾部及各舱之间设置承推瓣，以增加水流作用面积，水流推动承推瓣为设备提供前进动力。管线中可能存在缩颈、阀门或者弯管，承推瓣遇到这些结构物或者管件时可以收拢并通过。承推瓣的尺寸、数量、刚度根据待检管道的直径、流速等确定。

前面提到过电磁法检测需配备发射线圈及接收线圈，并且要求发射线圈及接收线圈尽可能靠近管道内壁。但是因为检测平台位于管道中央，因此除了置于不同的分隔舱内的发射线圈和接收线圈（也称轴向接收线圈），还有一种径向接收线圈安装在承推瓣上，径向接收线圈的数量依据管径大小确定。两种接收线圈都可以采集到钢丝上涡流产生的电磁信号，用于综合分析预应力钢丝的完整性情况。

为设备供电的电池放置在分隔舱内，根据预计检测时长可选择加装的电池模块数量，单次检测时间最高可达 25h，因此单次检测距离可达数十千米。

安装在承推瓣上的声波发射器用于地面追踪。

在管道带压情况下，使用特制的插入套管将设备通过管道开孔插入管道中，或通过与管线相连的蓄水池进行投放。若能使插入点附近管段降压，可直接将设备插入管道（无需插入套管），压力恢复后即可开始检测。进入管线后，设备将随水流在管线内行进，直至到达预先设定的设备回收点（蓄水池或管内阀门）。检测时，设备悬浮于管道水流中，其上的柔性承推瓣可保证其位于管道居中位置，并在水流推动下为提供前进动力。柔性连接使得设备可通过管内蝶阀和管道弯头。此外，检测过程中，通过预先安装的声音传感器辅以移动的设备定位仪对设备在管内的行进过程进行追踪。现场检测完成后，对采集到的数据进行分析，确定断丝分布，估计断丝数量。

与不带压条件下的检测设备相比，自由浮游设备具有以下优势：无须中断管线运行；投放和回收只涉及少量阀井，不需要拆装大量阀门和盲板用于进出管道或通风；单次检测距离长；由于不需要排水，不需人员进入管道，自由浮游设备更经济、安全。但自由浮游设备检测前，需要对管道作一些改造，以满足设备投放及回收要求。

② 检测条件

使用自由浮游设备检测运行中的管线须满足下述条件：

a. 适合检测的管线口径：$DN400\sim DN3000$。

b. 管压不超过 1.7MPa。

c. 检测期间管线流速须稳定，要求在 $0.15\sim0.91\mathrm{m/s}$ 之间，流速在此区间能保证较好的数据质量。

d. 管线沿线有足够多的特征物（如排气阀、排空阀、检修井或其他类型阀井）可用于安装追踪装置以便对设备进行追踪。

e. 管线沿线的支管在设备经过时须关闭以确保设备行进在目标管线内。

f. 提供管线内所有已知蝶阀的位置及结构形式且所有蝶阀在检测时均处于全开状态。

g. 支管阀门或其他管道附件应处于可操作状态（支管阀门可关闭）。

h. 设备插入口和回收口尺寸：降压操作时不小于 $DN300$；带压操作时不小于 $DN350$。

③ 设备投放与回收

设备进入管线的方法根据管线是否可降压分为两种。

a. 降压投放与回收（无套管）

降压投放适用于 $DN400$ 以上的管道，要求管线降压并排水至一定程度以便于打开插入口。取决于管线条件，这种投放方式可能简单，也可能复杂，一般来说排水后在某一高点投放，难度会相对较小。可选择人孔、开放阀井或调蓄池进行投放和回收，大致步骤如下：

（a）隔离管线的某一段（通常是通过关闭插入点附近管段两端的阀门来实现）；

（b）该隔离管段降压后，移除其上的某一盲板，该孔即为插入点（或将满足插入口尺寸要求的闸阀作为插入点）；

（c）将设备通过上述插入点插入管道中（图 9-19）；

（d）重新盖上盲板（或关闭闸阀），管线恢复带压，检测开始；

（e）设备在管线中行进的过程中，现场工程人员对其进行追踪；

（f）回收方式有四种：通过已知管内附件（如部分关闭的蝶阀）停止设备前进并回收；到达已知的管线终点并使用特制的回收网或回收格栅等进行回收；将遥控水下机器人（ROV）放入管线中进行回收，ROV 的最大行进距离为 300m；聘请具有专业资质的潜水员进入管线回收设备。

图 9-19　自由浮游设备插入与回收（阀井内）

b. 带压投放与回收

在管道上进行带压投放时，须在管道上开孔（或利用现有管道设施），要求孔口直径不小于 DN300，并配备闸阀。插入和回收时须在管道上架设套管以使设备在不中断管线运营的情况下进入 / 离开管道。每次检测至少须在管线上开两个孔，分别用于设备插入和回收。

由于带压投放及回收方式对工作场地的要求较高，如有条件，应优先考虑降压投放方式。

④ 设备追踪

检测过程中，通过预先安装的传感器（与安装在承推瓣上的声波发射器配合工作）辅以移动的设备定位仪追踪设备在管内的位置。

为追踪运行在管道内的设备，检测前在管线沿线安装声音传感器。在检测过程中，将传感器连接到电脑可实时追踪设备。这些传感器的布设间距通常在 800m 左右。布设传感器需要先在管道（或管道附件）上清理出一小块区域，然后将传感器粘在该位置。传感器并不一定要直接附着在管道上，粘在法兰、立管或其他附件上亦可（但附件与管线距离不应超过 1/2 管径）。

此外，还会使用设备定位仪在地面对设备进行追踪。影响定位仪追踪质量的因素包括：管道埋深（最大 7.6～9.1m）；设备行进速度（行进速度过快会增加信号接收难度）；管道外部干扰，如发电机、发动机或输电线等可能会使可追踪深度降低到 1.5m 或更小。

9.3.3　电磁法检测结果分析

（1）管道标定

为提高断丝数量判断精度，需在检测前开展管道标定工作。检测时，管道在断丝数量不同的情况下会产生不同的信号响应。为了明确不同状态下的信号响应，需要选用与所检测的管道相同的管节进行标定。首先采集管道没有断丝时的电磁信号数据即基准信号，确立了基准信号后，逐次增加管道的断丝数量，进行信号扫描以确定：当断丝数量改变时系统的分辨率和检测特定管道时的最优系统设置。利用这些信息创建标定曲线，数据分析人员通过测量断丝信号并和标定曲线进行比较，即可对信号所代表的断丝数量进行量化。

① 标定管道的选择与摆放

选取一节与待测管道参数相同的完好管道进行标定。标定可在安装就位的管线上、工地现场或 PCCP 管厂进行。在工地现场或者 PCCP 管厂标定时，在待标定的管道承口和插口都接上一节完整的管道或者半截管道（应不小于 1.2m）。将这三节管道连接起来（图 9-20）。连接时宜装上胶圈模拟真实的安装情况。

末端窗口　　　　　中部窗口　　　　　末端窗口

图 9-20　标定管道摆放及标定用窗口位置示意图

② 背景信号扫描

在清除砂浆切割窗口前，从两个方向对管道进行背景信号扫描，确定管道无断丝，获取没有断丝时的基准信号，保存好背景信号文件。

③ 在砂浆保护层上开凿窗口

在待标定管道的砂浆保护层上切割出 3 个窗口：管道两端各 1 个、管道中部 1 个（图 9-20）。窗口高度为 15cm，窗口长度取决于钢丝间距，需要露出至少 50 根钢丝。用切割机切出窗口后，用电锤及錾子清除窗口内的砂浆，使预应力钢丝完全外露。使用切割机及电锤时应避免切断预应力钢丝或者打穿钢筒。若不小心切断钢丝，需用铜焊将断丝连接起来。使用防倒转棘轮带和木板对每个窗口进行加固，以免后续切断钢丝的过程中砂浆保护层崩裂。

④ 标定程序

窗口准备好后再进行一次背景扫描，随后用切割机切割钢丝。首先切割中部窗口的钢丝，切割顺序为：第 1 次切断窗口中间的 1 根钢丝；第 2 次在第 1 根断丝的上游侧切断 2 根钢丝；第 3 次在 3 根断丝的下游侧切断 2 根钢丝；第 4 次在 5 根断丝的上游侧切断 5 根钢丝；第 5 次在 10 根断丝的下游侧切断 5 根钢丝；依次类推直到切断 50 根钢丝。每次切割完后，从两个方向对整节管道进行扫描。

随即进行两端窗口的标定，切割钢丝时从末端最接近接头处开始，一直朝管道中部切割，总切割数量依次为：1、3、5、10、15、20、25、30、35、40、45、50。每次切割完后，从两个方向对整节管道进行扫描。

（2）检测结果分析

分析电磁法检测信号时，综合利用波幅及相位判断有无断丝。波幅表示电磁波信号的能量大小，相位表示时间的延迟，当 PCCP 管道中预应力钢丝出现断裂时，其产生的电磁波能量减小，波幅会减小，同时相位差增大即时间延迟。一节 PCCP 管道上有可能出现不止一处断丝，通过分析波幅及相位发生突变后是否回归正常来判断是一处断丝还是多处断丝。图 9-21 列出了完整管道、有一处断丝的管道以及有两处断丝的管道信号。

按照在同类型管道上标定取得的标定曲线，判断预应力钢丝的断丝数量。若没有同类型管道的标定曲线，则参考结构与所检测管道相近的管道上的标定曲线。

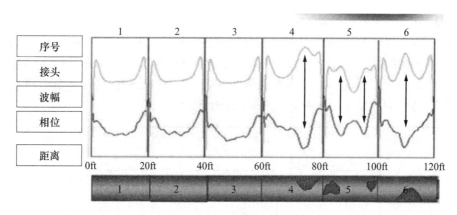

图 9-21 管道出现断丝后的信号

对于出现断丝的管道，检测报告中会提供管道编号、管道桩号、断丝位置及断丝数量估计。表 9-3 是典型的断丝检测成果表。

断丝检测成果表   表 9-3

序号	管道编号	管径（mm）	管长（m）	断丝位置（m，从上游接头算起）	单个区域断丝数量	总断丝数量
1	10-20	1800	6.0			
2	10-21	1800	6.0	5.0	10	10
3	10-22	1800	6.0	1.6；2.4；3.9；4.5；5.1	5；5；5；5；5	25
4	10-23	1800	6.0	1.0；3.2～6.0	5；大范围断丝	5；大范围断丝

对表中的有关内容说明如下：（1）"管道编号"是为了方便将来验证时确定管道，编号规则如下：以表中"10-20"为例，"10"表示 10# 排气阀井，"20"表示以 10 号排气阀井处所在钢制管件编号为 0，往下游数第 20 节管道，中间若有钢管也正常编号，但无论钢管有多长，均只编一个号。（2）"断丝位置"是指断丝区域中心到所在管节上游接头的距离，"断丝位置"的数值保留到小数点后 1 位。（3）"单个区域的断丝数量"均圆整到 5 的倍数（例如 5、10、15 根等），5 根表示断丝数量在 1～5 之间，10 根表示断丝数量在 6～10 根之间，以此类推。（4）大范围断丝：指几乎整节管道受损，可能是整个区域出现腐蚀引起的断丝；或者有多处断丝，每处断丝数量不多，各断丝区域中间夹杂完整钢丝，中间完整的钢丝被断丝信号掩盖，呈现出大范围断丝的特征。要想区分这两种类型的大范围断丝，需要开挖管道，凿除砂浆保护层进行验证。对于大范围断丝，只给出受损范围，不估计断丝数量。

9.4 PCCP 管断丝监测

电磁法检测只能反映检测时的管道状况，由于是抽样检测且不可能经常性检测，很有可能在两次检测之间发生事故。PCCP 中一旦出现断丝特别是腐蚀引起的断丝，则砂浆会开裂，从而加剧断丝的发展。因此对于已经出现断丝的管线，有必要连续、实时监测断丝，了解总断丝数量及断丝速率，断丝速率显著增加往往是爆管的前兆。当断丝数量达到爆管的临界值或者断丝越来越频繁时系统报警，可避免爆管，保障供水安全。另外，管线加压，充放水，不当操作阀门等都会导致断丝的发生或者加剧，安装监测系统后可以即时了解断丝情况。

9.4.1　PCCP 断丝监测技术简介

PCCP 断丝监测技术是一项基于声监测的技术，可以实时了解 PCCP 中预应力钢丝的断裂情况，适用于 PCCP 运营阶段的连续、自动监测。将光缆敷设在 PCCP 管道内，该光缆同时具备传感器及传输信号的功能。数据采集系统中的重要组成部分——声音传感单元持续向光纤中发射光信号，同时不断测量被光纤末端反射镜反射回来的光信号。PCCP 上钢丝断裂时产生的声波作用在光纤上，使光纤产生形变，进而使光纤产生反射被声音传感单元监测到并记录下该断丝声事件。声音传感单元的工作原理如图 9-22 所示。

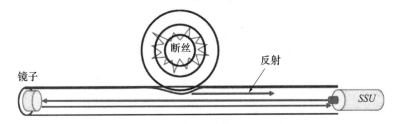

图 9-22　声音传感单元工作原理

数据采集系统中的位置传感单元可定位声音传感单元监测到的声事件位置。位置传感单元以一定频率发出光脉冲信号，断丝事件发生时，光发生反射，位置传感单元可记录接收到反射光的时间。光在光纤中的传播速度是已知的，因此可以计算出光的反射位置。断丝声事件使光纤产生形变，光信号在形变处产生反射，被位置传感单元记录下来，形成 OTDR 文件，从而定位断丝位置。位置传感单元工作原理如图 9-23 所示。

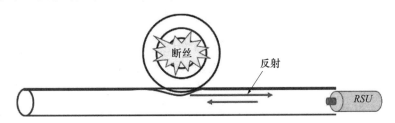

图 9-23　位置传感单元工作原理

敷设在管道中的光缆采集的声事件传回数据采集系统，系统初步过滤采集数据并通过网络将疑似断丝的声事件传输到监测中心，经过分析处理后，就能及时确定断丝数量，定位断丝位置。图 9-24 为 PCCP 断丝安全监测流程。

图 9-24　PCCP 断丝安全监测流程

9.4.2　PCCP 断丝监测系统及安装

（1）系统简介

PCCP 断丝监测系统主要由三部分组成：数据采集系统、光缆、穿缆组件。

① 数据采集系统

数据采集系统主要由声音传感单元、位置传感单元、信号调节及触发器单元、中继单元、计算机、伊顿功率分配单元及光纤拉伸器组成，见图 9-25。目前的技术已经能够做到一台数据采集系统最长可监测 40km PCCP。

图 9-25　数据采集系统及恒温器

② 光缆

光缆中包含分布式光纤传感器，既是接收断丝信号的传感器，又是将信号传输到数据采集系统的通道。采用光纤传感器的优点是管理成本低，精度及可靠性高。由于传输的是光信号，传播过程中衰减小，1 台数据采集系统可监测 40km 长管道。光缆铺设在管道内，与任一处钢丝的距离不超过 1 倍管径，断丝定位误差小于 1 倍管径，因此探测灵敏度高。光纤传感器没有机电元件，寿命长、性能稳定。

敷设在管道中的光缆是针对供水管道使用而定制的，应符合饮用水标准。标准光缆包含 4 根单模光纤，其中一根为声光纤，一根为定位光纤，另两根为备用光纤。根据不同工况，也可选择不同规格的光缆，如含更多根光纤的光缆。由于监测距离长，运行环境恶劣，光缆在光学、力学及耐久性方面有特殊要求。

③ 穿缆组件

为确保光缆连接不受损以及将来维修方便，相邻两段光缆连接时，接头箱位于阀井内，因此光缆需要从管道中穿出。为此需要专门设计并安装光缆进出管道的装置，称为穿缆组件，见图 9-26 和图 9-27。穿缆组件主要包括防渗帽、维特利卡箍、防喷器以及挠性管托架。穿缆组件对光缆起到以下作用：避免光缆过度移动造成磨损；进入管道时可以避免尖锐的边缘对光缆造成损害；光缆穿出管道时不会出现急转弯，从而影响光的传播。

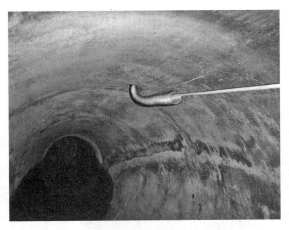

图 9-26　标准的穿缆组件　　　图 9-27　光缆进入管道采用挠性管保护

（2）光缆分段及敷设

用于监测 PCCP 断丝的光缆，宜敷设在管内而不是管外，有以下几个原因：a. 对于已建管道而言，由于征地及开挖成本的问题，光缆不适合在管外敷设。b. 光缆接收断丝是基于断丝声音的传播，光缆敷设在管道中，断丝声音传播的路径是管壁 – 水 – 光缆，光缆敷设在管外，断丝声音传播的路径是管壁 – 空气 – 土壤 – 空气 – 光缆。声音传播经过的界面越多，不同介质阻抗相差越大，则声音衰减越大，所以管内光缆接收到的断丝声音远比管外光缆接收的声音衰减小。c. 如某段光缆出现损坏，管内光缆即便是在带压条件下也可以整体更换，而管外光缆难以更换。d. 如果发生爆管或者监测发现某节管道需要更换，因为光缆敷设在管内而不易损坏，可以很方便地挪开，待更换管道后再重新敷设，而敷设在管外的光缆容易损坏，一旦损坏后修复困难，更难以更换。

由于光缆无法穿越蝶阀，每段光缆敷设的最长距离受限于蝶阀的位置以及每段光缆能够敷设的最大长度，因此光缆需要分段敷设。在分段处，光缆需要进、出管道并在管道外连接到一起，如图 9-28 所示。

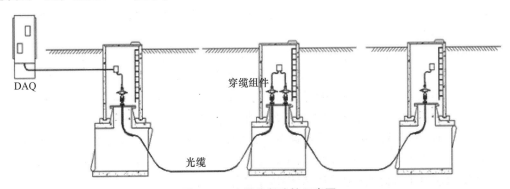

图 9-28　光缆分段连接示意图

光缆可在管道排空的条件下敷设，称为干式安装，也可以在管道不停运的情况下敷设，称为带压安装。

① 干式安装

管道排空后，由工程人员进入到管道里敷设光缆。首先采用导轮装置将光缆从该段光缆的起点阀井拉入管道内，由工程人员拉拽光缆在管内行走至该段光缆的终点阀井出管道。完成各段光缆敷设后，将分段安装的各段光缆熔接连成整条光缆。

在大角度弯管、三通、分水口等位置需要对安装在管道内的光缆进行保护，在这些位置安装光缆保护装置，避免光缆出现磨损。光缆保护如图 9-29 和图 9-30 所示。

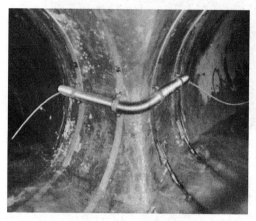 

图 9-29　大角度弯管处光缆保护　　　　图 9-30　分水口位置光缆保护

② 带压安装

很多管线一旦投运后就不允许停运，为不影响管线运行，光缆需要在管道带压的情况下安装。将连有一根高强度细绳的牵引伞通过穿缆装置塞入运行中的管道，该牵引伞被管内水流撑开随水流向下游行走。在下游位置取出牵引伞及细绳，将细绳的上游端与光缆绑扎在一起，通过拖拽细绳将光缆在下游取出点拉出。完成各段光缆敷设后，将分段安装的光缆熔接连成整条光缆。

9.4.3　PCCP 断丝监测的意义

多年的 PCCP 断丝监测实践表明，安装断丝监测系统不仅可以有效避免爆管，还可用于分析断丝成因，找出影响管道安全运行的因素。安装 PCCP 断丝监测系统有以下意义：

（1）监测断丝的发展并及时预警

采用断丝监测系统连续监测断丝，可以及时掌握断丝数量。在新建管道上安装监测系统，由于新建管道一般不会有断丝，监测发现的断丝数量就是该管节上实际的断丝数量。但在已运行多年的管道上安装监测系统，发现的断丝是在安装监测系统之后发生的，需要事先采用电磁法检测管道上已经出现的断丝，加上监测系统发现的断丝才是该管节上实际的断丝数量。使用有限元可计算得到管道失效的临界断丝数量，当某管节断丝数量接近临界值时，系统报警。将出现断丝的管道位置、断丝数量在 GIS 地图上标示，结果非常直观，可为决策层制定维修或更换措施提供科学依据，见图 9-31。

安装 PCCP 断丝监测系统，还可以了解断丝速率，当某节管道的断丝越来越频繁，发展到每天都有断丝或者一天内有数根断丝，这是管道濒临爆管的征兆，系统也会报警。

（2）了解运行操作对管线的影响

管线充水、排水会导致断丝数量增多。从图 9-32 可以看出在两次充水过程中，断丝数量显著增加。因此管线充水及放水需要按照规程执行，控制充水及排水的速度。

图 9-31 断丝监测成果在 GIS 上呈现

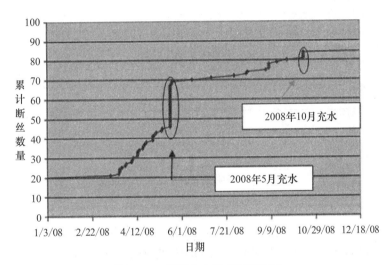

图 9-32 管线充水造成断丝增加

管线切换泵，非正常开启或者关闭水泵，甚至因为水泵性能不佳造成压力波动，都会在管线中产生压力瞬变，造成断丝数量增加。这些也已经在某些安装断丝监测系统的工程上得到证实。对于安装了断丝监测系统的工程，如果某特定时段断丝数量显著增加，可以查找是否有异常操作，运行参数是否有变化，据此查找并消除运行方面的问题。

（3）验证阴极保护系统的效果

在 PCCP 管线上安装阴极保护系统，被证明是一种行之有效的保护预应力钢丝的措施，很多大型输水及调水工程的 PCCP 管线上都全线或者部分安装了阴极保护系统，例如南水北调中线北京段 DN4000 PCCP 管线上全线安装了阴极保护系统。

利比亚人工河工程使用电磁法以及安装断丝监测系统后，发现断丝现象较严重。管理局自 2003 年 9 月至 2006 年 6 月，在约 1000km 的管段上安装了阴极保护系统，这 1000km 管道上有一部分安装了 SoundPrint AFO 断丝安全预警监测系统。断丝监测数据表明，即便管道出现断丝后再补装阴极保护系统，也能有效减缓断丝的发生。图 9-33 为安装阴极保护系统前断丝的发展，图中不同颜色的曲线代表不同管节，曲线基本呈线性增长，断丝速率较快。图 9-34 为安装阴极保护系统后断丝的发展，可见断丝速率明显下降。

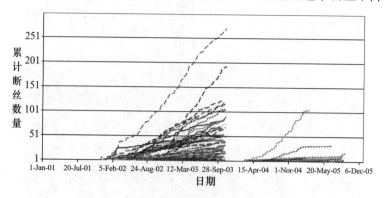

图 9-33　安装阴极保护系统前断丝发展

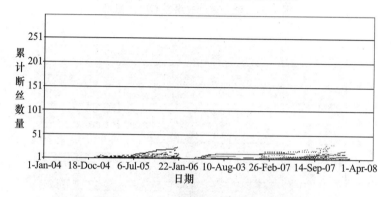

图 9-34　安装阴极保护系统后断丝发展

阴极保护系统通过牺牲阳极，为预应力钢丝提供保护，但如果保护电压过低可能会造成钢丝氢脆，反而会加剧钢丝断裂。当采用镁阳极或者采用外加电流法阴极保护时，会出现保护电压过低的现象。某 PCCP 工程安装的阴极保护系统采用镁阳极，断丝监测系统发现断丝数量较多，在减少镁阳极数量后断丝速率有较明显的下降，见图 9-35。

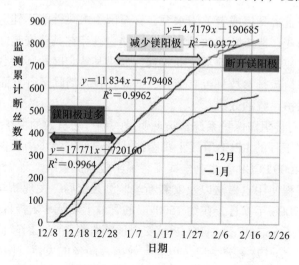

图 9-35　阴极保护电压过低加剧 PCCP 中的钢丝断裂

（4）及时发现管线附近的第三方施工

大型输水及调水工程管线长，工程沿线的保护范围不足或者未划出保护范围，第三方施工有时会破坏管道。国内 PCCP 工程已出现数例钻机打穿管道的事故。虽然这些工程都安排了日常人工巡查，但是由于人力有限此类事故还是无法规避。PCCP 断丝监测系统的分布式光纤虽然是安装在管道内部，但由于灵敏度较高，能够监测到管线附近的第三方施工，特别是工程钻机及挖掘机的施工。南水北调中线北京段安装断丝监测系统后，多次发现在某处有突发的持续噪音，管理单位在接到监测单位的通知后赶赴现场，发现管线附近有第三方施工。

9.5　金属管道腐蚀检测

受输送介质、外部环境及衬层质量等因素影响，金属管道随服役年限增长会发生不同程度的腐蚀，因管道腐蚀而造成的泄漏等事故时有发生。

无内衬或内衬状况不佳的铸铁管较易因腐蚀在管道内表面产生管瘤，管瘤的发展会降低管道过水面积，使管道内表面变得粗糙，造成额外的水头损失，从而影响管道的输水能力。此外，因铁锈沉积物的存在，管瘤还可能导致水质问题。对埋地管道而言，腐蚀性较强的土壤环境、异种金属的存在或杂散电流会造成管道外腐蚀。石墨化和凹坑均可能发生于铁管：石墨化会使管道强度降低且不易被发现，如发生水锤或外部荷载过大，易引发石墨化管道的失效；凹坑的发展最终会导致管壁洞穿，铸铁管上的凹坑往往覆盖管道大片区域，而不仅仅是点状腐蚀。

年代较近的钢管大都有内衬及外防腐措施，年代较为久远的钢管可能欠缺防腐措施，因此较易受腐蚀影响。钢管状态评估最关心的是管壁腐蚀程度，局部凹坑是钢管内表面腐蚀发展的主要形式。若钢管无内衬或内衬状态恶化至金属管体暴露时，腐蚀的发展会导致局部凹坑的形成。钢管外腐蚀同样呈现为局部凹坑，外涂层质量不佳、腐蚀性土壤环境和杂散电流均可能导致钢管外腐蚀的发展。

进行金属管道腐蚀检测，识别腐蚀严重的管道并进行针对性修复，可避免因腐蚀穿孔导致的泄漏等问题，防止爆管事故的发生；此外，腐蚀检测所得的管道剩余壁厚可作为结构计算的依据，为管道安全性评估提供数据支撑。基于管道安全性评估开展管道资产管理项目，对不同风险等级的管道采取相应的处置措施，可避免巨额的整体换管项目，有效节约基建支出。

金属管道腐蚀检测的传统方法是开挖试坑检测外腐蚀，利用管道排空的机会人员进入管道内检测内腐蚀。开挖试坑的数量有限，只能检测少量点位；而人工进入检测效率低，还会遇到管道不允许停运或者小口径管道无法进入的问题，因此传统方法无法全面了解金属管道腐蚀现状。

本节介绍金属管道腐蚀检测的两种常用方法：超声波法和电磁法。

9.5.1　金属管道腐蚀检测技术简介

（1）超声波法

超声波法是一种常见的用于金属管道壁厚检测的方法。检测时，由超声波传感器在管内发射一组高频率的超声波脉冲，检测探头会接收到由管壁内表面反射的回波（一次回波），然后接收到由管壁缺陷（如腐蚀、凹坑等）或管壁外表面反射回的回波（二次回波）（图 9-36）。根据接收到的两次脉冲回波的时间差可以计算出管道的实际厚度，进而得到缺陷的深度。

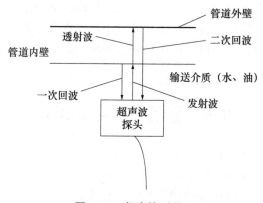

图 9-36　超声检测原理

（2）电磁法

电磁法是一种基于电磁感应原理的无损检测方法。电磁法发射线圈中通有交变电流时会感应产生交变磁场，该磁场可以穿透内衬并在金属管壁表面产生电流（涡流），被接收线圈转化为电流信号。设备沿管道轴向移动的过程中，如果管壁完好，则金属管壁中的感应电流会保持不变；若管壁上存在缺陷，则感应电流会产生延迟、幅度变化。通过对管道进行标定，以标定数据为参照，根据电磁法检测数据判断管壁缺陷的位置，评估缺陷的形状、大小及严重程度等。

电磁法检测金属管道管壁缺陷的能力取决于多方面因素，如设备行进速度、接收线圈的个数、接收线圈与管壁间距及内衬和管壁厚度等。一般来说，最佳的设备行进速度为 0.15～0.3m/s；接收线圈的个数越多，其在管道环向上的覆盖面越大，对缺陷在环向上的识别精度越高；接收线圈离管壁越近，其检测精度越高；电磁法检测信号可穿透约 12mm 厚的非金属内衬，该法检测金属管壁缺陷的能力随管壁厚度的增加而下降，目前的电磁法设备可检测最大壁厚为 12mm 的金属管道。

9.5.2　金属管道腐蚀检测设备

（1）超声波检测设备

20 世纪 70 年代起，国外开始将超声波技术应用于油气管道内检测中。经过数十年的发展，目前的超声波检测设备在检测精度、定位精度及数据处理等方面均能达到较高水平，可满足实际检测需求。超声波管道检测器的结构多为一机多节，分别由探头部分、控制部分、数据处理部分、电源部分和驱动部分等组成。检测器总长可达数米，机体外径为 159～1504mm，可用于不同口径管道的检测，检测距离可达几十至数百千米。主要的超声波管道检测设备有相控阵超声波检测器、弹性波管道检测器、基于电磁超声的管道检测器和适用于气体管道检测的超声波腐蚀检测器。

美国 GE 公司研制的超声波相控阵管道内检测器于 2005 年开始应用于油气管道内检

测，该检测器包括两种不同的检测模式：超声波壁厚测量模式和超声腐蚀检测模式，适用于管径 DN610～DN660 的成品油管道。与其他内检测器相同，该检测器包括清管器、电源、相控阵传感器和数据处理及储存模块四个部分，最小检测腐蚀面积为 10mm×10mm。

加拿大 Enbridge 公司管理有世界上最长的石油管网，其研发的内检测器已在超过 15000km 的管道上开展检测。其中基于声波原理的检测器主要有弹性波检测器和超声波管道腐蚀检测器。弹性波检测器的弹性波信号可在气体管道中传播，主要用于检测管道的焊缝特征，尤其对长焊缝和应力腐蚀裂纹有较好的检测效果。最新的弹性波检测器可装备 96 个超声波传感器，可用于液体耦合条件下发射和接收超声波信号，检测时最大运行距离可达 150km。超声波管道腐蚀检测器根据超声波回波信号来分析管道腐蚀情况，只适用于液体介质的管道检测。由 Enbridge 公司研发的 864mm 超声波腐蚀检测器包括 480 个横波传感器和 32 个纵波传感器，其检测精度相对较高。

与油气管道不同，将超声波检测器用于给水排水管道检测并不实际。其原因在于，很多长距离的给水排水管线不允许停运，且大多未配备油气管线上常设的检测器投放和回收装置；另外，输水干管一般口径较大，当管道外部施加砂浆或内衬厚度较大时，超声波检测的精度很难达到要求。

为满足大口径给水排水管线的检测需求，Xylem Inc 开发了专门用于金属管道腐蚀检测的超声波检测设备 PipeDiver Ultra（图 9-37），设备搭载在前述用于 PCCP 管道断丝检测的自由浮游平台上。PipeDiver Ultra 可用于测量带内衬的 DN450～DN1300 的金属管道（铸铁管、球墨铸铁管及钢管）壁厚，且能判断管道缺陷为管内壁缺陷或管外壁缺陷，检测精度可达 50mm×50mm×20% 壁厚损失。该设备可在不中断管道运行的条件下进行检测，其投放与回收的方式同前述用于 PCCP 断丝检测的自由浮游平台。

图 9-37　PipeDiver Ultra

（2）电磁法检测设备

针对不同口径管道的检测需求，加拿大 PICA 公司开发了多种电磁法检测设备用于金属管道腐蚀检测。PICA 公司的产品组合（图 9-38）适用于 $DN75\sim DN1200$ 的金属管道，检测精度可达 35mm×35mm×30% 壁厚损失，但其设备检测时占据整个管道截面，因此无法通过管内阀门或大角度弯头，故使用受到限制。

图 9-38　电磁法检测设备

根据管线运营条件的不同，Xylem Inc 设计制造了 3 种电磁法检测平台以满足各种管线条件下的检测需求，分别为：管内检测车平台、自由浮游式检测平台和机器人检测平台：

检测车设备（图 9-39）适用于具备排空条件的大口径管线（$DN900\sim DN1200$），或较大口径管线的短距离检测，以及管道检测前的标定或管道检测后的验证。由于是人员推动进行检测，设备在管内行进较为稳定，检测精度较高，对管壁缺陷在管道环向上的定位较准。

图 9-39　电磁法检测车设备

自由浮游设备（图 9-40）可用于 $DN400\sim DN1200$ 的金属管道腐蚀检测，因其柔性设计，可无障碍通过管内弯头或阀门。因其自由浮游式特性，该设备在管内行进的稳定性不如电磁法检测车设备，其对管壁缺陷在管道环向上的定位误差在 ±15° 以内。该设备的投放及回收与前述用于 PCCP 断丝检测的自由浮游设备的投放及回收方式类似。

图 9-40　电磁法自由浮游设备

机器人设备（图 9-41）为系缆式检测平台，适用于 $DN600\sim DN1200$ 的金属管道腐蚀检测，可在排空管道或管道降压的条件下进行检测，单日检测距离平均可达 1.6km，检测精度可达电磁法检测车设备和电磁法自由浮游设备同等水平。

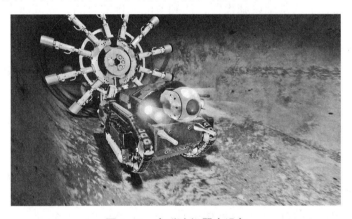

图 9-41　电磁法机器人设备

第10章 管道修复

随着城市建设的快速发展，排水管道的建设逐年增加，城市地下管网的规模不断扩大。埋设于地下的排水管道常常因为材料质量、施工质量、交通动荷载、年久老化、腐蚀等原因而导致管道破裂、接口脱节、错口、渗漏等结构性损伤。管体周围的土体会随地下水从管道的不严密处进入排水管道，从而逐步淘空管道周围的土体，形成空洞，导致地面下沉，严重的会造成地面塌陷，严重影响了城市排水的安全运行。近年来，路面塌陷事故频发，发生过多起汽车掉入"陷坑"的事故，后果非常严重。

当发现排水管道有损坏时，应及时修复，以防止损坏状况日趋严重而造成事故。排水管道的修复技术主要有两大类，一为开挖施工修复，开挖路面、置换新管；二为非开挖修复，其主要是指采用非开挖的方式对已有排水管道进行修复。非开挖修复技术最大的特点是利用原有管道，避免因开挖管道对交通和周边居民、商业造成不利影响。就工程本身而言，采用非开挖技术修复管道费用高于开挖修复，但如果考虑社会的间接成本，非开挖修复的总成本则低于开挖修复。

近年来，非开挖修复技术发展迅速，修复方法越来越多，技术水平和发达国家的差距在不断缩小。合理的选择非开挖修复方法能有效提高工程质量、缩短工期，减少对交通、环境的负面影响，将更有利于非开挖修复技术的认识和推广，从而有助于延长城市基础设施的使用寿命，节约基础设施投资，达到节能减排的目的，提高城市建设管理的技术水平。

非开挖管道修复主要有：原位固化法、局部点状修补法、涂层法、滑移内衬法、贴合内衬法、碎（裂）管法等，应根据管道材质、损坏情况和环境条件等综合比选，合理选用。

10.1 原位固化法

10.1.1 原位固化法技术原理

CIPP 原位固化法是利用水或空气压力反向压送，或用牵引的方法将浸渍树脂的湿软管（织物管道）材料，置入原有的管道内壁，现场固化成型的管道修复方法。CIPP 法是英国工程师于 1971 年提出的，1977 年开始进入美国市场。20 世纪 90 年代在国内开展试验段，2000 年以后国内开始商用。适用管径 $DN50 \sim DN2700$；适用于重力管道和压力管道，且对原有管道的形状和材质无要求。

不同的 CIPP 施工工艺之间的主要差异在于软管的成分和构造，树脂注入方法（在工程地点或工厂，是用手工或用碾压设备），安装程序及固化过程。安装湿软管有两个主要的方法，即湿软管通过翻转安装到位或通过拖拉安装到位。安装程序和原料的特殊变更是由不同制造商根据各自的工艺决定的。

CIPP 原料的组成是柔性干软管（织物管道）和热固树脂系统。对于典型的 CIPP 工艺，树脂是系统的主要结构成分。树脂通常采用：① 不饱和聚酯树脂；② 环氧树脂；③ 乙烯基树脂。每一种树脂有不同的抗化学能力和结构特性，且都有很好的抗生活污水腐蚀的能力。

聚酯树脂最早选用于现场修复管道，是由于其抵抗城市生活污水的化学腐蚀能力，在经济上是可行的。不饱和聚酯树脂现在仍然是最普遍地用于 CIPP 系统，其使用寿命接近五十年。

压力管道和工业用的典型系统是采用环氧树脂及乙烯基树脂，符合特殊耐腐蚀和抗溶剂及耐高温性能需要。在饮用水管道修复中，需用环氧树脂。

干软管（织物管道）的主要功能是作为树脂的载体支撑树脂，直到其在原有管道中就位并固化为止。这就需要干软管（织物管道）能经受安装应力，而其伸展量受到控制，但要有足够的柔性，在连接侧向支管时可点破，并能扩展，以适应原有管道的不平整之处。干软管（织物管道）的材料可以是纺织物或非纺织物，大部分用普通材料的非纺织物。这些织物在树脂固化后可对其起固化作用。

根据固化工艺的不同分为：热水固化、蒸汽固化、紫外光固化。目前，国内已有企业开始开发常温固化修复技术。

根据内衬置入方法不同分为：水压翻转，气压翻转与牵引拉入。

目前国内主流工艺为：翻转式热水固化法，拉入式紫外光固化法。

水压翻转所利用的翻转动力为水压，翻转完成后直接使用热水循环锅炉将管道内的水加热至一定温度，并保持一定时间，使吸附在纤维织物上的树脂固化，形成内衬牢固贴服于被修复管道内壁的修复工艺。

特点是：施工设备投入较小，施工工艺要求较其他 CIPP 施工工艺简单。

气压翻转使用压缩空气作为动力，将 CIPP 内衬管置于密封的翻转设备内通过加压翻转置于被修复管道内的工艺，使用热水或蒸汽固化。

特点：施工临时设施较少，施工风险较小，设备投入成本较高。

拉入法采用机械牵引将内衬管拖入被修管道，充气加压使用紫外光固化或蒸汽固化。

特点：施工风险小，内衬强度高，现场设备多，准备工艺复杂。

原位固化法优点：完全不开挖，施工周期短，环境影响小。断面损失很小，没有接头、表面光滑，流动性好；使用寿命长，可达 30～50 年。

原位固化法缺点：需要特殊的施工设备，对工人的技术要求和现场施工管理要求较高；直接施工成本较高。

10.1.2　热水原位固化法

（1）基本原理

采用水压或气压翻转方式将浸渍热固性树脂的软管置入原有管道内，通过热水循环加热固化后，在管道内形成新形成管道内衬的修复方法。可用于各种结构性缺陷的修复，适用于不同几何形状的排水管道。圆管可修复管径范围 *DN*100～*DN*2700。

热水原位固化法具有施工时间短、占地面积小、使用寿命长、修复后整体性强、修复后表面光滑和对周边环境影响小等优点，在排水管道的结构性缺陷修复中广泛应用，其可以根据管径大小单独设计强度和厚度。

在进行修复前，必须保证待修复管道满足热水原位固化法的修复条件，对于局部存在严重的变形、坍塌等不符合要求的，可采用局部开挖修复配合热水原位固化修复工艺进行修复施工。修复示意见图 10-1。

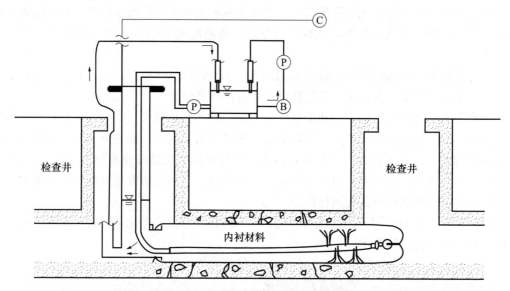

图 10-1　翻转法热水固化施工示意图

（2）技术要求

① 预处理后管内应无影响内衬管插入的沉积、结垢、障碍物及尖锐凸起物，管内不宜有积水。渗漏处应进行止水。变形严重、接头错位严重的管道应按经批准的施工组织设计进行预处理；

② 采用水压方法将软管翻转置入原有管道，翻转压力应控制在使软管充分扩展所需最小压力和软管所能承受的最大内部压力之间；

③ 固化过程中应对温度进行测量和监控，应在修复段起点和终点的树脂软管与原有管道之间安装监测温度的感应器，安装距离端口大于 $DN300$ 处；

④ 固化所需的温度和时间应根据修复管段的材质、周围土体的热传导性、环境温度、地下水位等情况进行适当调整；

⑤ 固化过程中软管内的水压应能使软管与原有管道保持紧密接触，并保持该压力值直到固化结束；

⑥ 采用常温水替换内衬管内热水的方式将内衬管的温度缓慢冷却至 38℃，替换过程中内衬管内不得形成真空；

⑦ 应待冷却稳定后进行切割施工，内衬管端头应切割整齐。当端口处内衬管与原有管道结合不紧密时，应在内衬管与原有管道之间充填与软管浸渍的树脂材料相同的树脂混合物进行密封。

（3）热水原位固化法施工

① 施工流程（图 10-2）

图 10-2　热水原位固化法施工流程

② 施工工序

a. 封堵、调水，对待修管道上下游管道进行封堵，并进行临时调水。

b. 管道预处理，对待修管道进行高压冲洗、清淤，清除影响施工的树根、侵入物、凸起等，对破损、渗漏等缺陷进行修复。

c. 检测确认，采用 CCTV 电视检测确认管道内无影响施工的杂物、积水等。

d. 翻转施工，将软软材料采取翻转的方式安装到待修管道。为防止翻转后树脂外流影响地下水水质，彻底保护好树脂软管，翻转前拉入辅助内衬管。

e. 内衬管固化，采取热水循环的方式使软管固化。

f. 切割、端部处理，对管道进行冷却后，切除检查井内多余的材料，对管道与检查井进行一体化处理。

g. 管道验收检测，确认管道内表面情况并录像，作为验收资料。

h. 善后、撤场。

③ 主要施工设备

管道清洗设备，电视检测设备，发电机，鼓风机，翻转设备，温水锅炉，循环泵，吊车，温度记录仪，切割设备，辅助设备。

④ 质量检验

a. 取样应满足现行相关标准要求，材料相关指标应满足设计要求和符合现行相关标准要求。

b. 内衬管与原管道内壁紧密贴合，不得有明显凸起、凹陷、错台、空鼓等现象；内衬管表面光洁、平整，无划伤、裂纹、磨损、孔洞、气泡、干斑、脱皮、分层、折痕、杂质和软弱带等影响管道使用的缺陷；管道不得有渗水现象。

c. 修复后管道线形平顺，折变或错台处过渡平顺；环向断面圆弧饱满。

图 10-3 为热水原位固化法修复施工现场。

搭设翻转平台翻转作业

图 10-3　热水原位固化法修复施工（一）

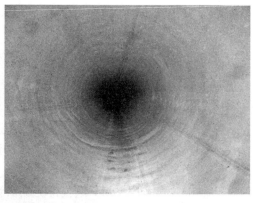

加热固化施工后管道情况

CIPP 翻转法修复设备车

图 10-3　热水原位固化法修复施工（二）

10.1.3　紫外光原位固化法

（1）基本原理

采用牵拉方式将浸渍光敏树脂的软管置入原有管道内，通过紫外光照射固化，在管道内形成新的管道内衬。可用于各种结构性缺陷的修复，适用于不同几何形状的排水管道。圆管可修复管径范围 $DN150\sim DN1800$。

紫外光原位固化法具有施工时间短、占地面积小、使用寿命长、修复后整体性强、修复后表面光滑和对周边环境影响小等优点，可以封闭原有的洞孔，裂缝及缺口，隔绝入渗，阻止渗出，在排水管道的结构性缺陷修复中广泛应用，相较热水原位固化法，紫外固化法固化速度更快、修复后管道强度更高。修复示意见图 10-4。

（2）技术要求

① 预处理后管内应无影响内衬管插入的沉积、结垢、障碍物及尖锐凸起物，管内不宜有积水。渗漏处应进行止水。变形严重、接头错位严重的管道应按经批准的施工组织设计进行预处理；

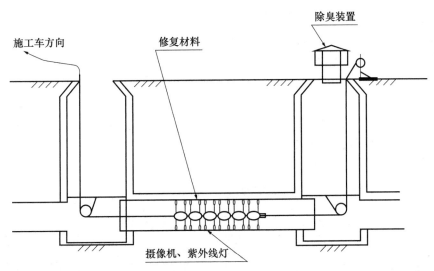

图 10-4 紫外光原位固化法施工示意图

② 拉入软管前应在原有管道内铺设垫膜，垫膜应置于原有管道底部，并应覆盖大于 1/3 的管道周长，且应在原有管道两端进行固定；

③ 应沿管底的垫膜将浸渍树脂的软管平稳、缓慢地拉入原有管道，拉入速度不宜大于 5m/min；拉入软管过程中，不得磨损或划伤软管，软管与垫膜之间加润滑剂；

④ 采用压缩空气对软管进行扩展，充气装置宜安装在软管入口端，且应装有控制和显示压缩空气压力的装置；压缩空气压力应能使软管充分膨胀扩张紧贴原有管道内壁；

⑤ 应根据内衬管管径和壁厚合理控制紫外光灯的前进速度；

⑥ 内衬管固化完成后，应缓慢降低管内压力至大气压；并继续充气，使管内温度降到 45℃以下；

⑦ 内衬管端头应切割整齐。当端口处内衬管与原有管道结合不紧密时，应在内衬管与原有管道之间充填与软管浸渍的树脂材料相同的树脂混合物进行密封。

（3）紫外光原位固化法施工

① 施工流程（图 10-5）

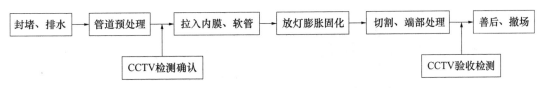

图 10-5 紫外光原位固化法施工施工流程

② 施工工序

a. 封堵、调水，对待修管道上下游管道进行封堵，并进行临时调水。

b. 管道预处理，对待修管道进行高压冲洗、清淤，清除影响施工的树根、侵入物、凸起等，对破损、渗漏等缺陷进行修复。

c. 检测确认，采用 CCTV 电视检测确认管道内无影响施工的杂物、积水等。

d. 拉入垫膜，减少软管材料拉入安装时的阻力。

e. 拉入软管，将软材料采取拉入的方式安装到待修管道。

f.放灯膨胀固化，充气，将紫外灯放入，采用紫外线照射方式使软管固化。

g.切割、端部处理，切除检查井内多余的材料，对管道与检查井进行一体化处理。

h.管道验收检测，确认管道内表面情况并录像，作为验收资料。

i.善后、撤场。

③ 主要施工设备

管道清洗设备，电视检测设备，发电机，鼓风机，空气压缩机，摩擦式卷扬机，紫外线固化设备，切割设备，辅助设备。

图 10-6 为紫外线原位固化修复施工现场。

环保主题的施工车

环保主题光固化施工车

紫外线光固化修复施工中

紫外线光固化材料

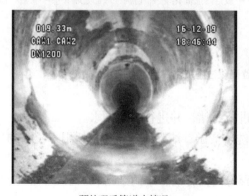

预处理后管道内情况

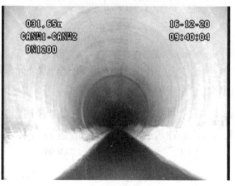

紫外线光固化内衬修复后

图 10-6　紫外光原位固化法修复施工（一）

CIPP 紫外光设备修复设备

图 10-6 紫外光原位固化法修复施工（二）

10.2 局部点状修补法

当结构上健全的管道发现局部的缺陷时，首先考虑局部点状修补。这种管道修复方法包含多项技术，例如，CIPP 点状原位固化法，机器人局部修补，各种套环法等。

内套环可以是薄的金属套管，用亲水密封固定剂进行固定，也可以采用环氧树脂或PVC 材料，采用人工或者修复气囊在破损处充气定型，还可以采用环氧玻璃钢材料作为内衬材料。

优点：局部点状修补造价低，对于单个接口的修复效果好，安装操作简单，施工速度快，适用于接口渗漏严重但数量较少的管道。

缺点：对水流有一定影响。

10.2.1 CIPP 点状原位固化法

（1）技术原理

CIPP 点状原位固化法（图 10-7）实际上是 CIPP 原位固化法的延伸，是局部化的做法，又称局部内衬修复法，是将涂抹树脂混合液的无纺布或等效织物（玻璃纤维毡等）制成毡筒，用修复气囊紧压于管道内壁，利用紫外光固化等方法加热固化，在原有管道缺陷点处形成新内衬管的一种非开挖修复技术。

CIPP 点状原位固化法用毡筒由一层或多层柔性无纺布或等效织物，或其混合物组成。毡筒材料应与所选用的树脂相容，以确保毡筒对树脂传输性，并且应有足够的拉伸、弯曲性能，以确保能承受安装压力和树脂固化温度。采用不同用途的不饱和聚酯树脂及固化剂或环氧树脂及固化剂，经自然固化或其他方法应能在规定的时间内固化，并产生需要的设计强度。

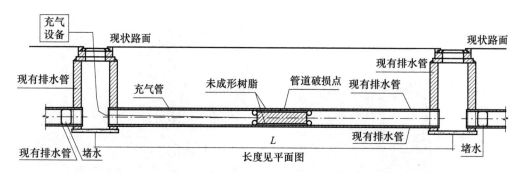

图 10-7　点状原位固化法施工示意图

毡筒应在真空条件下预浸树脂，树脂的体积应足够填充纤维软管名义厚度和按直径计算的全部空间，考虑到树脂的聚合作用及渗入待修复管道缝隙和连接部位的可能性，还应增加 5%～10% 的余量。毡筒应在足够的空气压力下，使其与被修复的管道内壁贴合。

CIPP 点状原位固化法既能够封堵渗漏，也能够用于修复管道中的结构缺陷，增加管道的结构强度，能提供较光滑的内衬面。目前主流的固化方式是常温自然固化和紫外光固化，热水或电加热固化方式国内应用较少。使用局部树脂固化法在城镇排水管道等重力排水管道中，可保证修复部分管道的使用寿命达 20 年。CIPP 点状原位固化法经过十几年的应用，已经迅速在国内普及，得到了所有用户的好评。

CIPP 点状原位固化法优点：该方法在修复损害较轻、渗漏接头较少的管道时，能够快速治理渗漏，尤其适合人员较难进入的小管径管道的局部修复。

CIPP 点状原位固化法修复速度快，时间短，一般 1～2h，对水力影响较小，而且可以带水作业，施工质量和稳定性比较优越。

（2）技术要求

① 原有管道待修复部位及其前后 DN500 范围内管道表面应洁净，无附着物，尖锐毛刺和突起。施工井至待修复部位管道应无影响软管进入施工的垃圾、障碍物、突起等。

② 将树脂和催化剂等按照一定的比例混合，充分搅拌并开始记录时间。

③ 调配树脂的固化时间不得小于 1h，宜为 2～4h；应根据修复段的直径、长度和现场条件确定固化时间。

④ 现场浸渍树脂，浸渍完成后，应立即进行修复施工，否则应将软管保存在适宜的温度下，且不应受灰尘等杂物污染。

⑤ 通过气囊将浸渍树脂软管运送到待修复位置，并采用 CCTV 设备实时监测、辅助定位。

⑥ 气囊内气体压力应能保证软管紧贴原有管道内壁，但不得超过软管材料所能承受的最大压力。

⑦ 固化完成后应缓慢释放气囊内的气体。

（3）点状原位固化法内衬施工

① 施工流程（图 10-8）

② 施工工序

a. 封堵、调水，对待修管道上下游管道进行封堵，并进行临时调水。

b. 管道预处理，对待修管道进行高压冲洗、清淤，清除影响施工的树根、侵入物、凸起等。

封堵、排水 → 管道预处理 → 基材浸渍、固定 → 拖入定位 → 加压安装 → 撤出设备 → 善后、撤场

CCTV检测确认

CCTV验收检测

图 10-8　点状原位固化法施工流程

c. 检测确认，采用 CCTV 电视检测确认管道内无影响施工的杂物、积水等。

d. 材料准备，裁剪纤维毡同时调配树脂并及时浸渍。

e. 材料固定，将浸渍树脂的纤维毡固定在修复器上。

f. 导入安装，将电视检测设备、修复器串联拖入管道内的修复部位。

g. 软管固化，通监视器实时监控对管道内衬修复器充气，确保修复器紧贴管壁，保持施工压力至材料固化。

h. 撤出设备，缓慢放气，取出所有设备，完成施工。

i. 管道验收检测，确认管道内表面情况并录像，作为验收资料。

j. 善后、撤场。

③ 主要施工设备

管道清洗设备、电视检测设备、发电机、鼓风机、空气压缩机、修补气囊、搅拌设备、气管及压力表，辅助设备。

④ 质量检验

a. 浸渍树脂、软管织物等工程材料的性能、规格、尺寸应符合设计要求和现行相关标准规定，质量保证资料齐全，浸渍树脂的运输、存储符合要求。

b. 内衬与原管道紧密贴合，无明显凸起物、凹陷、错台、空鼓等现象；修复位置正确，内衬完整，表面光洁、平整，无局部划伤、裂纹、磨损、孔洞、起泡、干斑、脱皮、分层、杂质和软弱带等影响管道使用功能的缺陷。

c. 固化后内衬管的力学性能、壁厚应符合现行标准有关规定和设计要求。

d. 管道严禁有渗水现象。

图 10-9 为 CIPP 点状原位固化法修复现场。

混合树脂浸渍树脂

图 10-9　CIPP 点状原位固化法修复现场（一）

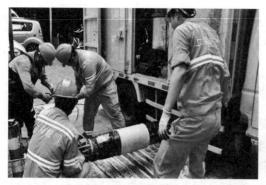

材料缠绕修复后情况

空压机修复气囊

图 10-9　CIPP 点状原位固化法修复现场（二）

10.2.2　不锈钢双胀环法

（1）技术原理

不锈钢双胀环法是在管道接口或局部损坏部位安装橡胶圈，橡胶圈就位后用 2～3 道不锈钢胀环固定，达到止水目的（图 10-10、图 10-11）。用于变形、错位、脱节、渗漏，且接口错位小于 3cm 等缺陷的修复，但是要求管道基础结构基本稳定、管道线形没明显变化、管道壁体坚实不酥化。适用于 DN800 及以上混凝土管、钢筋混凝土管、钢管、球墨铸铁管及各种合成材料管材的排水管道的修复。

不锈钢双胀环法采用的主要材料包括不锈钢双胀压条和特制的止水橡胶，以修复大口径管道接口的渗漏为主要目的，施工简洁、快速，止渗效果好。此方法仅作为管道接口的临时性止渗处理措施，不提供结构强度；同时受制于橡胶的耐腐蚀性及抗老化性不强，修复后使用年度较短。

优点：不锈钢双胀环施工速度快，质量稳定性较好，可承受一定接口错口，止水套环的抗内压效果比抗外压要好。

缺点：对水流形态和过水断面有一定影响。

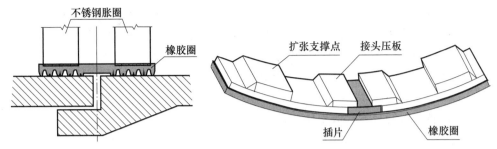

图 10-10 不锈钢双胀环法示意图

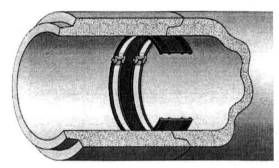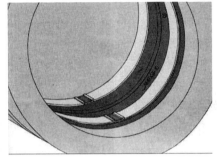

图 10-11 不锈钢双胀环法构造图

（2）技术要求

① 原有管道待修复部位及其前后 *DN*500 范围内管道表面应洁净，无附着物，尖锐毛刺和突起。施工井至待修复部位管道应无影响软管进入施工的垃圾、障碍物、突起等。

② 在橡胶圈双胀环修复前应对管周土体进行注浆加固，注浆液充满土层内部及空隙，形成防渗帷幕，加强管周土体的稳定，制止四周土体的流失，提高管基土体的承载力，再通过不锈钢双胀环修复技术进行修复，达到排水管道长期正常使用。

③ 先对管道接口或局部损坏部位处进行注浆后清理，然后将环状橡胶带和不锈钢片带入管道内，在管道接口或局部损坏部位安装环状橡胶止水密封带，橡胶带就位后用2～3道不锈钢胀环固定。

④ 安装时先将螺栓、楔形块、卡口等构件使套环连成整体，再紧贴母管内壁，使用液压千斤顶设备，对不锈钢胀环施压。

（3）不锈钢胀环法施工

① 施工流程（图 10-12）

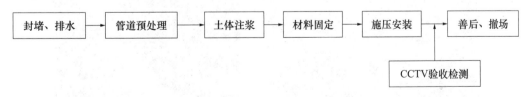

图 10-12 不锈钢双胀环法施工流程

② 施工工序

a. 封堵、调水，对待修管道上下游管道进行封堵，并进行临时调水。

b. 管道预处理，对待修管道进行高压冲洗、清除待修部位杂物。

c. 土体注浆，对待修位置管道外土体进行注浆加固，形成隔水帷幕防止渗漏。

d. 材料固定，将环状橡胶带和不锈钢片带入管道内，在管道接口或局部损坏部位安装环状橡胶止水密封带，橡胶带就位后用 2～3 道不锈钢胀环固定。

e. 施压安装，先将螺栓、楔形块、卡口等构件使套环连成整体，再紧贴母管内壁，使用液压千斤顶设备，对不锈钢胀环施压。

f. 撤出设备，缓慢放气，取出所有设备，完成施工。

g. 管道验收检测，确认管道内表面情况并录像，作为验收资料。

h. 善后、撤场。

③ 主要施工设备

管道清洗设备，电视检测设备，发电机，空气压缩机，鼓风机，卷扬机，液压千斤顶，辅助设备。

④ 质量检验

止水橡胶圈应与原管道紧密贴合，不得有明显凸起物、褶皱现象；不锈钢胀环应安装牢固，橡胶圈与不锈钢胀环表面应光洁、平整，不得有局部划伤、裂纹、磨损、孔洞等影响管道使用功能的缺陷；管道不得有渗水现象。

图 10-13 为不锈钢双胀环法修复施工现场。

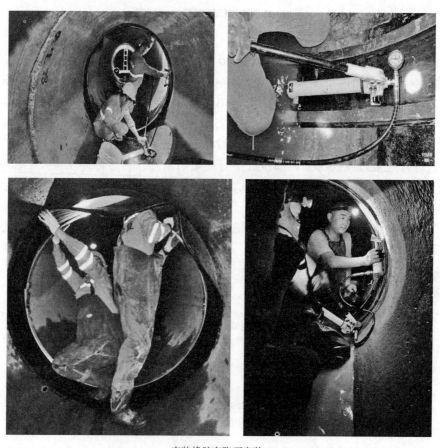

安装橡胶套胀环安装

图 10-13　不锈钢双胀环法修复施工（一）

胀环插片锁死设备

图 10-13　不锈钢双胀环法修复施工（二）

10.2.3　不锈钢快速锁法

不锈钢快速锁内衬法是通过气囊（*DN*700 及以下）或人工（*DN*800 及以上）扩充，将套有橡胶套的不锈钢圈挤压扩充，使其紧贴原有管道并锁紧，以达到对原有管道缺陷进行修复及结构加固的局部非开挖修复技术（图 10-14）。相比于其他局部修复工艺，快速锁可适用于任何材质的排水管道及一定压力供水管道的局部修复。对于缺陷沿管道轴向方向长度较大时，可将若干个快速锁连续搭接安装，理论上可无限延长。适用管径：*DN*300～*DN*1800。

不锈钢快速锁主要由 304 或 316 号不锈钢套筒、EPDM 橡胶套和锁紧机构等部件构成，*DN*600 及以下的不锈钢套筒应由整片钢板加工成型，安装到位后通过特殊锁紧装置固定；*DN*700 及以上的不锈钢套筒一般由 2～3 片加工好的不锈钢环片拼装而成，在安装到位后通过专用锁紧螺栓固定。

优点：修复过程操作简单，结构可靠、效率高。

缺点：不适宜管道变形和接头错口严重情况的修复。

质量检验：管道线性和顺，接口、接缝平顺，新老管道过渡平缓；管道内无明显湿渍。

图 10-14　不锈钢快速锁示意图

（1）技术要求

① 预处理后的原有管道内应无沉积物、垃圾及其他障碍物，不能有影响施工的积水；

② 原有管道待修复部位及其前后 500mm 范围内管道内表面应洁净，无附着物、尖锐毛刺和凸起物；

③ 不锈钢快速锁应覆盖待修复缺陷，且前后应比待修复缺陷长不应小于 100mm；

④ 当缺陷轴向长度超过单个快速锁长度时，可采取多个快速锁搭接的方式安装，安装时后一个快速锁橡胶套应压住前一个快速锁超出的橡胶套；

⑤ 采用气囊安装的不锈钢快速锁不得采用搭接方式。

（2）不锈钢快速锁施工

① 施工流程（图 10-15）

图 10-15　不锈钢快速锁施工流程

② 施工工序

a. 封堵、调水，对待修管道上下游管道进行封堵，并进行临时调水。

b. 管道预处理，对待修管道进行高压冲洗、清除待修部位杂物。

c. 土体注浆，对待修位置管道外土体进行注浆加固，形成隔水帷幕防止渗漏。

d. 采用气囊安装的不锈钢快速锁，可按下列步骤操作：

（a）在地面将橡胶套预先安装在不锈钢套筒上，并确认锁紧装置正常；

（b）将快速锁固定在专用气囊上，在电视设备的辅助下通过卷扬机将气囊牵拉至待修复位置；

（c）在电视监控下，缓慢向气囊内充气使不锈钢快速锁缓慢扩展开并紧贴原有管道内壁，气囊压力宜控制在 0.35~0.40MPa；

（d）确认不锈钢快速锁完全张开后，卸掉气囊压力后撤出。

e. 采用人工方式安装的不锈钢快速锁，可按下列步骤操作：

（a）将不锈钢环片、橡胶套等从检查井下入并送到待修复位置；

（b）到达待修复位置后，先将不锈钢环片预拼装成小直径钢套，再将橡胶套套在不锈钢套上，安装时橡胶套迎水坡边朝来水方向；

（c）将预拼装好的不锈钢快速锁放置在待修复位置，采用专用扩张器对快速锁进行扩张，待扩张到橡胶套密封台接近管壁时，使用扩张器上的辅助扩张丝杆缓慢扩张，在扩张过程中可用橡胶锤环向振击快速锁，确认各个部位与原管壁紧密贴合后锁死紧固螺丝，完成安装。

f. 管道验收检测，确认管道内表面情况并录像，作为验收资料。

g. 善后、撤场。

③ 施工设备

电视检测设备，专用气囊、鼓风机、发电机、卷扬机、气体检测设备等。

④ 质量检验

a. 不锈钢快速锁技术参数应符合现行相关标准规定和设计要求，质量保证资料齐全。

b. 修复位置正确，不锈钢快速锁安装应牢固。原有缺陷应完全被修复材料覆盖，已修复部位不得漏水、渗水。

图 10-16 为不锈钢快速锁法修复施工现场。

拼装不锈钢圈　　　　　　　　　　　　套橡胶密封圈

不锈钢圈对位、扩张、螺丝固定　　　　　　修复后效果

设备

图 10-16　不锈钢快速锁法修复施工

10.2.4　管内注浆器注浆法

注浆法是对管道及连接部位周围的土体注入填充浆液，待浆液凝固后和周围的土体形成一体。这种办法有增强地基承载力，形成隔水帷幕，填充地下空洞的作用。常用注浆材

料主要有水泥砂浆、聚合物水泥砂浆或聚氨酯等。

注浆法分为管内注浆法和管外注浆法。管内注浆法是在管道内部直接向裂缝或接口部位钻孔注浆来阻止管道渗漏，适用于管径不小于 $DN800$ 的排水管道；管外注浆法是在地面钻孔至管道周边进行注浆，形成管道外侧隔水屏障，适用于各类非压力排水管道。

管内注浆器注浆是管内注浆的一种，是通过特定设备封堵管道破损点两边，将多种化学浆液注入（压入）外部的土壤和土壤空洞中，利用化学浆液的快速固化进行止水、止漏、固土、填补空洞。

管内注浆器注浆材料主要为专用的化学浆液，利用浆液的流动性及快速固化性，来达到管道外部密封及加固的目的，可在修复渗漏的同时加固周边土体，具有修复快速的优点。$DN800$ 以下利用空气压力在管内固定紧压装置，进行注浆；$DN800$ 以上采用人工进入管内组装紧压装置，进行注浆。

管内注浆器注浆施工采用从管道内部渗漏缝隙处灌浆并紧压的方式。对于管道中度缺陷和管道的裂缝以及管道接头的松动比较有效。修复示意见图 10-17。

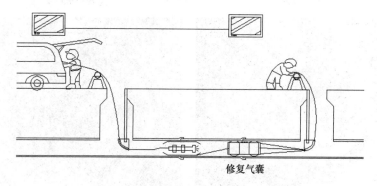

修复气囊

图 10-17　管内注浆器注浆施工示意图

注浆法优点：干扰小，材料和设备的费用低。

注浆法缺点：难于控制施工的质量，稳定性相对较差。

质量控制：注浆全过程应采用 CCTV 或 QV 等可视化设备进行实时监控，管道应无变形，管道接口处及裂缝处应无明显的渗漏水，管内应无残留浆液。

图 10-18 为日本生产的管内注浆设备。

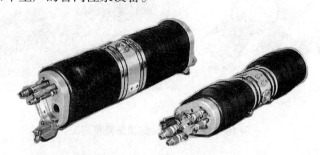

图 10-18　日本生产的管内注浆设备

10.2.5　机器人修补

用机器人修补时，机器人是用于对管道内孤立的缺损处进行结构上的修补（图 10-19、

图 10-20 ）。首先机器人是用于研磨缺损处，暴露出清洁光滑的表面。然后在这些缺损处注入环氧基树脂，粘结到周围的主管道上，制造一个结构物上持久的密封屏障，阻隔内部的或外部的化学成分或物质，使之不渗漏。机器人局部修补可独立使用，或作为其他更新方法的先行措施。作为独立使用，机器人局部修补用于径向的，纵向的和网状的裂缝。此方法也适用于修补损坏的接缝，滑落的接缝，敞开的接缝，凸出的户线接头，凹陷的户线接头，树根和通常在集水系统内会出现的其他外来物体。

图 10-19　机器人切割作业

机器人作业用环氧树脂作为最终的结构固定剂。环氧树脂粘合到管道介质上，把管壁永久密封起来，不使外部物质（土壤和／或水）渗透。此外，由于环氧树脂的硬度和结构的黏附力，修复管壁将阻止修补处出现更多的裂缝。

机器人修补是由操作员借助闭路电视遥控操纵机器人实施。第一步，机器人安放在破损管段，勘定最佳起始位置。如有渗漏现象，即进行化学灌浆。然后操作员开始磨出裂缝。这是为了实现两个目的，第一，清除裂缝中所有外来物质，且由于切出凹槽，防止了裂缝进步开展；第二，切出的凹槽使注入环氧树脂的面积增大。第二步是用环氧树脂填满空隙。这一步应仔细地完成，要确保凹槽完全填满，并与管壁齐平。适用于非承压排水管道的修复。

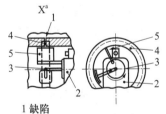
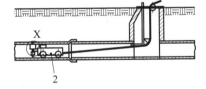

1 缺陷
2 带CCTV摄像头的机器人
3 灌浆输料管
4 已灌注砂浆填料
5 抹面
a 砂浆灌注与抹面过程详图

图 10-20　机器人修补作业

10.3　涂层法

10.3.1　喷涂法

喷涂法是指通过在管道内部喷涂一层浆液形成连续的涂层，对原有管道内部进行修复的方法。在喷涂内衬法中，根据喷涂材料的不同，可分为水泥砂浆喷涂和高分子材料喷涂，均是喷射到管壁上。由于喷涂层一般较薄，通常用于防腐处理，能改善耐腐蚀性和水力特性。近年来随着技术的发展，依据材料的材质和喷层厚度的不同逐步开始用于半结构修复和结构修复，特别是喷射混凝土和喷射水泥浆可以提高管道结构的完整性，广泛用于修复压力管和重力流下水道。

喷涂内衬系统的材料主要高分子材料，水泥基砂浆材料。

水泥基砂浆喷涂可分人工喷涂和机械设备离心喷涂两种方式，离心喷涂法适合检查井壁部分以及 $DN300\sim DN3000$ 的圆形管道的修复；人工喷涂法适用于人可进入的井室、井底、大直径管道、各类箱涵、硐室等各类断面形式结构的修复。

优点：不存在支管的连接问题；施工速度快；过流断面的损失小；可适应管径、断面形状、弯曲度的变化；经济性好。

缺点：要求原管道有一定的结构完整性。

10.3.2　水泥基涂层法

涂层法是现场对管道或检查井表面批刮水泥基防水材料并增设黏贴玻璃纤维网格，达到防腐、防渗的修复目的。采用的高分子聚合物乳液与无机粉料构成的双组份复合型防水涂层材料，当两个组份混合后可形成高强坚韧的防水膜，该涂膜既有有机材料弹性高、又有无机材料耐久性好的双重优点。

涂层修复技术可以用于管道的局部和整体修复，主要是以管道防腐、防渗为修复目的，对管道断面的影响较小，但对结构强度没有增强作用。在施工前对堵漏和管道表面处理有严格的要求。适用 $DN800$ 以上的钢筋混凝土非承压排水管道和检查井的修复。

施工流程（图 10-21）：

图 10-21　水泥基涂层法施工流程图

主要设备：电视检测设备、气体检测设备、通风设备、移动电源，空气压缩机，排水设备、小型注浆设备，手持钻孔设备，手持打磨设备。

涂层法优点：具有隔水性、无毒、无污染、与水泥基材粘结力强、柔韧性好、施工方便、无接缝、整体性好、凝固速度快、轻质、刚柔、抗碱性、修补容易等特点。对管道断面几乎没有影响，价格相对较低。

涂层法缺点：工期长，质量可靠性较差，施工中管道清洗处理、温度、通风、人员素质等都会影响修复质量。

质量检验：

① 水泥基聚合物涂层的组成材料技术参数应符合现行相关标准规定和设计要求，质量保证资料齐全。

② 防水膜内衬表面应平整、无砂眼、无气孔、无水泡、无色差、无露网、无翘边、边缘无空隙与基材原体粘结紧密、整体表面干净不粘手、不刺手、有微度粗糙感。

③ 涂层厚度、宽度、粘结度，平整度应满足相关要求，材料抗拉强度及断裂伸长率测试应满足相关标准要求。

10.4　滑移内衬法

滑移内衬是种早期用于无槽复原管道的方法。较小直径的内衬管牵引插入或推入已恶化的主管道，在原有管道和内衬管之间环形面空间里通常是填塞水泥浆形成复合型管道。尽管横断面减少，但由于内衬管光滑，水力容量还是增加的。这种系统用于主管道没有过分的接头沉陷，严重的错口，大的变形，或类似的缺点之处。安装后内衬管能在原有管道内形成一个连续的不透水的管道。然后再把户线接到内衬管上。内衬管与原有管道具有相同的坡度。根据在内衬管上的荷载类型，可能需要灌浆。滑移内衬可分为四种类型，连续的，分段的，拼装的和螺旋的。

10.4.1　穿插法

（1）穿插法技术原理

采用牵拉方式将内衬管直接置入原有管道的管道修复方法。穿插法施工示意图如图 10-22 所示。其技术特点如下：

① 工艺简单，较易操作，施工周期短；

② 在额定的温度、压力下，PE 管可安全使用 50 年以上；

③ 卓越的耐腐蚀和抗磨损性能；

④ 超低摩阻性能，管壁光滑、不结垢；

⑤ 对旧管道清洗质量要求低；

⑥ 一次穿插距离长，并且可穿过不大于 15° 的弯头；

⑦ 适用范围广，适用于 $DN100 \sim DN2000$ 的各种材质旧管道的修复，可对非承压管和承压管进行修复。

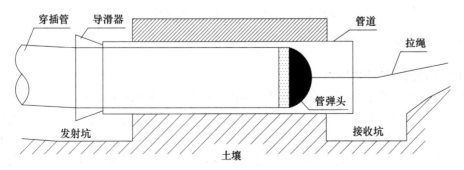

图 10-22　连续穿插法施工示意图

（2）技术要求

① 预处理后应无影响内衬管插入的沉积、结垢、障碍物及尖锐凸起物，管内不宜有积水。

② 管道牵拉速度不宜大于 0.3m/s，在管道弯曲段或变形较大的管道中施工应减慢速度。

③ 牵拉过程中牵拉力不应大于内衬管允许拉力的 50%。

④ 牵拉操作应一次完成，不应中途停止。

⑤ 穿插时在原有管道端口设置导滑口，防止原有管道端口对内衬管的损伤。

⑥ 对内衬管的牵拉端或顶推端采取保护措施；连续管道穿插应在地面上安装滚轮架、工作坑中应铺设防磨垫。

⑦ 内衬管伸出原有管道端口的距离应能满足内衬管应力恢复和热胀冷缩的要求。

⑧ 内衬管道宜经过 24h 的应力恢复后方可进行后续操作。

⑨ 在修复管道端部处应采用具有弹性和防水性能的材料对原有管道和内衬管之间的环状间隙进行密封处理。

⑩ 穿插内衬管道贴合原有管道的环状空隙宜进行注浆处理，内衬管不贴合原有管道的环状间隙应进行注浆处理。

⑪ 应记录穿插法施工的牵引的大小、速度、内衬管长度、拉伸率、贯通后静置时间、内衬管与原有管道间隙注浆量参数。

（3）穿插法施工

① 施工工序

操作坑开挖

管道清洗、清障

CCTV 确认检查

HDPE 管热熔焊接

焊接检查

HDPE 管穿插

HDPE 管胀管恢复

CCTV 检查

端口处理与连接

水泥支墩加固及操作坑回填

② 主要施工设备

高压清洗设备，内窥检测仪，发电机，牵引机，切割设备，PE 管焊机，其他设备

10.4.2　短管内衬法

（1）短管内衬法技术原理

短管内衬法是将适合尺寸的特制聚乙烯短管在检查井内螺旋或承插连接后插入原有管道内，对内衬管与原有管道之间的空隙注入水泥浆进行填充固定，实现对现况管道的修复（图 10-23）。修复后管道利用原有管道的刚性和强度为承力结构以及 HDPE 管耐腐蚀、耐磨损、耐渗透等特点，形成"管中管"复合结构使修复后的管道具备综合性能。适用于管道老化、内壁腐蚀脱落的 *DN*350～*DN*700 混凝土管道、球墨铸铁管等的修复。可对非承

压管和承压管进行修复。

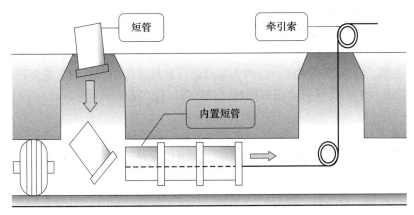

图 10-23　短管内衬法修复原理示意图

内衬短管采用 PE 管是一种热可塑性材料，具有良好的抗化学作用和流动特性。提高主体管道的抗压抗冲能力，延长管道的使用寿命达 50 年。大幅度降低综合成本，提高管道的使用寿命 5～10 倍。但管道修复后断面损失比较大。

短管内衬施工一般采用卷扬机牵引就位的方法，但该方法存在施工控制困难、效率低等问题。目前多采用单向顶进方法施工，即在检查井内设置千斤顶和顶托，将管道先顶推撞口，然后沿着管道顶进到位，直至该段短管全部顶入现况管道中。

优点：设备简单，施工速度快，质量稳定，价格低；修复后管道整体性能好，具有良好的耐久性和可靠性。

缺点：管道断面损失比较大，不适用于管道严重错位、管道基础断裂、破碎、管道线形严重变形等结构性缺陷的修复。

（2）技术要求

① 预处理后应无影响内衬管插入的沉积、结垢、障碍物及尖锐凸起物。渗水严重的应进行止水施工。变形严重、接头错位严重的管道应按经批准的施工组织设计进行预处理。

② 将短管放入检查井内，螺旋连接应确认密封圈完好。

③ 采用牵拉的方式穿插推进，一次牵拉距离应满足下次螺旋连接施工。

④ 螺旋连接与穿插推进交替进行，穿插完成后应对管口处进行密封处理。

⑤ 应根据施工设计对新旧管道间隙进行注浆填充。

（3）短管内衬法施工

① 施工流程（图 10-24）

图 10-24　短管内衬法施工施工流程

② 施工工序

a.封堵、调水，对待修管道上下游管道进行封堵，并进行临时调水，允许少量积水。

b. 管道预处理，对待修管道进行高压冲洗、清淤，清除影响施工的树根、侵入物、凸起等，对破损、渗漏等缺陷进行修补。

c. 检测确认，采用 CCTV 电视检测确认管道内无影响施工的杂物等。

d. 连接推进，将 HDPE 短管搬运到检查井内逐节螺旋连接，同时推进，交替进行。

e. 密封注浆，穿插推进完成，将两头端部进行密封处理，对新旧管道缝隙注浆。

f. 管道验收检测，确认管道内表面情况并录像，作为验收资料。

g. 善后、撤场。

③ 主要施工设备

管道清洗设备，电视检测设备，发电机，鼓风机，牵引机，毒气检测仪，辅助设备。

④ 质量检验

a. 短管内衬加工前管材、原材料的规格、尺寸、性能应符合设计要求和现行相关标准规定。

b. 管材短管壁厚、平均外径和不圆度应符合设计要求和现行相关标准，管节及管段接口的连接质量应经检验合格。

c. 修复管道内壁应光洁、平整、线性、无明显凸起物；接口、接缝应平顺，新、原有管道过渡应平缓。修复后的管道内壁应无局部裂纹、褶皱、明显变形、脱节；修复部位应完全覆盖。

d. 应对修复工艺特殊需要的施工过程中的检查验收资料进行核实，应符合设计、施工工艺要求、记录齐全。

e. 内衬管与原有管道的间隙注浆充填时，注浆固结体应充满间隙，不得有松散、空洞等现象，管段端部的间隙密封处理应符合设计要求。两端管口密封处理应符合设计要求，管口灰浆应平滑，密封良好。

10.4.3　管片拼装内衬法

（1）管片拼装法技术原理

将透明的 PVC 片状型材在原有管道内拼接成一条内衬管，并对内衬管与原有管道之间的间隙进行填充，形成复合管结构，用于破裂、脱节、渗漏等缺陷的修复。适用管径范围 $DN800 \sim DN3000$ 的非承压管道的修复。目前常用的管片法还有通过焊接方式施工的不锈钢片材焊接修复、HDPE 片材焊接修复等，施工方法等大致相同。

管片拼装内衬法的主要材料是管片和填充砂浆，管片属于塑料成型制品，材质为聚氯乙烯塑料，具有良好的材料性能，良好的耐摩擦性能。填充砂浆采用具有良好粘结性能，在水中不容易产生分离，且具有极高的水平方向流动性，在非常狭小的缝隙中能够得到充分填充的特种砂浆材料，固化后能达到设计性能。

管片拼装完成后，在内衬管与原有管道之间填充砂浆，内衬管与原有管道通过填充砂浆形成一体共同承受荷载，达到预定的强度目标，完成管道修复的目的。

管片内衬法施工占道面积小，可曲线施工，局部施工，单次施工长度不限，可临时中断施工；此方式不适用于管道严重错位、管道基础断裂、破碎、管道线形严重变形等结构性缺陷的修复。

优点：原有管道形状不受限制；修复后内衬管和原有管道形成一体的高强度复合管，

具有和新管同等以上的强度。

缺点：人工拼装，施工速度相对较慢。修复后排水管道过水断面存在一定的损失。

修复示意见图10-25。

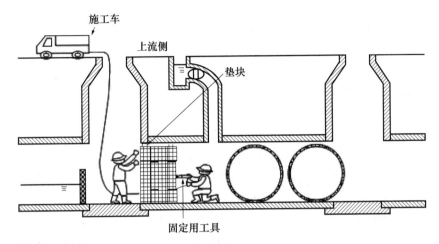

图10-25 管片拼装法施工示意图

（2）技术要求

a.管道预处理，对待修管道进行高压冲洗、清淤，清除影响施工的树根、侵入物、凸起等，对破损、渗漏等缺陷进行修复。

b.管片采用人工井下进行螺栓连接。在连接部位注入与管片材料相匹配的密封胶或胶粘剂。每隔1m，在规定位置设置垫片。

c.内衬管两端与原有管道间的环状空隙应进行密封处理，密封材料应与片状型材兼容。

d.内衬管与原有管道的环状间隙应进行注浆处理，注浆前应进行支护。

（3）管片拼装法施工

① 施工流程（图10-26）

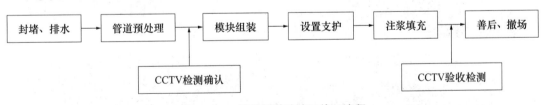

图10-26 管片拼装法施工施工流程

② 施工工序

a.封堵、调水，对待修管道上下游管道进行封堵，并进行临时调水，在安全情况下，允许带水施工（允许水位为满水位30%以下，且应不大于50cm）。

b.管道预处理，对待修管道进行高压冲洗、清淤，清除影响施工的树根、侵入物、凸起等，对破损、渗漏等缺陷进行修补。

c.检测确认，采用CCTV电视检测确认管道内无影响施工的杂物、积水等。

d.管片组装，将管片模块通过检查井搬运到管道内，对管片进行拼装组合，每米设置垫片。

e. 设置支护，注浆前在内衬管内设置支撑，防止浇注填充材料时的圆环变形、变位。

f. 填充浆液，在内衬管顶部设置注浆口，进行注浆填充。

g. 撤出支撑，填充材料硬化后，撤除支承件材料，进行管口处理。

h. 管道验收检测，确认管道内表面情况并录像，作为验收资料。

i. 善后、撤场。

③ 施工设备

管道清洗设备，电视检测设备，发电机，空气压缩机，鼓风机，气动组装设备，毒气检测仪，砂浆泵，砂浆搅拌机，辅助设备。

④ 质量检验

a. 管片规格、尺寸、性能应符合设计要求和现行相关标准规定。同一施工段应采用相同材质的部件，部件不得存在裂缝、漏洞、外来夹杂物、变形或其他损伤缺陷。对填充砂浆进行现场测试 30min 截锥流动度并取样做抗压强度测试。

b. 修复后管道内壁不得出现鼓包，漏浆等外观缺陷，浆液应充满，无空洞。修复后，内衬管道内径满足要求，所使用的胶粘剂和密封剂应与 PVC 复合材料之间拼接工艺相匹配。

图 10-27 为管片拼装内衬法修复施工现场。

图 10-27　管片拼装内衬法修复施工

10.4.4 螺旋缠绕法

（1）螺旋缠绕法技术原理

螺旋缠绕法是一种快速、可靠、实用和完备的，专用于排水管道更新和修复的完全非开挖技术，该技术发明于澳大利亚。缠绕法是利用聚氯乙烯（PVC）或高密度聚乙烯（HDPE）制成的带 T 型筋和边缘公母扣的板带，用安装在井内的制管机将板带卷成螺旋形圆管并送入管内，相嵌并锁结，同时用硅胶加以密封制成内衬管。此法视是否需要灌浆而定，适用于重力流管道的结构性损坏及非结构性损坏的修复。该法在澳洲、日本、德国、中国台湾等地的排水管道修复中已广泛使用。适用于管道直径为 $DN150 \sim DN3000$ 的非承压管道的修复，一次修复的管道长度可达 200m。采用特殊机器也可修复矩形箱涵，在中国大城市直径较大的排水管道中，有很好的应用前景。

优点：无需开挖，只需利用原有检查井，占地面积少，对周边环境的影响小；施工速度快；可长距离施工；可以带水作业，也可进行间歇式的施工。

缺点：断面损失较大。

（2）螺旋缠绕法分类

根据机器放置位置不同，可分为扩张法和固定口径法两种工艺。

扩张法：该工艺是将带状聚氯乙烯（PVC）型材放在现有的检查井底部，通过专用的缠绕机，在原有的管道内螺旋旋转缠绕成一条内衬管。所用型材外表面布满 T 形肋，以增加其结构强度；而作为内衬管内壁的内表面则光滑平整。型材两边各有公母边，型材边缘的锁扣在螺旋旋转中互锁，在原有管道内形成一条连续无缝的结构性防水内衬管。当一段扩张管安装完毕后，通过拉动预置钢线，将二级扣拉断，使内衬管开始径向扩张，直到内衬管紧紧地贴在原有管道的内壁上（图 10-28）。

固定口径法。该工艺是将带状聚氯乙烯（PVC）或聚乙烯（PE）型材，放在现有的检查井底部，通过专用的缠绕机，在原有的管道内螺旋旋转缠绕成一条固定口径的内衬管。并在内衬管和原有管道之间的空隙灌入水泥浆。所用型材外表面布满 T 形肋，以增加其结构强度；而作为内衬管内壁的内表面则光滑平整。型材两边各有公母锁扣，型材边缘的锁扣在螺旋旋转中互锁，在原有管道内形成一条连续无缝的结构性防水内衬管（图 10-29）。

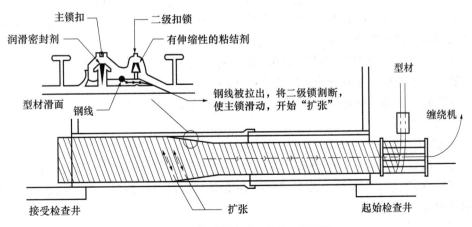

图 10-28 典型的扩张工艺施工示意图

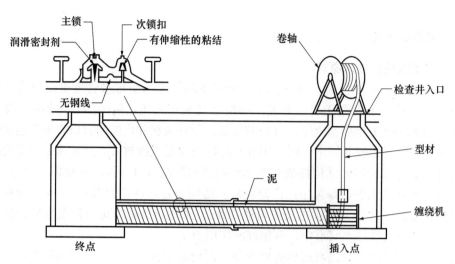

图 10-29　典型的固定口径施工示意图

（3）螺旋缠绕法施工

① 施工流程（图 10-30）

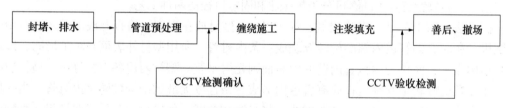

图 10-30　螺旋缠绕法施工流程

② 施工工序

a. 封堵、调水，对待修管道上下游管道进行封堵，并进行临时调水。在安全的情况下，螺旋缠绕管技术允许 30% 的满水位带水作业。

b. 管道预处理，对待修管道进行高压冲洗、清淤，清除影响施工的树根、侵入物、凸起等，对破损、渗漏等缺陷进行修复。

c. 检测确认，采用 CCTV 电视检测确认管道内无影响施工的杂物、积水等。

d. 管道缠绕施工，PVC 型材被卷入缠绕机，通过螺旋旋转，使型材两边的主次锁扣互锁，从而形成一条比原管道小的、连续的无缝新管。

e. 注浆填充，在母管和内衬管之间间隙填充水泥浆，使之形成一体。

f. 附属设施处理，部分管道需要支管口切割，检查井一体化处理。

g. 管道验收检测，确认管道内表面情况并录像，作为验收资料。

h. 善后、撤场。

③ 主要施工设备

管道清洗设备，电视检测设备，发电机，空气压缩机，电子自动控制设备，缠绕机，不同口径的缠绕头，液压动力装置，滚筒和支架，输送型材装置，拉钢线设备，密封剂泵，辅助设备。

④ 质量检验

　　a. 施工过程资料应齐全，主要原材料应符合相关规定和设计要求，管道的刚度应符合设计要求及满足现行标准有关规定。

　　b. 管道内应线形平顺，不得出现纵向隆起、环向扁平和其他变形情况，管道环形间隙封堵严密，注浆充满度符合设计要求。

　　c. 管道内不得有滴漏和线流现象。

　　图 10-31 为螺旋缠绕法修复施工现场。

钢带机液压动力站

图 10-31　螺旋缠绕法修复施工（一）

钢带机液压动力站

缠绕笼

图 10-31　螺旋缠绕法修复施工（二）

10.4.5　不锈钢内衬法

不锈钢内衬法，将不锈钢管片在管道（检查井）内通过焊接连接形成内衬，并对内衬与原管（井壁）之间的空隙进行填充，整体成型，从而达到防渗漏、腐蚀的目的，亦可提高原管道耐压水平（图 10-32）。由于不锈钢内衬可以阻止管道内壁腐蚀，减小管道内壁粗糙度，不易结垢，增加了水的过流量，使内衬后的管道更安全、轻便、经济，使用寿命更长，从而达到修复的目的。适用于 $DN800 \sim DN2200$ 各种材质非承压和承压管道的修复。

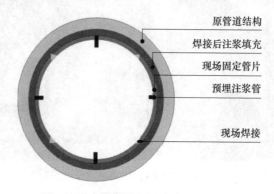

原管道结构

焊接后注浆填充

现场固定管片

预埋注浆管

现场焊接

图 10-32　不锈钢管片内衬修复示意图

优点：适应性强、质量可靠，施工周期短、占地面积小、不阻碍交通、不影响环境。

缺点：人工焊接，质量难于控制，施工速度慢。

该工艺适用于穿越地铁、铁路、排水总管等重要障碍物的大口径钢筋混凝土排水管道非开挖整体修复，在国内得到了良好的应用。

图10-33为不锈钢内衬法施工现场。

图10-33 不锈钢内衬法

10.5 贴合内衬法

10.5.1 折叠管牵引内衬法

（1）技术原理

折叠管牵引内衬法是利用PE软管横向记忆恢复原理将PE软管预先压制成"C"形或"U"形，然后用绞车牵引进已清洗干净的被修管道中，最后用压缩空气或蒸汽使之复圆并紧贴母管，实现排水管道非开挖修复目的（图10-34）。修复管道直径范围：$DN100\sim DN1200$。

按折叠方式可分为工厂预制成型和现场成型两种。目前国内较多的采用现场成型的方法，原因是现场成型设备已趋成熟，施工工艺简单，相对施工成本也低。

优点：施工时占用场地小，可利用原有检查井施工；内衬管与原有管道可形成紧密配合，管道的过流断面损失小，管道连续无接缝，无需对环状空间注浆；施工周期相应较短；使用寿命长；经济性好。

缺点：施工时可能引起结构性破坏（破裂或走向偏离），不适用于非圆形管道或变形管道。

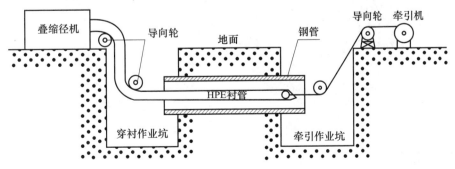

图10-34 折叠管牵引内衬法示意图（一）

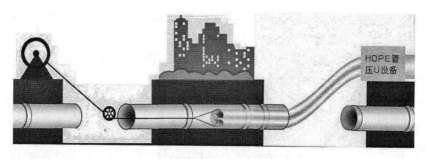

图 10-34　折叠管牵引内衬法示意图（二）

（2）施工要求

① 预处理

施工前应对原有管道进行预处理。预处理后应无影响内衬管插入的沉积、结垢、障碍物及尖锐凸起物，接头和管壁等处如有渗水漏水，应进行止水施工。

② 折叠施工

a. 折叠管的缩径量应控制在 30%～35%。

b. 折叠过程中，折叠设备不得对管道产生划痕等破坏，折叠应沿管道轴线进行，不得出现管道扭曲和偏移现象等。

c. 管道折叠后，应立即用非金属缠绕带进行捆扎，管道牵引端应连续缠绕，其他位置可间断缠绕。

d. 折叠管的缠绕和折叠速度应保持同步，宜控制在 5～8m/min。

③ 拉入施工

a. 折叠管拉入时，管道不得被坡道、操作坑壁、管道端口划伤。

b. 应仔细观察管道入口处 PE 管情况，防止管道发生过度弯曲或起皱。

c. 管道牵拉速度不宜大于 0.3m/s，在管道弯曲段或变形较大的管道中施工应减慢速度。

d. 牵拉过程中牵拉力不应大于内衬管允许拉力的 50%。

e. 牵拉操作应一次完成，不应中途停止。

f. 内衬管伸出原有管道端口的距离应能满足内衬管应力恢复和热胀冷缩的要求。

g. 内衬管道宜经过 24h 的应力恢复后方可进行后续操作。

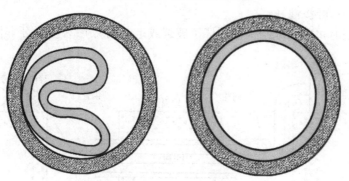

图 10-35　复原前后示意图

④ 复原施工

a. 应在管道起止端安装温度测量仪监测折叠管外的温度变化，温度测量仪应安装在内衬管与原有管道之间。

b. 折叠管中通入蒸汽的温度宜控制在 112～126℃之间，然后加压最大至 100kPa，当管外周温度达到 85±5℃后，增加蒸汽压力，最大至 180kPa。

c. 维持该蒸汽压力一定时间，直到折叠管全膨胀。

d. 折叠管复原后，应先将管内温度冷却到 38℃以下，然后再慢慢加压至大约 228kPa，同时用空气或水替换蒸汽继续冷却直到内衬管降到周围环境温度。

e. 折叠管冷却后，应至少保留 80mm 的内衬管伸出原有管道。

f. 折叠管复原后，应将管道两端切割整齐。

⑤ 施工记录

应记录折叠内衬法施工的折叠缠绕和折叠的速度，折叠管复原温度、压力和时间，内衬管冷却温度、时间、压力等参数。

（3）施工

① 施工工序

a. 现场勘察，了解工程所在地质水文情况，了解地下管道的各项情况。

b. 作业坑开挖。

c. 管道停输。

d. 作业坑内管道断管。

e. 管道清理；对管道进行高压水冲洗。

f. PE 管焊接。

g. PE 管现场折叠。

h. 管道复圆；管道就位后及时地采取适宜的手段进行整圆处理。

i. 修复管道试压验收。

j. 作业坑内管道连接。

k. 作业坑回填。

② 主要施工设备

牵引机，空压机，吊车，潜水泵，热熔焊机，清管器，清洗管道，钢管支架，机器人内窥系统 CCTV，切割机，地面导轮系统，污水泵，转场卡车，温湿度计。

图 10-36 为折叠管牵引内衬法修复施工现场。

图 10-36　折叠管牵引内衬法修复施工

③ 质量检验

a.折叠管的材料和接口零件材料要符合设计要求和现行相关标准规定。

b.折叠管修复工程竣工质量应达到国家地下工程防水等级 1 级标准,管道接口及井壁无渗水,结构表面无湿渍。

10.5.2　缩径法

缩径法是根据热塑性 HDPE 管具有变形后能自动恢复原始物理性状的特性,将缩径后的 HDPE 管道在一定的牵引力和速度下拉入原有管道,撤销拉力后 HDPE 管恢复原来的管径从而与主管形成紧密配合(图 10-37)。缩径法主要适用于管径小于 $DN1200$ 的重力管道和压力管道。这种施工方法的设备昂贵,缩径尺寸有限,施工成本较高,在压力管道修复中有一定优势,对于多处腐蚀破坏的低压管道,可用薄壁式折叠法代替。

优点:内衬管和原有管道之间配合紧密,不需注浆,施工速度快;管道修复后的过流断面的损失很小;可适应大曲率半径的弯管;可长距离修复;可用于原有管道结构性和非结构性损坏的修复。

缩径设备　　　　　　　　　　　　　焊接设备

图 10-37　缩径法修复施工

缺点:主管与支管间的连接需开挖进行;原有管道的结构性破坏会导致施工困难;不适用于非圆形管道或变形管道。

质量检验:内衬管的平均壁厚不得小于设计值。管道线性和顺,接口、接缝平顺,新老管道过渡平缓;管道内无明显湿渍。

10.6 碎（裂）管法

碎（裂）管法工艺采用气压、液压或是静拉力来破碎现存的原有管道，利用膨胀头将原有管道碎屑挤入周围的土层中，同时拉入内衬管，分为连续管碎裂管法（图 10-38）和非连续管碎裂管法（图 10-39）。该方法适用于原有管道为易脆管材（如灰口铸铁管），且管道老化严重的情况。内衬管可以是 HDPE 管、PVC 管、PP 管和 GRP 管等，内衬管管径可以比原有管道管径大。当被换原有管道的分支较少或是原有管道在结构上已经损坏或是需要提高其承载力时，采用碎（裂）管法工艺将获得较高的性价比（图 10-40）。

图 10-38　连续管碎裂管法示意图

图 10-39　非连续管碎裂管法示意图

适用管径范围为 $DN75 \sim DN1200$。

适用于陶瓷、混凝土、石棉水泥、塑料或铸铁管的原有管道更新。

适用于排水管道，供水管道，燃气管道，其他地下应用管道。

在碎（裂）管法施工中，由于原有管道的碎屑是被挤入到内衬管周围土层中，所以该工艺只适用于可压密的土层。

适用管径范围为 $DN75 \sim DN1200$。

适用于陶瓷、混凝土、石棉水泥、塑料或铸铁管的原有管道更新。

适用于排水管道，供水管道，燃气管道，其他地下应用管道。

在碎（裂）管法施工中，由于原有管道的碎屑是被挤入到内衬管周围土层中，所以该工艺只适用于可压密的土层。

碎（裂）管法一般用于等管径管道更换或增大直径管道更换。更换的管道直径大于原有管道直径的 30% 的施工时比较常见的。扩大原有管道直径 3 倍的管道更换施工已经成功进行，但需要更大的回拖力，并可能出现较大的地表隆起。

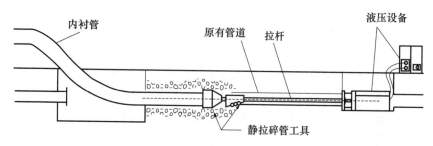

图 10-40　连续管碎裂管法示意图

优点：管道整体更换，不需要对原有管道做任何处理；适用范围广，可以埋入比原有管道更大的管道；可修复各种严重损坏的原有管道；对路面设施没有干扰；施工周期短，施工成本较低。

缺点：适用的管径较小；需要局部开挖工作井；需要在支管连接处开挖；被修管道必须不能有弯曲；碎管设备的震动可能影响周边管道或设施；原有管道碎片会对内衬管的长期性能造成影响；内衬管无法通过原有管道上的弯头；无法预见的情况（如原有管道周围包有混凝土，无记录的管道接头以及不利的土壤环境）时需要开挖。

施工设备：液压装置，发电机，卷扬机、空压机，裂管头，膨胀锥，拉杆等（图 10-41）。

图 10-41　静拉碎裂管设备

质量检验：

（1）原材料的规格、尺寸应符合设计要求和现行国家有关产品标准规定，质量保证资料应齐全。主要材料的主要技术指标经进场复检应符合设计要求和现行相关标准规定。

（2）管道内衬管内壁表面应光洁、平整，无局部划伤、裂纹、磨损、孔洞、变形、错台等影响管道结构、使用功能的损伤和缺陷；新管道端口不得存在渗漏、土体松散现象。

10.7　修复技术的选用

最近十多年以来，国内的管道非开挖修复技术发展非常迅速。伴随着修复技术的不断使用，设计方和业主方需要不断了解和掌握这些技术的原理，特点以及使用范围和质量控制方法等。每个方法需要考虑的要素包括设计方法，应用范围，材料的类型和质量指标（抗化学指标等），破坏的类型和等级（必须开挖的等级），安装的方法，总安装尺寸（或设备数量），安装所需时间，水流的影响，对环境的影响，是否需要做临排措施等（尤其是大型管道）。掌握上述技术的分类和特点，根据破损管道的实际情况，来选择合理的修复技术（表 10-1）。

非开挖修复方法适用范围和使用条件　　表 10-1

非开挖修复更新方法	适用范围和使用条件							
	原有管道内径（mm）	内衬管材质	内衬管 SDR	是否需要工作坑	是否需要注浆	最大允许转角	可修复原有管道截面形状	局部或整体修复
原位固化法	翻转法：150～2700 拉入法：200～1800	玻璃纤维、针状毛毡、树脂等	根据要求设计，但不得大于 100	不需要	不需要	45°	圆形、蛋形、矩形等	整体
CIPP 点状原位固化法	200～1500	玻璃纤维、针状毛毡、树脂等	根据要求设计	不需要	不需要	—	圆形、蛋形	局部
不锈钢双胀环法	≥800	不锈钢胀环、环形橡胶套	—	不需要	不需要	—	圆形	局部
不锈钢快速锁	300～1800	不锈钢套筒或环片、橡胶套、锁紧机构	—	不需要	不需要	—	圆形	局部
穿插法	≥200	PE、PVC、玻璃钢、金属管等	根据要求设计	需要	根据设计要求	0°	圆形	整体
短管内衬	200～600	PE 管、填充材料	根据要求设计	不需要	需要	0°	圆形	整体
管片拼装内衬法	800～3000	PVC 型材、填充材料	根据要求设计	不需要	需要	15°	圆形、矩形、马蹄形等	整体
机械制螺旋缠绕法	200～3000	PVC、PE 型材	根据要求设计	不需要	根据设计要求	15°	圆形、矩形、马蹄形等	整体
折叠内衬法　工厂折叠	200～400	MDPE/HDPE	$17.6 \leq SDR \leq 42$	不需要或小量开挖	不需要	15°	圆形	整体
折叠内衬法　现场折叠	200～1400	MDPE/HDPE	$17.6 \leq SDR \leq 42$	需要	不需要	15°	圆形	整体
缩径内衬法	200～700	MDPE/HDPE	根据要求设计	需要	不需要	15°	圆形	整体
破（裂）管法	200～1200	MDPE/HDPE	$SDR \leq 21$	需要	不需要	7°	圆形	整体

附录　国内外市政管道相关标准

国内目前常用的现行市政给水排水工程管道相关标准　　　　　　　表1

产品标准	类型	编号	名称
工艺设计标准		GB 50013	室外给水设计标准
		GB 50014	室外排水设计标准
管道结构设计标准	混凝土管	CECS 246	给水排水工程顶管技术规程
		GB 50332	给水排水工程管道结构设计规范
		GB/T 20801	压力管道规范－工业管道
		GB/T 19685	预应力钢筒混凝土管
		JC/T 2280	内衬 PVC 片材混凝土和钢筋混凝土排水管
		CECS 143	给水排水工程埋地预制混凝土圆形管管道结构设计规程
		CECS 140	给水排水工程埋地预应力混凝土管和预应力钢筒混凝土管管道结构设计规程
	钢管、铸铁管	CECS 141	给水排水工程埋地钢管管道结构设计规程
		T/CECS 492	给水排水工程埋地承插式柔性接口钢管管道技术规程
		T/CECS 695	玻璃纤维缠绕钢塑复合管管道技术规程
		SY/T 5037	普通流体输送管道用埋弧焊钢管
		CECS 142	给水排水工程埋地铸铁管管道结构设计规程
		CECS 214	自承式给水钢管跨越结构设计规程
		GB/T 8163	输送流体用无缝钢管
		GB/T 9124	钢制管法兰技术条件
		GB/T 13295	水及燃气用球墨铸铁管、管件和附件
		GB/T 23257	埋地钢质管道聚乙烯防腐层
	热固、热塑	CJJ 143	埋地塑料排水管道工程技术规程
		CJJ 101	埋地塑料给水管道工程技术规程
		CECS 17	埋地硬聚氯乙烯给水管道工程技术规程
		CECS 122	埋地硬聚氯乙烯排水管道工程技术规程
		CECS 164	埋地聚乙烯排水管管道工程技术规程
		CJT 175	冷热水用耐热聚乙烯（PE-RT）管道系统
		GB/T 13663.2	给水用聚乙烯（PE）管道系统
		GB/T 21238	玻璃纤维增强塑料夹砂管
		HG/T 21636	玻璃钢聚氯乙烯复合管和管件

续表

产品标准	类型	编号	名称
管道结构设计标准	热固、热塑	GB/T 11115	聚乙烯（PE）树脂
		GB/T 13663	给水用聚乙烯（PE）管材
		GB/T 15558.1	燃气用埋地聚乙烯（PE）管道系统 第1部分：管材
		GB/T 18369	玻璃纤维无捻粗纱
		CECS 190	给水排水埋地玻璃纤维增强塑料夹砂管管道结构设计规程
		GB/T 21492	玻璃纤维增强塑料顶管
		GB/T 19472.1	埋地用聚乙烯（PE）结构壁管道系统 第1部分：聚乙烯双壁波纹管材
		GB/T 19472.2	埋地用聚乙烯（PE）结构壁管道系统 第2部分：聚乙烯缠绕结构壁管材
		GB/T 10002.1	给水用硬聚氯乙烯（PVC-U）管材
		GB/T 32018.1	给水用抗冲改性聚氯乙烯（PVC-M）管道系统 第1部分：管材
		GB/T 20221	无压埋地排污、排水用硬聚氯乙烯（PVC-U）管材
		CJ/T 445	给水用抗冲抗压双轴取向聚氯乙烯（PVC-O）管材及连接件
		CJ/T 493	给水用高性能硬聚氯乙烯管材及连接件
		T/CECS 10110	排污、排水用高性能硬聚氯乙烯管材
		GB/T 18477.1	埋地排水用硬聚氯乙烯（PVC-U）结构壁管道系统 第1部分：双壁波纹管材
		GB/T 18477.2	埋地排水用硬聚氯乙烯（PVC-U）结构壁管道系统 第2部分：加筋管材
		GB/T 18477.3	埋地排水用硬聚氯乙烯（PVC-U）结构壁管道系统 第3部分：双层轴向中空壁管材
	钢塑复合管	GB/T 28897	钢塑复合管
		DBJ/T 11—22	钢塑复合管道技术规程（安徽省标）
		CJ/T 120	给水涂塑复合钢管
		CECS 237	给水钢塑复合压力管管道工程技术规程
		CECS 125	建筑给水钢塑复合管管道工程技术规程
		CECS 10：89	埋地给水钢管道水泥砂浆衬里技术标准
		CJ/T 136	给水衬塑复合钢管
	管道施工、验收标准	GB 50268	给水排水管道工程施工及验收规范
		GB 50184	工业金属管道工程施工质量验收规范
		GB 50235	工业金属管道工程施工规范
		CECS 129	埋地给水排水玻璃纤维增强热固性树脂夹砂管管道工程施工及验收规程
	管道修复标准	CJJ/T 244	城镇给水排水管道非开挖修复更新工程

国外目前常用的现行市政给水排水工程管道相关标准 表 2

国际组织／国家	标准编号	标准名称／中文译名
欧洲	BS 9295：2010	Guide to the structural design of buried pipelines 埋地管道结构设计导则
	BS EN 1295-1：2019	Structural design of buried pipelines under various conditions of loading – Part 1: General Requirements 各种荷载下埋地管道的结构设计　第一部分：总则
	PD-CEN-TR-1295-2：2005	Structural design of buried pipelines under various conditions of loading– Part 2: Summary of nationally established methods of design 各种荷载下埋地管道的结构设计　第二部分：各国设计方法摘要
	CEN-TR 1295-3：2007	Structural design of buried pipelines under various conditions of loading – Part 3: Common method 各种荷载下埋地管道的结构设计　第三部分：通用方法
	BS EN 1610：2015	Construction and testing of drains and seWers 排水管道的安装和试验
	BS EN 10298：2005	Steel tubes and fittings for on shore and offshore pipelines – Internal lining With cement mortar 陆上和海底管道用钢管和管件 – 水泥砂浆内衬
	BS EN 10339：2007	Steel tubes and fittings for on shore and offshore pipelines – Internal liquidappliedepoxyliningsforcorrosionprotection 陆上和海底管道用钢管和管件 – 防腐用液体环氧衬里
	BS EN 10311：2005	Joints for the connection of steel tubes and fittings for the conveyance of Water and other aqueous liquids 水和其他液体输送用钢管和管件的连接用接头
	BS EN 14901-1 2014 ＋ A1：2019	Ductile iron pipes, fittings and accessories – Requirements and test methods for organic coatings of ductile iron fittings and accessories – Part 1: Epoxy coating（heavy duty） 球墨铸铁管、配件和附件 – 球墨铸铁管件和附件有机涂层的要求和试验方法　第 1 部分：环氧涂层（重防腐型）
	DIN 30670：2012-04	Polyethylene coatings on steel pipes and fittings – Requirements and testing 钢管及管件聚乙烯外涂层 – 要求与试验
	EN 12201-2-2011 ＋ A1：2013	Plastics piping systems for water supply, and for drainage and sewerage under pressure – Polyethylene (PE) – Part 2: Pipes
	EN 12666-1：2011	Plastics piping systems for soil and waste discharge (low and high temperature) within the building structure – Polyethylene (PE) – Part 1: Specifications for pipes, fittings and the system
	BS EN 13476-1：2018	Plastics piping systems for non-pressure underground drainage and sewerage – Structured-wall piping systems of unplasticized poly(vinyl chloride) (PVC-U) @ polypropylene (PP) and polyethylene (PE) – Part 1:General requirements and performance characteristics
	BS EN 13476-2：2018	Plastics piping systems for non-pressure underground drainage and sewerage – Structured-wall piping systems of unplasticized poly(vinyl chloride) (PVC-U), polypropylene (PP) and polyethylene (PE) Part 2: Specifications for pipes and fittings with smooth internal and external surface and the system，Type A

续表

国际组织／国家	标准编号	标准名称／中文译名
澳大利亚／新西兰	AS 1579-2001	Arc-Welded steel pipes and fittings for Water and WasteWater 输水和废水用埋弧焊钢管
	AS 1281-2001	Cement mortar lining of steel pipes and fittings 钢管和管件的水泥砂浆衬里
	NZS 4442：1988	Specification for Welded steel pipes and fittings for Water，seWage，and medium pressure gas 水，污水和中压气体焊接钢管及管件规范
	AS/NZS 4130：2018	Polyethylene (PE) Pipes for Pressure applications
	AS/NZS 4441：2017	Oriented PVC (PVC-O)pipes for pressure applications
	AS/NZS 1260：2017	PVC-U pipes and fittings for drain，waste and vent application
	AS/NZS 4765：2017	Modified PVC (PVC-M) pipes for pressureapplications
	AS/NZS 1477：2017	PVC pipes and fittings for pressure applications
	AS/NZS 1254：2010	PVC-U pipes and fittings for storm water and surface water applications
加拿大	CSA-Z245.20-02	External Fusion Bond Epoxy Coating for Steel Pipe 钢管外热熔环氧涂层
	CSA-Z245.21-02	External Polyethylene Coating for Pipe 钢管外聚乙烯涂层
美国	AWWA M9-2008	Concrete Pressure Pipe 混凝土压力管设计手册
	AWWA M11-2017	Steel Pipe - A Guide for Design and Installation 钢管设计安装手册
	AWWA M23-2002	PVC Pipe-Design and Installation PVC 管设计安装设计手册
	AWWA M27-2013	External Corrosion Control for Infrastructure Sustainability 管道系统外防腐
	AWWA M28-2014	Rehabilitation of Water Mains 供水主管道修复
	AWWA M41-2009	Ductile-Iron Pipe and Fittings 球墨铸铁管和管件设计手册
	AWWA M45-2015	Fiberglass Pipe Design 玻璃钢管设计手册
	AWWA M55-2006	PE Pipe-Design and Installation PE 管设计安装手册
	AWWA M58-2017	Internal Corrosion Control in Water Distribution Systems 管道系统内防腐
	AWWA C105/A21.5-2018	Polyethylene Encasement for Ductile-Iron Pipe Systems 球墨铸铁管系统的聚乙烯膜外包裹防腐
	AWWA C111/A21.11-2017	Rubber-Gasket Joints for Ductile-Iron Pressure Pipe and Fittings 球墨铸铁压力管道和管件的橡胶密封接头

国际组织／国家	标准编号	标准名称／中文译名
美国	AWWA C150 A21.50–2014	Thickness Design of Ductile–Iron Pipe 球墨铸铁管的厚度设计
	AWWA C151 A21.51–2017	Ductile–Iron Pipe, Centrifugally Cast 离心浇铸球墨铸铁管
	AWWA C153/A21.53–2019	Ductile–Iron Compact Fittings 球墨铸铁紧凑型管件
	AWWA C200–2017	Steel Water Pipe 输水钢管
	AWWA C205–2018	Cement–Mortar Protective Lining and Coating for Steel Water Pipe – 4 In.（100 mm）and Larger – Shop Applied 直径 100 mm 以上输水钢管工厂生产水泥砂浆保护衬里和涂层
	AWWA C206–2017	Field Welding of Steel Water Pipe 输水钢管现场焊接
	AWWA C207–2018	Steel Pipe Flanges for WaterWorks Service, Sizes 4 In. Through 144 In.（100 mm Through 3，600 mm） 直径 100 ～ 3600 mm输水钢管法兰
	AWWA C208–2017	Dimensions for Fabricated Steel Water Pipe Fittings 输水钢管管件制造尺寸
	AWWA C209–2019	Tape Coatings for Steel Water Pipe and Fittings 输水钢管冷缠带外防腐
	AWWA C210–2015	Liquid – Epoxy Coatings and Linings for Steel Water Pipe and Fittings 输水钢管和管件的液体环氧外涂和内衬
	AWWA C216–2015	Heat–Shrinkable Cross – Linked Polyolefin Coatings for Steel Water Pipe and Fittings 输水钢管和管件的热缩交联聚烯烃外补口
	AWWA C218–2016	Liquid Coatings for Aboveground Steel Water Pipe and Fittings 地上输水钢管和管件的液体涂层
	AWWA C219–2017	Bolted Sleeve – Type Couplings for Plain–End Pipe 平端管套筒螺栓连接
	AWWA C220–2017	Stainless – Steel Pipe, 0.5 In.（13 mm）and Larger 直径 13 mm 以上不锈钢管
	AWWA C221–2018	Fabricated steel mechanical slip–type expansion joints 钢制机械式套筒膨胀节
	AWWA C222–2018	Polyurethane Coatings and Linings for Steel Water Pipe and Fittings 输水钢管聚氨酯外涂和衬里防腐
	AWWA C227–2017	Bolted, Split – Sleeve Couplings 螺栓连接的对开套筒连接器
	AWWA C231–2017	Field Welding of Stainless – Steel Water Pipe 输水不锈钢管现场焊接
	AWWA C300–2016	Reinforced Concrete Pressure Pipe, SteelCylinder Type 钢筒型钢筋混凝土压力管

续表

国际组织/国家	标准编号	标准名称/中文译名
美国	AWWA C301–2014	Prestressed Concrete Pressure Pipe, Steel – Cylinder Type PCCP 预应力钢筒混凝土管
	AWWA C303–2017	Concrete Pressure Pipe, Bar – Wrapped Steel – Cylinder Type 混凝土压力管，钢筋缠绕钢筒型
	AWWA C304–2014	Design of Prestressed Concrete Cylinder Pipe 预应力钢筒混凝土管设计
	AWWA C305–2018	CFRP ReneWal and Strengthening of Prestressed Concrete Cylinder Pipe 预应力钢筒混凝土管的碳纤维修复和补强
	AWWA C600–2010	Installation of Ductile–Iron Mains and Their Appurtenances 球墨铸铁管供水管和附件的施工安装
	AWWA C602–2017	Cement – Mortar Lining of Water Pipelines in Place – 4 In.（100mm）and Larger 直径 100mm 以上输水管道的现场水泥砂浆衬里
	AWWA C604–2017	Installation of Buried Steel Water Pipe – 4 In.（100mm）and Larger 直径 100mm 以上埋地输水钢管的施工安装
	AWWA C606–2015	Grooved and Shouldered Joints 沟槽和带凸肩的连接
	AWWA C620–2019	Spray–In–Place Polymeric Lining for Portable Water Pipelines 4 In.（100mm）and Larger 直径 100mm 以上饮用水管道现场喷涂聚合物衬里
	AWWA C900–2016	Polyvinyl Chloride（PVC）Pressure Pipe and Fabricated Fittings，4 In. Through 60 In.（100mm – 1500mm） 直径 100 ~ 1500mm PVC 压力管和管件
	AWWA C901–2017	Polyethylene（PE）Pressure Pipe and Tubing PE 压力管
	AWWA C950–20	Fiberglass Pressure Pipe 玻璃钢压力管
	ANSI/AWWA C906–15	Polyethylene (PE) Pressure Pipe and Fittings，4 In Through 65 In.(100mm through 1650mm) for Waterworks
	ASTM F714–13	Standard Specification for Polyethylene (PE) Plastic Pipe (DR–PR) Based on Outside Diameter
	ASTM D2140–03(2010)	Standard Specification for Polyethylene (PE) Plastic Pipe，Schedule 40 (Withdrawn 2010)
	ASTM D3035–12	Standard Specification for Polyethylene (PE) Plastic Pipe (DR–PR) Based on Controlled Outside Diameter
	ASTM F892–95(2001)	Polyethylene (PE) Corrugated Pipe with a Smooth Interior and Fittings
	ASTM F667–16	Large Diameter Corrugated Polyethylene (PE) Tubing and Fittings
	ASTM F894–07	Standard Specification for Polyethylene (PE) Large Diameter Profile Wall Sewer and Drain Pipe

续表

国际组织/国家	标准编号	标准名称/中文译名
美国	ANSI/AWWA C900-16	Polyvinyl Chloride (PVC)Pressure Pipe and Fabricated Fittings, 4 In. Through 12 In.(100 mm Through 300 mm), for Water Transmission and Distribution
	ANSI/AWWA C905-10	Polyvinyl Chloride (PVC) Pressure Pipe and Fabricated Fittings, 14 In. Through 48 In. (250 mm Through 1200 mm)
	ANSI/AWWA C909-16	Molecularly Oriented Polyvinyl Chloride (PVCO) Pressure Pipe, 4 In. (100mm) and larger
	ANSI/ASTM D2241-09	Specification for Poly (Vinyl Chloride) (PVC) Pressure-Rated Pipe (SDR Series)
	ASTM D3034-16	Standard Specification for Type PSM Poly&40;Vinyl Chloride&41; &40;PVC&41; Sewer Pipe and Fittings
	ASTM F679-16	Standard Specification for Poly(Vinyl Chloride) (PVC) Larger-Diameter Plastic Gravity Sewer Pipe and Fittings
	ASTM F1483-15	Standard Specification for Oriented Poly(Vinyl Chloride), PVCO, Pressure Pipe
	ANSI/ASTM F949-15	Specification For Poly（Vinyl Chloride）（PVC）Corrugated Sewer Pipe With a Smooth Interior And Fittings
	ASTM F794-03(2014)	Standard Specification For Poly（Vinyl Chloride）（PVC）Profile Gravity Sewer Pipe and Fittings Based on Controlled Inside Diameter
	ASTM F1803-15	Specification for Poly(Vinyl Chloride) (PVC) Closed Profile Gravity Pipe and Fittings Based on Controlled Inside Diameter
ISO	BS ISO 10804：2018	Restrained joint systems for ductile iron pipelines – Design rules and type testing 球墨铸铁管限制性接口 – 设计原则和型式试验
	ISO 2531：2009	Ductile iron pipes, fittings, accessories and their joints for Water applications 输水用球墨铸铁管，管件，配件及其接头
	ISO 8502-3：2017	Preparation of steel substrates before application of paints and related products – Tests for the assessment of surface cleanliness Part 3 喷涂油漆和相关产品之前钢材基材的准备 – 表面清洁度评估试验 第3部分
	ISO 4427-2：2007	Plastics piping systems – Polyethylene（PE）pipes and fittings for water supply – Part 2: Pipes
	ISO 21138-1：2007	Plastics piping systems for non – pressure underground drainage and sewerage – Structured – wall piping systems of unplasticized poly(vinyl chloride) (PVC-U), polypropylene (PP) and polyethylene (PE) – Part 1: Material specifications and performance criteria for pipes, fittings and system
	ISO 21138-2：2007	Plastics piping systems for non – pressure underground drainage and sewerage – Structured – wall piping systems of unplasticized poly(vinyl chloride) (PVC-U), polypropylene (PP) and polyethylene (PE) – Part 2: Pipes and fittings with smooth external surface, Type A

续表

国际组织／国家	标准编号	标准名称／中文译名
ISO	ISO 21138-3：2007	Plastics piping systems for non – pressure underground drainage and sewerage – Structured – wall piping systems of unplasticized poly(vinyl chloride) (PVC–U)，polypropylene (PP) and polyethylene (PE) – Part 3: Pipes and fittings with non – smooth external surface，Type B
	EN ISO 1452-2：2009	Plastics piping systems for water supply and for buried and above – ground drainage and sewerage under pressure – Unplasticized poly (vinyl chloride) (PVC–U) – Part 2: Pipes
	ISO 4435：2003 (E)	Plastics piping systems for non–pressure underground drainage and sewerage – Unplasticized poly(vinyl chloride)(PVC–U)
	ISO/DIS 16422：2006	Pipes and joints made of oriented unplasticized poly(vinyl chloride) (PVC–O) for the conveyance of water under pressure – Specifications

参 考 文 献

［1］ GB 50013—2018，室外给水设计标准［S］.

［2］ 严煦世，刘遂庆. 给水排水管网系统［M］. 北京：中国建筑工业出版社，2014．9.

［3］ 王雪原，黄慎勇，付忠志. 长距离输水管道水力计算公式的选用［J］. 给水排水，2006（10）：32-35.

［4］ AWWA M11, Steel Pipe A Guide for Design and Installation [M]. 2017.

［5］ AWWA M9, Concrete Pressure Pipe [M]. 2008.

［6］ AWWA M41, Ductile-Iron Pipe and Fittings [M]. 2009.

［7］ AWWA M45, Fiberglass Pipe Design [M]. 2013.

［8］ AWWA M23, PVC Pipe-Design and Installation [M]. 2020.

［9］ AWWA M55, PE Pipe – Design and Installation [M]. 2020.

［10］ 李鹤林. 中国焊管 50 年［M］. 西安：陕西科学技术出版社，2008．8.

［11］ 殷国茂. 中国钢管 50 年［M］. 成都：四川科学技术出版社，2004．6.

［12］ 彭在美. 中国钢管 50 年的回顾与未来技术发展战略的研讨［J］. 南方金属，2005，（03）：3-10.

［13］ 王晓香. 当前管线钢管研发的几个热点问题［J］. 焊管，2014，37（04）：5-13.

［14］ 严泽生. 中国钢管工业 30 年的发展回顾［J］. 钢管，2009，38（02）：5-13，70-73.

［15］ SY/T 5037—2018，普通流体输送管道用埋弧焊钢管［S］.

［16］ GB/T 3091—2015，低压流体输送用焊接钢管［S］.

［17］ GB/T 9711—2017，石天然气工业管线输送系统用钢管［S］.

［18］ GB/T 21835—2008，焊接钢管尺寸及单位长度重量［S］.

［19］ GB 50268—2008，给水排水管道工程施工及验收规范［S］.

［20］ 席晋辉. 管道螺栓连接法兰接头的安装［J］. 科技与创新，2018，（05）：138-139.

［21］ 夏连宁. 大直径钢管承插式连接在输水管道中的应用［J］. 焊管，2015，38（09）：45-50.

［22］ 沈之基. 我国输水钢管连接技术和美国柔性接口［J］. 上海水务，2006，22（04）：29-32.

［23］ 宴利君，杨眉，易诚，等. 油气管线用冷弯管加工工艺分析［J］. 热加工工艺，2013，42（05）：143-148.

［24］ CECS 10—89，埋地给水钢管道水泥砂浆衬里技术标准［S］.

［25］ SY/T 4057—2010，钢质管道液体环氧涂料内防腐层技术标准［S］.

［26］ SY/T 0442—2010，钢质管道熔结环氧粉末内防腐层技术标准［S］.

［27］ SY/T 0420—1997，埋地钢质管道石油沥青防腐层技术标准［S］.

［28］ SY/T 0447—2014，埋地钢质管道环氧煤沥青防腐层技术标准［S］.

［29］ SY/T 0315—2013，钢质管道熔结环氧粉末外涂层技术规范［S］.

［30］ GB/T 23257—2017，埋地钢质管道聚乙烯防腐层［S］.

［31］ 范英俊. 球墨铸铁管及管件技术手册［M］. 北京：冶金工业出版社，2006.

［32］［日］久保田铁工株式会社. 球墨铸铁管手册［M］. 陈源，朱玉俭，姚鹏泉，关福凌等译.
北京：中国金属学会铸铁管委员会，1994.

［33］ GB/T 13295—2013，水及燃气管道用球墨铸铁管、管件及附件［S］.

［34］ GB/T 26081—2010，污水用球墨铸铁管、管件及附件［S］.

［35］ GB 19685—2017 预应力钢筒混凝土管［S］.

［36］ 徐红越. 塑料管道的发展［J］. 广东建材，2000，（10）.

［37］《Handbook of PVC Pipe Design and Construction》第二版，2013.

［38］ 孙逊聚. 乙烯管道的历史与现状［J］. 广东建材，2000，（01）.

［39］ 张玉川. 聚乙烯管材管件的发展综述［J］. 特种结构，2001，（09）.

［40］《Handbook of PE Pipe Design and Construction》第二版，2007.

［41］ 袁本海，朱瑞霞. 美国 PVC 给水管材的质量控制［J］. 中国塑料，2016 年第 8 期第 30 卷.

［42］ 杨涛. 聚氯乙烯配方设计与制品加工［M］. 北京：化学工业出版社，2011 年 6 月第 1 版.

［43］《PVC pipe longevity report》2014. 5.

［44］ 王占杰，赵艳，郭晶. 中国塑料管道行业"十二·五"期间发展状况及"十三·五"期间发
展建议［J］. 中国塑料，2016，30（05）：1-7.

［45］ 吴晓春. 市政排水管道新型管材应用比较研究［D］. 河海大学，2005.

［46］ 叶赞育. 塑料管材在排水工程中的应用［J］. 门窗，2012，（09）.

［47］ 吕劼，张伟岩. PVC 双壁波纹管的生产技术［J］. 聚氯乙烯，2001，（04）：44-45.

［48］ 沃奇中，陈毅明. PVC-U 加筋管的生产工艺研究及其品质影响因素分析［J］. 中国塑料，
2010，24（10）：76-80.

［49］ GB/T 21238—2016，玻璃纤维增强塑料夹砂管［S］.

［50］ JC/T 2538—2019，玻璃纤维增强塑料连续缠绕夹砂管［S］.

［51］ CECS 190：2005，给水排水埋地玻璃纤维增强塑料夹砂管管道结构设计规程［S］.

［52］ CECS 129：2001，埋地给水排水玻璃纤维增强热固性树脂夹砂管管道工程施工及验收规程
［S］.

［53］ ANSI/AWWA C950—20，Fiberglass Pressure Pipe［S］.

［54］ 吴柳林. 浅议导向钻管（拖拉管）在市政管网工程中的应用［J］. 西南给水排水，2012，
（01）：63-64.

［55］ 林陶. 拖拉管在市政排水工程中的应用探析［J］. 建筑节能，2016，（07）：156-157.

［56］ 许世川，葛鹏飞，董冰. 拖拉管的几个关键施工控制点［J］. 浙江建筑，2008，25（10）：
44-45.

［57］ 焦冬梅，余志兵，杜永军，韩旭. 海底管道充水铺设技术［J］. 石油工程建设，2013，39
（02）：4-6.

［58］ 翟国君，黄谟涛，欧阳永忠，管铮. 海洋测绘的现状与发展［J］. 测绘通报. 2001，（06）.

［59］ 黄钰，包佳. 深水海底管道铺设发展综述［J］. 海洋海洋工程装备与技术. 2017，4（05）：
281-286.

［60］ 孙奇伟. 海底管道铺管施工安装方法研究［J］. 中国石油和化工标准与质量，2012，（07）：
105.

［61］深圳市水务（集团）有限公司. 供水管道工［M］. 北京：中国建筑工业出版社，2016.

［62］斯图尔特·汉密尔顿，罗尼·麦肯齐，国际水协会中国漏损控制专家委员会. 供水管理与漏损控制［M］. 北京：中国建材工业出版社，2017.

［63］王五平，Jack Elliott. 大口径输水管道自由浮游式检漏系统. 给水排水，Vol 35，2009，（07）：114-116.

［64］王五平，Jack Elliott，宋人心，傅翔. 大型调水工程 PCCP 爆管预警及风险管理技术［C］. 调水工程应用技术研究与实践会议论文集，沈阳，2009，8.

［65］董亮，阿里木江，贺青奇，王五平. 某供水工程倒虹吸 PCCP 状态评估、风险评价及运行管理［J］. 特种结构，2014，（01）：100-102.

［66］Xiangjie Kong, Xinlu Tang, Dave Humphrey, Brian Mergelas, Roberto Mascarenhas. Live Inspection of Large Diameter PCCP Using a Free-Swimming Tool. Pipelines 2010: Climbing New Peaks to Infrastructure Reliability—ReneW, Rehab, and Reinvest.

［67］Essamin, O., Holley M.. Great Man Made River Authority（GMRA）: The Role of Acoustic Monitoring in the Management of the World's Largest Prestressed Concrete Cylinder Pipe Project [C]. Proceedings of the ASCE Annual International Conference on Pipeline Engineering and Construction, 2004, San Diego, California.

［68］王五平，Jack Elliott. PCCP 爆管预警的光纤声监测系统［J］. 水利水电技术，2009，（03）：68-70.

［69］曹悦. PCCP 管道断丝监测技术在南水北调中线京石段应急供水工程（北京段）的应用［J］，北京水务，2017，（05）：44-47.

［70］王文明，王晓华，张仕民，等. 长输管道超声波内检测技术现状［J］. 油气储运，2014，33（01）：5-9.

［71］冯运玲，田国伟，张力高. 国内外供水排水管道非开挖修复技术介绍及相关建议［D］. 特种结构，2011.

［72］马孝春，苏焕忠. 我国地下管道非开挖修复技术现状与展望［D］. 探矿工程（岩土钻掘工程），2009.

［73］苗永健，刘金岚. 燃气管道非开挖修复更新技术特点［D］. 煤气与热力，2012.

［74］王伟. 城市排水管网短管内衬法快速修复施工技术应用研究［D］. 北京易成市政工程有限责任公司，2018.

［75］陈春茂. 非开挖管道修复技术［D］. 市政技术，2004.

［76］胡晓健. 城市排水管道检测评估与非开挖修复工艺研究［D］. 市政技术，2015.

［77］陈家骏. 非开挖技术在排水工程中的应用研究［D］. 同济大学，2008.

［78］舒亚俐. 既有市政给水排水管道现状及检测修复综合分析［D］. 给水排水，2013.

［79］庄钟敏. 非开挖技术在给水中的应用［D］. 中国城市经济，2011.

［80］李慧颖. 给水管网中的非开挖技术探析［D］. 民营科技，2013.

［81］郭盛. 非开挖污水修复技术多媒体培训系统的开发［D］. 中国地质大学（北京），2005.

［82］钱海峰，郑广宁，糜思慧. 近年国内常用非开挖施工技术施工方法综合概述［D］. 城市道桥与防洪，2012.

［83］朱保罗. 排水管道非开挖修理技术 PPT 课件.

［84］吴坚慧，魏树弘. 上海市城镇排水管道非开挖修复技术实施指南［M］. 上海：同济大学出版社，2012.

［85］周质炎，夏连宁. 埋地柔性钢管设计与结构分析［M］. 上海：上海科学技术出版社，2019.

［86］胡群芳. 2018 中国城市地下管线发展报告 - 供排水篇［M］. 上海：同济大学出版社，2020.

［87］夏连宁，张亮等. 大直径输水钢管承插搭接焊接口设计与应用［J］. 焊管，2019，42（05）：60-64.

［88］沈之基. 我国输水钢管同国外的差距及几点建议（三）［J］. 焊管，2007，30（04）：18-20.

［89］裴银柱，张坤鹏，苗海潮. 阴阳坡口倒棱工艺在大口径管道中的应用［J］. 现代冶金，2017，45（04）：50-51.

［90］刘刚伟，刘云，毕宗岳，等. 大直径焊接钢管在输水领域的应用［J］. 焊管，2018，41（03）：1-6.

［91］SY/T 4106—2016，钢质管道及储罐无溶剂聚氨酯涂料防腐层技术规范［S］.

［92］GB/T 28897—2012，钢塑复合管［S］.

［93］CJ/T 120—2016，给水涂塑复合钢管［S］.

［94］SL 105—2007，水工金属结构防腐蚀规范［S］.

［95］GB 50014—2021，室外排水设计标准［S］.

［96］［日］滨田政则. 地下结构抗震分析及防灾减灾措施［M］. 陈剑，加瑞译. 北京：中国建筑工业出版社，2016.

［97］郑永来，杨林德，李文艺，周健. 地下结构抗震［M］. 上海：同济大学出版社，2011.

［98］《给水排水工程结构设计手册》编委会. 给水排水工程结构设计手册［M］. 北京：中国建筑工业出版社，2007.

［99］GB 50032—2003. 室外给水排水和燃气热力工程抗震设计规范［S］.

［100］［日］小泉淳. 盾构隧道的抗震研究及算例［M］. 张稳军，袁大军译. 北京：中国建筑工业出版社，2009.